高 等 代 数

(下 册)

曹重光 生玉秋 远继霞 编著

科 学 出 版 社
北 京

内 容 简 介

本书是编者在多年教学实践与教学改革的基础上编写而成的. 本书注重概念和理论的导入, 结构清晰, 论证简洁, 富于直观性和启发性. 书中通过设置很多典型例题来阐明高等代数的思想与方法, 配备了层次丰富的练习题和研讨题, 有助于学生抽象思维能力和代数学能力的培养. 全书分上、下两册出版. 上册主要内容包括行列式、矩阵、n 维向量与线性方程组、特征值与特征向量和二次型等. 下册主要内容包括多项式、多项式矩阵、线性空间、线性映射与线性变换和欧氏空间等.

本书可供高等院校数学类各专业学生用作教材, 也可供相关专业学生及数学教学和科研人员参考.

图书在版编目(CIP)数据

高等代数. 下册/曹重光, 生玉秋, 远继霞编著. —北京: 科学出版社, 2019.9

ISBN 978-7-03-061910-5

Ⅰ. ①高… Ⅱ. ①曹… ②生… ③远… Ⅲ.①高等代数-高等学校-教材 Ⅳ. ①O15

中国版本图书馆 CIP 数据核字 (2019) 第 150912 号

责任编辑: 王 静 李香叶 / 责任校对: 彭珍珍
责任印制: 赵 博 / 封面设计: 陈 敬

科学出版社出版
北京东黄城根北街 16 号
邮政编码: 100717
http://www.sciencep.com
北京厚诚则铭印刷科技有限公司印刷
科学出版社发行 各地新华书店经销
*
2019 年 9 月第 一 版 开本: 720×1000 1/16
2025 年 2 月第四次印刷 印张: 11 5/8
字数: 234 000

定价: 35.00 元

前　言

本书按国家颁布的现行教学大纲及有关要求编写, 是供综合性大学、师范类大学数学类各本科专业使用的高等代数教材, 也可供理工类其他本科专业作为参考书.

高等代数是数学类各专业的一门重要基础课程, 也是代数课的入门课程. 本书的总体编写原则是, 上册力求直观化、形象化, 下册抽象化, 采用逐步过渡的方式.

本书重视对数学思想的渗透以及对数学方法的介绍和应用, 注重挖掘高等代数各部分内容之间的联系, 并重视初等变换方法及矩阵分块技术的运用和训练. 同时, 本书还对高等代数中一些重要定理给出了有别于现行诸教材的证明方法. 例如行列式乘法定理、矩阵等价分解的唯一性定理、齐次线性方程组基础解系定理、实对称阵的正交对角化定理、实二次型的惯性定理及哈密顿–凯莱定理等.

本书的习题很多, 每节后面都附有练习题, 每章后都附有三种层次的习题, 其中包含了很多经典题目. 完成练习题和 A 类题是基本要求, 其他题目供学有余力的学生继续学习或考研、参加数学竞赛等使用. 本书从培养学生能力的角度出发, 为提高学生提出问题和解决问题的能力, 在每一章都单设一节问题与研讨, 设置了一些开放性问题, 加强学生这方面能力的培养, 也为教师设计习题课提供了一些材料, 可以参考选用. 本书正文部分中带 * 的问题可根据专业特点、教学层次和学生的个性需求自由选用.

本书是编者在多年教学实践与教学改革的基础上编写而成的. 上册已在黑龙江大学数学科学学院本科生中讲授过二十多次, 下册已讲授两次, 并在教学实践中作了多次修改. 本书由编写小组成员曹重光、唐孝敏、生玉秋、张龙、远继霞共同完成, 其中上册由曹重光、张龙、唐孝敏编写, 下册由曹重光、生玉秋、远继霞编写. 全书在 5 人小组讨论后由曹重光、生玉秋统稿. 本书的出版得到了黑龙江大学数学科学学院领导和广大同仁的支持和帮助, 张隽、闫盼盼和付丽在打印方面给予了编者极大的帮助, 在此一并致谢. 由于编者水平有限, 不足之处恳请读者批评指正.

编　者

2018 年 2 月

目　　录

第6章 多 项 式

像矩阵和线性方程组一样, 多项式也是高等代数的一个基本对象, 它对于进一步学习代数和其他课程有重要的作用. 其实, 大家对多项式并不陌生, 因为在中学就有所接触了, 不过那时只粗略地知道这些运算. 本章将深入地介绍数域上一元多项式的因式分解理论, 同时还要介绍多元多项式的概念和对称多项式.

6.1 一元多项式

定义 6.1 设 $\mathbb{F}$ 是一个数域, x 是一个符号 (或称未定元, 或称文字), 形式表达式

$$a_nx^n + a_{n-1}x^{n-1} + \cdots + a_1x + a_0 \tag{6.1}$$

称为数域 $\mathbb{F}$ 上的一个**一元多项式**(简称多项式), 其中 n 为非负整数并且 $a_0, a_1, \cdots, a_{n-1}, a_n \in \mathbb{F}$. 以后也可以用 $f(x), g(x), \cdots$ 来代表多项式.

在多项式 (6.1) 中 a_ix^i 称为 i 次项, a_i 称为 i 次项的系数, 当 $a_n \neq 0$ 时 a_nx^n 称为多项式 (6.1) 的**首项**, a_0 称为**常数项**, n 称为多项式 (6.1) 的**次数**. 各项系数全为 0 的多项式称为**零多项式**, 记为 0, 对它不规定次数. 系数为零的项可以省略不写, 系数为 1 的项可以把系数 1 省略不写, 又规定 $x^0 = 1$. 我们经常用 $\deg f(x)$ 表示多项式 $f(x)$ 的次数.

定义 6.2 设 $f(x)$ 和 $g(x)$ 是数域 $\mathbb{F}$ 上两个多项式, 如果它们同次项的系数都相等, 则称它们**相等**, 记为 $f(x) = g(x)$.

由上述定义可看出, 若 $\deg f(x) \neq \deg g(x)$, 则 $f(x) \neq g(x)$; $f(x) = 0$ 当且仅当 $f(x)$ 的系数全为 0.

6.1.1 一元多项式的加法

设

$$f(x) = a_nx^n + a_{n-1}x^{n-1} + \cdots + a_1x + a_0, \tag{6.2}$$

$$g(x) = b_mx^m + b_{m-1}x^{m-1} + \cdots + b_1x + b_0. \tag{6.3}$$

为了叙述方便, 我们在 $f(x)$ 或 $g(x)$ 中增加一些系数为 0 的项, 于是可以假定 $n = m$. 称 $h(x) = (a_n + b_n)x^n + (a_{n-1} + b_{n-1})x^{n-1} + \cdots + (a_1 + b_1)x + (a_0 + b_0)$ 为 $f(x)$ 与 $g(x)$ 相加所得的和, 记为 $h(x) = f(x) + g(x)$.

例如, $f(x)=3x^4-4x^3+x-5, g(x)=x^6+2x^5-5x^3-x+6$, 则

$$f(x)+g(x)=x^6+2x^5+3x^4-9x^3+1.$$

容易验证, 加法有下列运算性质.

(1) **交换律**　$f(x)+g(x)=g(x)+f(x)$;

(2) **结合律**　$(f(x)+g(x))+h(x)=f(x)+(g(x)+h(x))$;

(3) 设 $f(x)$ 如 (6.2) 式, 记 $-f(x)=\sum\limits_{i=0}^{n}(-a_i)x^i$, 则 $f(x)+(-f(x))=0$.

6.1.2　一元多项式的减法

设 $f(x)$ 及 $g(x)$ 如 (6.2) 和 (6.3) 式, 则我们定义 $f(x)$ 与 $g(x)$ 的差为

$$f(x)-g(x)=f(x)+(-g(x)).$$

容易看出如下的减法性质.

(1) $g(x)-f(x)=-(f(x)-g(x))$;

(2) $(f(x)-g(x))-h(x)=f(x)-(g(x)+h(x))$.

6.1.3　一元多项式的乘法

设 $f(x)$ 和 $g(x)$ 如 (6.2) 和 (6.3) 式, 我们定义

$$k(x)=a_nb_mx^{n+m}+(a_{n-1}b_m+a_nb_{m-1})x^{n+m-1}+\cdots+a_0b_0$$

为 $f(x)$ 与 $g(x)$ 相乘所得的积, 记为 $k(x)=f(x)g(x)$, 其中 $k(x)$ 的 i 次项的系数为 $a_0b_i+a_1b_{i-1}+\cdots+a_{i-1}b_1+a_ib_0=\sum\limits_{j+t=i}a_jb_t$.

容易证明下述运算性质.

(1) **交换律**　$f(x)g(x)=g(x)f(x)$;

(2) **结合律**　$(f(x)g(x))h(x)=f(x)(g(x)h(x))$;

(3) **分配律**　$(f(x)+g(x))h(x)=f(x)h(x)+g(x)h(x)$.

我们只证明 (2), 其余读者自行验证.

不妨设 $f(x)$ 和 $g(x)$ 如 (6.2) 和 (6.3) 式, 又设

$$h(x)=c_lx^l+c_{l-1}x^{l-1}+\cdots+c_1x+c_0.$$

为证明 $(f(x)g(x))h(x)=f(x)(g(x)h(x))$, 只需指出等式两端的同次项系数对应相等即可. 事实上, 左端 $f(x)g(x)$ 中 s 次项的系数为

$$a_0b_s+a_1b_{s-1}+\cdots+a_{s-1}b_1+a_sb_0=\sum_{i+j=s}a_ib_j.$$

因此等式左端 t 次项的系数为

$$\sum_{s+k=t}\left(\sum_{i+j=s} a_i b_j\right) c_k = \sum_{i+j+k=t} a_i b_j c_k,$$

右端 $g(x)h(x)$ 中 r 次项的系数为

$$b_0c_r + b_1c_{r-1} + \cdots + b_{r-1}c_1 + b_rc_0 = \sum_{j+k=r} b_jc_k,$$

所以等号右端 t 次项的系数为

$$\sum_{i+r=t} a_i\left(\sum_{j+k=r} b_jc_k\right) = \sum_{i+j+k=t} a_ib_jc_k.$$

由此可见左、右两端同次项的系数对应相等, 即结合律得证.

容易证明下面多项式的次数与运算之间的关系.

定理 6.1 设 $f(x)\neq 0, g(x)\neq 0$, 则

(1) 当 $f(x)+g(x)\neq 0$ 时, $\deg(f(x)+g(x))\leqslant \max(\deg f(x),\deg g(x))$;

(2) $\deg(f(x)g(x)) = \deg f(x) + \deg g(x)$.

推论 6.1 $f(x)g(x)=0$ 当且仅当 $f(x)=0$ 或 $g(x)=0$.

推论 6.2 乘法消去律: 若 $f(x)h(x)=g(x)h(x)$ 且 $h(x)\neq 0$, 则 $f(x)=g(x)$.

证明 由已知得 $f(x)h(x)-g(x)h(x)=0$, 于是有 $(f(x)-g(x))h(x)=0$, 由推论 6.1 及 $h(x)\neq 0$ 知 $f(x)-g(x)=0$, 即 $f(x)=g(x)$. □

称 $\mathbb{F}$ 上的一元多项式全体构成的集合为 $\mathbb{F}$ 上的一元多项式环, 记为 $\mathbb{F}[x]$.

练 习 6.1

6.1.1 求有理数 a, b 和 c 使之满足

$$(x^2+ax+1)(ax^2+bx-1) = 2x^4-6x^3+cx^2-12x-1.$$

6.1.2 设 $f(x), g(x)\in\mathbb{F}[x], f(x)\neq 0, g(x)\neq 0$, 又 $\deg(f(x)g(x))=\deg g(x)$, 证明 $f(x)$ 是一个常数.

6.1.3 在定理 6.1 的次数公式 $\deg(f(x)+g(x))\leqslant\max(\deg f(x),\deg g(x))$ 中何时取等号, 何时取不等号?

6.1.4 设 $f(x), g(x), h(x)$ 为实数域上多项式, 若 $f^2(x)=xg^2(x)+xh^2(x)$, 试证明 $f(x)=g(x)=h(x)=0$, 其中 $f^2(x)$ 记 $(f(x))^2$.

6.2　带余除法与整除

6.2.1　带余除法

6.1 节我们研究了多项式的加法、减法和乘法, 自然会考虑除法, 然而在 $\mathbb{F}[x]$ 中, 除法一般将不具有封闭性. 像整数除法一样, 似乎应该有被除式 = 除式 × 商式 + 余式, 这就是带余除法, 看具体例子.

例 6.1　用 x^2-3x-1 除 $2x^4+3x^3-4x^2+5x-6$, 求所得商式和余式.

解

$$
\begin{array}{r|l}
 & 2x^2+9x+25 \\ \hline
x^2-3x-1 & 2x^4+3x^3-4x^2+5x-6 \\
 & 2x^4-6x^3-2x^2 \\ \hline
 & 9x^3-2x^2+5x-6 \\
 & 9x^3-27x^2-9x \\ \hline
 & 25x^2+14x-6 \\
 & 25x^2-75x-25 \\ \hline
 & 89x+19
\end{array}
$$

所得商式为 $2x^2+9x+25$, 余式为 $89x+19$. □

像例 6.1 的结果那样, 我们能够证明如下一般性结论.

定理 6.2 (带余除法定理)　*设任意 $f(x),g(x)\in\mathbb{F}[x]$, 并且 $g(x)\neq 0$, 则存在 $q(x),r(x)\in\mathbb{F}[x]$ 使得*

$$f(x)=g(x)q(x)+r(x), \tag{6.4}$$

其中 $\deg r(x)<\deg g(x)$ 或 $r(x)=0$, 且满足如上条件的多项式 $q(x)$ 及 $r(x)$ 由 $f(x)$ 及 $g(x)$ 唯一确定.

证明　首先证明使 (6.4) 式成立的 $q(x)$ 及 $r(x)$ 存在. 当 $f(x)=0$ 或者 $\deg f(x)<\deg g(x)$ 时, 取 $q(x)=0, r(x)=f(x)$ 即可. 当 $\deg f(x)\geqslant\deg g(x)$ 时, 我们对 $\deg f(x)=n$ 运用第二归纳法去证. 当 $n=0$ 时, 易见 $f(x)=a\neq 0, g(x)=b\neq 0$. 于是取 $q(x)=ab^{-1}$, $r(x)=0$, 则显然 (6.4) 式成立. 现假设 $\deg f(x)<n$ 时 (6.4) 式的存在性成立. 令 ax^n, bx^m 分别为 $f(x),g(x)$ 的首项, 因而 $b^{-1}ax^{n-m}g(x)$ 与 $f(x)$ 有相同的首项, 故知

$$f_1(x)=f(x)-b^{-1}ax^{n-m}g(x) \tag{6.5}$$

的次数小于 n 或者 $f_1(x)=0$. 由前面所证及归纳假设知存在 $q_1(x),r_1(x)\in\mathbb{F}[x]$ 使 $f_1(x)=q_1(x)g(x)+r_1(x)$, 其中 $\deg r_1(x)<\deg g(x)$ 或 $r_1(x)=0$. 将此式代入 (6.5)

式得

$$f(x) = (b^{-1}ax^{n-m} + q_1(x))g(x) + r_1(x). \tag{6.6}$$

令 $q(x) = b^{-1}ax^{n-m} + q_1(x), r(x) = r_1(x)$, 由 (6.6) 式知 (6.4) 式在 $\deg f(x) = n$ 时成立, 即使 (6.4) 式成立的 $q(x)$ 及 $r(x)$ 存在.

下面再证 $q(x)$ 及 $r(x)$ 的唯一性.

设除 (6.4) 式之外, 又有 $f(x) = \widetilde{q}(x)g(x) + \widetilde{r}(x)$, 其中 $\widetilde{r}(x) = 0$ 或 $\deg \widetilde{r}(x) < \deg g(x)$, 于是有

$$q(x)g(x) + r(x) = \widetilde{q}(x)g(x) + \widetilde{r}(x),$$

即

$$(q(x) - \widetilde{q}(x))g(x) = \widetilde{r}(x) - r(x).$$

如果 $q(x) - \widetilde{q}(x) \neq 0$, 由于 $g(x) \neq 0$, 易见 $\widetilde{r}(x) - r(x) \neq 0$, 从而

$$\deg(q(x) - \widetilde{q}(x)) + \deg g(x) = \deg(\widetilde{r}(x) - r(x)),$$

于是 $\deg g(x) \leqslant \deg(\widetilde{r}(x) - r(x))$, 这与 $\deg g(x) > \deg(\widetilde{r}(x) - r(x))$ 是矛盾的, 故 $q(x) - \widetilde{q}(x) = 0$, 从而 $q(x) = \widetilde{q}(x)$, 进而 $\widetilde{r}(x) = r(x)$, 这证明了唯一性. □

定理 6.2 中的 $q(x)$ 称为 $g(x)$ 除 $f(x)$ 的商, $r(x)$ 称为 $g(x)$ 除 $f(x)$ 的余式.

6.2.2 综合除法

设 $f(x) = \sum\limits_{i=0}^{n} a_i x^i$ 为被除式, 当除式是一次式 $x - a$ 时, 设商式 $q(x) = \sum\limits_{j=0}^{n-1} b_j x^j$, 则余式应为常数 $r \in \mathbb{F}$. 此时将有如下关系式:

$$f(x) = q(x)(x-a) + r = (x-a)(b_{n-1}x^{n-1} + \cdots + b_1 x + b_0) + r,$$

从而

$$b_{n-1} = a_n, \quad b_{n-2} = ab_{n-1} + a_{n-1}, \cdots, b_0 = ab_1 + a_1, \quad r = ab_0 + a_0. \tag{6.7}$$

(6.7) 式经计算, 可用下表算出 $q(x)$ 的各项系数 b_i $(i = n-1, n-2, \cdots, 0)$ 和余数 r,

$$\begin{array}{c|ccccc} a & a_n & a_{n-1} & \cdots & a_1 & a_0 \\ \hline & b_{n-1} & b_{n-2} & \cdots & b_0 & r \end{array}$$

这就是**综合除法**.

例 6.2 求 $x + 2$ 除 $x^4 - 8x^3 + x^2 + 3x - 6$ 所得商式和余数.

解

$$\begin{array}{c|ccccc} -2 & 1 & -8 & 1 & 3 & -6 \\ \hline & 1 & -10 & 21 & -39 & 72 \end{array}$$

即商式是 $x^3 - 10x^2 + 21x - 39$, 余数为 72. □

例 6.3　求 $x-3$ 除 $2x^5+x^4+3x^3-82x^2+16x+42$ 所得商式和余数.

解　用综合除法列表如下:

$$\begin{array}{r|rrrrrr} 3 & 2 & 1 & 3 & -82 & 16 & 42 \\ \hline & 2 & 7 & 24 & -10 & -14 & 0 \end{array}$$

即商式是 $2x^4+7x^3+24x^2-10x-14$, 余数为 0. □

6.2.3　整除

定义 6.3　设 $f(x),g(x)\in\mathbb{F}[x]$, 如果有 $h(x)\in\mathbb{F}[x]$ 使 $f(x)=g(x)h(x)$, 则称 $g(x)$ **整除** $f(x)$, 记 $g(x)|f(x)$. 又记 $g(x)\nmid f(x)$ 表示 $g(x)$ 不能整除 $f(x)$. 当 $g(x)|f(x)$ 时, $g(x)$ 称为 $f(x)$ 的**因式**, $f(x)$ 又可称为 $g(x)$ 之倍式.

当 $g(x)\neq 0$ 时, 作为带余除法定理的推论我们给出整除的充要条件如下.

推论 6.3　设 $f(x),g(x)\in\mathbb{F}[x]$, 且 $g(x)\neq 0$, 则 $g(x)|f(x)$ 当且仅当 $g(x)$ 除 $f(x)$ 的余式为 0.

关于整除, 利用定义 6.3, 不难证明如下的一些基本性质, 我们只证 (4), 其余读者自证.

(1) 设 $f(x)\in\mathbb{F}[x]$, 则有 $f(x)|0, f(x)|f(x)$, 又设 $0\neq c\in F$, 则有 $c|f(x)$;

(2) (**传递性**)　设 $f(x),g(x),h(x)\in\mathbb{F}[x]$, 若 $f(x)|g(x), g(x)|h(x)$, 则 $f(x)|h(x)$;

(3) (**组合整除性**)　设 $f(x),g_i(x),h_i(x)\in\mathbb{F}[x], i=1,2,\cdots,t$. 若 $f(x)|g_i(x)$ $(i=1,2,\cdots,t)$, 则 $f(x)\left|\sum\limits_{i=1}^{t}g_i(x)h_i(x)\right.$;

(4) (**对称性成立的充要条件**)　设 $f(x),g(x)\in\mathbb{F}[x]$, 则 $f(x)|g(x)$ 且 $g(x)|f(x)$ 的充要条件是存在 $0\neq c\in\mathbb{F}$ 使得 $g(x)=cf(x)$.

证明　充分性. 由 $g(x)=cf(x)$ 立得 $f(x)|g(x)$. 又 $c\neq 0$, 故 $f(x)=c^{-1}g(x)$, 这又推出 $g(x)|f(x)$.

必要性. 由 $f(x)|g(x)$ 知有 $g(x)=f(x)q(x)$. 又由 $g(x)|f(x)$ 知 $f(x)=g(x)h(x)$, 于是有 $g(x)=g(x)h(x)q(x)$. 如果 $g(x)=0$, 易见 $f(x)=0$, 此时 $0=c\cdot 0$ 成立. 如果 $g(x)\neq 0$, 由消去律得 $h(x)q(x)=1$, 比较次数知 $q(x)=c\neq 0$, 这推出 $g(x)=cf(x)$. □

练　习　6.2

以下多项式均在 $\mathbb{F}[x]$ 中.

6.2.1　求 $g(x)=3x^2+x-4$ 除 $f(x)=2x^3+x+1$ 所得商式和余式.

6.2.2　用综合除法求 $g(x)=x+3$ 除 $f(x)=2x^5-5x^3-8x$ 所得商式及余式.

6.2.3　若 $(x^2+mx-1)|(x^3+px+q)$, 那么 m,p,q 满足何关系?

6.2.4 设 $h(x)|f(x), h(x)\nmid g(x)$, 证明 $h(x)\nmid(f(x)+g(x))$.

6.2.5 设 $f(x)g(x)|f(x)h(x), f(x)\neq 0$, 证明 $g(x)|h(x)$.

6.2.6 证明 $x|f^k(x)\Leftrightarrow x|f(x)$ (其中 k 是正整数).

6.3 最大公因式

两个整数都有最大公约数, 两个多项式也有最大公因式. 本节研究最大公因式以及互素多项式, 这是研究因式分解理论必要的准备.

6.3.1 最大公因式的一般情形

定义 6.4 设 $f(x), g(x)\in\mathbb{F}[x]$, 如果在 $\mathbb{F}[x]$ 中多项式 $\varphi(x)$ 同时是 $f(x)$ 和 $g(x)$ 的因式, 则称 $\varphi(x)$ 是 $f(x)$ 与 $g(x)$ 在 $\mathbb{F}[x]$ 中的一个**公因式** (有时不强调 $\mathbb{F}[x]$, 其意自明).

例如, $x-1$ 是 x^2-1 与 $(x-1)^2$ 的公因式, 非零常数是任意两个多项式的公因式.

定义 6.5 设 $f(x), g(x), d(x)\in\mathbb{F}[x]$, 如果

(1) $d(x)$ 是 $f(x)$ 与 $g(x)$ 的公因式;

(2) $f(x)$ 与 $g(x)$ 的任意公因式都是 $d(x)$ 的因式,

则称 $d(x)$ 为 $f(x)$ 与 $g(x)$ 的**最大公因式**.

若 $f(x)|g(x)$, 则 $f(x)$ 是 $f(x)$ 与 $g(x)$ 的一个最大公因式. 例如, $f(x)$ 是 $f(x)$ 与 0 的一个最大公因式, 而 0 与 0 的最大公因式就是 0.

任意两个多项式是否都存在最大公因式? 如果存在怎么求呢? 下面的引理给出一个求最大公因式降低次数的转移方法.

引理 6.1 如果

$$f(x)=q(x)g(x)+r(x) \tag{6.8}$$

成立, 那么 $\phi(x)$ 是 $f(x)$ 与 $g(x)$ 的一个最大公因式当且仅当 $\phi(x)$ 是 $g(x)$ 与 $r(x)$ 的一个最大公因式.

证明 由 $\phi(x)$ 是 $f(x)$ 与 $g(x)$ 的最大公因式知 $\phi(x)|f(x)$ 且 $\phi(x)|g(x)$, 根据整除性质由 (6.8) 式显然有 $\phi(x)|(f(x)-q(x)g(x))$, 即 $\phi(x)|r(x)$, 故 $\phi(x)$ 是 $g(x)$ 与 $r(x)$ 的公因式. 再设 $d(x)$ 是 $g(x)$ 与 $r(x)$ 的任意公因式, 即 $d(x)|g(x)$, 且 $d(x)|r(x)$. 由 (6.8) 式, 根据整除性质, 易见有 $d(x)|(q(x)g(x)+r(x))$, 即 $d(x)|f(x)$, 这又证明了 $d(x)$ 又是 $f(x)$ 与 $g(x)$ 之公因式, 从而 $d(x)|\phi(x)$, 由定义 $\phi(x)$ 是 $g(x)$ 与 $r(x)$ 的最大公因式. 这证明了必要性, 类似又可证充分性. □

定理 6.3 $\mathbb{F}[x]$ 中任意两个多项式 $f(x)$ 和 $g(x)$ 在 $\mathbb{F}[x]$ 中都存在最大公因式, 且除相差一个非零常数外, 它们的最大公因式是唯一确定的; $f(x)$ 和 $g(x)$ 在 $\mathbb{F}[x]$

中的最大公因式 $d(x)$ 可表为 $f(x)$ 与 $g(x)$ 的一个组合, 即存在 $u(x), v(x) \in \mathbb{F}[x]$ 使得

$$d(x) = u(x)f(x) + v(x)g(x). \tag{6.9}$$

证明 如果 $f(x)$ 和 $g(x)$ 之中有一个为 0, 譬如 $g(x) = 0$, 那么 $f(x)$ 就是它们的最大公因式, 且 $f(x) = 1 \cdot f(x) + 1 \cdot 0$, 即 (6.9) 式成立.

如果 $g(x) \neq 0$, 按带余除法, 首先有

$$f(x) = q(x)g(x) + r(x);$$

如果 $r(x) \neq 0$, 再用 $r(x)$ 除 $g(x)$ 又有

$$g(x) = q_1(x)r(x) + r_1(x);$$

如果 $r_1(x) \neq 0$, 那么

$$r(x) = q_2(x)r_1(x) + r_2(x);$$

如此辗转相除下去

$$\cdots\cdots$$

$$r_{s-2}(x) = q_s(x)r_{s-1}(x) + r_s(x),$$

$$r_{s-1}(x) = r_s(x)q_{s+1}(x).$$

最后一式说明 $r_{s+1}(x) = 0$, 这是因为 $\deg g(x) > \deg r(x) > \deg r_1(x) > \cdots$, 经有限次必有某个 s 使 $r_s(x)|r_{s-1}(x)$. 由定义知 $r_s(x)$ 是 $r_{s-1}(x)$ 与 $r_s(x)$ 的一个最大公因式. 反复应用引理 6.1 可知 $r_s(x)$ 也是 $f(x)$ 与 $g(x)$ 的一个最大公因式. 令 $d(x) = r_s(x)$, 这证明了最大公因式的存在性.

由引理 6.1 知 $f(x)$ 与 $g(x)$ 的最大公因式 $d(x)$, 即 $r_{s-1}(x)$ 与 $r_s(x)$ 的最大公因式, 即 $r_s(x)$. 易见 $r_s(x)$ 可写成 $r_{s-2}(x)$ 与 $r_{s-1}(x)$ 之组合, 即

$$d(x) = r_s(x) = r_{s-2}(x) - q_s(x)r_{s-1}(x).$$

再将 $r_{s-1}(x)$ 写成 $r_{s-2}(x)$ 与 $r_{s-3}(x)$ 的组合, 即

$$r_{s-1}(x) = r_{s-3}(x) - q_{s-1}(x)r_{s-2}(x),$$

$$\cdots\cdots$$

$$r_1(x) = g(x) - q_1(x)r(x),$$

$$r(x) = f(x) - q(x)g(x).$$

将这组式子中第二个代入第一个, 整理后再将第三个代入, $\cdots$, 依次下去最终可将 $d(x)$ 写成 $f(x)$ 与 $g(x)$ 的组合.

设 $d_1(x)$ 及 $d_2(x)$ 为 $f(x)$ 和 $g(x)$ 的两个最大公因式, 于是由定义 6.5 有 $d_1(x)|d_2(x)$ 及 $d_2(x)|d_1(x)$, 故根据整除的对称性的充要条件知 $d_1(x)=cd_2(x), 0\neq c\in\mathbb{F}$, 这证明了唯一性. □

当 $f(x)\neq 0$ 或 $g(x)\neq 0$ 时, $f(x)$ 和 $g(x)$ 的最大公因式 $d(x)\neq 0$, 此时我们约定用记号 $(f(x),g(x))$ 表示 $f(x)$ 和 $g(x)$ 的首项系数为 1 的最大公因式. 如果 (6.9) 式成立, $d(x)$ 一定是 $f(x)$ 与 $g(x)$ 的最大公因式吗? 答案是未必, 例如, $f(x)=x-1, g(x)=x+1, u(x)=v(x)=1, d(x)=2x$. 此时 (6.9) 式成立, 但显然 $2x$ 不是 $x+1$ 与 $x-1$ 的最大公因式.

上述定理的证明实际上已经给出求两个多项式 $f(x)$ 和 $g(x)$ 的最大公因式的方法, 这个方法称为**辗转相除法**, 我们可以用下面的形式表示:

$q_1(x)$	$g(x)$	$f(x)$	$q(x)$
	$r(x)q_1(x)$	$g(x)q(x)$	
	$r_1(x)$	$r(x)$	$q_2(x)$
	$\vdots$	$\vdots$	

例 6.4 求 $(f(x),g(x))$ 及 $u(x),v(x)$ 使

$$(f(x),g(x))=u(x)f(x)+v(x)g(x),$$

其中 $f(x)=x^3+2x^2-5x-6, g(x)=x^2+x-2$.

解 用辗转相除法, 有

$-\dfrac{1}{4}x$	x^2+x-2	x^3+2x^2-5x-6	$x+1$
$=q_1(x)$	x^2+x	x^3+x^2-2x	$=q(x)$
	$r_1(x)=-2$	x^2-3x-6	
		x^2+x-2	
		$r(x)=-4x-4$	$2x+2$
		$-4x-4$	$=q_2(x)$
		$r_2(x)=0$	

易见 $(f(x),g(x))=1$, 由

$$r(x)=f(x)-g(x)q(x)=f(x)-g(x)(x+1),$$
$$-2=r_1(x)=g(x)-r(x)q_1(x)=g(x)-[f(x)-g(x)(x+1)]\left(-\frac{1}{4}x\right)$$

$$= \frac{1}{4}xf(x) + \left(-\frac{1}{4}x^2 - \frac{1}{4}x + 1\right)g(x),$$

于是有

$$1 = -\frac{x}{8}f(x) + \left(\frac{x^2}{8} + \frac{x}{8} - \frac{1}{2}\right)g(x),$$

即得 $u(x) = -\frac{x}{8}, v(x) = \frac{1}{8}(x^2 + x - 4)$. □

6.3.2 互素多项式

现在考虑最大公因式的特殊情形，即两个互素多项式. 这与互质整数是类似的.

定义 6.6 设 $f(x), g(x) \in \mathbb{F}[x]$, 如果 $(f(x), g(x)) = 1$, 则称 $f(x)$ 与 $g(x)$**互素**.

例 6.4 中多项式 $f(x)$ 与 $g(x)$ 就是互素多项式. 很明显, 互素多项式除去零次因式外没有其他公因式, 反之亦然. 相应于定理 6.3, 我们有如下的结论.

定理 6.4 设 $f(x), g(x) \in \mathbb{F}[x]$, 则 $f(x)$ 与 $g(x)$ 互素的充要条件是存在 $u(x), v(x) \in \mathbb{F}[x]$ 使得

$$u(x)f(x) + v(x)g(x) = 1. \tag{6.10}$$

证明 必要性. 由定理 6.3 直接推出. 反之, 如果 (6.10) 式成立, 设 $d(x)$ 是 $f(x)$ 与 $g(x)$ 的最大公因式, 于是 $d(x)|f(x), d(x)|g(x)$, 由 (6.10) 易见 $d(x)|1$, 故 $d(x)$ 必为非 0 常数, 从而 $f(x)$ 与 $g(x)$ 互素. 这证明了充分性. □

推论 6.4 若 $f(x)|g(x)h(x)$, 且 $(f(x), g(x)) = 1$, 则 $f(x)|h(x)$.

证明 由 $(f(x), g(x)) = 1$ 知存在多项式 $u(x)$ 及 $v(x)$ 使得

$$u(x)f(x) + v(x)g(x) = 1.$$

等式两边乘以 $h(x)$ 得

$$u(x)f(x)h(x) + v(x)g(x)h(x) = h(x),$$

由 $f(x)|g(x)h(x)$ 可知 $f(x)$ 整除上式左端, 从而也整除右端, 即 $f(x)|h(x)$. □

推论 6.5 如果 $f(x)|h(x), g(x)|h(x)$, 且 $(f(x), g(x)) = 1$, 则 $f(x)g(x)|h(x)$.

证明 由 $g(x)|h(x)$ 可知存在 $h_1(x)$ 使得 $g(x)h_1(x) = h(x)$, 由 $f(x)|h(x)$ 知 $f(x)|g(x)h_1(x)$. 已知 $(f(x), g(x)) = 1$, 利用推论 6.4 有 $f(x)|h_1(x)$, 从而 $f(x)g(x)|g(x)h_1(x)$, 即 $f(x)g(x)|h(x)$. □

上面最大公因式与互素的概念都是对两个多项式讨论的, 其实可以把它们推广到任意有限个多项式的情形.

定义 6.7 设 $f_1(x), f_2(x), \cdots, f_k(x)(k \geqslant 2)$ 及 $d(x)$ 都是 $\mathbb{F}[x]$ 中多项式, 如果 $d(x)$ 满足如下两个条件:

(1) $d(x)|f_i(x), 1 \leqslant i \leqslant k$;

(2) 若 $h(x)|f_i(x), 1 \leqslant i \leqslant k$, 则 $h(x)|d(x)$,

则称 $d(x)$ 为 $f_1(x), f_2(x), \cdots, f_k(x)$ 的一个最大公因式.

当 $f_1(x), f_2(x), \cdots, f_k(x)$ 不全为 0 时, 我们仍用记号 $(f_1(x), f_2(x), \cdots, f_k(x))$ 表示首项系数为 1 的最大公因式. 当 $(f_1(x), f_2(x), \cdots, f_k(x)) = 1$ 时, 称 $f_1(x), f_2(x), \cdots, f_k(x)$**互素**.

定理 6.5 $\mathbb{F}[x]$ 中任意 k 个多项式 $f_1(x), f_2(x), \cdots, f_k(x)$ 都存在最大公因式 $d(x)$, 并且有 $u_1(x), u_2(x), \cdots, u_k(x) \in \mathbb{F}[x]$ 使得 $f_1(x)u_1(x) + f_2(x)u_2(x) + \cdots + f_k(x)u_k(x) = d(x)$.

定理 6.6 $\mathbb{F}[x]$ 中 k 个多项式 $f_1(x), f_2(x), \cdots, f_k(x)$ 互素的充要条件是存在 $u_1(x), u_2(x), \cdots, u_k(x) \in \mathbb{F}[x]$, 使得 $f_1(x)u_1(x) + f_2(x)u_2(x) + \cdots + f_k(x)u_k(x) = 1$.

以上两个定理的证明留给读者.

练 习 6.3

6.3.1 求 $(f(x), g(x))$, 且求 $u(x), v(x)$ 使 $(f(x), g(x)) = u(x)f(x) + v(x)g(x)$.

(1) $f(x) = x^4 + 3x^3 - x^2 - 4x - 3, g(x) = 3x^3 + 10x^2 + 2x - 3$;

(2) $f(x) = x^4 + 2x^3 - 4x - 4, g(x) = x^4 + 2x^3 - x^2 - 4x - 2$.

6.3.2 设 $f(x), g(x)$ 不全为 0 且 $u(x)f(x)+v(x)g(x)=(f(x),g(x))$, 证明: $(u(x), v(x))=1$.

6.3.3 设 $(f(x), g(x)) = (f(x), h(x)) = 1$, 证明: $(f(x), g(x)h(x)) = 1$.

6.3.4 若多项式 $f(x), g(x), h(x)$ 互素, 那么 $f(x), g(x)$ 一定互素吗?

6.3.5 设 $d(x) = u(x)f(x) + v(x)g(x)$, 证明: $d(x)$ 为 $f(x)$ 与 $g(x)$ 的最大公因式的充要条件是 $d(x)|f(x)$ 且 $d(x)|g(x)$.

6.3.6 证明: $\left(1 + x + \dfrac{x^2}{2!} + \cdots + \dfrac{x^{n-1}}{(n-1)!}, 1 + x + \dfrac{x^2}{2!} + \cdots + \dfrac{x^{n-1}}{(n-1)!} + \dfrac{x^n}{n!}\right) = 1.$

6.4 因式分解

在中学已知道一些因式分解方法, 能把一个多项式分解成不能再分的因式的乘积, 但是如下两个问题并未解决: ①什么叫不能再分的多项式? ②每个多项式是否都能分解成不能再分的多项式之积, 分法是否唯一? 本节就来讨论这两个问题.

6.4.1 不可约多项式

定义 6.8 设 $p(x) \in \mathbb{F}[x]$ 且 $\deg p(x) \geqslant 1$, 如果 $p(x)$ 不能表示为 $\mathbb{F}[x]$ 中两个次数小于 $\deg p(x)$ 的多项式的乘积, 则称 $p(x)$ 为 $\mathbb{F}[x]$ 中**不可约多项式**, 或称 $p(x)$

在 $\mathbb{F}$ 上不可约; 否则称 $p(x)$ **在 $\mathbb{F}$ 上可约**.

例如, x^2-2 在有理数域上是不可约的. 事实上, 若 $x^2-2=(x-a)(x-b)$, 则 $ab=-2, a+b=0$, 于是 $a^2=2$, 无有理数 a 满足此式. 但在实数域或复数域上是可约的, 事实上 $x^2-2=(x+\sqrt{2})(x-\sqrt{2})$. 又如易证 x^2+1 在有理数域或实数域上是不可约的, 但在复数域上是可约的, 我们有 $x^2+1=(x+\mathrm{i})(x-\mathrm{i})$. 由这些例子可知**一个多项式是否可约和数域有很大关系**.

从上述定义可以看出:

(1) 任意一次多项式总是不可约的;

(2) 设 $p(x)\in\mathbb{F}[x]$ 且 $\deg p(x)\geqslant 1$, 则 $p(x)$ 在 $\mathbb{F}$ 上不可约当且仅当 $p(x)$ 的因式只有非零常数 $c\in\mathbb{F}$ 或 $cp(x)$.

进一步又可以证明如下结论.

命题 6.1 设 $p(x), f(x)\in\mathbb{F}[x]$, 且 $p(x)$ 不可约, 则 $p(x)|f(x)$ 或 $(p(x), f(x))=1$.

证明 设 $(p(x), f(x))=d(x)$, 则 $d(x)|p(x)$, 由 $p(x)$ 不可约知 $d(x)=c$ 或 $d(x)=cp(x)$, 其中 $0\neq c\in\mathbb{F}$. 如果 $d(x)=c$, 则 $(p(x), f(x))=1$; 如果 $d(x)=cp(x)$, 则由 $d(x)|f(x)$ 知 $p(x)|f(x)$. □

命题 6.2 设 $p(x), f(x), g(x)\in\mathbb{F}[x]$, $p(x)$ 不可约, 且 $p(x)|f(x)g(x)$, 则 $p(x)|f(x)$ 或 $p(x)|g(x)$.

证明 如果 $p(x)|f(x)$, 则结论被证; 如果 $p(x)\nmid f(x)$, 则由命题 6.1 知 $(p(x), f(x))=1$, 再由推论 6.4 知 $p(x)|g(x)$. □

命题 6.3 设 $p(x)$ 不可约且 $p(x)|f_1(x)f_2(x)\cdots f_k(x)$, 则存在某个 i 使 $p(x)|f_i(x)$.

这可以用数学归纳法去证, 留给读者完成.

6.4.2 因式分解定理

定理 6.7 (因式分解唯一性定理) 数域 $\mathbb{F}$ 上每个次数 $\geqslant 1$ 的多项式 $f(x)$ 都可以分解为 $\mathbb{F}$ 上不可约多项式的连乘积, 如果有如下两个分解

$$f(x)=p_1(x)p_2(x)\cdots p_k(x)=q_1(x)q_2(x)\cdots q_t(x), \tag{6.11}$$

其中 $p_1(x), p_2(x), \cdots, p_k(x)$ 及 $q_1(x), q_2(x), \cdots, q_t(x)$ 均不可约, 则 $k=t$, 且适当排序后有 $p_i(x)=c_iq_i(x), 0\neq c_i\in\mathbb{F}, i=1,2,\cdots,k$.

证明 先证分解的存在性. 对 $\deg f(x)=n$ 用第二归纳法.

当 $n=1$ 时, $f(x)$ 是不可约的, 结论显然成立. 又假设对次数小于 n 的多项式结论成立, 我们看 n 次多项式 $f(x)$. 如果 $f(x)$ 不可约, 定理结论显然成立; 如果 $f(x)$ 可约, 即有

$$f(x)=f_1(x)f_2(x), \tag{6.12}$$

其中 $f_1(x), f_2(x)$ 的次数都低于 $f(x)$ 的次数 n, 于是由归纳假设知 $f_1(x)$ 和 $f_2(x)$ 都可以分解为 $\mathbb{F}$ 上不可约多项式的连乘积, 把这些分解式代入 (6.12) 式可知 $f(x)$ 分解为不可约多项式的连乘积, 存在性得证.

再证分解的唯一性, 设 (6.11) 成立. 仍然对 $f(x)$ 的次数 n 作数学归纳法. 显然 $n=1$ 时, $f(x)$ 不可约, $f(x)=p_1(x)=q_1(x)$, 即唯一性成立. 现假设对次数小于 n 的多项式唯一性成立. 设 n 次多项式 $f(x)$ 有如 (6.11) 的两种分解, 我们来证唯一性.

若 $k=1$, 则 $f(x)=p_1(x)=q_1(x)$. 若 $k>1$, 由 (6.11) 知 $p_1(x)|q_1(x)q_2(x)\cdots q_t(x)$. 由命题 6.3, 不妨设 $p_1(x)|q_1(x)$. 因 $q_1(x)$ 也是不可约多项式, 故 $p_1(x)=c_1q_1(x), 0\neq c_1\in\mathbb{F}$. 将此等式代入 (6.11) 则有

$$c_1q_1(x)p_2(x)\cdots p_k(x)=q_1(x)q_2(x)\cdots q_t(x).$$

由消去律可得

$$c_1p_2(x)\cdots p_k(x)=q_2(x)\cdots q_t(x)=g(x).$$

由于 $\deg g(x)<n$, 可由归纳假设知 $k-1=t-1$, 从而 $k=t$, 并且适当交换顺序后有 $p_i(x)=c_iq_i(x), 0\neq c_i\in\mathbb{F}, i=2,\cdots,k$. 综上, 唯一性得证. □

应该指出, 上述定理仅说明因式分解的存在性和唯一性, 并未给出具体的分解方法, 当然这并不影响定理在理论上的重要性. 在 $f(x)$ 的分解式中把每一个不可约因式的首项系数提出来, 再把相同的不可约因式合并, 则可写成如下形式:

$$f(x)=cp_1^{r_1}(x)p_2^{r_2}(x)\cdots p_k^{r_k}(x), \tag{6.13}$$

其中 c 为 $f(x)$ 的首项系数, $p_1(x), p_2(x),\cdots,p_k(x)$ 是互异的首项系数为 1 的不可约多项式, $r_1, r_2,\cdots,r_k$ 为正整数, 称这种分解式为 $f(x)$ 的**标准分解式**. 其实把正整数 ($\neq 1$) 分解成质数幂的连乘积与此是类似的数学理论.

如果有了 $f(x)$ 及 $g(x)$ 的标准分解式, 我们可以用其来表示 $(f(x), g(x))$.

定理 6.8 设 $f(x), g(x)$ 都是 $\mathbb{F}[x]$ 中非零多项式, 又有如下的分解式

$$f(x)=ap_1^{r_1}(x)p_2^{r_2}(x)\cdots p_k^{r_k}(x),\ r_i\geqslant 0,\ i=1,2,\cdots,k$$
$$g(x)=bp_1^{t_1}(x)p_2^{t_2}(x)\cdots p_k^{t_k}(x),\ t_i\geqslant 0,$$

其中 $p_1(x), p_2(x),\cdots,p_k(x)$ 是互异的首项系数为 1 的不可约多项式, 则

$$(f(x), g(x))=\prod_{i=1}^{k}p_i(x)^{\min(r_i,t_i)}. \tag{6.14}$$

证明 为证 (6.14) 式, 只需证明: ① (6.14) 式右端是 $f(x)$ 及 $g(x)$ 的公因式; ② $f(x), g(x)$ 的任意公因式 $d(x)$ 能整除 (6.14) 式右端. 根据 $f(x)$ 及 $g(x)$ 的分解式前一结论是显然的. 为证后一结论, 设 $d(x)=cp_1^{s_1}(x)p_2^{s_2}(x)\cdots p_k^{s_k}(x), s_k\geqslant 0$. 由于

$d(x)|f(x)$, 故有 $s_i \leqslant r_i, i=1,2,\cdots,k$. 又由于 $d(x)|g(x)$, 又有 $s_i \leqslant t_i, i=1,2,\cdots,k$. 这推出 $s_i \leqslant \min(r_i,t_i)$, $i=1,2,\cdots,k$. 于是 $d(x)\left|\prod\limits_{i=1}^{k} p_i^{\min(r_i,t_i)}(x)\right.$, ②得证. □

练 习 6.4

6.4.1 设 $\deg f(x) \geqslant 1$, 证明 $f(x)$ 的次数 $\geqslant 1$ 的因式中次数最低者必不可约.

6.4.2 对于 $\mathbb{F}[x]$ 中两个不可约多项式 $p(x)$ 及 $q(x)$, 若 $p(x)|q(x)$, 证明 $p(x)=cq(x)$, 其中 $0 \neq c \in \mathbb{F}$.

6.4.3 设 $\deg p(x) \geqslant 1$, 如果对任意多项式 $f(x)$ 必有 $p(x)|f(x)$ 或 $(p(x),f(x))=1$, 证明 $p(x)$ 不可约.

6.4.4 设 $\deg p(x) > 0$, 如果对满足 $p(x)|f(x)g(x)$ 的任意 $f(x)$ 及 $g(x)$ 必有 $p(x)|f(x)$ 或 $p(x)|g(x)$, 证明 $p(x)$ 不可约.

6.5 重 因 式

由多项式的标准分解式, 如果能知道 $f(x)$ 的首项系数及每一个不可约因式, 并且知道它在分解式中重复的次数, 我们就可以写出这个多项式. 看一个例子.

例 6.5 求首项系数是 1, 常数项是 $\dfrac{3}{2}$ 的有理系数四次多项式 $f(x)$, 使它有因式 $(2x-1)^3$.

解 根据因式分解定理可写

$$f(x)=a(2x-1)^3(x-b),$$

由已知条件可知 $8a=1$ 及 $\dfrac{3}{2}=ab$, 从而有

$$a=\frac{1}{8}, \quad b=12,$$

于是可算出

$$f(x)=x^4-\frac{27}{2}x^3+\frac{75}{4}x^2-\frac{73}{8}x+\frac{3}{2}.$$ □

定义 6.9 设 $p(x)$ 为 $\mathbb{F}$ 上不可约多项式, k 为非负整数, 如果 $p^k(x)|f(x)$, 而 $p^{k+1}(x)\nmid f(x)$, 则称 $p(x)$ 为多项式 $f(x)$ 的 k **重因式**, 此时记 $p^k(x)\|f(x)$. 当 $k=1$ 时, 称 $p(x)$ 为 $f(x)$ 的**单因式**, 当 $k \geqslant 2$ 时, 称 $p(x)$ 为多项式 $f(x)$ 的**重因式**.

在上面的定义中, 当 $k=0$ 时, $p(x)\nmid f(x)$, 但 $p^0(x)|f(x)$.

不依赖于因式分解, 如何确定多项式有无重因式? 为此我们定义形式导数.

定义 6.10 设 $f(x)=a_nx^n+a_{n-1}x^{n-1}+a_{n-2}x^{n-2}+\cdots+a_1x+a_0$, 则 $f'(x)=na_nx^{n-1}+(n-1)a_{n-1}x^{n-2}+(n-2)a_{n-2}x^{n-3}+\cdots+a_1$ 称为 $f(x)$ 的**导数**.

$f'(x)$ 的导数称为 $f(x)$ 的**二阶导数**, 记作 $f''(x)$ 或 $f^{(2)}(x)$. 一般地, $f(x)$ 的 $k-1$ 阶导数的导数称为 $f(x)$ 的 k **阶导数**, 记 $f^{(k)}(x)=[f^{(k-1)}(x)]'$.

按上述定义容易证明如下求导公式:

(1) $[f(x)+g(x)]'=f'(x)+g'(x)$;

(2) $[f(x)g(x)]'=f'(x)g(x)+g'(x)f(x)$;

(3) $[cf(x)]'=cf'(x)$;

(4) $[f^k(x)]'=kf^{k-1}(x)f'(x)$, k 是一个正整数.

定理 6.9 设不可约多项式 $p(x)$ 是 $f(x)$ 的一个 $k(\geqslant 1)$ 重因式, 则 $p(x)$ 是 $f'(x)$ 的 $k-1$ 重因式.

证明 因为 $p(x)$ 是 $f(x)$ 的 k 重因式, 所以

$$f(x)=p^k(x)g(x),$$

且 $p(x)\nmid g(x)$.

求 $f(x)$ 的导数

$$f'(x)=p^k(x)g'(x)+kp^{k-1}(x)p'(x)g(x)=p^{k-1}(x)[p(x)g'(x)+kp'(x)g(x)].$$

为证明 $p(x)$ 是 $f'(x)$ 的 $k-1$ 重因式, 只需证明 $p(x)$ 不能整除上式括号里的第二项. 实际上由已知 $p(x)\nmid g(x)$, 又看次数知 $p(x)\nmid kp'(x)$, 从而知 $p(x)\nmid kp'(x)g(x)$. □

定理 6.9 的逆命题成立吗? (思考题)

推论 6.6 不可约多项式 $p(x)$ 是 $f(x)$ 的重因式当且仅当 $p(x)$ 是 $f(x)$ 与 $f'(x)$ 的公因式.

证明 由定理 6.9, $p(x)$ 是 $f(x)$ 的重因式, 则必是 $f'(x)$ 的因式, 因而 $p(x)$ 是 $f(x)$ 与 $f'(x)$ 的公因式. 反之, 若 $p(x)$ 是 $f(x)$ 的单因式, 则它不是 $f'(x)$ 的因式. 于是 $p(x)$ 就不是 $f(x)$ 与 $f'(x)$ 的公因式, 与已知矛盾, 故 $p(x)$ 是 $f(x)$ 的重因式. □

推论 6.7 多项式 $f(x)$ 无重因式当且仅当 $(f(x),f'(x))=1$.

证明 若 $p(x)$ 是 $f(x)$ 的重因式, 由推论 6.6 知 $p(x)|(f(x),f'(x))$, 从而 $p(x)|1$, 这不可能, 于是充分性得证.

下证必要性. 若 $f(x)$ 无重因式, 设 $f(x)=cp_1(x)p_2(x)\cdots p_k(x)$ 为其标准分解式, 而

$$\frac{1}{c}f'(x)=p_1'(x)p_2(x)\cdots p_k(x)+p_1(x)p_2'(x)\cdots p_k(x)+\cdots+p_1(x)\cdots p_{k-1}(x)p_k'(x).$$

易见 $p_1(x)\nmid f'(x),p_2(x)\nmid f'(x),\cdots,p_k(x)\nmid f'(x)$, 故 $(f(x),f'(x))=1$. □

推论 6.8 如果 $p(x)$ 是 $f(x)$ 的 k 重因式, 则 $p(x)$ 是 $f'(x),f^{(2)}(x),\cdots,f^{(k-1)}(x)$ 的因式, 但不是 $f^{(k)}(x)$ 的因式.

证明　反复利用定理 6.9 可证. □

设 $g(x), f(x) \in \mathbb{F}[x]$, 若 $g(x)|f(x)$, 且 $g(x) \neq 0$, 则可用 $\dfrac{f(x)}{g(x)}$ 来表示 $g(x)$ 除 $f(x)$ 所得的商式.

定理 6.10　设 $\mathbb{F}[x]$ 中的 $f(x)$ 有如下标准分解式

$$f(x) = cp_1^{r_1}(x)p_2^{r_2}(x)\cdots p_k^{r_k}(x),$$

其中 $p_i(x)$ 是首 1 不可约多项式, $r_i \geqslant 1, i = 1, 2, \cdots, k$, 则

$$(f(x), f'(x)) = p_1^{r_1-1}(x)p_2^{r_2-1}(x)\cdots p_k^{r_k-1}(x),$$

$$\frac{f(x)}{(f(x), f'(x))} = cp_1(x)p_2(x)\cdots p_k(x).$$

证明　由定理易知 $p_i^{r_i-1}(x)\|f'(x)$, 于是有

$$p_i^{r_i-1}(x)\|(f(x), f'(x)), \quad i = 1, 2, \cdots, k.$$ □

例 6.6　设 $f(x) = x^4 + x^3 - 3x^2 - 5x - 2$, 求一个首 1 的没有重因式的多项式 $g(x)$, 使 $g(x)$ 与 $f(x)$ 有相同的不可约因式, 并在有理数域上将 $f(x)$ 彻底分解.

解　$f'(x) = 4x^3 + 3x^2 - 6x - 5$, 用辗转相除法求得

$$(f(x), f'(x)) = (x+1)^2.$$

于是 $g(x) = \dfrac{f(x)}{(f(x), f'(x))} = (x+1)(x-2)$, 从而 $f(x) = (x+1)^3(x-2)$. □

练　习　6.5

6.5.1　判断下列多项式有无重因式, 如果有求其重数.

(1) $f(x) = x^3 - x^2 - x + 1$;

(2) $f(x) = 1 + x + \dfrac{x^2}{2!} + \cdots + \dfrac{x^n}{n!}$;

(3) $f(x) = x^5 - 10x^3 - 20x^2 - 15x - 4$.

6.5.2　a, b 满足什么条件有理多项式 $x^3 + 3ax + b$ 有重因式?

6.5.3　如果实系数多项式在实数域上无重因式, 证明它在复数域上也无重因式.

6.5.4　如果 $p(x)$ 是 $f'(x)$ 的 $k-1$ 重因式, 证明 $p(x)$ 是 $f(x)$ 的 k 重因式当且仅当 $p(x)|f(x)$.

6.6　多项式函数

前几节研究的多项式, 其实是符号形式表达式, 不妨称之为符号多项式. 另外, 还可以有一种观点, 把多项式 $f(x) = a_nx^n + a_{n-1}x^{n-1} + a_{n-2}x^{n-2} + \cdots + a_1x + a_0$

看作自变量 x 的函数. 为了与符号多项式 $f(x)$ 相混淆, 不妨把相应的多项式函数记作 $f(y)$. 其实, f 就是 $\mathbb{F}$ 到自身的映射 $y \longmapsto f(y) = a_ny^n + a_{n-1}y^{n-1} + a_{n-2}y^{n-2} + \cdots + a_1y + a_0$.

在**多项式函数**这一观点下, 多项式函数的运算恰与符号多项式的运算相对应, 即 $f(x)+g(x) \longmapsto f(y)+g(y), f(x)-g(x) \longmapsto f(y)-g(y), f(x)g(x) \longmapsto f(y)g(y)$, $f'(x) \longmapsto f'(y)$, 甚至求导规则也都能很好对应. 当 $\mathbb{F}$ 是实数域时, $f(y)$ 和 $f'(y)$ 就是数学分析中的多项式函数及其导函数.

对于多项式函数可以研究函数值及零点.

6.6.1 多项式的根

定义 6.11 $f(x)$ 是 $\mathbb{F}$ 上一个多项式 (函数), 如果当 $x = c \in \mathbb{F}$ 时, 函数值 $f(c) = 0$, 那么 c 就叫做 $f(x)$ 在 $\mathbb{F}$ 中的一个根 (其实就是 $f(x)$ 的零点).

根据上述定义, 对于零多项式来说, $\mathbb{F}$ 中每个数都是它的根; 对于零次多项式来说, $\mathbb{F}$ 中的每一个数都不是它的根. 还应指出的是 $\mathbb{F}$ 上一个多项式, 虽然次数大于 0, 但可能在 $\mathbb{F}$ 上没有根, 例如, x^2+1 在实数域上就无根.

定理 6.11 (余数定理) 用多项式 $x-c$ 除多项式 $f(x)$ 所得余式等于 $f(c)$.

证明 设用 $x-c$ 除多项式 $f(x)$ 所得商式 $q(x)$ 及余数 r, 则有

$$f(x) = (x-c)q(x) + r,$$

令 $x = c$, 得 $r = f(c)$. □

推论 6.9 c 为 $f(x)$ 之根当且仅当 $(x-c)|f(x)$.

定义 6.12 如果 $x-c$ 是 $f(x)$ 的 k 重因式 $(k \geqslant 1)$, 则称 c 为 $f(x)$ 的 k **重根**, 当 $k=1$ 时称 c 为 $f(x)$ 的**单根**.

定理 6.12 如果 k 重根按 k 个计算, 则 $\mathbb{F}$ 上一个 $n(n \geqslant 1)$ 次多项式 $f(x)$ 在 $\mathbb{F}$ 中最多有 n 个根.

证明 根据推论 6.9, 可将 $f(x)$ 写成如下形式

$$f(x) = (x-c_1)^{k_1}(x-c_2)^{k_2}\cdots(x-c_s)^{k_s}g(x),$$

其中 $c_1, c_2, \cdots, c_s$ 为 $f(x)$ 的所有不同根, 且 $k_1, k_2, \cdots, k_s$ 分别为它们的重数, $g(x)$ 在 $\mathbb{F}$ 上再没有一次因式了.

显然 $k_1 + k_2 + \cdots + k_s \leqslant n$, 这证明了结论. □

定理 6.13 如果多项式 $f(x), g(x)$ 的次数都不超过 n, 且对 $n+1$ 个不同数 $c_1, c_2, \cdots, c_{n+1}$ 有 $f(c_i) = g(c_i), i = 1, 2, \cdots, n+1$, 则 $f(x) = g(x)$.

证明 由已知得多项式 $f(x)-g(x)$ 有 $n+1$ 个不同根. 假设 $f(x)-g(x) \neq 0$, 则由定理 6.12 知 $f(x)-g(x)$ 的次数大于等于 $n+1$, 但这与 $f(x), g(x)$ 的次数都不超过 n 矛盾, 故 $f(x)-g(x)$ 是零多项式, 即 $f(x) = g(x)$. □

定理 6.14 $\mathbb{F}$ 上两个符号多项式 $f(x), g(x)$ 相等当且仅当它们作为多项式函数相等.

证明 由 $f(x) = g(x)$, 易见对于 $\mathbb{F}$ 中任意数 c 有 $f(c) = g(c)$, 即 $f(x), g(x)$ 作为多项式函数相等.

反之, 设 $f(x), g(x)$ 作为多项式函数相等, 即对任意数 $c \in \mathbb{F}$ 有 $f(c) = g(c)$, 从而 $f(c) - g(c) = 0$, 这说明 $\mathbb{F}$ 中任意数 c 都是 $f(x) - g(x)$ 之根, 由此知 $f(x) - g(x)$ 是零多项式, 即 $f(x) = g(x)$. □

这个定理说明**把多项式看成符号多项式和多项式函数是完全一致的**, 它增加了我们对多项式的了解, 使我们有两种手段研究多项式, 好处多多.

6.6.2 复系数多项式

定理 6.15 (代数基本定理) 设 $f(x)$ 为次数至少为 1 的复系数多项式, 则 $f(x)$ 至少有一个复数根.

这个定理的证明现在写可能比较长, 我们将其省略, 将来在复变函数论中有一个简短的证明.

推论 6.10 次数为 $n(\geqslant 1)$ 的复系数多项式恰好有 n 个复数根 (重根按重数计个数).

证明 反复利用代数基本定理和推论 6.9 可得. □

由复系数 n 次 $(\geqslant 1)$ 多项式 $f(x)$ 的因式分解定理可写如下表达式

$$f(x) = a(x - c_1)^{k_1}(x - c_2)^{k_2} \cdots (x - c_s)^{k_s}, \tag{6.15}$$

其中 a 为 $f(x)$ 的首项系数, $c_1, c_2, \cdots, c_s$ 为互不相等的复数, $k_1, k_2, \cdots, k_s$ 为正整数, 且显然有 $k_1 + k_2 + \cdots + k_s = n$.

表达式 (6.15) 只是一个存在性表述, 并不意味着我们有方法求任意一个复系数多项式的所有根.

如果在 (6.15) 式中把 n 个根写成 $\alpha_1, \alpha_2, \cdots, \alpha_n$(可以相等), 又设

$$f(x) = a_n x^n + a_{n-1}x^{n-1} + a_{n-2}x^{n-2} + \cdots + a_1 x + a_0 = a_n(x - \alpha_1)(x - \alpha_2) \cdots (x - \alpha_n), \tag{6.16}$$

其中 $a_n \neq 0$. 利用 (6.16) 式, 对比两端各项系数, 可得**根与系数的关系**, 即**韦达公式**如下

$$\begin{aligned}
-\frac{a_{n-1}}{a_n} &= \alpha_1 + \alpha_2 + \cdots + \alpha_n, \\
\frac{a_{n-2}}{a_n} &= \alpha_1\alpha_2 + \alpha_1\alpha_3 + \cdots + \alpha_{n-1}\alpha_n, \\
-\frac{a_{n-3}}{a_n} &= \alpha_1\alpha_2\alpha_3 + \alpha_1\alpha_2\alpha_4 + \cdots + \alpha_{n-2}\alpha_{n-1}\alpha_n,
\end{aligned}$$

$$\cdots\cdots$$

$$(-1)^n\frac{a_0}{a_n}=\alpha_1\alpha_2\cdots\alpha_n.$$

上述公式中第 k 个等式右端是一切可能的 k 个根的乘积的和.

6.6.3 实系数多项式

定理 6.16 (虚根成对定理) 设 $f(x)$ 为实系数多项式, 次数 $n\geqslant 1$, 若 $c=a+bi$ 是 $f(x)$ 的一个虚根, 则 c 的共轭复数 $\overline{c}=a-bi$ 也是 $f(x)$ 的根, 且根 c 的重数与 $\overline{c}$ 的重数相同.

证明 设 $f(x)=a_nx^n+a_{n-1}x^{n-1}+a_{n-2}x^{n-2}+\cdots+a_1x+a_0$, 由于 c 是 $f(x)$ 的根, 所以有

$$a_nc^n+a_{n-1}c^{n-1}+a_{n-2}c^{n-2}+\cdots+a_1c+a_0=0,$$

两边取共轭有

$$a_n\overline{c}^n+a_{n-1}\overline{c}^{n-1}+a_{n-2}\overline{c}^{n-2}+\cdots+a_1\overline{c}+a_0=0.$$

这意味着 $\overline{c}$ 是 $f(x)$ 之根, 这证明了前一结论. 为证后一结论, 设 $f(x)=(x-c)(x-\overline{c})f_1(x)$, 很明显, $(x-c)(x-\overline{c})$ 及 $f_1(x)$ 均为实系数多项式, 若又有 $f_1(c)=0$, 则由上面证明必有 $f_1(\overline{c})=0$, 再写分解式 $f_1(x)=(x-c)(x-\overline{c})f_2(x)$, 对 $f_2(x)$ 研究, $\cdots$, 最后可知根 c 的重数与 $\overline{c}$ 的重数相同. (亦可用数学归纳法证明) □

定理 6.17 (因式分解定理) 任意次数 $\geqslant 1$ 的实系数多项式 $f(x)$ 的标准分解式如下:

$$\begin{aligned}f(x)=&a(x-c_1)^{l_1}(x-c_2)^{l_2}\cdots(x-c_s)^{l_s}\\&\cdot(x^2+p_1x+q_1)^{k_1}(x^2+p_2x+q_2)^{k_2}\cdots(x^2+p_rx+q_r)^{k_r},\end{aligned}\tag{6.17}$$

其中 a 为 $f(x)$ 的首项系数, $l_1,l_2,\cdots,l_s,k_1,k_2,\cdots,k_r$ 均大于等于 1, 且 $p_j^2-4q_j<0(1\leqslant j\leqslant r),n=l_1+l_2+\cdots+l_s+2(k_1+k_2+\cdots+k_r)$, 而 $c_1,c_2,\cdots,c_s$ 为 $f(x)$ 不同的实数根, p_j,q_j 全为实数.

证明 由定理 6.15 及定理 6.16 可知 $f(x)$ 的不可约因式只有一次多项式和二次多项式, 而实系数二次多项式 ax^2+bx+c 不可约, 即不能写成两个实系数一次多项式的乘积的条件是 $b^2-4ac<0$, 于是 (6.17) 式成立. □

例 6.7 $f(x)=x^4-4x^3-24x^2+56x+52$ 的四个根成等差数列, 求这四个根.

解 设这四个根为 $\alpha-3\beta,\alpha-\beta,\alpha+\beta,\alpha+3\beta$, 则由韦达公式, 四根之和为 4, 四根的两两乘积之和为 -24, 经计算可得 $\alpha=1,\beta=\pm\sqrt{3}$, 于是四根为 $1-3\sqrt{3},1-\sqrt{3},1+\sqrt{3},1+3\sqrt{3}$. □

例 6.8 设 $f(x)=x^n-1$. 求 (1) $f(x)$ 在复数域上的标准分解式; (2) $f(x)$ 在实数域上的标准分解式.

解 $f(x)=x^n-1$ 的 n 个复根为

$$w_k=\cos\frac{2k\pi}{n}+\mathrm{i}\sin\frac{2k\pi}{n},\quad k=0,1,\cdots,n-1.$$

(1) 由上式可得 $f(x)$ 在复数域上的分解式为

$$f(x)=\prod_{k=0}^{n-1}(x-w_k)=\prod_{k=0}^{n-1}\left[x-\left(\cos\frac{2k\pi}{n}+\mathrm{i}\sin\frac{2k\pi}{n}\right)\right].$$

(2) w_k 为实数的充要条件是 $\sin\frac{2k\pi}{n}=0$. 因此, 当 $n=2m+1$ 时 $f(x)$ 只有一个实根 $w_0=1$, 并且

$$w_{n-k}=\cos\frac{2(n-k)\pi}{n}+\mathrm{i}\sin\frac{2(n-k)\pi}{n}=\cos\frac{2k\pi}{n}-\mathrm{i}\sin\frac{2k\pi}{n}=\overline{w_k},$$

从而 $(x-w_k)(x-w_{n-k})=x^2-2\left(\cos\frac{2k\pi}{n}\right)x+1$, 此时 $f(x)$ 在实数域上的标准分解式为

$$f(x)=(x-1)\prod_{k=1}^{m}\left[x^2-2\left(\cos\frac{2k\pi}{n}\right)x+1\right];$$

当 $n=2m$ 时, $f(x)$ 只有两个实根 $w_0=1,w_m=-1$, 此时 $f(x)$ 在实数域上的标准分解式为

$$f(x)=(x-1)(x+1)\prod_{k=1}^{m-1}\left[x^2-2\left(\cos\frac{2k\pi}{n}\right)x+1\right].$$ □

练 习 6.6

6.6.1 求 x^8-1 在实数域上的标准分解式.

6.6.2 求 a 使 -1 是 $f(x)=x^5-ax^2-ax+1$ 的二重根.

6.6.3 证明: 奇数次实系数多项式至少有一个实根.

6.6.4 设 $f(x)=x^3+ax^2+bx+c$ 的三个非零根为 α,β,γ, 求以 $\frac{\alpha}{\beta\gamma},\frac{\beta}{\alpha\gamma},\frac{\gamma}{\alpha\beta}$ 为根的三次多项式.

6.6.5 设 $f(x)|f(x^n)$, 且 $n>1$. 证明: $f(x)$ 的非零根必为单位根.

6.7 有理系数多项式

6.6 节已经得到复系数多项式及实系数多项式的标准分解式. 我们知道复系数多项式是不可约的当且仅当它是一次因式; 而实系数多项式不可约当且仅当它是一

次式或判别式小于零的二次式. 本节研究有理系数多项式, 鉴于情况的复杂性本节只想解决如下三个问题: ①将多项式在有理数域上可约性的研究转移到整系数多项式上; ②给出整系数多项式求有理根的方法; ③证明存在任意次数的有理系数的不可约多项式.

首先给出一个重要概念.

定义 6.13 如果整系数多项式 $f(x)$ 的各项系数互质, 则称 $f(x)$ 为本原多项式.

为了解决第一个问题, 需要如下结论.

引理 6.2 (高斯引理) 两个本原多项式的乘积是本原多项式.

证明 设

$$f(x) = a_n x^n + a_{n-1}x^{n-1} + a_{n-2}x^{n-2} + \cdots + a_1 x + a_0,$$
$$g(x) = b_m x^m + b_{m-1}x^{m-1} + b_{m-2}x^{m-2} + \cdots + b_1 x + b_0$$

是两个本原多项式. 假设

$$f(x)g(x) = c_{n+m}x^{n+m} + c_{n+m-1}x^{n+m-1} + c_{n+m-2}x^{n+m-2} + \cdots + c_1 x + c_0$$

不是本原多项式, 那么必有质数 p 是其系数 $c_0, c_1, \cdots, c_{n+m}$ 的公因数. 因为 $f(x)$ 是本原多项式, 所以 p 不能整除 $f(x)$ 的所有系数, 不妨设

$$p|a_0, \quad p|a_1, \cdots, p|a_{i-1}, \quad p \nmid a_i.$$

同样因为 $g(x)$ 也是本原多项式, 又可设

$$p|b_0, \quad p|b_1, \cdots, p|b_{j-1}, \quad p \nmid b_j.$$

看 $f(x)g(x)$ 的 $i+j$ 次项的系数

$$c_{i+j} = a_0 b_{i+j} + \cdots + a_{i-1}b_{j+1} + a_i b_j + a_{i+1}b_{j-1} + \cdots + a_{i+j}b_0.$$

在上式中 $p|c_{i+j}$, 又 p 能整除右端除 $a_i b_j$ 外的所有项, 因此 $p|a_i b_j$. 但因为 p 是质数, 故推出 $p|a_i$ 或 $p|b_j$, 这与假设矛盾, 所以 $f(x)g(x)$ 是本原多项式. □

定理 6.18 设 $f(x)$ 是次数为 n 的整系数多项式, 如果 $f(x)$ 在有理数域上可约, 则它就可分解成次数较低的两个整系数多项式之积.

证明 设 $f(x) = g(x)h(x)$, 其中 $g(x)$ 和 $h(x)$ 都是次数小于 n 的有理系数多项式.

显然有 $g(x) = ag_1(x), h(x) = bh_1(x)$, 其中 a, b 为有理数, $g_1(x)$ 及 $h_1(x)$ 为本原多项式, 从而

$$f(x) = \frac{r}{s} g_1(x)h_1(x),$$

其中 $ab = \frac{r}{s}$, 且 r 与 s 为互质整数, $s > 0$.

由高斯引理知 $g_1(x)h_1(x)$ 是本原多项式, 又由于 $f(x)$ 是整系数多项式, 故上式右端也应为整系数多项式, 所以有 $s = 1$, 从而 $f(x) = rg_1(x)h_1(x)$, 这证明了结论. □

定理 6.18 解决了本节开始提出的问题①. 为了求出整系数多项式的一次有理不可约因式, 根据余数定理及其推论, 需要解决问题②, 我们有如下结果.

定理 6.19 设既约分数 $\frac{r}{s}$ 是整系数多项式

$$f(x) = a_nx^n + a_{n-1}x^{n-1} + a_{n-2}x^{n-2} + \cdots + a_1x + a_0$$

的一个有理根, 则 $r|a_0, s|a_n$.

证明 根据余数定理及其推论, 有

$$f\left(\frac{r}{s}\right) = a_n\left(\frac{r}{s}\right)^n + a_{n-1}\left(\frac{r}{s}\right)^{n-1} + \cdots + a_1\left(\frac{r}{s}\right) + a_0 = 0,$$

去分母得

$$a_nr^n + a_{n-1}r^{n-1}s + \cdots + a_1rs^{n-1} + a_0s^n = 0.$$

于是

$$r(a_nr^{n-1} + a_{n-1}r^{n-2}s + \cdots + a_1s^{n-1}) = -a_0s^n.$$

由 $(r, s) = 1$ 知 $r|a_0$, 再由

$$s(a_{n-1}r^{n-1} + \cdots + a_1rs^{n-2} + a_0s^{n-1}) = -a_nr^n,$$

得 $s|a_n$. □

例 6.9 求 $f(x) = 3x^4 + 5x^3 + x^2 + 5x - 2$ 的有理根.

解 由定理 6.19, $f(x)$ 的一切可能的有理根为 $\pm1, \pm2, \pm\frac{1}{3}, \pm\frac{2}{3}$, 利用综合除法验证知 $f(x)$ 的有理根为 $-2, \frac{1}{3}$. □

例 6.10 设 k 为整数, 判断 $f(x) = x^3 + kx + 1$ 在有理数域上是否可约?

解 因为 $f(x)$ 为三次多项式, 所以 $f(x)$ 在有理数域上可约当且仅当它有一次因式, 从而有有理根. 根据定理 6.19 这个有理数只可能是 ±1.

由 $f(1) = 2 + k = 0$ 求得 $k = -2$, 又由 $f(-1) = -k = 0$ 求得 $k = 0$. 所以, 当 $k = 0$ 或 -2 时 $f(x)$ 可约, 当 $k \neq 0, -2$ 时 $f(x)$ 不可约. □

为了解决本节开始提出的第三个问题, 需要先证明可约性的一个判别方法.

定理 6.20 (艾森斯坦判别法) 设整系数多项式

$$f(x) = a_nx^n + a_{n-1}x^{n-1} + \cdots + a_1x + a_0 \quad (a_n \neq 0, n \geqslant 1),$$

如果存在质数 p, 使得

(1) $p|a_{n-1}, a_{n-2}, \cdots, a_1, a_0$;

(2) $p\nmid a_n, p^2\nmid a_0$,

则 $f(x)$ 在有理数域上不可约.

证明 用反证法, 假设 $f(x)$ 在有理数域上可约, 则由定理 6.18 有分解式:

$$f(x)=(b_kx^k+\cdots+b_1x+b_0)(c_mx^m+\cdots+c_1x+c_0),$$

其中 $b_0, b_1, \cdots, b_k$ 及 $c_0, c_1, \cdots, c_m$ 都是整数, k, m 均小于 n, 且 $k+m=n$. 于是

$$a_n=b_kc_m, \quad a_0=b_0c_0.$$

因为 $p|a_0$, 所以 $p|b_0$ 或 $p|c_0$. 但 $p^2\nmid a_0$, 故 p 不能同时整除 b_0 及 c_0, 不妨设 $p|b_0$ 且 $p\nmid c_0$. 另外, 由 $p\nmid a_n$ 知 $p\nmid b_k$, 于是可设

$$p|b_0, p|b_1, \cdots, p|b_{s-1}, p\nmid b_s, \quad 1\leqslant s\leqslant k.$$

现在考察 $f(x)$ 中 x^s 的系数 a_s.

当 $m>s$ 时, $a_s=b_sc_0+b_{s-1}c_1+\cdots+b_0c_s$;

当 $m\leqslant s$ 时, $a_s=b_sc_0+b_{s-1}c_1+\cdots+b_{s-m}c_m$.

由于 $s\leqslant k<n$, 故无论上面哪种情形, 由 $p|a_s$ 及 $p|b_0, \cdots, p|b_{s-1}$ 知 $p|c_0b_s$. 但 $p\nmid c_0$, 且 $p\nmid b_s$, 矛盾. 因此 $f(x)$ 在有理数域上不可约. □

例 6.11 试证: 对任意 $n\geqslant 1$ 和质数 p, x^n-p 在有理数域上均不可约.

证明 由艾森斯坦判别法, 这是显然的. □

例 6.12 证明分圆多项式 $f(x)=x^{p-1}+x^{p-2}+\cdots+x+1$ 在有理数域上不可约, 其中 p 为质数.

证明 令 $x=y+1$, 由

$$f(x)=\frac{x^p-1}{x-1}$$

得 $u(y)=f(y+1)=y^{p-1}+\mathrm{C}_p^1y^{p-2}+\cdots+\mathrm{C}_p^{p-2}y+\mathrm{C}_p^{p-1}$. 对 $u(y)$ 应用艾森斯坦判别法, 因为 $p|\mathrm{C}_p^1, p|\mathrm{C}_p^2, \cdots, p|\mathrm{C}_p^{p-1}$, 但 $p^2\nmid \mathrm{C}_p^{p-1}$ 且 $p\nmid 1$, 故 $u(y)$ 在有理数域上不可约. 如果 $f(x)$ 在有理数域上可约, 则有

$$f(x)=g(x)h(x), \quad 其中 \quad \deg g(x)\geqslant 1, \quad \deg h(x)\geqslant 1.$$

于是得 $u(y)=f(y+1)=g(y+1)h(y+1)$, 这与 $u(y)$ 在有理数域上不可约矛盾, 故 $f(x)$ 在有理数域上不可约. □

例 6.11 实际上回答了本节开始提出的问题③. 例 6.12 实际上提供了一个经未定元 x 的一次式代换, 然后利用艾森斯坦判别法判别不可约的范例, 读者可以在解答习题中运用.

练 习 6.7

6.7.1 求 $f(x)$ 的有理根. (1) $f(x)=x^3-6x^2+15x-14$; (2) $f(x)=4x^4-7x^2-5x-1$.

6.7.2 证明: $\sqrt[4]{2\times3\times5\times7}$ 是无理数.

6.7.3 判定 $f(x)$ 在有理数域上是否可约. (1) $f(x)=x^6+x^3+1$; (2) $f(x)=x^4+4kx+1$, k 是整数.

6.7.4 设 $\alpha(\neq\pm1)$ 是整系数多项式 $f(x)$ 的一个有理根, 证明: $\dfrac{f(1)}{1-\alpha}$ 及 $\dfrac{f(-1)}{1+\alpha}$ 必为整数.

6.8* 多元多项式

前面讲了一元多项式, 实际上还有多个未定元的多项式即多元多项式, 例如, x^2-y^2-1, $x^3+y^3+z^3-3xyz$, $x^n+y^n-z^n$ 等. 其实多元多项式的研究属于交换代数和代数几何这两个数学分支, 本节只是做基本概念的介绍.

设 $\mathbb{F}$ 是一个数域, $x_1,x_2,\cdots,x_n$ 是 n 个文字, $k_1,k_2,\cdots,k_n$ 都是非负整数, $a_{k_1,k_2,\cdots,k_n}\in\mathbb{F}$, 称

$$a_{k_1,k_2,\cdots,k_n}x_1^{k_1}x_2^{k_2}\cdots x_n^{k_n} \tag{6.18}$$

为一个**单项式**. 某个指数 $k_i=0$ 表示 x_i 不出现, 当所有指数全为 0 时, 相应的单项式就是**常数项** $a_{0,0,\cdots,0}\in\mathbb{F}$. $a_{k_1,k_2,\cdots,k_n}$ 称为单项式 (6.18) 的系数, 当它非零时, 称单项式 (6.18) 的**次数**为 $k_1+k_2+\cdots+k_n$. 系数为 0 的单项式称为**零单项式**, 记为 0, 并且不规定其次数. 显然每个单项式 (6.18) 都对应唯一的**指数向量**, 即 $(k_1,k_2,\cdots,k_n)$. 指数向量相同的两个单项式称为**同类项**.

定义 6.14 有限个单项式之和 (假设其中不含同类项)

$$f(x_1,x_2,\cdots,x_n)=\sum_{k_1,k_2,\cdots,k_n}a_{k_1,k_2,\cdots,k_n}x_1^{k_1}x_2^{k_2}\cdots x_n^{k_n} \tag{6.19}$$

称为 n **元多项式**, 或简称多项式, 简记为 f.

n 元多项式 f 中非零单项式的最高次数称为多项式 f 的**次数**, 记为 $\deg f$. 只含零单项式的多项式称为**零多项式**, 记为 0, 且不规定其次数. 例如,

$$f(x_1,x_2,x_3)=3x_1^2x_2x_3+2x_1^5-4x_2^2x_3-x_1x_3^2+6x_1^2x_3-x_1x_2, \tag{6.20}$$

则 $\deg f=5$.

和一元多项式一样, 对于 n 元多项式也可同样定义**相等**、**相加**、**相减**和**相乘**. 例如, 当两个单项式是同类项时, 可以**通过系数相加合并成一项**:

$$ax_1^{k_1}x_2^{k_2}\cdots x_n^{k_n}+bx_1^{k_1}x_2^{k_2}\cdots x_n^{k_n}=(a+b)x_1^{k_1}x_2^{k_2}\cdots x_n^{k_n}.$$

两个单项式相乘是把指数向量相加, 再把系数相乘.

$$ax_1^{k_1}x_2^{k_2}\cdots x_n^{k_n}bx_1^{l_1}x_2^{l_2}\cdots x_n^{l_n}=abx_1^{k_1+l_1}x_2^{k_2+l_2}\cdots x_n^{k_n+l_n}.$$

可以看出, $\mathbb{F}$ 上所有关于 $x_1,x_2,\cdots,x_n$ 的 n 元多项式的集合, 对于加、减和乘的运算是封闭的, 我们也称其为 n **元多项式环**, 记为 $\mathbb{F}[x_1,x_2,\cdots,x_n]$.

在一元多项式中, 我们经常按次数的降 (或升) 来排列各单项式的顺序. 然而在 n 元多项式中同样次数的单项式可能有很多, 所以需要一个恰当的方法来排列单项式的顺序. 下面介绍经常使用的**字典排列法**. 为此, 在指数向量的集合中定义一个**序**.

定义 6.15 对于指数向量 $\boldsymbol{\alpha}=(k_1,k_2,\cdots,k_n)$ 和 $\boldsymbol{\beta}=(l_1,l_2,\cdots,l_n)$ 来说, 如果存在 $i\leqslant n$ 使 $k_1=l_1,k_2=l_2,\cdots,k_{i-1}=l_{i-1},k_i>l_i$, 则称 $\boldsymbol{\alpha}$ 优于 $\boldsymbol{\beta}$, 记为 $\boldsymbol{\alpha}>\boldsymbol{\beta}$ (或称 $\boldsymbol{\beta}$ 弱于 $\boldsymbol{\alpha}$).

例如, (6.20) 中的多项式, 按字典排列法 (优向量对应项排在前) 应为

$$f(x_1,x_2,x_3)=2x_1^5+3x_1^2x_2x_3+6x_1^2x_3-x_1x_2-x_1x_3^2-4x_2^2x_3.$$

多项式中按字典排列法次序最前的非零项称为此多项式的**首项**.

定理 6.21 设多项式 $f(x_1,x_2,\cdots,x_n)$, $g(x_1,x_2,\cdots,x_n)$ 都是非零多项式, 则 $f(x_1,x_2,\cdots,x_n)$ 与 $g(x_1,x_2,\cdots,x_n)$ 乘积的首项等于 $f(x_1,x_2,\cdots,x_n)$ 的首项与 $g(x_1,x_2,\cdots,x_n)$ 的首项的乘积.

证明 设 $f(x_1,x_2,\cdots,x_n)$ 的首项为 $a_{\boldsymbol{\alpha}}x^{\boldsymbol{\alpha}}=a_{k_1,k_2,\cdots,k_n}x_1^{k_1}x_2^{k_2}\cdots x_n^{k_n}$, $g(x_1,x_2,\cdots,x_n)$ 的首项为 $a_{\boldsymbol{\beta}}x^{\boldsymbol{\beta}}=a_{l_1,l_2,\cdots,l_n}x_1^{l_1}x_2^{l_2}\cdots x_n^{l_n}$. 又设 f 的任意非首项的项为 $a_{\boldsymbol{\mu}}x^{\boldsymbol{\mu}},\boldsymbol{\mu}=(\mu_1,\mu_2,\cdots,\mu_n)$, g 的任意非首项的项为 $a_{\boldsymbol{\delta}}x^{\boldsymbol{\delta}},\boldsymbol{\delta}=(\delta_1,\delta_2,\cdots,\delta_n)$. 很明显 $\boldsymbol{\alpha}>\boldsymbol{\mu},\boldsymbol{\beta}>\boldsymbol{\delta}$.

乘积 $f(x_1,x_2,\cdots,x_n)g(x_1,x_2,\cdots,x_n)$ 中显然有项 $a_{\boldsymbol{\alpha}}x^{\boldsymbol{\alpha}}a_{\boldsymbol{\beta}}x^{\boldsymbol{\beta}}=a_{\boldsymbol{\alpha}}a_{\boldsymbol{\beta}}x^{\boldsymbol{\alpha}+\boldsymbol{\beta}}$, 为证结论只需证明乘积 fg 中其他任意项的指数向量小于 $\boldsymbol{\alpha}+\boldsymbol{\beta}$. 事实上, 显然有 $\boldsymbol{\alpha}+\boldsymbol{\beta}>\boldsymbol{\alpha}+\boldsymbol{\delta},\boldsymbol{\alpha}+\boldsymbol{\beta}>\boldsymbol{\mu}+\boldsymbol{\beta},\boldsymbol{\alpha}+\boldsymbol{\beta}>\boldsymbol{\mu}+\boldsymbol{\delta}$, 结论得证. □

推论 6.11 两个非零多项式的乘积仍是非零多项式.

定义 6.16 如果多项式 $f(x_1,x_2,\cdots,x_n)$ 中的所有单项式具有相同次数 m, 则称 f 是 m 次**齐次多项式**.

例如, $f(x_1,x_2)=3x_1^2+x_1x_2,g(x_1,x_2,x_3)=x_1^3+x_2^3+x_3^3$ 分别为二次齐次和三次齐次多项式.

很明显两个齐次多项式相乘仍是齐次多项式, 而且乘积的次数等于这两个多项式的次数之和.

与一元多项式一样, 多元多项式 (6.19) 也可以看成一个**多元函数**, 于是也有 $f(x_1,x_2,\cdots,x_n)$ 在 $x_1=c_1,x_2=c_2,\cdots,x_n=c_n$ 时取值为 $f(c_1,c_2,\cdots,c_n)\in\mathbb{F}$.

当 $f(c_1, c_2, \cdots, c_n) = 0$ 时, 称 $(c_1, c_2, \cdots, c_n)$ 为 f 的**零点**.

练　习　6.8

6.8.1　按字典排列法写出下列多项式.

(1) $5x_4^5x_1x_3 + x_5x_2^3 - x_1^2x_4^5 + x_2x_1^2 + x_3^6$;

(2) $x_3^2x_1x_2 + x_1x_2x_3^3 + x_1x_2^2 + 5x_1^4x_3x_2^2$.

6.8.2　设 $f(x_1, x_2, \cdots, x_n) = g(x_1, x_2, \cdots, x_n)h(x_1, x_2, \cdots, x_n)$ 是数域 $\mathbb{F}$ 上的齐次多项式. 证明: $h(x_1, x_2, \cdots, x_n)$ 及 $g(x_1, x_2, \cdots, x_n)$ 也是齐次多项式.

6.8.3　设 $f(x, y) \in \mathbb{F}[x, y]$, 如果 $f(x, x) = 0$, 证明: $(x - y)|f(x, y)$.

6.8.4　设 $f(x_1, x_2, \cdots, x_n)$ 是数域 $\mathbb{F}$ 上的 n 元多项式. 证明: $f(x_1, x_2, \cdots, x_n) = 0$ 当且仅当对 $\mathbb{F}$ 中任意一组数 $c_1, c_2, \cdots, c_n$ 皆有 $f(c_1, c_2, \cdots, c_n) = 0$.

6.9　对称多项式

本节介绍对称多项式的概念及基本定理.

定义 6.17　设 $f(x_1, x_2, \cdots, x_n)$ 是数域 $\mathbb{F}$ 上的一个 n 元多项式, 如果对 $1, 2, \cdots, n$ 的一个任意排列 $i_1, i_2, \cdots, i_n$ 总有 $f(x_1, x_2, \cdots, x_n) = f(x_{i_1}, x_{i_2}, \cdots, x_{i_n})$, 则称 $f(x_1, x_2, \cdots, x_n)$ 是对称多项式.

例如, $f(x_1, x_2, x_3) = x_1^2x_2 + x_3x_1^2 + x_2^2x_1 + x_1x_3^2 + x_2^2x_3 + x_3^2x_2$ 就是一个对称多项式.

不难验证, 对称多项式的和与积是对称多项式. 对称多项式的多项式仍是对称多项式, 也就是说如果 $f_1, f_2, \cdots, f_s$ 都是 $x_1, x_2, \cdots, x_n$ 的 n 元对称多项式, g 是 s 元多项式, 那么 $g(f_1, f_2, \cdots, f_s) = h(x_1, x_2, \cdots, x_n)$ 也是 n 元对称多项式.

定义 6.18　下列多项式

$$
\begin{aligned}
\sigma_1 &= x_1 + x_2 + \cdots + x_n, \\
\sigma_2 &= x_1x_2 + x_1x_3 + \cdots + x_{n-1}x_n, \\
&\cdots\cdots \\
\sigma_i &= \sum_{1 \leqslant k_1 < k_2 < \cdots < k_i \leqslant n} x_{k_1}x_{k_2}\cdots x_{k_i}, \\
&\cdots\cdots \\
\sigma_n &= x_1x_2\cdots x_n
\end{aligned}
$$

称为 n 元**初等对称多项式**.

很明显这些初等对称多项式与韦达公式关系密切. 其实韦达公式就是一元 n 次多项式 $f(x)$ 的 n 个根 $\alpha_1,\alpha_2,\cdots,\alpha_n$ 与 $f(x)$ 的系数的关系. 韦达公式的右端就是初等多项式在变元 $x_1=\alpha_1,\ x_2=\alpha_2,\cdots,x_n=\alpha_n$ 的值.

定理 6.22 设 $f(x_1,x_2,\cdots,x_n)$ 是一个 n 元对称多项式, 则存在唯一的 n 元多项式 $g(x_1,x_2,\cdots,x_n)$ 使得

$$f(x_1,x_2,\cdots,x_n)=g(\sigma_1,\sigma_2,\cdots,\sigma_n),$$

其中 $\sigma_1,\sigma_2,\cdots,\sigma_n$ 为 $x_1,x_2,\cdots,x_n$ 的初等对称多项式.

证明 先证明 g 的存在性. 设 f 的首项为

$$ax_1^{k_1}x_2^{k_2}\cdots x_n^{k_n}\neq 0, \tag{6.21}$$

其指数向量 $(k_1,k_2,\cdots,k_n)$ 必满足条件 $k_1\geqslant k_2\geqslant\cdots\geqslant k_n$, 否则一定有某 i 使 $k_i<k_{i+1}$, 于是对称多项式 $f(x_1,x_2,\cdots,x_n)$ 中也一定含有项

$$ax_1^{k_1}\cdots x_i^{k_{i+1}}x_{i+1}^{k_i}\cdots x_n^{k_n},$$

这一项优于 (6.21), 与 (6.21) 为 f 的首项矛盾.

现在, 作一个初等对称多项式 $\sigma_1,\sigma_2,\cdots,\sigma_n$ 的单项式

$$g_1=a\sigma_1^{k_1-k_2}\sigma_2^{k_2-k_3}\cdots\sigma_{n-1}^{k_{n-1}-k_n}\sigma_n^{k_n}.$$

显然, g_1 是 $x_1,x_2,\cdots,x_n$ 的对称多项式, 其首项是

$$ax_1^{k_1-k_2}(x_1x_2)^{k_2-k_3}\cdots(x_1x_2\cdots x_{n-1})^{k_{n-1}-k_n}(x_1x_2\cdots x_{n-1})^{k_n}=ax_1^{k_1}x_2^{k_2}\cdots x_n^{k_n}.$$

于是 $f_1=f-g_1$ 的首项低于 f 的首项, 并且 f_1 仍为对称多项式. 对 f_1 重复实行上述消去首项的方法, 得到对称多项式 $f_2=f_1-g_2$, 其中 g_2 也是 $\sigma_1,\sigma_2,\cdots,\sigma_n$ 的一个单项式, 而 f_2 的首项低于 f_1 的首项.

如此继续作下去, 设 $bx_1^{l_1}x_2^{l_2}\cdots x_n^{l_n}$ 是某个 f_i 首项, 显然有 $k_1\geqslant l_1\geqslant l_2\geqslant\cdots\geqslant l_n\geqslant 0$. 因为 k_1 是一个确定的非负整数, 所以经有限步后, 必存在 $f_s=0$, 这样我们实际有

$$\begin{aligned}
f_1&=f-g_1,\\
f_2&=f_1-g_2,\\
&\cdots\cdots\\
f_{s-1}&=f_{s-2}-g_{s-1},\\
0&=f_{s-1}-g_s.
\end{aligned}$$

把它们加起来, 得

$$f = g_1 + g_2 + \cdots + g_s,$$

其中每个 g_i 都是 $\mathbb{F}$ 上初等对称多项式 $\sigma_1, \sigma_2, \cdots, \sigma_n$ 的单项式, 即 f 写成了 $\sigma_1, \sigma_2, \cdots, \sigma_n$ 的多项式. 记 $f(x_1, x_2, \cdots, x_n) = g(\sigma_1, \sigma_2, \cdots, \sigma_n)$.

现在证唯一性. 设

$$f(x_1, x_2, \cdots, x_n) = g(\sigma_1, \sigma_2, \cdots, \sigma_n) = h(\sigma_1, \sigma_2, \cdots, \sigma_n).$$

令

$$\varphi(y_1, y_2, \cdots, y_n) = g(y_1, y_2, \cdots, y_n) - h(y_1, y_2, \cdots, y_n),$$

则

$$\varphi(\sigma_1, \sigma_2, \cdots, \sigma_n) = g(\sigma_1, \sigma_2, \cdots, \sigma_n) - h(\sigma_1, \sigma_2, \cdots, \sigma_n) = 0.$$

只需证 $\varphi(y_1, y_2, \cdots, y_n) = 0$. 否则, 设 $\varphi(y_1, y_2, \cdots, y_n) \neq 0$, 我们只需推出 $\varphi(\sigma_1, \sigma_2, \cdots, \sigma_n) \neq 0$ 即可. 事实上, 设 $\varphi(y_1, y_2, \cdots, y_n)$ 中存在任意两个不同类非 0 项 $ay_1^{k_1}y_2^{k_2}\cdots y_n^{k_n}$ 和 $by_1^{l_1}y_2^{l_2}\cdots y_n^{l_n}$, 其中 $ab \neq 0$.

现在看 $\varphi(\sigma_1, \sigma_2, \cdots, \sigma_n)$ 中相应两项

$$\begin{aligned} a\sigma_1^{k_1}\sigma_2^{k_2}\cdots\sigma_n^{k_n} &= ax_1^{k_1}(x_1x_2)^{k_2}\cdots(x_1x_2\cdots x_n)^{k_n} + \cdots \\ &= ax_1^{k_1+k_2+\cdots+k_n}x_2^{k_2+\cdots+k_n}\cdots x_{n-1}^{k_{n-1}+k_n}x_n^{k_n} + \cdots \end{aligned}$$

和

$$b\sigma_1^{l_1}\sigma_2^{l_2}\cdots\sigma_n^{l_n} = bx_1^{l_1+l_2+\cdots+l_n}x_2^{l_2+\cdots+l_n}\cdots x_{n-1}^{l_{n-1}+l_n}x_n^{l_n} + \cdots,$$

易见两项按 $x_1, x_2, \cdots, x_n$ 的多项式展开的首项不是同类项, 故 $\varphi(\sigma_1, \sigma_2, \cdots, \sigma_n) \neq 0$.

如果 $\varphi(y_1, y_2, \cdots, y_n)$ 仅是一个单项式 $ay_1^{k_1}y_2^{k_2}\cdots y_n^{k_n}, a \neq 0$, 则由上述计算易见 $a\sigma_1^{k_1}\sigma_2^{k_2}\cdots\sigma_n^{k_n} \neq 0$, 故可得 $\varphi(\sigma_1, \sigma_2, \cdots, \sigma_n) \neq 0$. □

定理 6.22 称为**对称多项式基本定理**. 存在性证明实际上给出了把一个对称多项式表示成初等对称多项式的多项式的过程.

例 6.13 将 $f(x_1, x_2, x_3) = x_1^3 + x_2^3 + x_3^3$ 表示成初等对称多项式的多项式.

解 方法 1. f 的首项是 x_1^3, 对应的指数向量为 $(3, 0, 0)$, 令

$$g_1 = \sigma_1^{3-0}\sigma_2^{0-0}\sigma_3^0 = \sigma_1^3.$$

于是

$$\begin{aligned} f_1 = f - g_1 &= x_1^3 + x_2^3 + x_3^3 - (x_1 + x_2 + x_3)^3 \\ &= -3(x_1^2x_2 + x_1^2x_3 + x_2^2x_1 + x_3^2x_1 + x_2^2x_3 + x_3^2x_2) - 6x_1x_2x_3. \end{aligned}$$

f_1 的首项是 $-3x_1^2x_2$, 对应的指数向量是 $(2,1,0)$. 令

$$g_2 = -3\sigma_1^{2-1}\sigma_2^{1-0}\sigma_3^0 = -3\sigma_1\sigma_2,$$

故

$$f_2 = f_1 - g_2 = f_1 + 3(x_1+x_2+x_3)(x_1x_2+x_3x_2+x_1x_3) = 3x_1x_2x_3.$$

再作

$$g_3 = 3\sigma_1^{1-1}\sigma_2^{1-1}\sigma_3^1 = 3\sigma_3,$$

于是 $f_3 = f_2 - g_3$, 故

$$f = g_1 + g_2 + g_3 = \sigma_1^3 - 3\sigma_1\sigma_2 + 3\sigma_3.$$

方法 2. 利用唯一性, 也可以用**待定系数法**去解.

由于 f 是三次齐次多项式, 所以表示成初等对称多项式的多项式时, 其中每个单项式的次数都等于 3, 并且这些首项的指数向量均弱于 f 的首项的指数向量. 由此可把可能的指数向量列出.

首项的指数向量	相应的单项式
$(3,0,0)$	σ_1^3
$(2,1,0)$	$\sigma_1\sigma_2$
$(1,1,1)$	σ_3

因此可设 $f = x_1^3+x_2^3+x_3^3 = a_1\sigma_1^3+a_2\sigma_1\sigma_2+a_3\sigma_3$. 分别以 $(x_1,x_2,x_3) = (1,0,0), (1,1,0)$ 以及 $(1,1,1)$ 代入, 得线性方程组

$$\begin{cases} a_1 = 1, \\ 2^3a_1 + 2a_2 = 2, \\ 3^3a_1 + (3\times 3)a_2 + a_3 = 3, \end{cases}$$

解得 $a_1 = 1, a_2 = -3, a_3 = 3$. □

作为对称多项式的应用, 下面介绍复数域上一元 n 次多项式

$$f(x) = x^n + a_1x^{n-1} + \cdots + a_{n-1}x + a_n$$

有重根的**判别式**. 令 $x_1, x_2, \cdots, x_n$ 为 $f(x)$ 的 n 个根, 令

$$D(x_1,x_2,\cdots,x_n) = \prod_{i>j}(x_i - x_j)^2.$$

显然, $f(x)$ 有重根的充分必要条件是 $D(x_1,x_2,\cdots,x_n) = 0$. 我们如何用 $f(x)$ 的系数来表达条件 $D(x_1,x_2,\cdots,x_n) = 0$ 呢? 如果把 $x_1,x_2,\cdots,x_n$ 看成文字, 易见 $D(x_1,x_2,\cdots,x_n)$ 是对称多项式, 由基本定理知, 存在多项式 $\widetilde{D}(y_1,y_2,\cdots,y_n)$ 使

$$D(x_1, x_2, \cdots, x_n) = \widetilde{D}(\sigma_1, \sigma_2, \cdots, \sigma_n),$$

再根据韦达公式, 得

$$D(x_1, x_2, \cdots, x_n) = \widetilde{D}(-a_1, a_2, \cdots, (-1)^n a_n).$$

上式结果是一个复数, 用 $f(x)$ 的系数表达, 称为 $f(x)$ 的**判别式**, 记为 Δ.

可以按照上面的方法, 算得当 $n=2$ 时 $f(x)$ 的判别式是 $a_1^2 - 4a_2$, 当 $n=3$ 时 $f(x)$ 的判别式是

$$\Delta = a_1^2 a_2^2 - 4a_2^2 - 4a_1^3 a_3 - 27a_3^2 + 18a_1 a_2 a_3.$$

练 习 6.9

6.9.1 已知 $f(x_1, x_2, x_3, x_4)$ 是对称多项式, 含有项 $-2x_1^2 x_2 x_3^2$, 那么是否含有下列各项?

(1) $2x_1 x_3^2 x_4^2$; (2) $-2x_1 x_3^2 x_4^2$; (3) $-2x_1 x_2^2 x_4^2$;

(4) $-2x_3^2 x_2 x_4^2$; (5) $-2x_2 x_4^3 x_3$; (6) $-2x_1^2 x_3 x_4^2$.

6.9.2 将下列对称多项式表示成初等对称多项式.

(1) $f(x_1, x_2, x_3) = (x_1 + x_2)(x_2 + x_3)(x_3 + x_1)$;

(2) $f(x_1, x_2, \cdots, x_n) = \sum x_1^2 x_2 x_3$.

6.9.3 证明本节最后 $n=2$ 及 $n=3$ 的判别式.

6.10 问题与研讨

问题 6.1 设 $\mathbb{F}, \mathbb{P}$ 为数域, 且 $\mathbb{F} \subset \mathbb{P}$, 又设 $f(x), g(x), d(x), \cdots \in \mathbb{F}[x]$, 那么在 $\mathbb{F}$ 上如下断言在 $\mathbb{P}$ 上是否成立?

(1) $f(x) | g(x)$; (2) $f(x) \nmid g(x)$;

(3) $(f(x), g(x)) = d(x)$; (4) $(f(x), g(x)) \neq d(x)$;

(5) $f(x)$ 有重因式; (6) $f(x)$ 无重因式;

(7) $f(x)$ 可约; (8) $f(x)$ 不可约;

(9) $f(x)$ 的标准分解式是 $ap_1^{r_1}(x) p_2^{r_2}(x) \cdots p_k^{r_k}(x)$; (10) $f(x)$ 根的个数为 s.

问题 6.2 设 $0 \neq g(x) \in \mathbb{F}[x]$, 且 $g(x)$ 有复数根 α, 那么

(1) 是否存在不可约多项式 $p(x) \in \mathbb{F}[x]$ 使 $p(\alpha) = 0$, 且 $p(x) | g(x)$?

(2) 如果题设的 $\alpha \neq 0$, 对任意给定的正整数 m, 是否存在 $f(x) \in \mathbb{F}[x]$ 使得 $f(\alpha) = 1$ 且 $x^m | f(x)$?

问题 6.3 设 $f(x), g(x) \in \mathbb{F}[x]$, 那么以下五个结论是否等价?

(1) $(f(x), g(x)) = 1$; (2) $(f(x), f(x) + g(x)) = 1$;

(3) $(f(x)-g(x), f(x)+g(x))=1$; (4) $(f(x)+g(x), f(x)g(x))=1$;

(5) $(f^m(x), g^n(x))=1, m, n$ 为正整数.

问题 6.4 以下结论成立否? (条件如问题 6.3)

$$\begin{aligned}(f(x), g(x)) &= (f(x), f(x)+g(x)) = (f(x)-g(x), f(x)+g(x)) \\ &= (f(x)+g(x), f(x)g(x)) = (f^m(x), g^n(x)), \quad \text{其中 } m, n \text{ 为正整数}.\end{aligned}$$

问题 6.5* 设 $f_0(x), f_1(x), \cdots, f_{n-1}(x) \in \mathbb{F}[x], 0 \neq \alpha \in \mathbb{F}$, 已知

$$(x^n-\alpha)\left|\sum_{i=0}^{n-1} x^i f_i(x^n)\right.,$$

求 $f_i(\alpha)(i=0,1,\cdots,n-1)$.

问题 6.6* 设 $f(x) \in \mathbb{F}[x]$, 那么什么样的 $f(x)$ 能被 $f'(x)$ 整除?

问题 6.7* 求一个多项式 $f(x)$ 使得 $(x^2+1)|f(x)$ 且 $(x^3+x^2+1)|(f(x)+1)$.

问题 6.8* 如果要求出上题中之一切 $f(x)$, 答案应如何?

问题 6.9* 设 $f(x)=\prod\limits_{i=1}^{2m+1}(x-a_i)+1$, 其中 $a_1, a_2, \cdots, a_{2m+1}$ 为互不相同的整数, 那么 $f(x)$ 在有理数域上是可约还是不可约?

问题 6.10 定义两个多项式的最小公倍式如下: 设 $f(x), g(x) \in \mathbb{F}[x]$, 如果 $\mathbb{F}$ 上多项式 $m(x)$ 满足:

(1) $m(x)$ 是 $f(x)$ 和 $g(x)$ 的公倍式, 即 $f(x)|m(x)$ 且 $g(x)|m(x)$;

(2) $f(x)$ 和 $g(x)$ 的任意公倍式都是 $m(x)$ 的倍式,

则称 $m(x)$ 为 $f(x)$ 与 $g(x)$ 的最小公倍式, 其中首项系数为 1 的记为 $[f(x), g(x)]$.

下面列出两个结论, 请读者独立证明之.

(1) 设非零多项式 $f(x)$ 与 $g(x)$ 的分解式如下:

$$f(x)=ap_1^{r_1}(x)\cdots p_k^{r_k}(x), \quad r_i \geqslant 0, \quad i=1,\cdots,k,$$
$$g(x)=bp_1^{t_1}(x)\cdots p_k^{t_k}(x), \quad t_i \geqslant 0, \quad i=1,\cdots,k,$$

则 $[f(x), g(x)]=\prod\limits_{i=1}^{k} p_i^{\max(r_i,t_i)}(x)$.

(2) 设 $f(x)$ 与 $g(x)$ 均为首 1 多项式, 则有 $[f(x), g(x)](f(x), g(x))=f(x)g(x)$.

总 习 题 6

A 类 题

6.1 设 $f(x)=3x^2-5x+3$, $g(x)=ax(x-1)+b(x+2)(x-1)+cx(x+2)$, 试确定 a, b, c, 使 $f(x)=g(x)$.

6.2 设 $f_1(x), f_2(x), g_1(x), g_2(x) \in \mathbb{F}[x], f_1(x) \neq 0$, 如果 $f_1(x)|g_1(x)$, 且 $g_1(x)g_2(x)|f_1(x)f_2(x)$, 证明 $g_2(x)|f_2(x)$.

6.3 求 $f(x)$ 除以 $g(x)$ 所得商式与余式.

(1) $f(x) = 2x^4 - 3x^3 + 4x^2 - 5x + 6, \quad g(x) = x^2 - 3x + 1$;

(2) $f(x) = x^3 + 3x^2 - x - 1, \quad g(x) = 3x^2 - 2x + 1$.

6.4 如果 $(x^2 + mx + 1)|(x^4 + px^2 + q)$, 那么 m, p, q 适合什么条件?

6.5 用综合除法求 $g(x)$ 除 $f(x)$ 所得商式和余数.

(1) $f(x) = x^4 - 2x^3 + 4x^2 - 6x + 8, \quad g(x) = x - 2$;

(2) $f(x) = 2x^5 - 5x^3 - 8x, \quad g(x) = x + 2$;

(3) $f(x) = x^3 - x^2 - x, \quad g(x) = x - 1 + 2\mathrm{i}$.

6.6 用综合除法将 $f(x)$ 表示为 $x - x_0$ 的方幂和, 即 $c_0 + c_1(x - x_0) + c_2(x - x_0)^2 + \cdots$.

(1) $f(x) = x^4 - 2x^2 + 3, x_0 = -2$;

(2) $f(x) = x^4 - 2x^3 + 3x^2 - 2x + 1, x_0 = 2$.

6.7 记 $\langle x\rangle^0 = 1, \langle x\rangle^k = x(x-1)(x-2)\cdots(x-k+1)(k \geqslant 1)$, 将上题中的 $f(x)$ 表示为

$$c_0 + c_1\langle x\rangle + c_2\langle x\rangle^2 + \cdots .$$

6.8 求 $f(x)$ 与 $g(x)$ 的最大公因式.

(1) $f(x) = 6x^4 - x^3 - 52x^2 + 11x + 18, \quad g(x) = 6x^3 - 19x^2 + 3x + 7$;

(2) $f(x) = 4x^4 - 2x^3 - 16x^2 + 5x + 9, \quad g(x) = 2x^3 - x^2 - 5x + 4$;

(3) $f(x) = x^4 + 3x^3 - x^2 - 4x - 3, \quad g(x) = 3x^3 + 10x^2 + 2x - 3$.

6.9 求上题中 $(f(x), g(x)) = u(x)f(x) + v(x)g(x)$ 中的 $u(x)$ 与 $v(x)$.

6.10 设实系数多项式 $f(x) = x^3 + (1+t)x^2 + 2x + 2u$ 与 $g(x) = x^3 + tx + u$ 的最大公因式是一个二次多项式, 求 t, u 的值.

6.11 判别 $f(x)$ 有无重因式, 若有, 求出其重数.

(1) $f(x) = x^4 - 4x^3 + 16x - 16$;

(2) $f(x) = x^5 - 6x^4 + 16x^3 - 24x^2 + 20x - 8$;

(3) $f(x) = x^6 - 15x^4 + 8x^3 + 51x^2 - 72x + 27$.

6.12 a, b 满足什么条件 $x^4 + 4ax + b$ 有重因式, 且说明重数.

6.13 如果 $(x-1)^2|(ax^4 + bx^2 + 1)$, 求 a 和 b.

6.14 已知 $x^4 - 3x^3 + 6x^2 + ax + b$ 能被 $x^2 - 1$ 整除, 求 a, b.

6.15 在复数域内求下列多项式的公共根.

(1) $f(x) = x^4 + 2x^2 + 9, \quad g(x) = x^4 - 4x^3 + 4x^2 - 9$;

(2) $f(x) = x^3 + 2x^2 + 2x + 1, \quad g(x) = x^4 + x^3 + 2x^2 + x + 1$.

6.16 若 $f(x) = x^3 + \mathrm{i}x^2 + (1-\mathrm{i})x - 10 - 2\mathrm{i}$ 有实根, 求全部根.

6.17 求 $f(x)$ 在实数域和复数域内的分解式.

(1) $f(x) = x^5 - 10x^2 + 15x - 6$;

(2) $f(x) = x^5 - 3x^4 + 4x^3 - 4x^2 + 3x - 1$.

6.18 求 $f(x)$ 的全部有理根.

(1) $f(x)=6x^4+19x^3-7x^2-26x+12$;

(2) $f(x)=10x^4-13x^3+15x^2-18x-15$;

(3) $f(x)=x^6-6x^5+11x^4-x^3-18x^2+20x-8$.

6.19 求 t 使 x^3-3x^2+tx-1 有重根.

6.20 证明下列多项式在有理数域上不可约.

(1) $x^4-8x^3+12x^2-6x+2$; (2) x^4-x^3+2x+1;

(3) $x^4-8x^3+12x^2+2$; (4) x^p+px+1, p 为奇素数.

6.21 $a\neq b$, 求多项式 $f(x)$ 被 $(x-a)(x-b)$ 除所得余式.

6.22 求 $x^{1999}+1$ 除以 $(x-1)^2$ 所得余式.

6.23 求满足 $f(1)=2, f(2)=1, f(3)=4, f(4)=3$ 的次数最低的多项式 $f(x)$.

6.24 如果 $f(x), g(x), h(x)\in\mathbb{F}[x]$, 且 $h(x)$ 首项系数为 1, 证明

$$(f(x)h(x), g(x)h(x))=(f(x), g(x))h(x).$$

6.25 设 $f_1(x), f_2(x), g_1(x), g_2(x)\in\mathbb{F}[x]$, 证明:

$$(f_1(x)f_2(x), f_1(x)g_2(x), f_2(x)g_1(x), g_1(x)g_2(x))=(f_1(x), g_1(x))(f_2(x), g_2(x)).$$

6.26 设 $f(x), g(x)\in\mathbb{F}[x], n$ 为正整数, 证明 $(f(x), g(x))^n=(f^n(x), g^n(x))$.

6.27 设多项式 $f(x)$ 与 $g(x)$ 互素, 证明 $(f(x^m), g(x^m))=1$, 其中 m 为任意正整数.

6.28 如果多项式 $f(x), g(x)$ 不全为 0, 证明:

$$\left(\frac{f(x)}{(f(x), g(x))}, \frac{g(x)}{(f(x), g(x))}\right)=1.$$

6.29 设 $f(x)\in\mathbb{F}[x]$, 如果 $(f'(x), f''(x))=1$, 证明: $f(x)$ 的重因式若有均为二重.

6.30 证明: $\sin x$ 不是 x 的多项式.

6.31 如果多项式 $f(x)$ 与 $g(x)$ 互素, 证明: $(f(x)g(x), f(x)+g(x))=1$.

6.32 设 $f_1(x), \cdots, f_m(x), g_1(x), \cdots, g_n(x)\in\mathbb{F}[x]$, 且

$$(f_i(x), g_j(x))=1\quad(i=1,2,\cdots,m; j=1,2,\cdots,n),$$

证明 $(f_1(x)f_2(x)\cdots f_m(x), g_1(x)g_2(x)\cdots g_n(x))=1$.

6.33 如果 m, n, p 为非负整数, 证明: $(x^2+x+1)|(x^{3m}+x^{3n+1}+x^{3p+2})$.

6.34 如果 a 是 $f'''(x)$ 的一个 k 重根, $f(x)$ 是一多项式, 证明: a 是

$$g(x)=\frac{x-a}{2}(f'(x)+f'(a))-f(x)+f(a)$$

的一个 $k+3$ 重根.

6.35 证明: $p(x)$ 是多项式 $f(x)$ 的 k 重因式 $(k\geqslant 1)$ 的充分必要条件是 $p(x)$ 是 $f(x)$, $f'(x), \cdots, f^{(k-1)}(x)$ 的因式但不是 $f^{(k)}(x)$ 的因式.

6.36 设 $f(x)\in\mathbb{F}[x]$, 如果 $(x-1)|f(x^n)$, 证明: $(x^n-1)|f(x^n)$.

6.37 设 $f_1(x), f_2(x)\in\mathbb{F}[x]$, 如果 $(x^2+x+1)|(f_1(x^3)+xf_2(x^3))$, 证明: $(x-1)|(f_1(x), (x-1)f_2(x))$.

6.38 设 $f(x), g(x), h(x) \in \mathbb{F}[x]$, $(f(x), h(x)) = 1$ 且 $f^m(x)|(g(x)h(x))^m$, 证明: $f(x)|g(x)$.

6.39 $f(x)$ 是整系数多项式, 证明以下四种情况, $f(x)$ 均无整数根.

(1) $\deg f(x) = 2n, f(x)$ 系数都是奇数;

(2) $f(0)$ 和 $f(1)$ 都是奇数;

(3) $f(0), f(1), f(-1)$ 都不能被 3 整除;

(4) 若有偶数 a 及奇数 b 使 $f(a)$ 与 $f(b)$ 均奇数.

6.40 设 $f(x) = x^3 + bx^2 + cx + d$ 为整系数多项式且 $bd + cd$ 是奇数, 证明: $f(x)$ 在有理数域上不可约.

6.41 设 $f(x) \in \mathbb{F}[x]$, $p(x)$ 是 $f'(x)$ 的 $k-1$ 重因式, 证明: $p(x)$ 是 $f(x)$ 的 k 重因式当且仅当 $p(x)|f(x)$.

6.42 如果 $x-a$ 是 $f(x)$ 的 k 重因式 $(k>1)$, 证明: $x-a$ 也是 $g(x) = f(x)+(a-x)f'(x)$ 的 k 重因式.

6.43 如果 $(x^4 + x^2 + 1)|(x^{3m} + x^{3n+1} + x^{3p+2})$, 那么整数 m, n, p 满足何条件?

6.44 设 $f(x)$ 和 $g(x)$ 是复系数多项式, $\overline{f}(x)$ 记 $f(x)$ 的所有系数用其共轭复数代替而得到的多项式. 证明

(1) 如果 $f(x)|g(x)$, 则 $\overline{f}(x)|\overline{g}(x)$;

(2) 最大公因式 $(f(x), \overline{f}(x))$ 是实系数多项式.

6.45 设 $f(x)$ 是三次复系数多项式, a 和 b 是虚数且 $a \neq b, a \neq \bar{b}$, 又已知 $f(\overline{a}) = \overline{f(a)}, f(\bar{b}) = \overline{f(b)}$, 证明: $f(x)$ 是实系数多项式.

6.46 设 $f(x), g(x) \in \mathbb{F}[x]$, $f(x)$ 和 $g(x)$ 非零且互素, 求如下 $(\varphi(x), \psi(x))$, 其中 $\varphi(x) = (x^3-1)f^n(x) + (x^3 - x^2 + x - 1)g^m(x), \psi(x) = (x^2-1)f^n(x) + (x^2 - x)g^m(x)$.

6.47 确定整数 m 使 $x^5 + mx - 1$ 在有理数域上可约.

6.48 多项选择题.

(1) 设整系数多项式 $f(x)$ 和 $g(x)$ 在有理数域上互相整除, 则 (　　).

(A) $f(x) = \pm g(x)$

(B) 存在整数 k 使 $f(x) = kg(x)$

(C) 存在整数 m 及 n 使 $mf(x) = ng(x)$

(D) 存在有理数 c 使得 $f(x) = cg(x)$

(2) 有理系数多项式 $f(x)$ 与 $g(x)$ 互素的充要条件是 (　　).

(A) 存在唯一的有理系数多项式 $u(x)$ 和 $v(x)$ 使 $u(x)f(x) + v(x)g(x) = 1$

(B) 存在有理系数多项式 $u(x), v(x)$ 使 $u(x)f(x) + v(x)g(x) = -1$

(C) 存在互素的有理系数多项式 $u(x)$ 和 $v(x)$ 使 $u(x)f(x) + v(x)g(x) = 1$

(D) 存在整系数多项式 $u(x)$ 和 $v(x)$ 及整数 n 使 $u(x)f(x) + v(x)g(x) = n$

(3) 设 $f(x) \in \mathbb{F}[x]$, $\deg f(x) > 0$, 则 $f(x)$ 可约当且仅当 (　　).

(A) $f(x)$ 能分解为 $\mathbb{F}$ 上两个多项式之积

(B) $f(x)$ 在 $\mathbb{F}$ 中的因式不只本身

(C) 存在 $\mathbb{F}$ 上多项式 $g(x)$ 使得 $f(x) \nmid g(x)$ 且 $(f(x), g(x)) \neq 1$

(D) 存在 $\mathbb{F}$ 上多项式 $g(x), h(x)$ 使得 $f(x)|g(x)h(x)$, 但 $f(x) \nmid g(x)$ 且 $f(x) \nmid h(x)$

B 类 题

6.49 设 $f(x),g(x),f_1(x),g_1(x)\in\mathbb{F}[x]$, 且 $f_1(x)=af(x)+bg(x),g_1(x)=cf(x)+dg(x)$, 写出并证明关于 $(f(x),g(x))=(f_1(x),g_1(x))$ 的一个充分不必要条件.

6.50 证明: 次数大于零的多项式 $f(x)$ 是一个不可约多项式的方幂的充要条件是对任意的多项式 $g(x)$ 必有 $(f(x),g(x))=1$ 或者存在某一正整数 m 使 $f(x)|g^m(x)$.

6.51 证明: 次数大于零的多项式 $f(x)$ 是一个不可约多项式的方幂的充要条件是对任意多项式 $g(x),h(x)$, 由 $f(x)|g(x)h(x)$ 可以推出 $f(x)|g(x)$ 或者存在正整数 m 使 $f(x)|h^m(x)$.

6.52 设 d,n 是正整数, 给出 $(x^d-1)|(x^n-1)$ 的充要条件并证明之.

6.53 证明: $x^d-1=(x^n-1,x^m-1)$ 当且仅当 $(n,m)=d$.

6.54 $f(x)$ 是整系数多项式, a,b,c 是互不相同的整数, 且 $f(a),f(b)$ 和 $f(c)$ 的绝对值都是 1, 证明 $f(x)$ 无整数根.

6.55 设 k,n 为正整数, $f(x)=(x+1)^{k+n}+2x(x+1)^{k+n-1}+\cdots+(2x)^k(x+1)^n$. 证明 $x^{k+1}|((x-1)f(x)+(x+1)^{k+n+1})$.

6.56 设 $f(x)$ 是实系数多项式, 证明: $f(x)$ 可以写成两个实系数多项式的平方和当且仅当对一切实数 a 总有 $f(a)\geqslant 0$.

6.57 设 $\deg f(x)=n,f(0)=0,g(x)=xf(x),f'(x)|g'(x)$, 求 $g(x)$.

6.58 二次多项式 $f(x)$ 在有理数域上不可约, 那么 $f(x^2)$ 在有理数域上是否仍不可约?

6.59 求非零复系数多项式 $f(x)$, 使 $f(f(x))=f^n(x)$, n 是正整数.

6.60 $f(x)=x^4-6x^3+ax^2-bx+2$ 有 4 个实根, 证明: 这些根中至少有一个小于 1.

6.61 证明: $f(x)=x^n+ax^{n-m}+b(n>2,n>m>0)$ 不能有非零的重数大于 2 的根.

6.62 设 $a_1,a_2,\cdots,a_n$ 为互不相同的整数, 证明: 多项式

$$f(x)=(x-a_1)(x-a_2)\cdots(x-a_n)-1$$

在有理数域上不可约.

6.63 设整系数多项式 $f(x)=a_nx^n+a_{n-1}x^{n-1}+\cdots+a_0$ 无有理根, 且存在素数 p 使得 $p\nmid a_n,p|a_i(0\leqslant i\leqslant n-2)$, $p^2\nmid a_0$. 证明: $f(x)$ 在有理数域上不可约.

6.64 设整系数多项式 $f(x)=a_nx^n+a_{n-1}x^{n-1}+\cdots+a_0$. 若存在素数 p 满足: (1) $p\nmid a_0$; (2) $p|a_i(1\leqslant i\leqslant n)$; (3) $p^2\nmid a_n$. 证明: $f(x)$ 在有理数域上不可约.

6.65 设 $f(x),g(x),h(x)\in\mathbb{F}[x]$, 且有如下两式成立:

$$(x^2+1)h(x)+(x-1)f(x)+(x+2)g(x)=0,$$
$$(x^2+1)h(x)+(x+1)f(x)+(x-2)g(x)=0,$$

证明: $(x^2+1)|(f(x),g(x))$.

6.66 设数域 $\mathbb{F}$ 中不同数 $a_1,a_2,\cdots,a_n$, 而 $b_1,b_2,\cdots,b_n$ 是 $\mathbb{F}$ 中任意数, 令

$$F(x)=(x-a_1)(x-a_2)\cdots(x-a_n),$$

证明: (1) $\sum\limits_{i=1}^{n}\dfrac{F(x)}{(x-a_i)F'(a_i)}=1$;

(2) $L(x)=\sum\limits_{i=1}^{n}\dfrac{b_iF(x)}{(x-a_i)F'(a_i)}$ 为适合条件 $L(a_i)=b_i\ (i=1,2,\cdots,n)$ 的唯一的 $n-1$ 次多项式.

上述多项式 $L(x)$ 的公式称为 Lagrange **插值公式**.

6.67　$F(x)$ 如上题所示, 求任意多项式 $f(x)$ 除以 $F(x)$ 所得余式.

6.68　$f(x)$ 为 n 次整系数多项式, 在 $s>2m$ 个不同整值上取值为 $\pm1, n=2m$ 或 $2m+1$, 证明 $f(x)$ 在有理数域上不可约.

6.69　$f(x)$ 在数域 $\mathbb{F}$ 上不可约, 若某复数 c 及 c^{-1} 都是 $f(x)$ 之根, 证明 $f(x)$ 的任意非零根的倒数仍是根.

6.70　用初等对称多项式表出下列对称多项式.

(1) $x_1^2x_2+x_1x_2^2+x_1^2x_3+x_1x_3^2+x_2^2x_3+x_2x_3^2$;

(2) $(x_1+x_2+x_1x_2)(x_2+x_3+x_2x_3)(x_1+x_3+x_1x_3)$.

6.71　用初等对称多项式表出下列 n 元对称多项式:

(1) $\sum x_1^4$;　(2) $\sum x_1^2x_2^2$;　(3) $\sum x_1^2x_2^2x_3$.

C　类　题

6.72　设 $f(x),g(x)\in\mathbb{F}[x],\deg f(x)>0,\deg g(x)>0$, 添上什么条件后, 满足

$$u(x)f(x)+v(x)g(x)=(f(x),g(x))$$

的 $u(x),v(x)$ 是唯一的.

6.73　设 $a_1,a_2,\cdots,a_n$ 是 n 个互不相同的整数, 证明:

$$f(x)=\prod_{i=1}^{n}(x-a_i)^2+1$$

在有理数域中不可约.

6.74　设 $a_1,a_2,\cdots,a_n$ 是数域 $\mathbb{F}$ 中互不相同的数, $f_1(x),f_2(x),\cdots,f_n(x)$ 是 $\mathbb{F}$ 上 n 个次数不大于 $n-2$ 的多项式. 证明

$$\begin{vmatrix} f_1(a_1) & f_1(a_2) & \cdots & f_1(a_n)\\ f_2(a_1) & f_2(a_2) & \cdots & f_2(a_n)\\ \vdots & \vdots & & \vdots\\ f_n(a_1) & f_n(a_2) & \cdots & f_n(a_n)\end{vmatrix}=0.$$

6.75　$f(x)$ 和 $g(x)$ 是复系数首 1 次数大于 0 的多项式, 用 $f^{-1}(0)$ 及 $f^{-1}(1)$ 分别记 $f(x)=0$ 及 $f(x)=1$ 的根集合. 如果 $f^{-1}(0)=g^{-1}(0), f^{-1}(1)=g^{-1}(1)$. 证明 $f(x)=g(x)$.

6.76　若 $(1+x+x^2+\cdots+x^m)|(1+x^n+x^{2n}+\cdots+x^{mn})$, 求 m 和 n 的关系.

6.77　$f(x)$ 是 $m(>1)$ 次整系数多项式, n 为 $f^2(x)-1$ 的所有不同整数根的个数. 证明 $n-m\leqslant 2$.

6.78　已知 α 是一个复数, 证明: $M=\{f(\alpha)|f(x)\in\mathbb{F}[x]\}$ 是一个数域当且仅当存在 $0\neq s(x)\in\mathbb{F}[x]$ 使得 $s(\alpha)=0$.

6.79 设 $f(x)$ 和 $g(x)$ 为次数大于 0 的整系数多项式, 且 $(f(x),g(x))=1$, 证明: 只有有限个整数 k 使得 $g(k)|f(k)$.

6.80 设 $f_1(x),f_2(x),\cdots,f_s(x)$ 两两互素且 $r_1(x),r_2(x),\cdots,r_s(x)$ 给定, 证明: 存在 $f(x)$, 使其被每个 $f_i(x)$ 除所得余式恰是 $r_i(x)(i=1,2,\cdots,s)$.

6.81 设 $f(x)=a_1x^{m_1}+a_2x^{m_2}+\cdots+a_nx^{m_n}$ 为数域 $\mathbb{F}$ 上多项式, 且 $a_1,a_2,\cdots,a_n$ 均非零, $m_1,m_2,\cdots,m_n$ 为互不相等的正整数. 证明: $f(x)$ 不可能有非零的重数大于 $n-1$ 的根.

6.82 设 $f(x)=(x-x_1)(x-x_2)\cdots(x-x_n)=x^n-\sigma_1x^{n-1}+\cdots+(-1)^n\sigma_n$. 令

$$s_k=x_1^k+x_2^k+\cdots+x_n^k \quad (k=0,1,2,\cdots).$$

(1) 证明: $x^{k+1}f'(x)=(s_0x^k+s_1x^{k-1}+\cdots+s_{k-1}x+s_k)f(x)+g(x)$, 其中 $\deg(g(x))<n$ 或 $g(x)=0$.

(2) 由上式证明如下的**牛顿公式**:

$$s_k-\sigma_1s_{k-1}+\sigma_2s_{k-2}+\cdots+(-1)^{k-1}\sigma_{k-1}s_1+(-1)^kk\sigma_k=0, \quad \forall 1\leqslant k\leqslant n;$$
$$s_k-\sigma_1s_{k-1}+\cdots+(-1)^n\sigma_ns_{k-n}=0, \quad \forall k>n.$$

第 7 章　多项式矩阵

本章研究比数域 $\mathbb{F}$ 上矩阵更具一般性的多项式矩阵 (又称 λ-矩阵), 即以 $\mathbb{F}$ 上一元多项式为元素的矩阵. 首先研究多项式矩阵的等价标准形, 然后把 $\mathbb{F}$ 上方阵的相似转化为多项式矩阵的等价, 进一步给出 $\mathbb{F}$ 上矩阵的相似标准形, 即有理标准形, 以及复矩阵的相似标准形, 即若尔当标准形, 最后讨论方阵的最小多项式.

7.1　λ-矩阵的等价标准形

设 λ 为未定元, 数域 $\mathbb{F}$ 上的多项式集合记为 $\mathbb{F}[\lambda]$, 以 $\mathbb{F}[\lambda]$ 中的元素, 即多项式为元素作成的矩阵, 称为多项式矩阵或 λ-矩阵. 因为常数也可以看成多项式, 所以 $\mathbb{F}$ 上矩阵也看作 λ-矩阵. 我们用 $\boldsymbol{A}(\lambda), \boldsymbol{B}(\lambda), \cdots$ 记不同的 λ-矩阵. 与 $\mathbb{F}$ 上矩阵类似可定义 λ-矩阵的加、减和乘运算. 可类似定义行列式、子式、余子式、代数余子式和伴随阵等概念. 对于 λ-矩阵也有子阵、分块和块阵运算等概念, 不再一一列出. 下面将叙述 λ-矩阵的秩、可逆以及初等变换等概念和相应结果. 请注意它们与 $\mathbb{F}$ 上矩阵的异同.

定义 7.1　设 $\boldsymbol{A}(\lambda)$ 为一个 λ-矩阵, 则 $\boldsymbol{A}(\lambda)$ 的非零子式的最高阶数, 称为 $\boldsymbol{A}(\lambda)$ 的**秩**.

例如, $\begin{pmatrix} \lambda & \lambda^2 \\ 1 & \lambda \end{pmatrix}$ 及 $\begin{pmatrix} 0 & \lambda \\ 0 & 0 \end{pmatrix}$ 的秩都是 1, 而 $\begin{pmatrix} \lambda & 0 \\ 0 & \lambda \end{pmatrix}$ 和 $\begin{pmatrix} 1 & 1 \\ \lambda & \lambda-1 \end{pmatrix}$ 的秩都是 2.

定义 7.2　对于 n 阶 λ-矩阵 $\boldsymbol{A}(\lambda)$, 如果存在 λ-矩阵 $\boldsymbol{B}(\lambda)$ 使得

$$\boldsymbol{A}(\lambda)\boldsymbol{B}(\lambda) = \boldsymbol{B}(\lambda)\boldsymbol{A}(\lambda) = \boldsymbol{I},$$

则称 $\boldsymbol{A}(\lambda)$ 可逆, 且称 $\boldsymbol{B}(\lambda)$ 为 $\boldsymbol{A}(\lambda)$ 的**逆矩阵**.

与 $\mathbb{F}$ 上矩阵类似可以证明若 λ-矩阵可逆, 则逆矩阵也是唯一的. 但与 $\mathbb{F}$ 上矩阵不同, λ-方阵满秩却未必可逆.

定理 7.1　n 阶 λ-矩阵 $\boldsymbol{A}(\lambda)$ 可逆当且仅当 $|\boldsymbol{A}(\lambda)| = d \neq 0, d \in \mathbb{F}$.

证明　如果 $\boldsymbol{A}(\lambda)$ 有逆矩阵 $\boldsymbol{A}^{-1}(\lambda)$, 则 $\boldsymbol{A}(\lambda)\boldsymbol{A}^{-1}(\lambda) = \boldsymbol{I}$, 两边取行列式, 可得 $|\boldsymbol{A}(\lambda)| \cdot |\boldsymbol{A}^{-1}(\lambda)| = 1$. 因为 $|\boldsymbol{A}(\lambda)|$ 为多项式, 故只能为零次, 即 $|\boldsymbol{A}(\lambda)| = d \neq 0$ 且 $d \in \mathbb{F}$. 必要性得证.

为证充分性, 注意 $|\boldsymbol{A}(\lambda)| = d \neq 0$, 令 $|\boldsymbol{B}(\lambda)| = \dfrac{1}{d}\boldsymbol{A}^*(\lambda)$, 其中 $\boldsymbol{A}^*(\lambda)$ 为 $\boldsymbol{A}(\lambda)$

的伴随阵. 由于 $\boldsymbol{A}(\lambda)\boldsymbol{A}^*(\lambda)=\boldsymbol{A}^*(\lambda)\boldsymbol{A}(\lambda)=|\boldsymbol{A}(\lambda)|\boldsymbol{I}$ 仍然成立, 不难验证

$$\boldsymbol{A}(\lambda)\boldsymbol{B}(\lambda)=\boldsymbol{B}(\lambda)\boldsymbol{A}(\lambda)=\boldsymbol{I},$$

这证明了 $\boldsymbol{A}(\lambda)$ 可逆. □

定义 7.3 以下变换称为 λ-矩阵的**初等变换**.

(1) **倍法变换** 将 $\boldsymbol{A}(\lambda)$ 的某行 (列) 乘以非零常数.

(2) **消法变换** 将 $\boldsymbol{A}(\lambda)$ 的某行 (列) 乘以多项式 $\varphi(\lambda)$ 加于另一行 (列).

(3) **换法变换** 将 $\boldsymbol{A}(\lambda)$ 的两行 (列) 互换.

与数域 $\mathbb{F}$ 上矩阵类似, 也有与上述变换对应的**初等 λ-矩阵**, 其中倍法阵及换法阵没有变化, 消法阵一般写成 $\boldsymbol{I}_n+\varphi(\lambda)\boldsymbol{E}_{ij}, i\neq j$. 很明显, 这里区别很大, 原来 $\mathbb{F}$ 上消法阵形为 $\boldsymbol{I}_n+c\boldsymbol{E}_{ij}$, 其中 $c\in\mathbb{F}$.

定义 7.4 设 $\boldsymbol{A}(\lambda)$ 和 $\boldsymbol{B}(\lambda)$ 为两个 $m\times n$ 的 λ-矩阵, 如经若干次初等变换可将 $\boldsymbol{A}(\lambda)$ 化为 $\boldsymbol{B}(\lambda)$, 则称 $\boldsymbol{A}(\lambda)$ 与 $\boldsymbol{B}(\lambda)$**等价**, 记为 $\boldsymbol{A}(\lambda)\longrightarrow\boldsymbol{B}(\lambda)$.

显然, λ-矩阵的等价有下列性质:

(1) **自反性** $\boldsymbol{A}(\lambda)\longrightarrow\boldsymbol{A}(\lambda)$.

(2) **对称性** 若 $\boldsymbol{A}(\lambda)\longrightarrow\boldsymbol{B}(\lambda)$, 则 $\boldsymbol{B}(\lambda)\longrightarrow\boldsymbol{A}(\lambda)$.

(3) **传递性** 若 $\boldsymbol{A}(\lambda)\longrightarrow\boldsymbol{B}(\lambda), \boldsymbol{B}(\lambda)\longrightarrow\boldsymbol{C}(\lambda)$, 则 $\boldsymbol{A}(\lambda)\longrightarrow\boldsymbol{C}(\lambda)$.

一个 λ-矩阵可以等价于什么样的最简形状的矩阵呢? 如下定理回答了这个问题.

定理 7.2 设 $\boldsymbol{A}(\lambda)$ 为一个秩为 $r(r>0)$ 的 $m\times n$ 的 λ-矩阵, 则 $\boldsymbol{A}(\lambda)$ 经一系列初等变换可化为如下**等价标准形**

$$\boldsymbol{D}(\lambda)=\begin{pmatrix} d_1(\lambda) & \cdots & 0 & \boldsymbol{0} \\ \vdots & \ddots & \vdots & \vdots \\ 0 & \cdots & d_r(\lambda) & \boldsymbol{0} \\ \boldsymbol{0} & \cdots & \boldsymbol{0} & \boldsymbol{O} \end{pmatrix}, \tag{7.1}$$

其中 $d_i(\lambda)\mid d_{i+1}(\lambda), i=1,2,\cdots,r-1$, 且 $d_1(\lambda),d_2(\lambda),\cdots,d_r(\lambda)$ 都是首 1 的多项式.

证明 因为 $\boldsymbol{A}(\lambda)\neq 0$, 我们先证明 $\boldsymbol{A}(\lambda)\longrightarrow\boldsymbol{B}(\lambda)$, 其中

$$\boldsymbol{B}(\lambda)=\begin{pmatrix} b_{11}(\lambda) & \boldsymbol{0} \\ \boldsymbol{0} & \boldsymbol{B}_1(\lambda) \end{pmatrix}, \quad b_{11}(\lambda)\in\mathbb{F}[\lambda], \tag{7.2}$$

$\boldsymbol{B}_1(\lambda)$ 为 $(m-1)\times(n-1)$ 的 λ-矩阵, 且 $\boldsymbol{B}_1(\lambda)$ 的每一元素都能被 $b_{11}(\lambda)$ 整除.

记 $\boldsymbol{A}(\lambda)=(a_{ij}(\lambda))$, 因为可以用交换两行两列的方法, 将次数最低者移到 (1, 1) 位置, 所以不妨设 $a_{11}(\lambda)$ 次数最低. 如果对某个 k 有 $a_{11}(\lambda)\nmid a_{1k}(\lambda)$, 则由带余除法有

$$a_{1k}(\lambda)=a_{11}(\lambda)q(\lambda)+r(\lambda), \quad \deg r(\lambda)<\deg a_{11}(\lambda).$$

于是将第 1 列乘以 $-q(\lambda)$ 加于第 k 列, 再将 $1, k$ 两列对调, 可使所得 λ-矩阵的 (1, 1) 位置是 $r(\lambda)$, 次数低于 $a_{11}(\lambda)$ 的次数. 按此方法继续, 可知 $\boldsymbol{A}(\lambda) \longrightarrow \boldsymbol{A}_1(\lambda)$, 其中 $\boldsymbol{A}_1(\lambda)$ 的第一行与第一列各元素均可被 (1, 1) 位置的多项式 $b_{11}(\lambda)$ 整除, 再经若干次消法变换可得 (7.2) 的形状. 如果 $b_{11}(\lambda)$ 能整除 $\boldsymbol{B}_1(\lambda)$ 的每一元素, 则结论得证. 不然若有 $\boldsymbol{B}_1(\lambda)$ 的某一元 $f(\lambda)$, 使 $b_{11}(\lambda) \nmid f(\lambda)$, 则可用消法变换将 $f(\lambda)$ 化到第一行, 然后因

$$f(\lambda) = b_{11}(\lambda)q_1(\lambda) + r_1(\lambda), \quad \deg r_1(\lambda) < \deg b_{11}(\lambda).$$

仿前面方法又可得新的等价矩阵的 (1, 1) 位置次数更低, 再重复以前步骤, 因次数有限, 最后总能将 $\boldsymbol{A}(\lambda)$ 化为 (7.2) 形状, 我们仍用符号 $b_{11}(\lambda)$ 及 $\boldsymbol{B}_1(\lambda)$, 此时 $\boldsymbol{B}_1(\lambda)$ 的各元都能被 $b_{11}(\lambda)$ 整除.

按同样办法, 如果 $\boldsymbol{B}_1(\lambda) \neq 0$, 又有

$$\boldsymbol{B}_1(\lambda) \longrightarrow \begin{pmatrix} b_{22}(\lambda) & \boldsymbol{0} \\ \boldsymbol{0} & \boldsymbol{B}_2(\lambda) \end{pmatrix}, \quad b_{22}(\lambda) \in \mathbb{F}[\lambda],$$

且 $\boldsymbol{B}_2(\lambda)$ 的每一元素都能被 $b_{22}(\lambda)$ 整除. 由于 $\boldsymbol{B}_1(\lambda)$ 的每一元素都是 $b_{11}(\lambda)$ 的倍式, 易见 $\boldsymbol{B}_1(\lambda)$ 经一次倍法变换或消法变换后所得 λ-矩阵的每一个元素仍为 $b_{11}(\lambda)$ 的倍式, 由此不难看出, $b_{11}(\lambda) \mid b_{22}(\lambda)$. 如此再用同法处理 $\boldsymbol{B}_2(\lambda), \cdots$, 最终可得到 (7.1) 式, 即结论得证. □

例 7.1　将下面 λ-矩阵化为等价标准形:

$$\boldsymbol{A}(\lambda) = \begin{pmatrix} 1-\lambda & \lambda^2 & \lambda \\ \lambda & \lambda & -\lambda \\ 1+\lambda^2 & \lambda^2 & -\lambda^2 \end{pmatrix}.$$

解

$$\boldsymbol{A}(\lambda) \to \begin{pmatrix} 1 & \lambda^2 & \lambda \\ 0 & \lambda & -\lambda \\ 1 & \lambda^2 & -\lambda^2 \end{pmatrix} \to \begin{pmatrix} 1 & \lambda^2 & \lambda \\ 0 & \lambda & -\lambda \\ 0 & 0 & -\lambda^2-\lambda \end{pmatrix}$$

$$\to \begin{pmatrix} 1 & 0 & 0 \\ 0 & \lambda & -\lambda \\ 0 & 0 & -\lambda^2-\lambda \end{pmatrix} \to \begin{pmatrix} 1 & 0 & 0 \\ 0 & \lambda & 0 \\ 0 & 0 & -\lambda^2-\lambda \end{pmatrix}$$

$$\to \begin{pmatrix} 1 & 0 & 0 \\ 0 & \lambda & 0 \\ 0 & 0 & \lambda^2+\lambda \end{pmatrix}.$$

□

推论 7.1　任何可逆 λ-矩阵可经有限次初等变换化为 $\boldsymbol{I}$.

证明　设 $\boldsymbol{A}(\lambda)$ 为 n 阶可逆 λ-矩阵, 由定理 7.2 知

$$\boldsymbol{A}(\lambda) \longrightarrow \operatorname{diag}(d_1(\lambda), d_2(\lambda), \cdots, d_n(\lambda)),$$

其中 $d_i(\lambda) \mid d_{i+1}(\lambda), i=1,2,\cdots,n-1$. 由 $\boldsymbol{A}(\lambda)$ 可逆知 $|\boldsymbol{A}(\lambda)| = d \neq 0, d \in \mathbb{F}$. 由初等变换不改变 λ-矩阵的可逆性, 再由 $d_i(\lambda)$ 均首 1 知 $d_1(\lambda) = d_2(\lambda) = \cdots = d_n(\lambda) = 1$. □

推论 7.2　可逆 λ-矩阵等于有限个初等 λ-矩阵之积.

推论 7.3　$\boldsymbol{A}(\lambda) \longrightarrow \boldsymbol{B}(\lambda)$ 当且仅当存在可逆阵 $\boldsymbol{P}(\lambda)$ 及 $\boldsymbol{Q}(\lambda)$ 使

$$\boldsymbol{P}(\lambda)\boldsymbol{A}(\lambda)\boldsymbol{Q}(\lambda) = \boldsymbol{B}(\lambda).$$

推论 7.4　若 $\boldsymbol{A}(\lambda)$ 与 $\boldsymbol{B}(\lambda)$ 等价, 则 $\boldsymbol{A}(\lambda)$ 与 $\boldsymbol{B}(\lambda)$ 秩相同.

练　习　7.1

7.1.1　判断下列 λ-矩阵的可逆性, 对可逆阵求出逆矩阵, 对于不可逆阵求出其标准形.

(1) $\begin{pmatrix} \lambda^2 & \lambda & 1 \\ 0 & 1 & 0 \\ 1 & 0 & 0 \end{pmatrix}$;　　(2) $\begin{pmatrix} \lambda^2+1 & 0 & 0 \\ 0 & \lambda & 0 \\ 0 & 0 & \lambda^2-1 \end{pmatrix}$;

(3) $\begin{pmatrix} 5\lambda+1 & 25\lambda \\ \lambda & 5\lambda-1 \end{pmatrix}$;　　(4) $\begin{pmatrix} \lambda^2-1 & \lambda+1 \\ \lambda+1 & \lambda^2+2\lambda+1 \end{pmatrix}$.

7.1.2　证明: $\boldsymbol{A}(\lambda)$ 可逆当且仅当对所有的复数 c, 有 $\boldsymbol{A}(c)$ 可逆.

7.1.3　秩相同的两个 λ-矩阵是否等价?

7.2　标准形的唯一性

为了证明等价标准形的唯一性, 需要引出下述概念.

定义 7.5　秩为 r 的非零 λ-矩阵 $\boldsymbol{A}(\lambda)$ 的所有 $k(1 \leqslant k \leqslant r)$ 阶子式的首项系数为 1 的最大公因式称为 $\boldsymbol{A}(\lambda)$ 的 k **阶行列式因子**, 记为 $D_k(\lambda)$.

例 7.2　求 $\begin{pmatrix} \lambda-1 & -1 & 0 \\ 0 & \lambda+3 & -1 \\ 0 & 0 & \lambda+3 \end{pmatrix}$ 的各阶行列式因子.

解　根据定义, 易见 $D_1(\lambda) = 1, D_2(\lambda) = 1, D_3(\lambda) = (\lambda-1)(\lambda+3)^2$. □

例 7.3　求等价标准形的各阶行列式因子.

解　根据定义, 注意到 $d_i(\lambda) \mid d_{i+1}(\lambda), i=1,2,\cdots,r-1$, 则可算得

$$D_k(\lambda)=d_1(\lambda)d_2(\lambda)\cdots d_k(\lambda),\quad 1\leqslant k\leqslant r.$$ □

引理 7.1　经初等变换后, λ-矩阵 $\boldsymbol{A}(\lambda)$ 各阶行列式因子不变.

证明　由于换法变换可由消法变换及倍法变换替代, 我们只考虑以下两种情形.

(1) 经倍法变换 $\boldsymbol{A}(\lambda)$ 化成 $\boldsymbol{B}(\lambda)$.

这时 $\boldsymbol{A}(\lambda)$ 与 $\boldsymbol{B}(\lambda)$ 的 k 阶子式或者相同, 或者只差一个非零常数因子, 所以有 $D_k(\boldsymbol{A}(\lambda))=D_k(\boldsymbol{B}(\lambda))$.

(2) 经消法变换 $\boldsymbol{A}(\lambda)$ 化成 $\boldsymbol{B}(\lambda)$.

例如, 把 $\boldsymbol{A}(\lambda)$ 的第 i 行乘以 $\varphi(\lambda)$ 加于第 j 行得 $\boldsymbol{B}(\lambda)$. 这时 $\boldsymbol{B}(\lambda)$ 的 k 阶子式, 当其不含第 j 行时或同时含 i,j 两行时仍为 $\boldsymbol{A}(\lambda)$ 的 k 阶子式; 而当其含第 j 行, 不含第 i 行时是 $\boldsymbol{A}(\lambda)$ 的 k 阶子式的一个组合, 故两种情况均导致 $D_k(\boldsymbol{A}(\lambda))=D_k(\boldsymbol{B}(\lambda))$. □

定义 7.6　等价标准形中的 $d_1(\lambda),d_2(\lambda),\cdots,d_r(\lambda)$ 称为 λ-矩阵的**不变因子**.

注意由例 7.3, 容易求得

$$d_1(\lambda)=D_1(\lambda),d_2(\lambda)=\frac{D_2(\lambda)}{D_1(\lambda)},\cdots,d_r(\lambda)=\frac{D_r(\lambda)}{D_{r-1}(\lambda)}.$$

由上述各式及引理 7.1 可知有以下重要结果.

定理 7.3　等价的 λ-矩阵不仅有相同的秩, 而且有相同的各阶行列式因子和不变因子. 换句话说, 等价标准形是唯一的.

推论 7.5　两个 $m\times n$ 型的 λ-矩阵等价当且仅当它们有相同的不变因子.

推论 7.6　两个 $m\times n$ 型的 λ-矩阵等价当且仅当它们有相同的行列式因子.

例 7.4　求 $\boldsymbol{A}(\lambda)=\mathrm{diag}(\lambda^3+1,\lambda,\lambda^2-1)$ 的不变因子.

解　容易看出 $D_1(\lambda)=1,D_2(\lambda)=\lambda+1,D_3(\lambda)=(\lambda^3+1)\lambda(\lambda^2-1)$, 于是求得 $d_1(\lambda)=1,d_2(\lambda)=\lambda+1,d_3(\lambda)=\dfrac{D_3(\lambda)}{D_2(\lambda)}=\lambda(\lambda^2-1)(\lambda^2-\lambda+1)$. □

定义 7.7　设 $\boldsymbol{A}(\lambda)$ 的不变因子 $d_1(\lambda),d_2(\lambda),\cdots,d_r(\lambda)$ 在 $\mathbb{F}$ 上的分解式为

$$\begin{aligned}d_1(\lambda)=&p_1(\lambda)^{n_{11}}p_2(\lambda)^{n_{12}}\cdots p_k(\lambda)^{n_{1k}},\\d_2(\lambda)=&p_1(\lambda)^{n_{21}}p_2(\lambda)^{n_{22}}\cdots p_k(\lambda)^{n_{2k}},\\&\cdots\cdots\\d_r(\lambda)=&p_1(\lambda)^{n_{r1}}p_2(\lambda)^{n_{r2}}\cdots p_k(\lambda)^{n_{rk}},\end{aligned}$$

其中 $p_1(\lambda),p_2(\lambda),\cdots,p_k(\lambda)$ 是互异的首 1 不可约多项式, n_{ij} 为非负整数 $(i=1,2,\cdots,r;j=1,2,\cdots,k)$. 当 $n_{ij}>0$ 时, 称 $p_j(\lambda)^{n_{ij}}$ 为 $p_j(\lambda)$ 形的**初等因子**, 初等因子的全体称为 $\boldsymbol{A}(\lambda)$ 的在 $\mathbb{F}$ 上的**初等因子组**.

例如, 例 7.4 中 $\boldsymbol{A}(\lambda)$ 在有理数域上的初等因子组是 $\lambda+1,\lambda,\lambda+1,\lambda-1,\lambda^2-\lambda+1$. 初等因子可以重复. 而 $\boldsymbol{A}(\lambda)$ 在复数域上的初等因子组是 $\lambda+1,\lambda,\lambda+1,\lambda-1,\lambda-\dfrac{1+\sqrt{-3}}{2},\lambda-\dfrac{1-\sqrt{-3}}{2}$.

定理 7.4 λ-矩阵 $\boldsymbol{A}(\lambda)$ 的秩和初等因子组完全决定不变因子.

证明 设 $\boldsymbol{A}(\lambda)$ 的秩为 r, 则 $\boldsymbol{A}(\lambda)$ 应有 r 个不变因子 $d_1(\lambda),d_2(\lambda),\cdots,d_r(\lambda)$. 先确定 $d_r(\lambda)$, 由不变因子的依次整除性可得

$$d_r(\lambda)=p_1(\lambda)^{n_{r1}}p_2(\lambda)^{n_{r2}}\cdots p_k(\lambda)^{n_{rk}},$$

这里 $p_i(\lambda)$ 取遍初等因子组中出现的所有不同的不可约多项式, n_{ri} 则取 $p_i(\lambda)$ 形的初等因子中所具有的最高指数. 然后在余下的初等因子中用上述方法求出 $d_{r-1}(\lambda)$, 以此类推直到初等因子用完, 如果已作出的不变因子的个数小于 r, 则余下的不变因子全为 1. □

例 7.5 设 $\boldsymbol{A}(\lambda)$ 为六阶 λ-矩阵, 其秩为 5, 初等因子组为

$$\lambda,\quad \lambda^2,\quad \lambda^3,\quad \lambda+1,\quad (\lambda+1)^3,\quad \lambda-1,\quad \lambda-1,\quad (\lambda-1)^2,$$

求 $\boldsymbol{A}(\lambda)$ 的等价标准形.

解 首先求出各不变因子. 显然, $d_5(\lambda)=\lambda^3(\lambda+1)^3(\lambda-1)^2$, 然后有 $d_4(\lambda)=\lambda^2(\lambda+1)(\lambda-1),d_3(\lambda)=\lambda(\lambda-1),d_2(\lambda)=d_1(\lambda)=1$, 从而 $\boldsymbol{A}(\lambda)$ 的等价标准形是 $\mathrm{diag}(1,1,\lambda(\lambda-1),\lambda^2(\lambda+1)(\lambda-1),\lambda^3(\lambda+1)^3(\lambda-1)^2,0)$. □

定理 7.5 设秩为 $r(r>0)$ 的对角形 λ-矩阵

$$\boldsymbol{A}(\lambda)=\mathrm{diag}(f_1(\lambda),f_2(\lambda),\cdots,f_r(\lambda),0),$$

则全部次数大于 0 的 $f_i(\lambda)$ $(i=1,2,\cdots,r)$ 标准分解式中所有不可约多项式的方幂的全体构成 $\boldsymbol{A}(\lambda)$ 的初等因子组.

证明 不失一般性. 设 $f_i(\lambda)(i=1,2,\cdots,r)$ 首项系数均为 1, 并设 $\boldsymbol{A}(\lambda)$ 的不变因子是 $d_1(\lambda),d_2(\lambda),\cdots,d_r(\lambda)$, 则对 $\boldsymbol{A}(\lambda)$ 的 r 阶行列式因子 $D_r(\lambda)$ 有

$$D_r(\lambda)=f_1(\lambda)f_2(\lambda)\cdots f_r(\lambda)=d_1(\lambda)d_2(\lambda)\cdots d_r(\lambda).$$

设 $p_1(\lambda),p_2(\lambda),\cdots,p_k(\lambda)$ 为各 $f_i(\lambda)$ 的标准分解式中所出现的一切不同的不可约因式, 则由上面等式可知 $\boldsymbol{A}(\lambda)$ 的任意一个初等因子必为某个 $p_i(\lambda)$ 的方幂.

下面指出 $f_1(\lambda), f_2(\lambda), \cdots, f_r(\lambda)$ 标准分解式中 $p_i(\lambda)$ 的方幂都是 $\boldsymbol{A}(\lambda)$ 中的初等因子. 为此设

$$
\begin{aligned}
&f_1(\lambda) = p_i^{n_1}(\lambda)q_1(\lambda),\\
&f_2(\lambda) = p_i^{n_2}(\lambda)q_2(\lambda),\\
&\cdots\cdots\\
&f_r(\lambda) = p_i^{n_r}(\lambda)q_r(\lambda), \quad p_i(\lambda) \nmid q_j(\lambda), \quad j = 1, 2, \cdots, r.
\end{aligned}
$$

由于改变 $\boldsymbol{A}(\lambda)$ 对角线元素的顺序对定理的条件和结论没有影响, 不妨设 $n_r \geqslant n_{r-1} \geqslant \cdots \geqslant n_2 \geqslant n_1 \geqslant 0$, 那么 $\boldsymbol{A}(\lambda)$ 的 k 阶行列式因子 $D_k(\lambda)$ 必含因子 $p_i^{n_1+n_2+\cdots+n_k}(\lambda)$. 于是

$$
d_k(\lambda) = \frac{D_k(\lambda)}{D_{k-1}(\lambda)} = p_i^{n_k}(\lambda)h(\lambda),
$$

这里 $h(\lambda)$ 不再含 $p_i(\lambda)$ 型因子. 这说明 $p_i^{n_k}(\lambda)$ 是 $\boldsymbol{A}(\lambda)$ 的一个初等因子.

因为 $\boldsymbol{A}(\lambda)$ 的行列式因子不可能再含其他的不可约因式, 故其初等因子仅这些. □

定理 7.6　设分块对角形 λ-矩阵

$$
\boldsymbol{A}(\lambda) = \mathrm{diag}(\boldsymbol{A}_1(\lambda), \boldsymbol{A}_2(\lambda), \cdots, \boldsymbol{A}_m(\lambda)),
$$

则方块阵 $\boldsymbol{A}_1(\lambda), \boldsymbol{A}_2(\lambda), \cdots, \boldsymbol{A}_m(\lambda)$ 各初等因子组的全体就是 $\boldsymbol{A}(\lambda)$ 的初等因子组.

证明　分别用初等变换把 $\boldsymbol{A}_1(\lambda), \boldsymbol{A}_2(\lambda), \cdots, \boldsymbol{A}_m(\lambda)$ 都变成对角形, 也就等于将 $\boldsymbol{A}(\lambda)$ 化成了对角形, 然后应用定理 7.5, 结论可得出. □

例 7.6　求 n 阶 λ-矩阵 $(n \geqslant 2)$

$$
\boldsymbol{A}(\lambda) = \begin{pmatrix}
\lambda - a & & & & \\
b_1 & \lambda - a & & & \\
 & b_2 & \ddots & & \\
 & & \ddots & \ddots & \\
 & & & b_{n-1} & \lambda - a
\end{pmatrix}
$$

的初等因子组, 这里 $b_1, b_2, \cdots, b_{n-1}$ 均为非零常数.

解　易见 $D_n(\lambda) = (\lambda - a)^n$. 去掉第 1 列和第 n 行的 $n-1$ 阶子式为非零常数 $b_1 b_2 \cdots b_{n-1}$, 故 $D_{n-1}(\lambda) = 1$, 于是因 $D_{i-1}(\lambda) \mid D_i(\lambda)$, 故知 $D_1(\lambda) = D_2(\lambda) = \cdots = D_{n-2}(\lambda) = 1$, 从而 $d_1(\lambda) = d_2(\lambda) = \cdots = d_{n-1}(\lambda) = 1, d_n(\lambda) = (\lambda - a)^n$. 因此仅有一个初等因子 $(\lambda - a)^n$. □

例 7.7 设 λ-矩阵 $\boldsymbol{A}(\lambda)=\operatorname{diag}\left(\begin{pmatrix}\lambda & 1\\ 1 & \lambda\end{pmatrix},\begin{pmatrix}\lambda^2-\lambda & 0\\ 0 & \lambda+1\end{pmatrix}\right)$, 求 $\boldsymbol{A}(\lambda)$ 的初等因子组及不变因子.

解 由定理 7.6 易知初等因子组为 $\lambda,\lambda+1,\lambda+1,\lambda-1,\lambda-1$, 不变因子为 $1,1,\lambda^2-1,\lambda(\lambda^2-1)$. □

练 习 7.2

7.2.1 求如下 λ-矩阵的不变因子.

$$\begin{pmatrix}\lambda & 0 & 0 & \cdots & 0 & a_n\\ -1 & \lambda & 0 & \cdots & 0 & a_{n-1}\\ 0 & -1 & \lambda & \cdots & 0 & a_{n-2}\\ \vdots & \vdots & \vdots & & \vdots & \vdots\\ 0 & 0 & 0 & \cdots & \lambda & a_2\\ 0 & 0 & 0 & \cdots & -1 & \lambda+a_1\end{pmatrix}.$$

7.2.2 求下列 λ-矩阵的不变因子及初等因子组.

(1) $\operatorname{diag}\left(\begin{pmatrix}0 & \lambda^3(\lambda-2)^2\\ \lambda(\lambda-2) & 0\end{pmatrix},\begin{pmatrix}0 & 0 & \lambda-2\\ \lambda(\lambda+1) & 0 & 0\\ 0 & \lambda-2 & 0\end{pmatrix}\right)$;

(2) $\begin{pmatrix}\lambda & 1 & 0 & 0\\ 0 & \lambda & \lambda & 1\\ 0 & 0 & \lambda & \lambda\\ 0 & 0 & 3 & \lambda+2\end{pmatrix}$; (3) $\begin{pmatrix}\lambda+2 & 0 & 1 & 0\\ 0 & 1 & \lambda+2 & 0\\ 0 & \lambda+2 & 0 & 1\\ 0 & 0 & 0 & \lambda+2\end{pmatrix}$;

(4) $\begin{pmatrix}\lambda+\alpha & \beta & 1 & 0\\ -\beta & \lambda+\alpha & 0 & 1\\ 0 & 0 & \lambda+\alpha & \beta\\ 0 & 0 & -\beta & \lambda+\alpha\end{pmatrix}$.

7.3 矩阵相似的条件

本节研究如何把 $\mathbb{F}$ 上方阵的相似转化为 λ-矩阵的等价. 为了理论的展开, 首先给出 λ-矩阵的矩阵多项式写法. 例如,

$$\boldsymbol{A}(\lambda)=\begin{pmatrix}4\lambda^3-2\lambda+1 & -3\lambda+2\\ \lambda^3-5\lambda^2+2\lambda & \lambda^2-4\lambda\end{pmatrix}$$

$$= \begin{pmatrix} 4 & 0 \\ 1 & 0 \end{pmatrix}\lambda^3 + \begin{pmatrix} 0 & 0 \\ -5 & 1 \end{pmatrix}\lambda^2 + \begin{pmatrix} -2 & -3 \\ 2 & -4 \end{pmatrix}\lambda + \begin{pmatrix} 1 & 2 \\ 0 & 0 \end{pmatrix}.$$

一般地, $\boldsymbol{A}(\lambda)$ 可表示成 $\boldsymbol{A}_0\lambda^k + \boldsymbol{A}_1\lambda^{k-1} + \cdots + \boldsymbol{A}_{k-1}\lambda + \boldsymbol{A}_k$, 其中 $\boldsymbol{A}_0, \boldsymbol{A}_1, \cdots, \boldsymbol{A}_{k-1}, \boldsymbol{A}_k$ 为 $\mathbb{F}$ 上矩阵, 常称为**数元矩阵**以区别一般的 λ-矩阵. 当 $\boldsymbol{A}_0 \neq \boldsymbol{O}$ 时, 称 k 为 $\boldsymbol{A}(\lambda)$ 的次数, 记 $\deg \boldsymbol{A}(\lambda)$.

为了主要结果的证明, 先给出一个命题, 其证明类似带余除法, 故省略之.

命题 7.1　*设 $\boldsymbol{A}(\lambda) = \boldsymbol{A}_0\lambda^m + \boldsymbol{A}_1\lambda^{m-1} + \cdots + \boldsymbol{A}_m$, 其中 $\boldsymbol{A}_i (i = 0, 1, \cdots, m)$ 为 n 阶数元矩阵, 且 $\boldsymbol{A}_0 \neq \boldsymbol{O}$, 即 $\deg \boldsymbol{A}(\lambda) = m$; 又设 $\boldsymbol{B}(\lambda) = \boldsymbol{B}_0\lambda^k + \boldsymbol{B}_1\lambda^{k-1} + \cdots + \boldsymbol{B}_k, \boldsymbol{B}_i (i = 0, 1, \cdots, k)$ 为 n 阶数元矩阵, 且 $\boldsymbol{B}_0$ 可逆, 则存在唯一的 $\boldsymbol{Q}(\lambda), \boldsymbol{R}(\lambda)$ 使*

$$\boldsymbol{A}(\lambda) = \boldsymbol{Q}(\lambda)\boldsymbol{B}(\lambda) + \boldsymbol{R}(\lambda),$$

其中 $\boldsymbol{R}(\lambda) = \boldsymbol{O}$ 或 $\deg \boldsymbol{R}(\lambda) < \deg \boldsymbol{B}(\lambda)$;

又存在唯一的 $\boldsymbol{P}(\lambda), \boldsymbol{S}(\lambda)$ 使

$$\boldsymbol{A}(\lambda) = \boldsymbol{B}(\lambda)\boldsymbol{P}(\lambda) + \boldsymbol{S}(\lambda),$$

其中 $\boldsymbol{S}(\lambda) = \boldsymbol{O}$ 或 $\deg \boldsymbol{S}(\lambda) < \deg \boldsymbol{B}(\lambda)$.

与数元矩阵联系密切的 λ-矩阵是**特征矩阵**. 设 $\boldsymbol{A}$ 为 n 阶数元矩阵, 则称 $\lambda\boldsymbol{I} - \boldsymbol{A}$ 为 $\boldsymbol{A}$ 的特征矩阵, 这是一个 λ-矩阵, 其阶数为 n, 对角线上均为 λ 的一次式, 其余位置都是常数多项式. 下面给出本节的主要结果.

定理 7.7　*$\mathbb{F}$ 上 n 阶阵 $\boldsymbol{A}$ 与 $\boldsymbol{B}$ 相似的充要条件是它们的特征矩阵等价.*

证明　先证必要性. 因 $\boldsymbol{A}$ 与 $\boldsymbol{B}$ 相似, 故存在可逆矩阵 $\boldsymbol{P}$ 使 $\boldsymbol{P}^{-1}\boldsymbol{AP} = \boldsymbol{B}$, 从而有 $\boldsymbol{P}^{-1}(\lambda\boldsymbol{I} - \boldsymbol{A})\boldsymbol{P} = \lambda\boldsymbol{I} - \boldsymbol{B}$, 所以 $(\lambda\boldsymbol{I} - \boldsymbol{A}) \to (\lambda\boldsymbol{I} - \boldsymbol{B})$.

下证充分性. 由 $(\lambda\boldsymbol{I} - \boldsymbol{A}) \to (\lambda\boldsymbol{I} - \boldsymbol{B})$ 知存在可逆 λ-矩阵 $\boldsymbol{P}(\lambda)$ 及 $\boldsymbol{Q}(\lambda)$ 使得

$$\boldsymbol{P}(\lambda)(\lambda\boldsymbol{I} - \boldsymbol{A})\boldsymbol{Q}(\lambda) = \lambda\boldsymbol{I} - \boldsymbol{B}. \tag{7.3}$$

利用命题 7.1 又有

$$\boldsymbol{P}(\lambda) = (\lambda\boldsymbol{I} - \boldsymbol{B})\boldsymbol{P}_1(\lambda) + \boldsymbol{R}, \tag{7.4}$$

$$\boldsymbol{Q}(\lambda) = \boldsymbol{Q}_1(\lambda)(\lambda\boldsymbol{I} - \boldsymbol{B}) + \boldsymbol{S}, \tag{7.5}$$

其中 $\boldsymbol{R}$ 及 $\boldsymbol{S}$ 或为 $\boldsymbol{O}$, 或为非零数元矩阵 (因 $\lambda\boldsymbol{I} - \boldsymbol{B}$ 次数为 1). 将 (7.4) 和 (7.5) 式代入 (7.3) 式得

$$\begin{aligned} \lambda\boldsymbol{I} - \boldsymbol{B} &= \boldsymbol{P}(\lambda)(\lambda\boldsymbol{I} - \boldsymbol{A})\boldsymbol{Q}(\lambda) \\ &= ((\lambda\boldsymbol{I} - \boldsymbol{B})\boldsymbol{P}_1(\lambda) + \boldsymbol{R})(\lambda\boldsymbol{I} - \boldsymbol{A})(\boldsymbol{Q}_1(\lambda)(\lambda\boldsymbol{I} - \boldsymbol{B}) + \boldsymbol{S}) \end{aligned}$$

$$
\begin{aligned}
&=(\lambda \boldsymbol{I}-\boldsymbol{B})\boldsymbol{P}_1(\lambda)(\lambda \boldsymbol{I}-\boldsymbol{A})\boldsymbol{Q}_1(\lambda)(\lambda \boldsymbol{I}-\boldsymbol{B})+\boldsymbol{R}(\lambda \boldsymbol{I}-\boldsymbol{A})\boldsymbol{S}\\
&\quad+(\lambda \boldsymbol{I}-\boldsymbol{B})\boldsymbol{P}_1(\lambda)(\lambda \boldsymbol{I}-\boldsymbol{A})\boldsymbol{S}+\boldsymbol{R}(\lambda \boldsymbol{I}-\boldsymbol{A})\boldsymbol{Q}_1(\lambda)(\lambda \boldsymbol{I}-\boldsymbol{B}),
\end{aligned}
$$

把上式中的最后表达式右端的第二项移到左端, 再把第三项中的 $\boldsymbol{S}$ 换成 $\boldsymbol{Q}(\lambda)-\boldsymbol{Q}_1(\lambda)(\lambda \boldsymbol{I}-\boldsymbol{B})$, 把第四项中的 $\boldsymbol{R}$ 换成 $\boldsymbol{P}(\lambda)-(\lambda \boldsymbol{I}-\boldsymbol{B})\boldsymbol{P}_1(\lambda)$, 得

$$
\begin{aligned}
&(\lambda \boldsymbol{I}-\boldsymbol{B})-\boldsymbol{R}(\lambda \boldsymbol{I}-\boldsymbol{A})\boldsymbol{S}\\
=&(\lambda \boldsymbol{I}-\boldsymbol{B})\boldsymbol{P}_1(\lambda)(\lambda \boldsymbol{I}-\boldsymbol{A})\boldsymbol{Q}_1(\lambda)(\lambda \boldsymbol{I}-\boldsymbol{B})\\
&+(\lambda \boldsymbol{I}-\boldsymbol{B})\boldsymbol{P}_1(\lambda)(\lambda \boldsymbol{I}-\boldsymbol{A})(\boldsymbol{Q}(\lambda)-\boldsymbol{Q}_1(\lambda)(\lambda \boldsymbol{I}-\boldsymbol{B}))\\
&+(\boldsymbol{P}(\lambda)-(\lambda \boldsymbol{I}-\boldsymbol{B})\boldsymbol{P}_1(\lambda))(\lambda \boldsymbol{I}-\boldsymbol{A})\boldsymbol{Q}_1(\lambda)(\lambda \boldsymbol{I}-\boldsymbol{B})\\
=&(\lambda \boldsymbol{I}-\boldsymbol{B})\boldsymbol{P}_1(\lambda)(\lambda \boldsymbol{I}-\boldsymbol{A})\boldsymbol{Q}(\lambda)+\boldsymbol{P}(\lambda)(\lambda \boldsymbol{I}-\boldsymbol{A})\boldsymbol{Q}_1(\lambda)(\lambda \boldsymbol{I}-\boldsymbol{B})\\
&-(\lambda \boldsymbol{I}-\boldsymbol{B})\boldsymbol{P}_1(\lambda)(\lambda \boldsymbol{I}-\boldsymbol{A})\boldsymbol{Q}_1(\lambda)(\lambda \boldsymbol{I}-\boldsymbol{B}).
\end{aligned}
$$

由 (7.3) 有

$$
(\lambda \boldsymbol{I}-\boldsymbol{A})\boldsymbol{Q}(\lambda)=\boldsymbol{P}^{-1}(\lambda)(\lambda \boldsymbol{I}-\boldsymbol{B}),\quad \boldsymbol{P}(\lambda)(\lambda \boldsymbol{I}-\boldsymbol{A})=(\lambda \boldsymbol{I}-\boldsymbol{B})\boldsymbol{Q}^{-1}(\lambda),
$$

代入上式得

$$
\begin{aligned}
&(\lambda \boldsymbol{I}-\boldsymbol{B})-\boldsymbol{R}(\lambda \boldsymbol{I}-\boldsymbol{A})\boldsymbol{S}\\
=&(\lambda \boldsymbol{I}-\boldsymbol{B})\boldsymbol{P}_1(\lambda)\boldsymbol{P}^{-1}(\lambda)(\lambda \boldsymbol{I}-\boldsymbol{B})+(\lambda \boldsymbol{I}-\boldsymbol{B})\boldsymbol{Q}^{-1}(\lambda)\boldsymbol{Q}_1(\lambda)(\lambda \boldsymbol{I}-\boldsymbol{B})\\
&-(\lambda \boldsymbol{I}-\boldsymbol{B})\boldsymbol{P}_1(\lambda)(\lambda \boldsymbol{I}-\boldsymbol{A})\boldsymbol{Q}_1(\lambda)(\lambda \boldsymbol{I}-\boldsymbol{B})\\
=&(\lambda \boldsymbol{I}-\boldsymbol{B})[\boldsymbol{P}_1(\lambda)\boldsymbol{P}^{-1}(\lambda)+\boldsymbol{Q}^{-1}(\lambda)\boldsymbol{Q}_1(\lambda)\\
&-\boldsymbol{P}_1(\lambda)(\lambda \boldsymbol{I}-\boldsymbol{A})\boldsymbol{Q}_1(\lambda)](\lambda \boldsymbol{I}-\boldsymbol{B}).
\end{aligned}
$$

令上式右端中间括号内的 λ-矩阵为 $\boldsymbol{C}(\lambda)$, 则有

$$
(\lambda \boldsymbol{I}-\boldsymbol{B})-\boldsymbol{R}(\lambda \boldsymbol{I}-\boldsymbol{A})\boldsymbol{S}=(\lambda \boldsymbol{I}-\boldsymbol{B})\boldsymbol{C}(\lambda)(\lambda \boldsymbol{I}-\boldsymbol{B}).
$$

看上式两边次数, 左端次数 $\leqslant 1$, 当 $\boldsymbol{C}(\lambda)\neq \boldsymbol{O}$ 时右端次数 $\geqslant 2$, 故必有 $\boldsymbol{C}(\lambda)=\boldsymbol{O}$. 于是

$$
\lambda \boldsymbol{I}-\boldsymbol{B}=\boldsymbol{R}(\lambda \boldsymbol{I}-\boldsymbol{A})\boldsymbol{S}=\lambda \boldsymbol{RS}-\boldsymbol{RAS}.
$$

由此得 $\boldsymbol{RS}=\boldsymbol{I}$, 从而 $\boldsymbol{R}=\boldsymbol{S}^{-1}$ 及 $\boldsymbol{B}=\boldsymbol{S}^{-1}\boldsymbol{AS}$, 即 $\boldsymbol{A}$ 与 $\boldsymbol{B}$ 相似. □

推论 7.7 $\mathbb{F}$ 上两个 n 阶阵 $\boldsymbol{A}$ 与 $\boldsymbol{B}$ 相似 $\Leftrightarrow$ $\lambda \boldsymbol{I}-\boldsymbol{A}$ 与 $\lambda \boldsymbol{I}-\boldsymbol{B}$ 有相同的行列式因子 $\Leftrightarrow$ $\lambda \boldsymbol{I}-\boldsymbol{A}$ 与 $\lambda \boldsymbol{I}-\boldsymbol{B}$ 有相同的不变因子 $\Leftrightarrow$ $\lambda \boldsymbol{I}-\boldsymbol{A}$ 与 $\lambda \boldsymbol{I}-\boldsymbol{B}$ 有相同的初等因子组.

为简单起见, $\lambda \boldsymbol{I}-\boldsymbol{A}$ 的行列式因子、不变因子和初等因子组又称为 $\boldsymbol{A}$ 的行列式因子、不变因子和初等因子组.

推论 7.8　设数域 $\mathbb{F}$ 和数域 $\mathbb{K}$ 满足 $\mathbb{F}\subset\mathbb{K}$, 又设 $\boldsymbol{A}$ 和 $\boldsymbol{B}$ 都是 $\mathbb{F}$ 上 n 阶方阵, 则 $\boldsymbol{A}$ 与 $\boldsymbol{B}$ 在 $\mathbb{F}$ 上相似当且仅当 $\boldsymbol{A}$ 与 $\boldsymbol{B}$ 在 $\mathbb{K}$ 上相似.

证明　由于 $\boldsymbol{A}$ 与 $\boldsymbol{B}$ 在 $\mathbb{F}$ 上和在 $\mathbb{K}$ 上的行列式因子是相同的 (最大公因式不因数域扩大而改变), 故结论由推论 7.7 得知. □

例 7.8　试判断下列矩阵 $\boldsymbol{A}$ 与 $\boldsymbol{B}$ 是否相似.

$$\boldsymbol{A}=\begin{pmatrix}1&2&0\\0&1&1\\0&0&-1\end{pmatrix},\quad \boldsymbol{B}=\begin{pmatrix}-1&0&0\\1&1&0\\0&2&1\end{pmatrix}.$$

解　因 $|\lambda \boldsymbol{I}-\boldsymbol{A}|=(\lambda-1)^2(\lambda+1)$, 又 $\lambda \boldsymbol{I}-\boldsymbol{A}$ 有一阶子式 -1, 2 阶子式 2, 故 $D_1(\lambda)=1, D_2(\lambda)=1, D_3(\lambda)=(\lambda-1)^2(\lambda+1)$. 同样可求得 $\boldsymbol{B}$ 的各阶行列式因子也是如此, 故 $\boldsymbol{A}$ 与 $\boldsymbol{B}$ 相似. □

练　习　7.3

7.3.1　判断下列矩阵对是否相似.

(1) $\boldsymbol{A}=\begin{pmatrix}5&-1\\9&-1\end{pmatrix},\quad \boldsymbol{B}=\begin{pmatrix}38&-81\\16&-34\end{pmatrix}$;

(2) $\boldsymbol{A}=\begin{pmatrix}2&-2&1\\1&-1&1\\1&-2&2\end{pmatrix},\quad \boldsymbol{B}=\begin{pmatrix}1&-3&3\\-2&-6&13\\-1&-4&8\end{pmatrix}$;

(3) $\boldsymbol{A}=\begin{pmatrix}3&2&-5\\2&6&-10\\1&2&-3\end{pmatrix},\quad \boldsymbol{B}=\begin{pmatrix}6&20&-34\\6&32&-51\\4&20&-32\end{pmatrix}$.

7.3.2　证明: 任何方阵 $\boldsymbol{A}$ 与它的转置阵 $\boldsymbol{A}^{\mathrm{T}}$ 是相似的.

7.4　矩阵的相似标准形

7.4.1　有理标准形

引理 7.2　数域 $\mathbb{F}$ 上 k 阶阵

$$C = \begin{pmatrix} 0 & & & & & -a_k \\ 1 & 0 & & & & -a_{k-1} \\ & 1 & 0 & & & \vdots \\ & & \ddots & \ddots & & \vdots \\ & & & 1 & 0 & -a_2 \\ & & & & 1 & -a_1 \end{pmatrix} \tag{7.6}$$

的不变因子是 $1, 1, \cdots, 1, d_k(\lambda)$, 其中 $d_k(\lambda) = \lambda^k + a_1\lambda^{k-1} + \cdots + a_{k-1}\lambda + a_k$.

证明 容易算出 $\boldsymbol{C}$ 的行列式因子为 $1, 1, \cdots, 1, D_k(\lambda)$, 且 $D_k(\lambda) = |\lambda \boldsymbol{I} - \boldsymbol{C}| = d_k(\lambda)$, 从而结论成立. □

定义 7.8 (7.6) 中矩阵 $\boldsymbol{C}$ 称为多项式 $\lambda^k + a_1\lambda^{k-1} + \cdots + a_{k-1}\lambda + a_k$ 的**友阵**.

定理 7.8 设 $\boldsymbol{A}$ 为数域 $\mathbb{F}$ 上 n 阶方阵, 且 $\boldsymbol{A}$ 的不变因子是 $1, 1, \cdots, 1, d_1(\lambda), d_2(\lambda), \cdots, d_s(\lambda)$, 其中 $d_1(\lambda), d_2(\lambda), \cdots, d_s(\lambda)$ 是次数 $\geqslant 1$ 的多项式, 则 $\boldsymbol{A}$ 在 $\mathbb{F}$ 上相似于

$$\operatorname{diag}(\boldsymbol{C}_1, \boldsymbol{C}_2, \cdots, \boldsymbol{C}_s), \tag{7.7}$$

其中 $\boldsymbol{C}_i$ 是 $d_i(\lambda)$ 的友阵, $i = 1, 2, \cdots, s$.

证明 观察不变因子的次数, 注意到 $\deg d_1(\lambda) + \deg d_2(\lambda) + \cdots + \deg d_s(\lambda) = n$, 于是

$$\lambda \boldsymbol{I} - \boldsymbol{A} \to \operatorname{diag}(1, 1, \cdots, 1, d_1(\lambda), d_2(\lambda), \cdots, d_s(\lambda)) \to \operatorname{diag}(\boldsymbol{K}_1, \boldsymbol{K}_2, \cdots, \boldsymbol{K}_s),$$

其中 $\boldsymbol{K}_i = \operatorname{diag}(1, 1, \cdots, 1, d_i(\lambda)), i = 1, 2, \cdots, s$. 应用引理 7.2 知 $\boldsymbol{A}$ 与 $\operatorname{diag}(\boldsymbol{C}_1, \boldsymbol{C}_2, \cdots, \boldsymbol{C}_s)$ 相似. □

定义 7.9 称上述定理中的对角块阵 (7.7) 为 $\boldsymbol{A}$ 的**有理标准形**.

例 7.9 求

$$\boldsymbol{A} = \begin{pmatrix} 0 & 1 & -1 \\ 3 & -2 & 0 \\ -1 & 1 & -1 \end{pmatrix}$$

的有理标准形.

解 易见

$$\lambda \boldsymbol{I} - \boldsymbol{A} = \begin{pmatrix} \lambda & -1 & 1 \\ -3 & \lambda + 2 & 0 \\ 1 & -1 & \lambda + 1 \end{pmatrix},$$

经计算求得 $\boldsymbol{A}$ 的行列式因子分别为 $1, 1, \lambda^3 + 3\lambda^2 - 2\lambda - 2$, 从而 $\boldsymbol{A}$ 的不变因子也是 $1, 1, \lambda^3 + 3\lambda^2 - 2\lambda - 2$, 故 $\boldsymbol{A}$ 的有理标准形是

$$\begin{pmatrix} 0 & 0 & 2 \\ 1 & 0 & 2 \\ 0 & 1 & -3 \end{pmatrix}.$$

□

7.4.2 若尔当标准形

引理 7.3 设 $a \in \mathbb{F}$, 当 $k=1$ 时 $\boldsymbol{J}=(a)$; 当 $k \geqslant 2$ 时

$$\boldsymbol{J}=\begin{pmatrix} a & & & & \\ 1 & a & & & \\ & 1 & \ddots & & \\ & & \ddots & \ddots & \\ & & & 1 & a \end{pmatrix}_{k\times k},$$

则 k 阶若尔当块 $\boldsymbol{J}$ 的初等因子组仅有一个初等因子 $(\lambda-a)^k$.

证明 由例 7.6 立得. □

定理 7.9 任意 n 阶阵 $\boldsymbol{A}$ 在复数域上都相似于由若尔当块组成的**若尔当标准形** $\boldsymbol{J}=\operatorname{diag}(\boldsymbol{J}_1,\boldsymbol{J}_2,\cdots,\boldsymbol{J}_t)$, 并且不计若尔当块 $\boldsymbol{J}_1,\boldsymbol{J}_2,\cdots,\boldsymbol{J}_t$ 的顺序, 若尔当标准形是唯一的.

证明 在复数域上 $\boldsymbol{A}$ 的初等因子皆为一次式的方幂. 不妨令 $\boldsymbol{A}$ 的初等因子组为

$$(\lambda-a_1)^{k_1},(\lambda-a_2)^{k_2},\cdots,(\lambda-a_t)^{k_t},$$

这里 $k_1+k_2+\cdots+k_t=n$.

由引理 7.3 知每个初等因子对应一个若尔当块, 于是有形如引理 7.3 所示的若尔当块 $\boldsymbol{J}_1,\boldsymbol{J}_2,\cdots,\boldsymbol{J}_t$, 使 $\boldsymbol{A}$ 与 $\boldsymbol{J}=\operatorname{diag}(\boldsymbol{J}_1,\boldsymbol{J}_2,\cdots,\boldsymbol{J}_t)$ 相似. 由定理 7.3 及定理 7.4 知在不计若尔当块的顺序时标准形 $\boldsymbol{J}$ 是唯一的. □

推论 7.9 数域 $\mathbb{F}$ 上 n 阶阵 $\boldsymbol{A}$ 在 $\mathbb{F}$ 上与对角阵相似的充要条件是 $\boldsymbol{A}$ 在 $\mathbb{F}$ 上初等因子都是一次式.

证明 必要性显然, 充分性由若尔当标准形可证. □

例 7.10 设

$$\boldsymbol{A}=\begin{pmatrix} -1 & 1 & 0 & 0 \\ -1 & 0 & 1 & 0 \\ 0 & 0 & -1 & 1 \\ 0 & 0 & -1 & 0 \end{pmatrix},$$

求 $\boldsymbol{A}$ 的若尔当标准形.

解 特征矩阵是

$$\lambda \boldsymbol{I}-\boldsymbol{A}=\begin{pmatrix}\lambda+1 & -1 & 0 & 0\\ 1 & \lambda & -1 & 0\\ 0 & 0 & \lambda+1 & -1\\ 0 & 0 & 1 & \lambda\end{pmatrix},$$

则 $D_4(\lambda)=|\lambda \boldsymbol{I}-\boldsymbol{A}|=(\lambda^2+\lambda+1)^2$. 又易见 $\lambda \boldsymbol{I}-\boldsymbol{A}$ 有一个 3 阶子式

$$\begin{vmatrix}-1 & 0 & 0\\ \lambda & -1 & 0\\ 0 & \lambda+1 & -1\end{vmatrix}=-1,$$

故 $D_3(\lambda)=1$. 于是可求得不变因子为 $1,1,1,(\lambda^2+\lambda+1)^2$. 进一步可知 $\boldsymbol{A}$ 在复数域上的初等因子组由 $(\lambda-\omega)^2,(\lambda-\omega^2)^2$ 组成, 其中 $\omega=-\dfrac{1}{2}+\dfrac{\sqrt{3}}{2}\mathrm{i}$. 由此 $\boldsymbol{A}$ 的若尔当标准形是

$$\boldsymbol{J}=\begin{pmatrix}\omega & 0 & 0 & 0\\ 1 & \omega & 0 & 0\\ 0 & 0 & \omega^2 & 0\\ 0 & 0 & 1 & \omega^2\end{pmatrix}.$$ □

例 7.11 写出 3 阶阵的所有可能的若尔当标准形.

解 共三类: ① $\begin{pmatrix}a & & \\ & b & \\ & & c\end{pmatrix}$, ② $\begin{pmatrix}a & & \\ 1 & a & \\ & & b\end{pmatrix}$, ③ $\begin{pmatrix}a & & \\ 1 & a & \\ & 1 & a\end{pmatrix}$, 其中 a,b,c 可取任意复数. □

7.4.3 $\mathbb{F}$ 上相似标准形

引理 7.4 数域 $\mathbb{F}$ 上 ks 阶矩阵

$$\boldsymbol{D}=\begin{pmatrix}\boldsymbol{C} & & & \\ \boldsymbol{E}_{1k} & \boldsymbol{C} & & \\ & \ddots & \ddots & \\ & & \boldsymbol{E}_{1k} & \boldsymbol{C}\end{pmatrix}$$

的不变因子是 $1,1,\cdots,1,d^s(\lambda)$, 其中 $\boldsymbol{C}$ 为多项式 $d(\lambda)=\lambda^k+a_1\lambda^{k-1}+\cdots+a_k$ 的友阵.

证明　容易算出 $\boldsymbol{D}$ 的行列式因子为 $1,1,\cdots,1,d^s(\lambda)$, 从而结论成立. □

称引理 7.4 中的矩阵为 $\mathbb{F}$ 上多项式 $d(\lambda)$ 的一个 s **友块**.

定理 7.10　设 $\boldsymbol{A}$ 为 $\mathbb{F}$ 上 n 阶方阵, 且 $\boldsymbol{A}$ 在 $\mathbb{F}$ 上全部的初等因子是 $p_1^{k_1}(\lambda)$, $p_2^{k_2}(\lambda),\cdots,p_s^{k_s}(\lambda)$, 则 $\boldsymbol{A}$ 在 $\mathbb{F}$ 上相似于

$$\mathrm{diag}(\boldsymbol{D}_1,\boldsymbol{D}_2,\cdots,\boldsymbol{D}_s),$$

其中 $\boldsymbol{D}_i$ 为多项式 $p_i(\lambda)$ 的一个 k_i **友块**, $i=1,2,\cdots,s$.

证明　由引理 7.4 知

$$\mathrm{diag}(\lambda\boldsymbol{I}-\boldsymbol{D}_1,\lambda\boldsymbol{I}-\boldsymbol{D}_2,\cdots,\lambda\boldsymbol{I}-\boldsymbol{D}_s)\to\mathrm{diag}(\boldsymbol{L}_1,\boldsymbol{L}_2,\cdots,\boldsymbol{L}_s),$$

其中 $\boldsymbol{L}_i=\mathrm{diag}(1,1,\cdots,1,p_i^{k_i}(\lambda)),i=1,2,\cdots,s$, 故 $\boldsymbol{A}$ 与 $\mathrm{diag}(\boldsymbol{D}_1,\boldsymbol{D}_2,\cdots,\boldsymbol{D}_{n-s})$ 有相同的初等因子, 因此它们相似. □

定义 7.10　称定理 7.10 中的对角块阵为 $\boldsymbol{A}$ 的 $\mathbb{F}$ **上相似标准形**.

例 7.12　设 $\mathbb{Q}$ 为有理数域, 数域 $\mathbb{F}=\{a+b\sqrt{2}|a,b\in\mathbb{Q}\}$. 求

$$\boldsymbol{A}=\begin{pmatrix}1&-1&0&-4\\1&-1&0&0\\0&1&1&-5\\0&0&1&-1\end{pmatrix},\quad \boldsymbol{B}=\begin{pmatrix}1&-1&0&-4\\1&-1&0&0\\0&1&1&3\\0&0&1&-1\end{pmatrix}$$

的 $\mathbb{F}$ 上相似标准形.

解　(1) 易求得 $\boldsymbol{A}$ 的不变因子为 $1,1,1,\lambda^4+4\lambda^2+4$, 从而 $\boldsymbol{A}$ 的全部初等因子为 $(\lambda^2+2)^2$, 故 $\boldsymbol{A}$ 的 $\mathbb{F}$ 上相似标准形是

$$\begin{pmatrix}0&-2&&\\1&0&&\\&1&0&-2\\&&1&0\end{pmatrix}.$$

(2) 易求得 $\boldsymbol{B}$ 的不变因子为 $1,1,1,\lambda^4-4\lambda^2+4$, 从而 $\boldsymbol{B}$ 的全部初等因子为 $(\lambda+\sqrt{2})^2,(\lambda-\sqrt{2})^2$, 故 $\boldsymbol{B}$ 的 $\mathbb{F}$ 上相似标准形是

$$\begin{pmatrix}\sqrt{2}&&&\\1&\sqrt{2}&&\\&&-\sqrt{2}&\\&&1&-\sqrt{2}\end{pmatrix}.$$ □

练 习 7.4

7.4.1 求下列矩阵的有理标准形和若尔当标准形.

(1) $\begin{pmatrix} 0 & 1 & 0 \\ -4 & 4 & 0 \\ -2 & 1 & 2 \end{pmatrix}$; (2) $\operatorname{diag}\left(\begin{pmatrix} 0 & 1 & 0 \\ 0 & 0 & 1 \\ 1 & 0 & 0 \end{pmatrix}, \begin{pmatrix} 0 & 0 & 1 \\ 1 & 0 & 0 \\ 0 & 1 & 0 \end{pmatrix}\right)$;

(3) $\begin{pmatrix} 1 & 1 & 1 \\ -3 & -3 & -3 \\ -2 & -2 & 2 \end{pmatrix}$; (4) $\begin{pmatrix} 1 & -1 & 1 & -1 \\ -3 & 3 & -5 & 4 \\ 8 & -4 & 3 & -4 \\ 15 & -10 & 11 & -11 \end{pmatrix}$.

7.4.2 求秩为 1 的 $n(n \geqslant 2)$ 阶复矩阵的若尔当标准形.

7.4.3 求满足 $\boldsymbol{A}^3 = \boldsymbol{O}$ 的 3 阶阵 $\boldsymbol{A}$ 的一切可能的若尔当标准形.

7.4.4 若 $\boldsymbol{A}^k = \boldsymbol{O}, \boldsymbol{A} \neq \boldsymbol{O}$, 证明 $\boldsymbol{A}$ 不能与对角阵相似.

7.5 最小多项式

定义 7.11 设 $\boldsymbol{A}$ 为 $\mathbb{F}$ 上 n 阶阵, $f(\lambda) \in \mathbb{F}[\lambda]$. 如果 $f(\boldsymbol{A}) = \boldsymbol{O}$, 则称 $f(\lambda)$ 为 $\boldsymbol{A}$ 的**化零多项式**, 在 $\boldsymbol{A}$ 的化零多项式中首项系数为 1 的次数最低的, 称为 $\boldsymbol{A}$ 的**最小多项式**.

引理 7.5 每一个若尔当块的初等因子是该若尔当块的化零多项式.

证明 由引理 7.3 知, k 阶若尔当块 $\boldsymbol{J}$ 的初等因子是 $(\lambda - a)^k$, 于是经计算知

$$(\boldsymbol{J} - a\boldsymbol{I})^k = \begin{pmatrix} 0 & & & & \\ 1 & 0 & & & \\ & 1 & 0 & & \\ & & \ddots & \ddots & \\ & & & 1 & 0 \end{pmatrix}^k = \boldsymbol{O}.$$ □

引理 7.6 设 $\boldsymbol{A}_1, \boldsymbol{A}_2$ 是 $\mathbb{F}$ 上 m 阶及 n 阶方阵, $f_1(\lambda), f_2(\lambda) \in \mathbb{F}[\lambda]$. 如果 $f_1(\lambda)$ 和 $f_2(\lambda)$ 分别为 $\boldsymbol{A}_1$ 和 $\boldsymbol{A}_2$ 的化零多项式, 则 $f_1(\lambda)f_2(\lambda)$ 是 $\boldsymbol{A} = \operatorname{diag}(\boldsymbol{A}_1, \boldsymbol{A}_2)$ 的化零多项式.

证明 易见 $f_1(\boldsymbol{A})f_2(\boldsymbol{A}) = \operatorname{diag}(f_1(\boldsymbol{A}_1)f_2(\boldsymbol{A}_1), f_1(\boldsymbol{A}_2)f_2(\boldsymbol{A}_2))$, 由 $f_1(\boldsymbol{A}_1) = O$ 及 $f_2(\boldsymbol{A}_2) = O$ 知结论成立. □

定理 7.11 (哈密顿–凯莱 (Hamilton-Cayley) 定理) 设 $\boldsymbol{A}$ 是 $\mathbb{F}$ 上 n 阶阵, 则 $\boldsymbol{A}$ 的特征多项式是 $\boldsymbol{A}$ 的化零多项式.

证明　设 $|\lambda \boldsymbol{I}-\boldsymbol{A}|=f(\lambda)$, 又设 $\boldsymbol{A}$ 的若尔当标准形是 $\boldsymbol{J}$, 并且有

$$\boldsymbol{A}=\boldsymbol{P}^{-1}\boldsymbol{J}\boldsymbol{P}=\boldsymbol{P}^{-1}(\operatorname{diag}(\boldsymbol{J}_1,\boldsymbol{J}_2,\cdots,\boldsymbol{J}_t))\boldsymbol{P},$$

其中 $\boldsymbol{J}_1,\boldsymbol{J}_2,\cdots,\boldsymbol{J}_t$ 为全部若尔当块,

$$(\lambda-c_1)^{n_1},(\lambda-c_2)^{n_2},\cdots,(\lambda-c_t)^{n_t}$$

分别为其对应的初等因子. 应用引理 7.5 得

$$(\boldsymbol{J}_1-c_1\boldsymbol{I})^{n_1}=\boldsymbol{O},(\boldsymbol{J}_2-c_2\boldsymbol{I})^{n_2}=\boldsymbol{O},\cdots,(\boldsymbol{J}_t-c_t\boldsymbol{I})^{n_t}=\boldsymbol{O}.$$

很明显

$$f(\lambda)=(\lambda-c_1)^{n_1}(\lambda-c_2)^{n_2}\cdots(\lambda-c_t)^{n_t},$$

所以

$$f(\boldsymbol{J}_1)=\boldsymbol{O},f(\boldsymbol{J}_2)=\boldsymbol{O},\cdots,f(\boldsymbol{J}_t)=\boldsymbol{O},$$

进一步

$$f(\boldsymbol{A})=\boldsymbol{P}^{-1}f(\boldsymbol{J})\boldsymbol{P}=\boldsymbol{P}^{-1}(\operatorname{diag}(f(\boldsymbol{J}_1),f(\boldsymbol{J}_2),\cdots,f(\boldsymbol{J}_t)))\boldsymbol{P}=\boldsymbol{O}.$$ □

推论 7.10　设 $\boldsymbol{A}$ 是 $\mathbb{F}$ 上 n 阶阵, 则: ① $\boldsymbol{A}$ 的最小多项式能整除 $\boldsymbol{A}$ 的任意化零多项式; ② $\boldsymbol{A}$ 的最小多项式存在且唯一.

证明　定理 7.11 说明 $\boldsymbol{A}$ 的化零多项式存在, 然后由定义 7.11 知最小多项式也存在. 设 $\boldsymbol{A}$ 的最小多项式为 $m(\lambda)$, 任意化零多项式为 $f(\lambda)$, 由带余除法知存在 $q(\lambda)$ 及 $r(\lambda)$ 使得 $f(\lambda)=m(\lambda)q(\lambda)+r(\lambda)$. 若 $r(\lambda)\neq 0$, 则 $\deg r(\lambda)<\deg m(\lambda)$, 且易见 $r(\boldsymbol{A})=\boldsymbol{O}$, 这与最小多项式定义矛盾, 故只有 $r(\lambda)=0$, 这导致 $m(\lambda)|f(\lambda)$. 这证明了结论①. 下面证②中的唯一性. 又设 $\delta(\lambda)$ 也是 $\boldsymbol{A}$ 的最小多项式, 由结论①知 $m(\lambda)|\delta(\lambda)$, 且 $\delta(\lambda)|m(\lambda)$, 又都是首 1 的, 所以 $\delta(\lambda)=m(\lambda)$. □

引理 7.7　设 $\boldsymbol{A}_1,\boldsymbol{A}_2$ 分别是 $\mathbb{F}$ 上 m 阶和 n 阶阵, 其最小多项式分别是 $m_1(\lambda)$ 和 $m_2(\lambda)$, 则 $\boldsymbol{A}=\operatorname{diag}(\boldsymbol{A}_1,\boldsymbol{A}_2)$ 的最小多项式是 $[m_1(\lambda),m_2(\lambda)]$.

证明　设 $\boldsymbol{A}$ 的最小多项式为 $m(\lambda)$, 并记 $f(\lambda)=[m_1(\lambda),m_2(\lambda)]$. 易见 $m_1(\lambda)|f(\lambda)$, 由 $m_1(\boldsymbol{A}_1)=\boldsymbol{O}$ 知 $f(\boldsymbol{A}_1)=\boldsymbol{O}$. 同样又因 $m_2(\lambda)|f(\lambda)$ 有 $f(\boldsymbol{A}_2)=\boldsymbol{O}$, 从而 $f(\boldsymbol{A})=\boldsymbol{O}$. 再由推论 7.10 得 $m(\lambda)|f(\lambda)$. 另一方面, 由 $m(\boldsymbol{A})=\boldsymbol{O}$ 知 $m(\boldsymbol{A}_1)=\boldsymbol{O}$ 及 $m(\boldsymbol{A}_2)=\boldsymbol{O}$, 又由推论 7.10 知 $m_1(\lambda)|m(\lambda),m_2(\lambda)|m(\lambda)$, 从而由最小公倍式定义知有 $f(\lambda)|m(\lambda)$. 因此得 $m(\lambda)=f(\lambda)=[m_1(\lambda),m_2(\lambda)]$. □

引理 7.8　设 $\mathbb{F}$ 上 n 阶阵 $\boldsymbol{A}$ 与 $\boldsymbol{B}$ 相似, 则 $\boldsymbol{A}$ 与 $\boldsymbol{B}$ 的最小多项式相等.

证明 设 $\boldsymbol{B}=\boldsymbol{P}^{-1}\boldsymbol{A}\boldsymbol{P}$, 设任意 $f(\lambda)\in\mathbb{F}[\lambda]$, 则不难看出 $f(\boldsymbol{B})=\boldsymbol{P}^{-1}f(\boldsymbol{A})\boldsymbol{P}$, 从而 $f(\boldsymbol{A})=\boldsymbol{O}\Leftrightarrow f(\boldsymbol{B})=\boldsymbol{O}$, 由此易证结论. 事实上, 设 $m_1(\lambda)$ 和 $m_2(\lambda)$ 分别为 $\boldsymbol{A}$ 和 $\boldsymbol{B}$ 的最小多项式, 则由 $m_1(\boldsymbol{A})=\boldsymbol{O}$ 可推出 $m_1(\boldsymbol{B})=\boldsymbol{O}$, 从而由推论 7.10 有 $m_2(\lambda)|m_1(\lambda)$. 又由 $m_2(\boldsymbol{B})=\boldsymbol{O}$ 可推出 $m_2(\boldsymbol{A})=\boldsymbol{O}$, 从而由推论 7.10 又有 $m_1(\lambda)|m_2(\lambda)$. 因此有 $m_1(\lambda)=m_2(\lambda)$. □

定理 7.12 数域 $\mathbb{F}$ 上 n 阶阵 $\boldsymbol{A}$ 的最小多项式等于 $\boldsymbol{A}$ 的最后一个不变因子 $d_n(\lambda)$.

证明 由引理 7.8 知在相似下最小多项式不变. 这样 $\boldsymbol{A}$ 的最小多项式就是其若尔当标准形 $\boldsymbol{J}=\mathrm{diag}(\boldsymbol{J}_1,\boldsymbol{J}_2,\cdots,\boldsymbol{J}_t)$ 的最小多项式. 应用引理 7.7 (对 t 个也成立) 知, $\boldsymbol{A}$ 的最小多项式是所有初等因子的最小公倍式, 再由定理 7.4 及其证明可知结论成立. □

定理 7.13 数域 $\mathbb{F}$ 上 n 阶阵 $\boldsymbol{A}$ 在 $\mathbb{F}$ 上相似于对角阵当且仅当 $\boldsymbol{A}$ 的最小多项式无重根, 且所有根在 $\mathbb{F}$ 中.

证明 由推论 7.9 知 $\boldsymbol{A}$ 相似于对角阵当且仅当 $\boldsymbol{A}$ 的初等因子都是一次式, 这又等价于 $\boldsymbol{A}$ 的最后一个不变因子无重因式, 即无重根, 再由定理 7.12, 结论得证. □

例 7.13 设 $\boldsymbol{A}$ 为数域 $\mathbb{F}$ 上幂等阵, 即 $\boldsymbol{A}=\boldsymbol{A}^2$, 证明存在 $\mathbb{F}$ 上可逆阵 $\boldsymbol{P}$ 使得

$$\boldsymbol{P}^{-1}\boldsymbol{A}\boldsymbol{P}=\mathrm{diag}(1,\cdots,1,0,\cdots,0),$$

其中 1 的个数等于 $\boldsymbol{A}$ 的秩.

解 由 $\boldsymbol{A}=\boldsymbol{A}^2$ 知 $\lambda^2-\lambda$ 是 $\boldsymbol{A}$ 的化零多项式, 由此可见其最小多项式是 $\lambda^2-\lambda$ 的因式, 从而知无重根, 于是 $\boldsymbol{A}$ 与对角阵相似. 又容易求出 $\boldsymbol{A}$ 的特征根为 0 及 1, 从而结论得证. □

练 习 7.5

7.5.1 设 $f(\lambda)=\lambda^2-8\lambda+15, g(\lambda)=\lambda^2-4\lambda+3$ 都是 n 阶阵 $\boldsymbol{A}$ 的化零多项式, 求 $\boldsymbol{A}$ 的最小多项式.

7.5.2 两个 n 阶阵特征多项式相等, 最小多项式是否相等?

7.5.3 求下列矩阵的最小多项式.

(1) $\begin{pmatrix} 3 & 0 & 0 \\ 0 & 2 & 1 \\ 0 & 0 & 2 \end{pmatrix}$; (2) $\begin{pmatrix} 2 & 0 & 0 \\ 0 & 3 & 0 \\ 0 & 0 & 3 \end{pmatrix}$;

(3) $\begin{pmatrix} 2 & -5 & 2 \\ -1 & 5 & -3 \\ 1 & 0 & -1 \end{pmatrix}$; (4) $\begin{pmatrix} 1 & 2 & 0 & 0 \\ -2 & -3 & 0 & 0 \\ 0 & 0 & 0 & -1 \\ 0 & 0 & 1 & -2 \end{pmatrix}$;

(5) 元素全为 1 的 5 阶阵.

7.5.4　设 $\boldsymbol{A}$ 是复数域上 n 阶方阵, k 是正整数, 若 $\boldsymbol{A}^k=\boldsymbol{I}$, 证明 $\boldsymbol{A}$ 相似于对角阵.

7.5.5　设 $g(\lambda)$ 和 $f(\lambda)$ 分别为方阵 $\boldsymbol{A}$ 的最小多项式和特征多项式, 证明存在正整数 k 使

$$f(\lambda)|g(\lambda)^k.$$

7.6　问题与研讨

问题 7.1　设 $\boldsymbol{A}(\lambda)$ 及 $\boldsymbol{B}(\lambda)$ 为数域 $\mathbb{F}$ 上同型 λ-矩阵, 那么下面的结论对否? $\boldsymbol{A}(\lambda)$ 与 $\boldsymbol{B}(\lambda)$ 等价 $\Leftrightarrow$ 对 $\mathbb{F}$ 中任意的 a, 数元矩阵 $\boldsymbol{A}(a)$ 与 $\boldsymbol{B}(a)$ 等价.

问题 7.2　下列充要条件对否?

设 $\boldsymbol{A}$ 和 $\boldsymbol{A}_1$ 均为 $\mathbb{F}$ 上 n 阶可逆阵, 则 $\lambda\boldsymbol{A}-\boldsymbol{B}\rightarrow\lambda\boldsymbol{A}_1-\boldsymbol{B}_1 \Leftrightarrow$ 存在 $\mathbb{F}$ 上可逆阵 $\boldsymbol{P}$ 及 $\boldsymbol{Q}$ 使得 $\boldsymbol{PAQ}=\boldsymbol{A}_1, \boldsymbol{PBQ}=\boldsymbol{B}_1$.

问题 7.3　设 $D_1(\lambda), D_2(\lambda), \cdots, D_n(\lambda)$ 为 $\mathbb{F}$ 上方阵 $\boldsymbol{A}$ 的行列式因子, $\lambda\boldsymbol{I}-\boldsymbol{A}$ 的伴随矩阵记为 $(\lambda\boldsymbol{I}-\boldsymbol{A})^*$, 求满足条件 $(\lambda\boldsymbol{I}-\boldsymbol{A})^*=D_{n-1}(\lambda)\boldsymbol{B}(\lambda)$ 的矩阵 $D_1(\boldsymbol{B}(\lambda))$.

问题 7.4　设 $\boldsymbol{A}, \boldsymbol{B}\in\mathbb{F}^{n\times n}$, 则 $\begin{pmatrix}\boldsymbol{A} & \boldsymbol{O}\\ \boldsymbol{O} & \boldsymbol{A}\end{pmatrix}$ 与 $\begin{pmatrix}\boldsymbol{B} & \boldsymbol{O}\\ \boldsymbol{O} & \boldsymbol{B}\end{pmatrix}$ 相似 $\Leftrightarrow$ $\boldsymbol{A}$ 与 $\boldsymbol{B}$ 相似. 对否?

问题 7.5　设 $\boldsymbol{A}\in\mathbb{F}^{n\times n}$, $\boldsymbol{A}$ 的特征值全为 1. 证明对任意正整数 k, $\boldsymbol{A}^k$ 与 $\boldsymbol{A}$ 在 $\mathbb{F}$ 上相似.

问题 7.6*　设 $\boldsymbol{A}, \boldsymbol{B}\in\mathbb{F}^{n\times n}$, 又设 $\boldsymbol{A}$ 和 $\boldsymbol{B}$ 的特征多项式分别是 $f_{\boldsymbol{A}}(\lambda), f_{\boldsymbol{B}}(\lambda)$, 最小多项式分别是 $m_{\boldsymbol{A}}(\lambda), m_{\boldsymbol{B}}(\lambda)$. 分别举出在下面三种条件下 $\boldsymbol{A}$ 与 $\boldsymbol{B}$ 不相似的例子 (要最低阶数矩阵的例子).

(1) $f_{\boldsymbol{A}}(\lambda)=f_{\boldsymbol{B}}(\lambda)$; (2) $m_{\boldsymbol{A}}(\lambda)=m_{\boldsymbol{B}}(\lambda)$; (3) $f_{\boldsymbol{A}}(\lambda)=f_{\boldsymbol{B}}(\lambda)$ 且 $m_{\boldsymbol{A}}(\lambda)=m_{\boldsymbol{B}}(\lambda)$.

由本题经全面思考可得如下结论, 请证明.

(i) 设 $\boldsymbol{A}, \boldsymbol{B}$ 都是数域 $\mathbb{F}$ 上的 2 阶阵, 则 $\boldsymbol{A}$ 与 $\boldsymbol{B}$ 相似 $\Leftrightarrow$ $\boldsymbol{A}, \boldsymbol{B}$ 的最小多项式相同.

(ii) 设 $\boldsymbol{A}, \boldsymbol{B}$ 都是数域 $\mathbb{F}$ 上的 3 阶阵, 则 $\boldsymbol{A}$ 与 $\boldsymbol{B}$ 相似 $\Leftrightarrow$ $m_{\boldsymbol{A}}(\lambda)=m_{\boldsymbol{B}}(\lambda)$, $f_{\boldsymbol{A}}(\lambda)=f_{\boldsymbol{B}}(\lambda)$.

问题 7.7*　设 $\boldsymbol{A}\in\mathbb{F}^{n\times n}$, 那么 $\boldsymbol{A}$ 的线性无关的特征向量的个数的最大值 t 与什么量有关系, 具体关系如何?

问题 7.8*　设 $\boldsymbol{A}, \boldsymbol{B}\in\mathbb{F}^{n\times n}$, $\boldsymbol{A}^*$ 及 $\boldsymbol{B}^*$ 分别为 $\boldsymbol{A}$ 及 $\boldsymbol{B}$ 的伴随阵, 则 $\boldsymbol{A}$ 与 $\boldsymbol{B}$ 相似能否推出 $\boldsymbol{A}^*$ 与 $\boldsymbol{B}^*$ 相似?

问题 7.9*　设 $\boldsymbol{A}\in\mathbb{F}^{n\times n}$, $\boldsymbol{A}$ 的最小多项式为 $m(x)$, $g(x)\in\mathbb{F}[x]$ 且 $\deg g(x)\geqslant 1$, 那么 $g(\boldsymbol{A})$ 的秩, 甚至 $g(\boldsymbol{A})$ 的可逆性与 $m(x)$ 有何关系?

问题 7.10* 设 $\boldsymbol{A} \in \mathbb{F}^{n\times n}$, $f(\lambda)$ 是 $\boldsymbol{A}$ 的特征多项式, 那么 $\boldsymbol{A}$ 相似于对角阵与 $f(\lambda), f'(\lambda)$ 有什么关系?

总 习 题 7

A 类 题

7.1 求 λ-矩阵的等价标准形.

(1) $\begin{pmatrix} \lambda+1 & \lambda \\ \lambda-1 & \lambda-1 \end{pmatrix}$; (2) $\begin{pmatrix} \lambda-1 & \lambda-1 \\ \lambda-1 & \lambda^2-2\lambda+1 \end{pmatrix}$;

(3) $\begin{pmatrix} \lambda-1 & \lambda & \lambda^2-1 \\ 3\lambda-1 & \lambda^2+2\lambda & 3\lambda^2-1 \\ \lambda+1 & \lambda^2 & \lambda^2+1 \end{pmatrix}$; (4) $\begin{pmatrix} -2\lambda^3+2\lambda^2 & -2\lambda^4 & -2\lambda-2 \\ \lambda^2-\lambda & \lambda^3 & 1 \\ \lambda^2-\lambda & \lambda^3-\lambda & -\lambda+1 \end{pmatrix}$;

(5) $\begin{pmatrix} \lambda^2 & \lambda^2-1 & 3\lambda^2 \\ -\lambda^2-\lambda & \lambda^2+\lambda & \lambda^3-2\lambda^2-3\lambda \\ \lambda^2+\lambda & \lambda^2+\lambda & 2\lambda^2+2\lambda \end{pmatrix}$.

7.2 求下列矩阵的不变因子.

(1) $\begin{pmatrix} -\lambda+2 & (\lambda-1)^2 & -\lambda+1 \\ 1 & \lambda^2-\lambda & 0 \\ \lambda^2-2 & -(\lambda-1)^2 & \lambda^2-1 \end{pmatrix}$; (2) $\begin{pmatrix} \lambda-1 & 1 & & \\ & \lambda-1 & 1 & \\ & & \lambda-1 & 1 \\ & & & \lambda-1 \end{pmatrix}$;

(3) $\begin{pmatrix} \lambda & -1 & 0 & 0 \\ 0 & \lambda & -1 & 0 \\ 0 & 0 & \lambda & -1 \\ 5 & 4 & 3 & \lambda+2 \end{pmatrix}$; (4) $\begin{pmatrix} \lambda+1 & & & \\ & \lambda+2 & & \\ & & \lambda-1 & \\ & & & \lambda+1 \end{pmatrix}$;

(5) $\begin{pmatrix} \lambda-\alpha & \beta & \beta & \cdots & \beta \\ 0 & \lambda-\alpha & \beta & \cdots & \beta \\ 0 & 0 & \lambda-\alpha & \cdots & \beta \\ \vdots & \vdots & \vdots & & \vdots \\ 0 & 0 & 0 & \cdots & \lambda-\alpha \end{pmatrix}_{n\times n}$.

7.3 求下列 λ-矩阵的初等因子组.

(1) $\begin{pmatrix} \lambda^2+2\lambda-3 & \lambda-1 & \lambda^2+2\lambda-3 \\ 2\lambda^2+3\lambda-5 & \lambda^2-1 & \lambda^2+3\lambda-4 \\ \lambda^2+\lambda-2 & 0 & \lambda-1 \end{pmatrix}$;

(2) $\begin{pmatrix} \lambda^2-2 & \lambda^2+1 & 2\lambda^2-2 \\ \lambda^2+1 & \lambda^2+1 & 2\lambda^2-2 \\ \lambda^2+2 & \lambda^2+1 & 3\lambda^2-5 \end{pmatrix}$;

(3) $\mathrm{diag}(\lambda^3+1, \lambda, \lambda^4-1, \lambda^2-1)$.

7.4　求下列矩阵的有理标准形和若尔当标准形.

(1) $\begin{pmatrix} 13 & 16 & 16 \\ -5 & -7 & -6 \\ -6 & -8 & -7 \end{pmatrix}$;　　(2) $\begin{pmatrix} 3 & 7 & -3 \\ -2 & -5 & 2 \\ -4 & -10 & 3 \end{pmatrix}$;

(3) $\begin{pmatrix} 5 & 2 & 6 \\ -2 & 0 & 3 \\ 2 & 1 & -2 \end{pmatrix}$;　　(4) $\begin{pmatrix} 1 & -3 & 0 & 3 \\ -2 & 6 & 0 & 13 \\ 0 & -3 & 1 & 3 \\ -1 & 2 & 0 & 8 \end{pmatrix}$.

7.5　求下列矩阵的若尔当标准形.

(1) $\begin{pmatrix} 3 & 0 & 8 \\ 3 & -1 & 6 \\ -2 & 0 & -5 \end{pmatrix}$;　　(2) $\begin{pmatrix} -4 & 2 & 10 \\ -4 & 3 & 7 \\ -3 & 1 & 7 \end{pmatrix}$;

(3) $\begin{pmatrix} 0 & 3 & 3 \\ -1 & 8 & 6 \\ 2 & -14 & -10 \end{pmatrix}$;　　(4) $\begin{pmatrix} 3 & -4 & 0 & 2 \\ 4 & -5 & -2 & 4 \\ 0 & 0 & 3 & -2 \\ 0 & 0 & 2 & -1 \end{pmatrix}$;

(5) $\begin{pmatrix} 0 & 1 & & & \\ & 0 & 1 & & \\ & & \ddots & \ddots & \\ & & & 0 & 1 \\ 1 & & & & 0 \end{pmatrix}_{n\times n}$.

7.6　求 $\begin{pmatrix} \lambda & 1 & & & \\ & \lambda & 1 & & \\ & & \ddots & \ddots & \\ & & & \lambda & 1 \\ & & & & \lambda \end{pmatrix}_{n\times n}^{n}$.

7.7　设 $D_1(\lambda), D_2(\lambda), \cdots, D_r(\lambda)$ 为 $\boldsymbol{A}(\lambda)$ 的行列式因子, 证明:

$$D_k^2(\lambda) | D_{k-1}(\lambda) D_{k+1}(\lambda), \quad k=2,3,\cdots,r-1.$$

7.8　设 $\boldsymbol{A}=\begin{pmatrix} 2 & 0 & 0 \\ a & 2 & 0 \\ b & c & 2 \end{pmatrix}$, (1) $\boldsymbol{A}$ 可能有什么样的若尔当标准形? (2) 确定 $\boldsymbol{A}$ 相似于

对角阵的条件.

7.9 设矩阵 $\boldsymbol{A}$ 的特征多项式 $f(\lambda)=\lambda^5+\lambda^4-5\lambda^3-\lambda^2+8\lambda-4$. 试确定 $\boldsymbol{A}$ 的所有可能的若尔当标准形.

7.10 设 $\boldsymbol{A}=\begin{pmatrix}1&1&-1\\1&0&0\\0&1&-1\end{pmatrix}$, 求 $\boldsymbol{A}^{100}$.

7.11 设 $\boldsymbol{A}(\lambda)$ 是一 λ-矩阵, 证明秩 $\boldsymbol{A}(\lambda)=\max$ (秩 $(\boldsymbol{A}(a))|a\in\mathbb{F})$.

7.12 对命题 7.1, 当 $\boldsymbol{B}(\lambda)=\lambda\boldsymbol{I}_n-\boldsymbol{C}$ 时给出证明. 并由此证明: 对 n 阶阵 $\boldsymbol{A}$, 若存在 $g(\lambda)\in\mathbb{F}[\lambda]$ 使 $g(\boldsymbol{A})=\boldsymbol{O}$, 则存在 n 阶 λ-矩阵 $\boldsymbol{Q}(\lambda)$ 及 $\boldsymbol{R}(\lambda)$ 使 $g(\lambda)\boldsymbol{I}_n=(\lambda\boldsymbol{I}-\boldsymbol{A})\boldsymbol{Q}(\lambda)=\boldsymbol{R}(\lambda)(\lambda\boldsymbol{I}-\boldsymbol{A})$.

B 类 题

7.13 试给出一个矩阵 $\boldsymbol{A}$ 的特征多项式与最小多项式相等的几个充分必要条件, 并证明之.

7.14 求数域 $\mathbb{F}$ 上对合阵 $\boldsymbol{A}$ (满足 $\boldsymbol{A}^2=\boldsymbol{I}$) 的若尔当标准形.

7.15 数域 $\mathbb{F}$ 上方阵 $\boldsymbol{A}$, 若秩 $\boldsymbol{A}=\mathrm{tr}(\boldsymbol{A})=1$, 证明: $\boldsymbol{A}$ 是幂等阵.

7.16 设 λ_0 是 $\boldsymbol{A}$ 的特征值, 用 $\lambda_0\boldsymbol{I}-\boldsymbol{A}$ 及 $(\lambda_0\boldsymbol{I}-\boldsymbol{A})^2$ 来描述, 试给出 $\boldsymbol{A}$ 相似于对角阵的充要条件, 并证明之.

7.17 设 $\boldsymbol{A},\boldsymbol{B}$ 为数域 $\mathbb{F}$ 上 n 阶方阵, 证明: $\lambda\boldsymbol{I}-\boldsymbol{A}$ 与 $\lambda\boldsymbol{I}-\boldsymbol{B}$ 等价的充要条件是存在 n 阶阵 $\boldsymbol{P}$ 和 $\boldsymbol{Q}$, 且至少其一可逆, 使 $\boldsymbol{A}=\boldsymbol{PQ}$ 且 $\boldsymbol{B}=\boldsymbol{QP}$.

7.18 设 $\dfrac{-1\pm\sqrt{3}\mathrm{i}}{2}$ 是 $\boldsymbol{A}$ 的特征根, $\boldsymbol{A}$ 的最小多项式次数为 2, 证明: $\boldsymbol{A}+\boldsymbol{I}$ 非奇, 且求 $(\boldsymbol{A}+\boldsymbol{I})^{-1}$.

7.19 复方阵 $\boldsymbol{A}$ 的最小多项式无重根, 证明: 存在矩阵 $\boldsymbol{B}$ 使 $\boldsymbol{A}=\boldsymbol{B}^2$.

7.20 设 $\boldsymbol{A},\boldsymbol{B}$ 为 n 阶阵且 $\boldsymbol{A}^n=\boldsymbol{B}^n=\boldsymbol{O},\boldsymbol{A}^{n-1}\neq\boldsymbol{O},\boldsymbol{B}^{n-1}\neq\boldsymbol{O}$, 证明: $\boldsymbol{A}$ 相似于 $\boldsymbol{B}$.

7.21 证明: $\boldsymbol{A}_{n\times n}$ 的最小多项式是 $\lambda^n\Leftrightarrow$ 存在 $\boldsymbol{\alpha}\in\mathbb{F}^n$ 使 $\boldsymbol{\alpha},\boldsymbol{A\alpha},\cdots,\boldsymbol{A}^{n-1}\boldsymbol{\alpha}$ 线性无关, 且 $\boldsymbol{A}^n\boldsymbol{\alpha}=\boldsymbol{0}$.

7.22 设 $\lambda^2+\lambda+1$ 及 λ^2-2 是 $\boldsymbol{A}$ 的特征多项式的不可约因式, 又设 $\boldsymbol{A}$ 的最小多项式是 4 次的, 那么 $\boldsymbol{A}$ 的若尔当标准形如何?

7.23 设 λ_0 是 $\boldsymbol{A}$ 的 k 重特征值, 证明: 秩 $(\lambda_0\boldsymbol{I}-\boldsymbol{A})^k=n-k$.

7.24 设 n 阶阵 $\boldsymbol{A},\boldsymbol{B}$ 各有 n 个不同特征值, $f(\lambda)$ 是 $\boldsymbol{A}$ 的特征多项式, 如果 $f(\boldsymbol{B})$ 可逆, 证明: $\begin{pmatrix}\boldsymbol{A}&\boldsymbol{C}\\\boldsymbol{O}&\boldsymbol{B}\end{pmatrix}$ 相似于对角阵.

C 类 题

7.25 如果对任意正整数 k 都有 $\mathrm{tr}(\boldsymbol{A}^k)=0$, 其中 $\boldsymbol{A}$ 为数域 $\mathbb{F}$ 上 n 阶阵, 证明: $\boldsymbol{A}$ 的特征多项式是 λ^n.

7.26 设 $\boldsymbol{A}$ 的特征多项式 $f(\lambda)=g(\lambda)h(\lambda)$, 且 $(g(\lambda),h(\lambda))=1$, 证明: 秩 $(h(\boldsymbol{A}))=\deg(g(\lambda))$, 秩 $(g(\boldsymbol{A}))=\deg(h(\lambda))$.

7.27　求矩阵方程 $\boldsymbol{X}^2 - 2\boldsymbol{X} - 3\boldsymbol{I}_3 = \boldsymbol{O}$ 的全部解.

7.28　设 n 阶阵 $\boldsymbol{A}, \boldsymbol{B}$ 满足如下条件: 秩 $\boldsymbol{A} = n-1, \boldsymbol{AB} = \boldsymbol{BA} = \boldsymbol{O}$. 证明: $\boldsymbol{B}$ 是 $\boldsymbol{A}$ 的多项式.

7.29　设 λ_0 是 n 阶阵 $\boldsymbol{A}$ 的一个特征值, 令 $n_0 =$ 秩 $(\boldsymbol{I}_n) = n, n_k =$ 秩 $(\lambda_0 \boldsymbol{I} - \boldsymbol{A})^k, a_k = n_{k-1} - n_k, b_k = a_k - a_{k+1}, k = 1, 2, \cdots$, 证明:

(1) 矩阵 $\boldsymbol{A}$ 的属于特征值 λ_0 的若尔当块的块数等于 a_1.

(2) 矩阵 $\boldsymbol{A}$ 的属于特征值 λ_0 的 k 阶若尔当块的块数等于 b_k.

7.30　当 n 阶阵 $\boldsymbol{A}$ 的特征多项式等于最小多项式时, 证明：存在向量 $\boldsymbol{\alpha} \in \mathbb{F}^n$ 使 $\boldsymbol{\alpha}, \boldsymbol{A\alpha}, \cdots, \boldsymbol{A}^{n-1}\boldsymbol{\alpha}$ 线性无关.

第 8 章 线性空间

本章要推广在第 3 章已经学过的 n 维向量空间, 引出更抽象的一般化的线性空间的概念. 由于线性空间概括了更多的数学对象, 所以它不仅成为高等代数而且成为数学的一个基本概念. 本章内容还包括基底、维数和坐标、基变换与坐标变换、子空间及其运算、线性空间的同构等.

8.1 线性空间的定义和简单性质

定义 8.1 设 V 是一个非空集合, $\mathbb{F}$ 是一个数域. 在 V 中定义一种运算, 称之为**加法**, 即对于 V 中任意两个元素 $\boldsymbol{\alpha}$ 与 $\boldsymbol{\beta}$ 都有唯一确定的 $\boldsymbol{\gamma}=\boldsymbol{\alpha}+\boldsymbol{\beta}\in V$ 与之对应. 再在 $\mathbb{F}$ 与 V 之间定义一种运算, 称之为**数乘**, 即对于 $\mathbb{F}$ 中任意的 λ 及 V 中任意的 $\boldsymbol{\alpha}$, 有唯一确定的 $\boldsymbol{\delta}=\lambda\boldsymbol{\alpha}\in V$ 与之对应. 如果如上两种运算满足以下八条运算规则, 则称 V 为数域 $\mathbb{F}$ 上的一个**线性空间**, V 中的元素称为 V 中**向量**, V 也称为**向量空间**.

(1) $\boldsymbol{\alpha}+\boldsymbol{\beta}=\boldsymbol{\beta}+\boldsymbol{\alpha},\forall\boldsymbol{\alpha},\boldsymbol{\beta}\in V$;

(2) $(\boldsymbol{\alpha}+\boldsymbol{\beta})+\boldsymbol{\gamma}=\boldsymbol{\alpha}+(\boldsymbol{\beta}+\boldsymbol{\gamma}),\forall\boldsymbol{\alpha},\boldsymbol{\beta},\boldsymbol{\gamma}\in V$;

(3) 存在元素 $\boldsymbol{\theta}$ 使 $\boldsymbol{\alpha}+\boldsymbol{\theta}=\boldsymbol{\alpha},\forall\boldsymbol{\alpha}\in V$;

(4) 对 V 中每个 $\boldsymbol{\alpha}$, 都存在 $\boldsymbol{\beta}\in V$ 使得 $\boldsymbol{\alpha}+\boldsymbol{\beta}=\boldsymbol{\theta}$;

(5) $(\lambda+\mu)\boldsymbol{\alpha}=\lambda\boldsymbol{\alpha}+\mu\boldsymbol{\alpha},\ \forall\boldsymbol{\alpha}\in V,\lambda,\mu\in\mathbb{F}$;

(6) $\lambda(\boldsymbol{\alpha}+\boldsymbol{\beta})=\lambda\boldsymbol{\alpha}+\lambda\boldsymbol{\beta},\forall\boldsymbol{\alpha},\boldsymbol{\beta}\in V,\lambda\in\mathbb{F}$;

(7) $\lambda(\mu\boldsymbol{\alpha})=(\lambda\mu)\boldsymbol{\alpha},\ \forall\boldsymbol{\alpha}\in V,\lambda,\mu\in\mathbb{F}$;

(8) $1\boldsymbol{\alpha}=\boldsymbol{\alpha},\forall\boldsymbol{\alpha}\in V$.

例 8.1 在解析几何中, 平面 (空间) 中从一个定点出发的所有向量的集合, 关于向量的加法和数乘构成实数域上的线性空间.

例 8.2 $\mathbb{F}^n$ 按通常的加法和数乘构成数域 $\mathbb{F}$ 上的线性空间.

例 8.3 记 $\mathbb{F}^{m\times n}$ 为数域 $\mathbb{F}$ 上的所有 $m\times n$ 阵的全体构成的集合. 则它按通常的加法和数乘构成数域 $\mathbb{F}$ 上的线性空间.

例 8.4 记 $\mathbb{C}[a,b]$ 为闭区间 $[a,b]$ 上所有一元连续函数的集合, 按通常的函数加法和数与函数的乘法构成实数域上的线性空间.

例 8.5 $\mathbb{F}[x]$ 按通常的加法和数与多项式的乘法构成 $\mathbb{F}$ 上的线性空间.

例 8.6　记 $\mathbb{F}[\lambda]^{m\times n}$ 为 $m\times n$ 型 λ-矩阵的全体构成的集合, 按通常的加法和数与 λ-矩阵的乘法构成数域 $\mathbb{F}$ 上的线性空间.

例 8.7　设 X 是任意非空集合, $\mathbb{F}$ 是一个数域, 从 X 到 $\mathbb{F}$ 的每个映射 f 称为 X 上的一个 ($\mathbb{F}$ 值) 函数, $\mathbb{F}^X$ 记 X 上所有 ($\mathbb{F}$ 值) 函数的集合. 在 $\mathbb{F}^X$ 中定义加法和数乘运算如下: 对于 $f,g\in\mathbb{F}^X,\lambda\in\mathbb{F}$ 规定

$$(f+g)(x)=f(x)+g(x),\quad \forall x\in X;$$

$$(\lambda f)(x)=\lambda(f(x)),\quad \forall x\in X.$$

容易验证 $\mathbb{F}^X$ 构成 $\mathbb{F}$ 上的线性空间, 其中定义 8.1 (3) 中 θ 是零函数, 即 $\theta(x)=0,\forall x\in X$.

例 8.8　设 n 是一个固定正整数, 令 $\mathbb{F}[x]_n=\{a_0+a_1x+\cdots+a_{n-1}x^{n-1}|a_0,a_1,\cdots,a_{n-1}\in\mathbb{F}\}$ 按通常加法与数乘运算构成数域 $\mathbb{F}$ 上的线性空间. 数域 $\mathbb{F}$ 上 n 元多项式全体的集合是否构成 $\mathbb{F}$ 上的线性空间?

例 8.9　按通常的运算, 复数域可以构成复数域上的线性空间, 还可以构成实数域上的线性空间, 但是, 实数域却不能构成复数域上的线性空间, 为什么?

下面介绍线性空间的简单性质:

(1) 定义第 3 条中的 $\boldsymbol{\theta}$ 是唯一的, 称为**零元素**, 记为 $\mathbf{0}$;

(2) 定义第 4 条中的 $\boldsymbol{\beta}$ 对 $\boldsymbol{\alpha}$ 来说是唯一的, 称为 $\boldsymbol{\alpha}$ 的**负元素**, 记为 $-\boldsymbol{\alpha}$;

(3) $0\boldsymbol{\alpha}=\mathbf{0},(-\lambda)\boldsymbol{\alpha}=-(\lambda\boldsymbol{\alpha}),\lambda\mathbf{0}=\mathbf{0},\forall\boldsymbol{\alpha}\in V,\lambda\in\mathbb{F}$;

(4) 如果 $\lambda\boldsymbol{\alpha}=\mathbf{0}$, 其中 $\lambda\in\mathbb{F},\boldsymbol{\alpha}\in V$, 则 $\lambda=0$ 或 $\boldsymbol{\alpha}=\mathbf{0}$.

证明　(1) 设 $\boldsymbol{\alpha}+\boldsymbol{\theta}_1=\boldsymbol{\alpha},\boldsymbol{\alpha}+\boldsymbol{\theta}_2=\boldsymbol{\alpha},\forall\boldsymbol{\alpha}\in V$, 于是

$$\boldsymbol{\theta}_1=\boldsymbol{\theta}_1+\boldsymbol{\theta}_2=\boldsymbol{\theta}_2+\boldsymbol{\theta}_1=\boldsymbol{\theta}_2.$$

(2) 设 $\boldsymbol{\alpha}+\boldsymbol{\beta}_1=\mathbf{0},\boldsymbol{\alpha}+\boldsymbol{\beta}_2=\mathbf{0},\boldsymbol{\alpha},\boldsymbol{\beta}_1,\boldsymbol{\beta}_2\in V$, 则

$$\boldsymbol{\beta}_1=\boldsymbol{\beta}_1+\mathbf{0}=\boldsymbol{\beta}_1+(\boldsymbol{\alpha}+\boldsymbol{\beta}_2)=(\boldsymbol{\beta}_1+\boldsymbol{\alpha})+\boldsymbol{\beta}_2=\mathbf{0}+\boldsymbol{\beta}_2=\boldsymbol{\beta}_2.$$

(3) 直接计算可得

$$\boldsymbol{\alpha}+0\boldsymbol{\alpha}=1\boldsymbol{\alpha}+0\boldsymbol{\alpha}=(1+0)\boldsymbol{\alpha}=1\boldsymbol{\alpha}=\boldsymbol{\alpha},$$

两边同加 $-\boldsymbol{\alpha}$ 可得 $0\boldsymbol{\alpha}=\mathbf{0}$. 由

$$\lambda\boldsymbol{\alpha}+(-\lambda)\boldsymbol{\alpha}=(\lambda+(-\lambda))\boldsymbol{\alpha}=0\boldsymbol{\alpha}=\mathbf{0},$$

可得 $(-\lambda)\boldsymbol{\alpha}=-\lambda\boldsymbol{\alpha}$. 又由

$$\lambda\mathbf{0}=\lambda(\mathbf{0}+\mathbf{0})=\lambda\mathbf{0}+\lambda\mathbf{0},$$

可得 $\lambda\mathbf{0}=\mathbf{0}$.

(4) 如果 $\lambda\neq 0$, 则用 λ^{-1} 乘 $\lambda\boldsymbol{\alpha}=\mathbf{0}$ 两端, 易见

$$\boldsymbol{\alpha}=1\boldsymbol{\alpha}=(\lambda^{-1}\lambda)\boldsymbol{\alpha}=\lambda^{-1}(\lambda\boldsymbol{\alpha})=\lambda^{-1}\cdot\mathbf{0}=\mathbf{0}.$$ □

练 习 8.1

8.1.1 判断下列集合是否构成数域 $\mathbb{F}$ 上的线性空间.

(1) $\mathbb{F}$ 上全体 n 阶对称 (反对称、上三角) 矩阵的集合, 对于通常的加法和数乘运算;

(2) 平面上从原点出发的终点位于第一象限的全体向量构成的向量的集合, 按通常的加法和数乘, $\mathbb{F}$ 表示实数域;

(3) $\mathbb{F}$ 上的二维行向量集合, 按以下两种运算:

$$(x_1,y_1)+(x_2,y_2)=(x_1+x_2,y_1+y_2),\quad \lambda(\boldsymbol{x},\boldsymbol{y})=(\lambda\boldsymbol{x},\mathbf{0});$$

(4) 设 $\boldsymbol{A}\in\mathbb{F}^{n\times n}$, 当 $\boldsymbol{A}$ 固定时, 令 $V=\{\boldsymbol{B}\in\mathbb{F}^{n\times n}|\boldsymbol{BA}=\boldsymbol{AB}\}$, 按通常的矩阵加法和数乘运算;

(5) $\mathbb{F}$ 上 n 阶可逆阵全体的集合, 按通常的加法和数乘运算;

(6) 令 $\mathbb{F}^{\infty}=\{(a_1,a_2,a_3,\cdots)|a_i\in\mathbb{F},i=1,2,3,\cdots\}$, 定义两种运算如下:

$$(a_1,a_2,a_3,\cdots)+(b_1,b_2,b_3,\cdots)=(a_1+b_1,a_2+b_2,a_3+b_3,\cdots),$$
$$\lambda(a_1,a_2,a_3,\cdots)=(\lambda a_1,\lambda a_2,\lambda a_3,\cdots);$$

(7) 给定 $a\in X$, 集合 $\{f\in\mathbb{F}^X|f(a)=0\}$;

(8) 给定 $a\in X$, 集合 $\{f\in\mathbb{F}^X|f(a)=1\}$.

8.1.2 设 $\boldsymbol{\alpha},\boldsymbol{\beta},\boldsymbol{\gamma}$ 为数域 $\mathbb{F}$ 上的线性空间 V 中的向量, 如果 $\boldsymbol{\alpha}+\boldsymbol{\beta}=\boldsymbol{\alpha}+\boldsymbol{\gamma}$, 证明 $\boldsymbol{\beta}=\boldsymbol{\gamma}$.

8.1.3 全体正实数的集合 $\mathbb{R}^+$, 加法和数乘规定如下:

$$a\oplus b=ab,\quad \forall a,b\in\mathbb{R}^+;$$
$$\lambda\odot b=b^{\lambda},\quad \forall b\in\mathbb{R}^+,\ \lambda\in\mathbb{R},$$

那么 $\mathbb{R}^+$ 是否可看成 $\mathbb{R}$ 上的线性空间?

8.2 线性相关性

设 V 是数域 $\mathbb{F}$ 上的一个线性空间. 由于 V 中的元素被称为向量, 因此向量的内容已经比第 3 章中 n 维列 (行) 向量的内容广泛得多, 但是由有限个向量构成的向量组的线性相关、线性无关、线性表出、线性等价、向量组的极大无关组和向量组的秩等概念可以原封不动地搬过来, 不再一一叙述. 第 3 章关于向量线性相关性得到的一些基本性质对现在的抽象向量也是对的. 列举如下.

性质 8.1　若向量组 $\boldsymbol{\alpha}_1,\boldsymbol{\alpha}_2,\cdots,\boldsymbol{\alpha}_t$ 是线性相关的, 则向量组 $\boldsymbol{\alpha}_1,\boldsymbol{\alpha}_2,\cdots,\boldsymbol{\alpha}_t,\boldsymbol{\alpha}_{t+1},\cdots,\boldsymbol{\alpha}_{t+r}$ 也是线性相关的.

性质 8.2　当 $r\geqslant 2$ 时, r 个向量线性相关的充要条件是其中至少有一个向量可用其余 $r-1$ 个向量线性表出. 一个向量 $\boldsymbol{\alpha}$ 线性相关 $\Leftrightarrow \boldsymbol{\alpha}=\mathbf{0}$.

性质 8.3　若向量组 $\boldsymbol{\alpha}_1,\boldsymbol{\alpha}_2,\cdots,\boldsymbol{\alpha}_r$ 线性无关, 向量组 $\boldsymbol{\alpha}_1,\boldsymbol{\alpha}_2,\cdots,\boldsymbol{\alpha}_r,\boldsymbol{\beta}$ 线性相关, 则 $\boldsymbol{\beta}$ 可由 $\boldsymbol{\alpha}_1,\boldsymbol{\alpha}_2,\cdots,\boldsymbol{\alpha}_r$ 线性表出.

性质 8.4　若向量组 I 可由向量组 II 线性表出, 向量组 II 又可由向量组 III 线性表出, 则向量组 I 可由向量组 III 线性表出.

性质 8.5　若向量组 I 可由向量组 II 线性表出, 则组 I 的秩 $\leqslant$ 组 II 的秩.

性质 8.6　等价的向量组其秩相等.

性质 8.1—性质 8.4 的证明可以采用第 3 章的证明方法类似得到, 而性质 8.5 和性质 8.6 在第 3 章中是借助于矩阵秩得到的. 现在, 可以给出另一种方法证明, 其实它们是下面替换定理的直接推论.

定理 8.1 (替换定理)　设向量组 $\boldsymbol{\alpha}_1,\boldsymbol{\alpha}_2,\cdots,\boldsymbol{\alpha}_r$ 是线性无关组, 且可由向量组 $\boldsymbol{\beta}_1,\boldsymbol{\beta}_2,\cdots,\boldsymbol{\beta}_s$ 线性表出, 则 $r\leqslant s$, 且对向量组 $\boldsymbol{\beta}_1,\boldsymbol{\beta}_2,\cdots,\boldsymbol{\beta}_s$ 重新编号后可使 $\{\boldsymbol{\alpha}_1,\boldsymbol{\alpha}_2,\cdots,\boldsymbol{\alpha}_r,\boldsymbol{\beta}_{r+1},\boldsymbol{\beta}_{r+2},\cdots,\boldsymbol{\beta}_s\}$ 与 $\{\boldsymbol{\beta}_1,\boldsymbol{\beta}_2,\cdots,\boldsymbol{\beta}_s\}$ 等价.

证明　对 r 用数学归纳法, 当 $r=1$ 时, 显然有 $1\leqslant s$. 设 $\boldsymbol{\alpha}_1=b_1\boldsymbol{\beta}_1+b_2\boldsymbol{\beta}_2+\cdots+b_s\boldsymbol{\beta}_s$, 显然因 $\boldsymbol{\alpha}_1\neq 0$, 故 $b_1,b_2,\cdots,b_s$不能全为 0. 重新编号后可设 $b_1\neq 0$, 于是有 $\boldsymbol{\beta}_1=\dfrac{1}{b_1}\boldsymbol{\alpha}_1-\dfrac{b_2}{b_1}\boldsymbol{\beta}_2-\cdots-\dfrac{b_s}{b_1}\boldsymbol{\beta}_s$, 所以 $\{\boldsymbol{\beta}_1,\boldsymbol{\beta}_2,\cdots,\boldsymbol{\beta}_s\}$ 与 $\{\boldsymbol{\alpha}_1,\boldsymbol{\beta}_2,\cdots,\boldsymbol{\beta}_s\}$ 等价.

现假设 $r>1$, 对 $r-1$ 个向量的情形定理成立, 即 $r-1\leqslant s$, 重新编号后可使 $\{\boldsymbol{\alpha}_1,\boldsymbol{\alpha}_2,\cdots,\boldsymbol{\alpha}_{r-1},\boldsymbol{\beta}_r,\boldsymbol{\beta}_{r+1},\cdots,\boldsymbol{\beta}_s\}$ 与 $\{\boldsymbol{\beta}_1,\boldsymbol{\beta}_2,\cdots,\boldsymbol{\beta}_s\}$ 等价. 根据线性表出的传递性可设

$$\boldsymbol{\alpha}_r=b_1\boldsymbol{\alpha}_1+b_2\boldsymbol{\alpha}_2+\cdots+b_{r-1}\boldsymbol{\alpha}_{r-1}+b_r\boldsymbol{\beta}_r+b_{r+1}\boldsymbol{\beta}_{r+1}+\cdots+b_s\boldsymbol{\beta}_s,$$

显然, $b_r,b_{r+1},\cdots,b_s$ 不能全为 0, 否则 $\boldsymbol{\alpha}_r$ 用 $\boldsymbol{\alpha}_1,\boldsymbol{\alpha}_2,\cdots,\boldsymbol{\alpha}_{r-1}$ 线性表出, 这与 $\boldsymbol{\alpha}_1,\boldsymbol{\alpha}_2,\cdots,\boldsymbol{\alpha}_r$ 线性无关矛盾. 重新编号后可设 $b_r\neq 0$, 从而有

$$\boldsymbol{\beta}_r=-\frac{b_1}{b_r}\boldsymbol{\alpha}_1-\frac{b_2}{b_r}\boldsymbol{\alpha}_2-\cdots-\frac{b_{r-1}}{b_r}\boldsymbol{\alpha}_{r-1}+\frac{1}{b_r}\boldsymbol{\alpha}_r-\frac{b_{r+1}}{b_r}\boldsymbol{\beta}_{r+1}-\cdots-\frac{b_s}{b_r}\boldsymbol{\beta}_s,$$

于是易证 $\{\boldsymbol{\alpha}_1,\boldsymbol{\alpha}_2,\cdots,\boldsymbol{\alpha}_{r-1},\boldsymbol{\beta}_r,\boldsymbol{\beta}_{r+1},\cdots,\boldsymbol{\beta}_s\}$ 与 $\{\boldsymbol{\alpha}_1,\boldsymbol{\alpha}_2,\cdots,\boldsymbol{\alpha}_r,\boldsymbol{\beta}_{r+1},\cdots,\boldsymbol{\beta}_s\}$ 等价, 进一步有 $\{\boldsymbol{\alpha}_1,\boldsymbol{\alpha}_2,\cdots,\boldsymbol{\alpha}_r,\boldsymbol{\beta}_{r+1},\cdots,\boldsymbol{\beta}_s\}$ 与 $\{\boldsymbol{\beta}_1,\boldsymbol{\beta}_2,\cdots,\boldsymbol{\beta}_s\}$ 等价且 $r\leqslant s$. 这证明了定理对 r 时成立. □

例 8.10　在实数域上的实函数空间 $\mathbb{R}^{\mathbb{R}}$ 中判断下列函数组是线性相关, 还是线性无关?

(1) $1, \cos^2 x, \cos 2x$;

(2) $\sin x, \cos x, \sin^2 x, \cos^2 x$.

解 (1) 由 $\cos 2x = 2\cos^2 x - 1$ 知 $1, \cos^2 x, \cos 2x$ 线性相关;

(2) 设 $k_1 \sin x + k_2 \cos x + k_3 \sin^2 x + k_4 \cos^2 x = 0$, 令 $x = 0$ 得 $k_2 + k_4 = 0$, 再令 $x = \pi$ 得 $-k_2 + k_4 = 0$, 故 $k_2 = k_4 = 0$. 又令 $x = \pm\dfrac{\pi}{2}$ 可得 $\pm k_1 + k_3 = 0$, 故 $k_1 = k_3 = 0$, 因此 $\sin x, \cos x, \sin^2 x, \cos^2 x$ 线性无关. □

例 8.11 在 $\mathbb{F}[x]$ 中求向量组 $1, x, (x-1)^2, x^2 - 1$ 的一个极大无关组.

解 易见, 由 $k_1 + k_2 x + k_3 (x-1)^2 = 0$, 比较系数可得 $k_1 = k_3 = k_2 = 0$, 故知 $1, x, (x-1)^2$ 是线性无关的. 又设

$$a + bx + c(x-1)^2 = x^2 - 1.$$

比较系数得 $c = 1, b = 2, a = -2$, 于是 $1, x, (x-1)^2$ 是一个极大无关组. □

例 8.12 实函数空间中函数组 $\mathrm{e}^{\lambda_1 x}, \mathrm{e}^{\lambda_2 x}, \cdots, \mathrm{e}^{\lambda_n x}$ 是线性相关组, 还是线性无关组? 其中 $\lambda_1, \lambda_2, \cdots, \lambda_n$ 是实数.

解 显然若 $\lambda_1, \lambda_2, \cdots, \lambda_n$ 中有相等者, 则 $\mathrm{e}^{\lambda_1 x}, \mathrm{e}^{\lambda_2 x}, \cdots, \mathrm{e}^{\lambda_n x}$ 为线性相关组. 若 $\lambda_1, \lambda_2, \cdots, \lambda_n$ 互不相等, 此时可证 $\mathrm{e}^{\lambda_1 x}, \mathrm{e}^{\lambda_2 x}, \cdots, \mathrm{e}^{\lambda_n x}$ 是线性无关组. 事实上, 设

$$k_1 \mathrm{e}^{\lambda_1 x} + k_2 \mathrm{e}^{\lambda_2 x} + \cdots + k_n \mathrm{e}^{\lambda_n x} = 0,$$

取 $x = 0, 1, 2, \cdots, n-1$ 得

$$\begin{cases} k_1 + k_2 + \cdots + k_n = 0, \\ k_1 \mathrm{e}^{\lambda_1} + k_2 \mathrm{e}^{\lambda_2} + \cdots + k_n \mathrm{e}^{\lambda_n} = 0, \\ k_1 (\mathrm{e}^{\lambda_1})^2 + k_2 (\mathrm{e}^{\lambda_2})^2 + \cdots + k_n (\mathrm{e}^{\lambda_n})^2 = 0, \\ \qquad\qquad \cdots\cdots \\ k_1 (\mathrm{e}^{\lambda_1})^{n-1} + k_2 (\mathrm{e}^{\lambda_2})^{n-1} + \cdots + k_n (\mathrm{e}^{\lambda_n})^{n-1} = 0, \end{cases}$$

解此方程组知只有零解, 即 $k_1 = k_2 = \cdots = k_n = 0$. □

练 习 8.2

8.2.1 在 $\mathbb{F}^{2\times 2}$ 空间中求向量组 $\left\{ \begin{pmatrix} 1 & -1 \\ 1 & 1 \end{pmatrix}, \begin{pmatrix} -1 & 1 \\ -5 & 0 \end{pmatrix}, \begin{pmatrix} 1 & -1 \\ -3 & 2 \end{pmatrix} \right\}$ 的一个极大无关组.

8.2.2 设 $\boldsymbol{A} \in \mathbb{F}^{n\times n}, \boldsymbol{\alpha}, \boldsymbol{\beta}, \boldsymbol{b} \in \mathbb{F}^n$, 其中 $\boldsymbol{\alpha}, \boldsymbol{\beta}$ 为方程组 $\boldsymbol{A}\boldsymbol{x} = \boldsymbol{b}$ 的不同解向量, $\boldsymbol{b} \neq \boldsymbol{0}$, 那么 $\boldsymbol{\alpha}, \boldsymbol{\beta}$ 线性相关还是线性无关, 为什么?

8.2.3 在实函数空间中下列函数组是线性无关的吗?

(1) $1, \cos x, \cos 2x, \cos 3x$;

(2) $1, \sin x, \cos x, \sin^2 x, \cos^2 x, \sin^3 x, \cos^3 x$.

8.2.4　用替换定理证明性质 8.5 和性质 8.6.

8.2.5　在实函数空间中, 证明: 函数组 $x^{\lambda_1}, x^{\lambda_2}, x^{\lambda_3}, x^{\lambda_4}$ 当 $\lambda_1, \lambda_2, \lambda_3, \lambda_4$ 为互不相等实数时是线性无关组.

8.2.6　设 $f_1(x), f_2(x), f_3(x) \in \mathbb{F}[x]$, 如果 $(f_1(x), f_2(x), f_3(x)) = 1$ 且 $f_1(x), f_2(x), f_3(x)$ 中任意两个不互素, 证明: $f_1(x), f_2(x), f_3(x)$ 线性无关.

8.3　基底、维数和坐标

在第 3 章我们已经知道了 $\mathbb{F}^n$ 是 $\mathbb{F}$ 上 n 维向量空间, 而且有基底 $\boldsymbol{e}_1, \boldsymbol{e}_2, \cdots, \boldsymbol{e}_n$. 现在考虑抽象的线性空间的基底和维数等问题.

定义 8.2　设 V 为数域 $\mathbb{F}$ 上的线性空间, 如果 V 的一个非空子集 S 中任意有限个向量是线性无关的, 则称 S 是 V 的一个**线性无关集**, 否则称为**线性相关集**.

例如, $\mathbb{F}^{2\times 2}$ 中 $S_1 = \{\boldsymbol{E}_{11}, \boldsymbol{E}_{12}, \boldsymbol{E}_{21}, \boldsymbol{E}_{22}\}$ 就是一个线性无关集; $S_2 = \{1, x, x^2, \cdots, x^n, \cdots\}$ 则是 $\mathbb{F}[x]$ 中的一个线性无关集. 后一个例子说明, 线性无关集有可能是一个无限集.

定义 8.3　设 S 是 $\mathbb{F}$ 上线性空间 V 的一个线性无关集, 并且 V 中每一个向量都可以由 S 中有限个向量线性表出, 则称 S 是 V 的一个基底, 简称**基**. 如果 V 有一个基底只包含有限多个向量, 则称 V 是**有限维**的, 否则是**无限维**的.

例如, $\mathbb{F}^{2\times 2}$ 是有限维空间, $\mathbb{F}[x]$ 是无限维空间, 上述集合 S_1 和 S_2 分别是 $\mathbb{F}^{2\times 2}$ 和 $\mathbb{F}[x]$ 的基 (为什么?).

如果向量组由无穷多个向量构成, 我们可以类似定义向量组的线性表出及秩的概念, 且对于秩有限的情形, 同样可以用替换定理证明性质 8.5 和性质 8.6. 本书重点讨论有限维空间, 但如果不特殊声明, 所讨论的线性空间也可以是无限维的.

定理 8.2　在有限维非零线性空间中, 任意两个基所包含的向量的数目相同.

证明　由基的定义知两个基是等价的向量组, 结论由性质 8.6 立得. □

定义 8.4　设 V 是有限维非零线性空间, 则 V 的一个基包含的向量数目称为 V 的**维数**, 记作 $\dim_{\mathbb{F}} V$ 或 $\dim V$. 只含零向量的线性空间规定维数是 0, 此时基被认为是空集.

由上述定义不难证明 $\dim \mathbb{F}^n = n, \dim \mathbb{F}^{m\times n} = mn, \dim \mathbb{F}[x]_n = n$.

例 8.13　设 V 是数域 $\mathbb{F}$ 上 n 阶对称阵全体构成的线性空间, 求 V 的一个基及 $\dim V$.

解　设 $\boldsymbol{A} \in V$, 则 $\boldsymbol{A}^{\mathrm{T}} = \boldsymbol{A} = (a_{ij})$, 由此知 $a_{ij} = a_{ji}, \forall i, j$. 于是 $\boldsymbol{A} = \sum\limits_{i=1}^{n} a_{ii} \cdot \boldsymbol{E}_{ii} + \sum\limits_{1\leqslant i<j\leqslant n} a_{ij}(\boldsymbol{E}_{ij} + \boldsymbol{E}_{ji})$, 这说明 V 中任意阵 $\boldsymbol{A}$ 可由 $S = \{\boldsymbol{E}_{ii} | i = 1, 2, \cdots, n\} \cup$

$\{\boldsymbol{E}_{ij}+\boldsymbol{E}_{ji}|1\leqslant i<j\leqslant n\}$ 线性表出, 如果能证明 S 是线性无关集, 则可知 S 是 V 的一个基, 且

$$\dim V=n+\frac{n(n-1)}{2}=\frac{1}{2}n(n+1).$$

事实上, 设 $\sum\limits_{i=1}^{n}k_{ii}\boldsymbol{E}_{ii}+\sum\limits_{1\leqslant i<j\leqslant n}k_{ij}(\boldsymbol{E}_{ij}+\boldsymbol{E}_{ji})=\boldsymbol{O}$, 由矩阵相等则对应元素相等可推出 $k_{ii}=0(i=1,2,\cdots,n),k_{ij}=0(1\leqslant i<j\leqslant n)$, 这证明了 S 是线性无关集, 从而 S 是 V 的一个基. □

命题 8.1 设数域 $\mathbb{F}$ 上线性空间 V 为 $n(n\geqslant 1)$ 维, V 中 $\boldsymbol{\beta}_1,\boldsymbol{\beta}_2,\cdots,\boldsymbol{\beta}_n$ 线性无关, 则 $\boldsymbol{\beta}_1,\boldsymbol{\beta}_2,\cdots,\boldsymbol{\beta}_n$ 是 V 的一个基.

证明 设 $\boldsymbol{\alpha}_1,\boldsymbol{\alpha}_2,\cdots,\boldsymbol{\alpha}_n$ 为 V 的一个基. 又设在 V 中任取 $\boldsymbol{\beta}_1,\boldsymbol{\beta}_2,\cdots,\boldsymbol{\beta}_n$ 之外的 $\boldsymbol{\beta}$, 则由基的定义知 $\boldsymbol{\beta}_1,\boldsymbol{\beta}_2,\cdots,\boldsymbol{\beta}_n,\boldsymbol{\beta}$ 可由 $\boldsymbol{\alpha}_1,\boldsymbol{\alpha}_2,\cdots,\boldsymbol{\alpha}_n$ 线性表出. 若 $\boldsymbol{\beta}_1,\boldsymbol{\beta}_2,\cdots,\boldsymbol{\beta}_n,\boldsymbol{\beta}$ 线性无关, 则由替换定理知 $n+1\leqslant n$, 矛盾, 故 $\boldsymbol{\beta}_1,\boldsymbol{\beta}_2,\cdots,\boldsymbol{\beta}_n,\boldsymbol{\beta}$ 线性相关. 于是可推出 $\boldsymbol{\beta}$ 可由 $\boldsymbol{\beta}_1,\boldsymbol{\beta}_2,\cdots,\boldsymbol{\beta}_n$ 线性表出, 这证明了 $\boldsymbol{\beta}_1,\boldsymbol{\beta}_2,\cdots,\boldsymbol{\beta}_n$ 是 V 的一个基. □

定理 8.3 在 n 维线性空间 V 中, 任意线性无关向量组 $\boldsymbol{\alpha}_1,\boldsymbol{\alpha}_2,\cdots,\boldsymbol{\alpha}_r$ 都可以扩充成 V 的一个基 (即存在 V 的一个基包含 $\{\boldsymbol{\alpha}_1,\boldsymbol{\alpha}_2,\cdots,\boldsymbol{\alpha}_r\}$).

证明 若 $r=n$, 则 $\boldsymbol{\alpha}_1,\boldsymbol{\alpha}_2,\cdots,\boldsymbol{\alpha}_r$ 就是基 (据命题 8.1). 设 $r<n$, 易见 V 中必有 $\boldsymbol{\beta}_1$ 不能由 $\boldsymbol{\alpha}_1,\boldsymbol{\alpha}_2,\cdots,\boldsymbol{\alpha}_r$ 线性表出 (否则与 n 维矛盾), 由此知 $\boldsymbol{\alpha}_1,\boldsymbol{\alpha}_2,\cdots,\boldsymbol{\alpha}_r,\boldsymbol{\beta}_1$ 线性无关. 如果 $r+1=n$, 则 $\boldsymbol{\alpha}_1,\boldsymbol{\alpha}_2,\cdots,\boldsymbol{\alpha}_r,\boldsymbol{\beta}_1$ 就是一个基, 否则类似找到 $\boldsymbol{\beta}_2$ 使 $\boldsymbol{\alpha}_1,\boldsymbol{\alpha}_2,\cdots,\boldsymbol{\alpha}_r,\boldsymbol{\beta}_1,\boldsymbol{\beta}_2$ 线性无关. 如此继续, 终有 $\boldsymbol{\alpha}_1,\boldsymbol{\alpha}_2,\cdots,\boldsymbol{\alpha}_r,\boldsymbol{\beta}_1,\boldsymbol{\beta}_2,\cdots,\boldsymbol{\beta}_t$ 线性无关, 且 $r+t=n$, 这就是 V 的一个基. □

命题 8.2 n 维线性空间 V 中取一个基 $\boldsymbol{\alpha}_1,\boldsymbol{\alpha}_2,\cdots,\boldsymbol{\alpha}_n$, 则 V 中每一个向量 $\boldsymbol{\alpha}$ 能唯一地表成 $\boldsymbol{\alpha}_1,\boldsymbol{\alpha}_2,\cdots,\boldsymbol{\alpha}_n$ 的线性组合.

证明 设 $\boldsymbol{\alpha}=x_1\boldsymbol{\alpha}_1+x_2\boldsymbol{\alpha}_2+\cdots+x_n\boldsymbol{\alpha}_n=y_1\boldsymbol{\alpha}_1+y_2\boldsymbol{\alpha}_2+\cdots+y_n\boldsymbol{\alpha}_n$, 移项可得

$$(x_1-y_1)\boldsymbol{\alpha}_1+(x_2-y_2)\boldsymbol{\alpha}_2+\cdots+(x_n-y_n)\boldsymbol{\alpha}_n=\boldsymbol{0},$$

由 $\boldsymbol{\alpha}_1,\boldsymbol{\alpha}_2,\cdots,\boldsymbol{\alpha}_n$ 线性无关可得 $x_1=y_1,x_2=y_2,\cdots,x_n=y_n$, 这证明了结论. □

定义 8.5 在 n 维线性空间 V 中取一个基 $\boldsymbol{\alpha}_1,\boldsymbol{\alpha}_2,\cdots,\boldsymbol{\alpha}_n$ (顺序已定可称为有序基). 又设 $\boldsymbol{\alpha}\in V$, 且 $\boldsymbol{\alpha}=\sum\limits_{i=1}^{n}a_i\boldsymbol{\alpha}_i$, 则称有序数组 $a_1,a_2,\cdots,a_n$ 为 $\boldsymbol{\alpha}$ 在基 $\boldsymbol{\alpha}_1,\boldsymbol{\alpha}_2,\cdots,\boldsymbol{\alpha}_n$ 下的坐标.

例 8.14 在 $\mathbb{F}[x]_5$ 中证明 $1,x-1,(x-1)^2,(x-1)^3,(x-1)^4$ 是一个基, 并求 $f(x)=2x^4-3x^3+4x^2-5x+1$ 在这个基下的坐标.

解 设 $k_0+k_1(x-1)+k_2(x-1)^2+k_3(x-1)^3+k_4(x-1)^4=0$, 对比两边 4 次

项系数得 $k_4=0$, 再对比两边 3 次项系数得 $k_3=0,\cdots$, 类似得 $k_2=k_1=k_0=0$. 这证明了 $1,x-1,(x-1)^2,(x-1)^3,(x-1)^4$ 线性无关, 从而是一个基 (根据命题 8.1).

又设 $f(x)=k_0+k_1(x-1)+k_2(x-1)^2+k_3(x-1)^3+k_4(x-1)^4$, 连续使用综合除法可求出 $k_0=-1,k_1=2,k_2=7,k_3=5,k_4=2$. □

练　习　8.3

8.3.1　求例 8.9 中线性空间的一个基及维数.

8.3.2　求 n 阶反对称阵全体构成的线性空间的一个基及维数.

8.3.3　求练习 8.1.3 题的线性空间的一个基及维数.

8.3.4　令 $\mathbb{F}[\boldsymbol{A}]=\{f(\boldsymbol{A})|f(x)\in\mathbb{F}[x]\}$, 证明这是数域 $\mathbb{F}$ 上的一个线性空间, 其中 $\boldsymbol{A}$ 是 $\mathbb{F}$ 上一个固定方阵. 当 $\boldsymbol{A}=\mathrm{diag}(1,w,w^2), w=\dfrac{-1+\sqrt{3}\mathrm{i}}{2}$ 时, 求 $\mathbb{F}[\boldsymbol{A}]$ 的一个基及维数. 当 $f(x)=2x^4-3x^3+2x^2-4x+1$ 时, 求 $f(\boldsymbol{A})$ 在该基下的坐标.

8.3.5　V 是数域 $\mathbb{F}$ 上 n 维线性空间, 如果 V 中每个向量都可由 $\boldsymbol{\alpha}_1,\boldsymbol{\alpha}_2,\cdots,\boldsymbol{\alpha}_n$ 线性表出, 证明 $\boldsymbol{\alpha}_1,\boldsymbol{\alpha}_2,\cdots,\boldsymbol{\alpha}_n$ 构成 V 的一个基.

8.3.6　证明: $x^3,x^3+x,x^2+1,x+1$ 是 $\mathbb{F}[x]_4$ 的一个基, 并求下列多项式在这个基下的坐标.

(1) x^3-x+5;　(2) x^2+2x+3.

8.4　基变换与坐标变换

对于 $\mathbb{F}^n$ 来说, 已经在第 3 章得到了基变换与坐标变换公式, 现在研究 n 维线性空间的情形. 为了表述和论证方便, 先引入一个形式符号. 设 V 中 $\boldsymbol{\alpha}_1,\boldsymbol{\alpha}_2,\cdots,\boldsymbol{\alpha}_s$ 可由 $\boldsymbol{\beta}_1,\boldsymbol{\beta}_2,\cdots,\boldsymbol{\beta}_t$ 线性表出, 具体如下:

$$\begin{cases}\boldsymbol{\alpha}_1=a_{11}\boldsymbol{\beta}_1+a_{21}\boldsymbol{\beta}_2+\cdots+a_{t1}\boldsymbol{\beta}_t,\\ \boldsymbol{\alpha}_2=a_{12}\boldsymbol{\beta}_1+a_{22}\boldsymbol{\beta}_2+\cdots+a_{t2}\boldsymbol{\beta}_t,\\ \qquad\cdots\cdots\\ \boldsymbol{\alpha}_s=a_{1s}\boldsymbol{\beta}_1+a_{2s}\boldsymbol{\beta}_2+\cdots+a_{ts}\boldsymbol{\beta}_t,\end{cases}\tag{8.1}$$

将关系式 (8.1) 形式地记为 $(\boldsymbol{\alpha}_1,\boldsymbol{\alpha}_2,\cdots,\boldsymbol{\alpha}_s)=(\boldsymbol{\beta}_1,\boldsymbol{\beta}_2,\cdots,\boldsymbol{\beta}_t)\boldsymbol{A}, \boldsymbol{A}\in\mathbb{F}^{t\times s}$, 即

$$(\boldsymbol{\alpha}_1,\boldsymbol{\alpha}_2,\cdots,\boldsymbol{\alpha}_s)=(\boldsymbol{\beta}_1,\boldsymbol{\beta}_2,\cdots,\boldsymbol{\beta}_t)\begin{pmatrix}a_{11}&a_{12}&\cdots&a_{1s}\\a_{21}&a_{22}&\cdots&a_{2s}\\\vdots&\vdots&&\vdots\\a_{t1}&a_{t2}&\cdots&a_{ts}\end{pmatrix}.\tag{8.2}$$

如果把 $(\boldsymbol{\alpha}_1,\boldsymbol{\alpha}_2,\cdots,\boldsymbol{\alpha}_s)$ 及 $(\boldsymbol{\beta}_1,\boldsymbol{\beta}_2,\cdots,\boldsymbol{\beta}_t)$ 形式地看成 $\mathbb{F}$ 上的列向量, 则 (8.2) 可看作矩阵乘法的表达式. 不难证明 (略) 这种表示法有如下简单性质:

(1) $((\boldsymbol{\beta}_1,\boldsymbol{\beta}_2,\cdots,\boldsymbol{\beta}_t)\boldsymbol{A})\boldsymbol{B}=(\boldsymbol{\beta}_1,\boldsymbol{\beta}_2,\cdots,\boldsymbol{\beta}_t)(\boldsymbol{AB})$;

(2) $(\boldsymbol{\beta}_1,\boldsymbol{\beta}_2,\cdots,\boldsymbol{\beta}_t)(\boldsymbol{A}+\boldsymbol{B})=(\boldsymbol{\beta}_1,\boldsymbol{\beta}_2,\cdots,\boldsymbol{\beta}_t)\boldsymbol{A}+(\boldsymbol{\beta}_1,\boldsymbol{\beta}_2,\cdots,\boldsymbol{\beta}_t)\boldsymbol{B}$;

(3) $(\boldsymbol{\beta}_1,\boldsymbol{\beta}_2,\cdots,\boldsymbol{\beta}_t)\boldsymbol{A}+(\boldsymbol{\gamma}_1,\boldsymbol{\gamma}_2,\cdots,\boldsymbol{\gamma}_t)\boldsymbol{A}=(\boldsymbol{\beta}_1+\boldsymbol{\gamma}_1,\boldsymbol{\beta}_2+\boldsymbol{\gamma}_2,\cdots,\boldsymbol{\beta}_t+\boldsymbol{\gamma}_t)\boldsymbol{A}$.

下面将利用这些性质证明几个重要结果.

定理 8.4 设 $\boldsymbol{\varepsilon}_1,\boldsymbol{\varepsilon}_2,\cdots,\boldsymbol{\varepsilon}_n$ 是 n 维线性空间 V 的一个基, $\boldsymbol{\alpha}_1,\boldsymbol{\alpha}_2,\cdots,\boldsymbol{\alpha}_n$ 为 V 中 n 个向量, 且

$$(\boldsymbol{\alpha}_1,\boldsymbol{\alpha}_2,\cdots,\boldsymbol{\alpha}_n)=(\boldsymbol{\varepsilon}_1,\boldsymbol{\varepsilon}_2,\cdots,\boldsymbol{\varepsilon}_n)\boldsymbol{A},\quad \boldsymbol{A}\in\mathbb{F}^{n\times n},$$

则 $\boldsymbol{\alpha}_1,\boldsymbol{\alpha}_2,\cdots,\boldsymbol{\alpha}_n$ 是 V 的一个基当且仅当 $\boldsymbol{A}$ 是可逆阵.

证明 方法 1. 如果 $\boldsymbol{A}$ 可逆, 由已知有

$$\begin{aligned}(\boldsymbol{\alpha}_1,\boldsymbol{\alpha}_2,\cdots,\boldsymbol{\alpha}_n)\boldsymbol{A}^{-1}&=((\boldsymbol{\varepsilon}_1,\boldsymbol{\varepsilon}_2,\cdots,\boldsymbol{\varepsilon}_n)\boldsymbol{A})\boldsymbol{A}^{-1}\\&=(\boldsymbol{\varepsilon}_1,\boldsymbol{\varepsilon}_2,\cdots,\boldsymbol{\varepsilon}_n)(\boldsymbol{AA}^{-1})=(\boldsymbol{\varepsilon}_1,\boldsymbol{\varepsilon}_2,\cdots,\boldsymbol{\varepsilon}_n),\end{aligned}$$

这说明 $\boldsymbol{\varepsilon}_1,\boldsymbol{\varepsilon}_2,\cdots,\boldsymbol{\varepsilon}_n$ 可由 $\boldsymbol{\alpha}_1,\boldsymbol{\alpha}_2,\cdots,\boldsymbol{\alpha}_n$ 线性表出, 从而 $\boldsymbol{\alpha}_1,\boldsymbol{\alpha}_2,\cdots,\boldsymbol{\alpha}_n$ 与 $\boldsymbol{\varepsilon}_1,\boldsymbol{\varepsilon}_2,\cdots,\boldsymbol{\varepsilon}_n$ 等价. 由等价向量组其秩相等知 $\boldsymbol{\alpha}_1,\boldsymbol{\alpha}_2,\cdots,\boldsymbol{\alpha}_n$ 线性无关, 从而也是 V 的一个基.

反之, 如果 $\boldsymbol{\alpha}_1,\boldsymbol{\alpha}_2,\cdots,\boldsymbol{\alpha}_n$ 是 V 的一个基, 则由基的定义, 有 $\boldsymbol{B}\in\mathbb{F}^{n\times n}$ 使

$$(\boldsymbol{\varepsilon}_1,\boldsymbol{\varepsilon}_2,\cdots,\boldsymbol{\varepsilon}_n)=(\boldsymbol{\alpha}_1,\boldsymbol{\alpha}_2,\cdots,\boldsymbol{\alpha}_n)\boldsymbol{B},$$

于是

$$(\boldsymbol{\alpha}_1,\boldsymbol{\alpha}_2,\cdots,\boldsymbol{\alpha}_n)=((\boldsymbol{\alpha}_1,\boldsymbol{\alpha}_2,\cdots,\boldsymbol{\alpha}_n)\boldsymbol{B})\boldsymbol{A},$$

进一步有

$$(\boldsymbol{\alpha}_1,\boldsymbol{\alpha}_2,\cdots,\boldsymbol{\alpha}_n)(\boldsymbol{I}-\boldsymbol{BA})=\boldsymbol{0},$$

按符号的实质意义, 由 $\boldsymbol{\alpha}_1,\boldsymbol{\alpha}_2,\cdots,\boldsymbol{\alpha}_n$ 线性无关上式意味着 $\boldsymbol{I}-\boldsymbol{BA}$ 的各列均为 $\boldsymbol{0}$, 即 $\boldsymbol{I}=\boldsymbol{BA}$, 从而 $\boldsymbol{A}$ 可逆.

方法 2. 如果 $\boldsymbol{A}$ 可逆, 令

$$k_1\boldsymbol{\alpha}_1+k_2\boldsymbol{\alpha}_2+\cdots+k_n\boldsymbol{\alpha}_n=\boldsymbol{0},$$

即

$$(\boldsymbol{\alpha}_1,\boldsymbol{\alpha}_2,\cdots,\boldsymbol{\alpha}_n)\begin{pmatrix}k_1\\k_2\\\vdots\\k_n\end{pmatrix}=\boldsymbol{0},$$

于是

$$(\varepsilon_1,\varepsilon_2,\cdots,\varepsilon_n)\boldsymbol{A}\begin{pmatrix}k_1\\k_2\\\vdots\\k_n\end{pmatrix}=\mathbf{0}.$$

由 $\varepsilon_1,\varepsilon_2,\cdots,\varepsilon_n$ 线性无关知 $\boldsymbol{A}\begin{pmatrix}k_1\\k_2\\\vdots\\k_n\end{pmatrix}=\mathbf{0}$, 从而 $k_1=k_2=\cdots=k_n=0$, 故 $\boldsymbol{\alpha}_1,\boldsymbol{\alpha}_2,\cdots,\boldsymbol{\alpha}_n$ 线性无关, 是 V 的一个基.

反之, 如果 $\boldsymbol{\alpha}_1,\boldsymbol{\alpha}_2,\cdots,\boldsymbol{\alpha}_n$ 是 V 的一个基, 但 $\boldsymbol{A}$ 不可逆, 则有 $\mathbf{0}\neq\boldsymbol{x}\in\mathbb{F}^n$ 使得 $\boldsymbol{A}\boldsymbol{x}=\mathbf{0}$. 于是

$$(\boldsymbol{\alpha}_1,\boldsymbol{\alpha}_2,\cdots,\boldsymbol{\alpha}_n)\boldsymbol{x}=(\varepsilon_1,\varepsilon_2,\cdots,\varepsilon_n)\boldsymbol{A}\boldsymbol{x}=\mathbf{0},$$

即 $\boldsymbol{\alpha}_1,\boldsymbol{\alpha}_2,\cdots,\boldsymbol{\alpha}_n$ 线性相关, 矛盾. □

当 $\boldsymbol{\alpha}_1,\boldsymbol{\alpha}_2,\cdots,\boldsymbol{\alpha}_n$ 与 $\varepsilon_1,\varepsilon_2,\cdots,\varepsilon_n$ 为 V 的两个基时,

$$(\boldsymbol{\alpha}_1,\boldsymbol{\alpha}_2,\cdots,\boldsymbol{\alpha}_n)=(\varepsilon_1,\varepsilon_2,\cdots,\varepsilon_n)\boldsymbol{A}\tag{8.3}$$

称为**基变换公式**, $\boldsymbol{A}$ 称为由基 $\varepsilon_1,\varepsilon_2,\cdots,\varepsilon_n$ 到 $\boldsymbol{\alpha}_1,\boldsymbol{\alpha}_2,\cdots,\boldsymbol{\alpha}_n$ 的**过渡阵**.

如果 $\boldsymbol{\beta}=x_1\varepsilon_1+x_2\varepsilon_2+\cdots+x_n\varepsilon_n=y_1\boldsymbol{\alpha}_1+y_2\boldsymbol{\alpha}_2+\cdots+y_n\boldsymbol{\alpha}_n$, 则可写为

$$(\varepsilon_1,\varepsilon_2,\cdots,\varepsilon_n)\begin{pmatrix}x_1\\x_2\\\vdots\\x_n\end{pmatrix}=(\boldsymbol{\alpha}_1,\boldsymbol{\alpha}_2,\cdots,\boldsymbol{\alpha}_n)\begin{pmatrix}y_1\\y_2\\\vdots\\y_n\end{pmatrix},$$

将 (8.3) 式代入上式, 可得

$$\begin{pmatrix}x_1\\x_2\\\vdots\\x_n\end{pmatrix}=\boldsymbol{A}\begin{pmatrix}y_1\\y_2\\\vdots\\y_n\end{pmatrix},\tag{8.4}$$

(8.4) 式称为在基变换 (8.3) 下的**坐标变换公式**.

例 8.15 在数域 $\mathbb{F}$ 上 2 阶对称阵的线性空间 V 中, 证明

$$\boldsymbol{\alpha}_1=\begin{pmatrix}1&-2\\-2&1\end{pmatrix},\quad \boldsymbol{\alpha}_2=\begin{pmatrix}2&1\\1&3\end{pmatrix},\quad \boldsymbol{\alpha}_3=\begin{pmatrix}4&-1\\-1&-5\end{pmatrix}$$

是 V 的一个基, 并求 $\boldsymbol{\beta}=\begin{pmatrix}1&1\\1&1\end{pmatrix}$ 在这组基下的坐标.

解 $\boldsymbol{\varepsilon}_1=\begin{pmatrix}1&0\\0&0\end{pmatrix},\boldsymbol{\varepsilon}_2=\begin{pmatrix}0&0\\0&1\end{pmatrix},\boldsymbol{\varepsilon}_3=\begin{pmatrix}0&1\\1&0\end{pmatrix}$ 显然是 V 的一个基, 易得

$$(\boldsymbol{\alpha}_1,\boldsymbol{\alpha}_2,\boldsymbol{\alpha}_3)=(\boldsymbol{\varepsilon}_1,\boldsymbol{\varepsilon}_2,\boldsymbol{\varepsilon}_3)\begin{pmatrix}1&2&4\\1&3&-5\\-2&1&-1\end{pmatrix},$$

经计算 $\det\begin{pmatrix}1&2&4\\1&3&-5\\-2&1&-1\end{pmatrix}=52$, 故知 $\boldsymbol{\alpha}_1,\boldsymbol{\alpha}_2,\boldsymbol{\alpha}_3$ 为 V 之一个基, 由坐标变换公式得

$$\begin{pmatrix}1&2&4\\1&3&-5\\-2&1&-1\end{pmatrix}^{-1}\begin{pmatrix}1\\1\\1\end{pmatrix}=\frac{1}{52}\begin{pmatrix}2&6&-22\\11&7&9\\7&-5&1\end{pmatrix}\begin{pmatrix}1\\1\\1\end{pmatrix}=\begin{pmatrix}-\dfrac{7}{26}\\\dfrac{27}{52}\\\dfrac{3}{52}\end{pmatrix},$$

故 $\boldsymbol{\beta}$ 在基 $\boldsymbol{\alpha}_1,\boldsymbol{\alpha}_2,\boldsymbol{\alpha}_3$ 下坐标为 $-\dfrac{7}{26},\dfrac{27}{52},\dfrac{3}{52}$. □

练 习 8.4

8.4.1 证明:

$$\boldsymbol{\alpha}_1=\begin{pmatrix}1&1\\1&1\end{pmatrix},\quad \boldsymbol{\alpha}_2=\begin{pmatrix}0&-1\\1&0\end{pmatrix},\quad \boldsymbol{\alpha}_3=\begin{pmatrix}1&-1\\0&0\end{pmatrix},\quad \boldsymbol{\alpha}_4=\begin{pmatrix}1&0\\0&0\end{pmatrix}$$

是 $\mathbb{F}^{2\times 2}$ 的一个基, 并求 $\boldsymbol{\beta}=\begin{pmatrix}2&3\\4&7\end{pmatrix}$ 在这个基下的坐标.

8.4.2 用本节的方法解答 8.3.6 题.

8.4.3 给出定理 8.4 的其他证明方法.

8.4.4 证明: $f(x)=a_0+a_1x+\cdots+a_{n-1}x^{n-1}$ 在 $\mathbb{F}[x]_n$中基 $1,x-a,(x-a)^2,\cdots,(x-a)^{n-1}$ 下的坐标是 $f(a),f'(a),\cdots,\dfrac{f^{(n-1)}(a)}{(n-1)!}$.

8.5 线性子空间

设 V 是数域 $\mathbb{F}$ 上的线性空间, W 是 V 的一个非空子集, 那么按着原来的加法和数乘运算, W 是否仍为 $\mathbb{F}$ 上线性空间? 为了解决这个问题可按线性空间定义, 逐条审查. 很明显两种运算在 W 中是否封闭很重要, 即应要求:

(1) $\boldsymbol{\alpha}+\boldsymbol{\beta}\in W, \forall\boldsymbol{\alpha},\boldsymbol{\beta}\in W$;

(2) $\lambda\boldsymbol{\alpha}\in W, \forall\boldsymbol{\alpha}\in W, \lambda\in\mathbb{F}$.

此外, 八条运算规则中 (3), (4) 两条应予审查, 其他各条已经满足, 即应要求 (3) $\mathbf{0}\in W$; (4) 当 $\boldsymbol{\alpha}\in W$ 时, $-\boldsymbol{\alpha}\in W$. 注意已证过的性质 $\lambda\mathbf{0}=\mathbf{0}$ 及 $(-1)\boldsymbol{\alpha}=-\boldsymbol{\alpha}$, 说明只要 (2) 成立, 就意味着 (3) 和 (4) 成立, 于是有下面的定义和定理.

定义 8.6　设 W 是数域 $\mathbb{F}$ 上线性空间 V 的一个非空子集, 如果对于 V 的两种运算 W 也构成 $\mathbb{F}$ 上线性空间, 则称 W 是 V 的一个**线性子空间**, 简称**子空间**. W 的维数记作 $\dim W$.

定理 8.5　数域 $\mathbb{F}$ 上线性空间 V 的一个非空子集 W 是 V 的一个子空间当且仅当 W 对 V 的两种运算封闭, 即

(1) $\boldsymbol{\alpha},\boldsymbol{\beta}\in W\Rightarrow\boldsymbol{\alpha}+\boldsymbol{\beta}\in W$;

(2) $\lambda\in\mathbb{F},\boldsymbol{\alpha}\in W\Rightarrow\lambda\boldsymbol{\alpha}\in W$.

例 8.16　在线性空间 V 中, $\{\mathbf{0}\}$ 和 V 都是 V 的子空间, 称为平凡子空间. $\{\mathbf{0}\}$ 称为零子空间, 也记为 0, 其维数为 0.

例 8.17　$\mathbb{F}[x]_n$ 是 $\mathbb{F}[x]$ 的子空间; $\mathbb{C}[a,b]$ 是 $\mathbb{R}^{[a,b]}$ 的子空间; $\mathbb{R}[x]$ 是 $\mathbb{R}^{\mathbb{R}}$ 的子空间.

例 8.18　设 $\boldsymbol{A}\in\mathbb{F}^{m\times n}$, 则齐次线性方程组 $\boldsymbol{Ax}=\mathbf{0}$ 的解集合 W 构成 $\mathbb{F}^n$ 的子空间, 称为 $\boldsymbol{Ax}=\mathbf{0}$ 的解空间. 但当 $\boldsymbol{b}\neq\mathbf{0}$ 时, $\boldsymbol{Ax}=\boldsymbol{b}$ 的解集合却不是 $\mathbb{F}^n$ 的子空间. 由线性方程组理论可知 $\dim W=n-$秩 $(\boldsymbol{A})$. $\boldsymbol{Ax}=\mathbf{0}$ 的一个基础解系是 W 的一个基.

例 8.19　数域 $\mathbb{F}$ 上所有 n 阶对称阵的集合构成 $\mathbb{F}^{n\times n}$ 的子空间, 其维数是 $\dfrac{1}{2}n(n+1)$.

例 8.20　设 V 是三维几何空间, 那么通过坐标原点的一个平面上的所有向量就构成一个二维子空间.

对于有限维空间, 有以下基本事实.

定理 8.6　设 V 是 n 维线性空间, W 是 V 的子空间, 则

(1) $\dim W\leqslant n$, 且 W 的一个基可扩充成 V 的一个基;

(2) $\dim W=n$ 意味着 $W=V$.

证明　(1) 由定理 8.3 立得.

(2) 显然 $W\subseteq V$. 取 W 之基 $\boldsymbol{\alpha}_1,\boldsymbol{\alpha}_2,\cdots,\boldsymbol{\alpha}_n$, 由命题 8.1 知 $\boldsymbol{\alpha}_1,\boldsymbol{\alpha}_2,\cdots,\boldsymbol{\alpha}_n$ 也是 V 的一个基, 从而 V 的任意向量 $\boldsymbol{\alpha}$ 可由 $\boldsymbol{\alpha}_1,\boldsymbol{\alpha}_2,\cdots,\boldsymbol{\alpha}_n$ 线性表出, 即 $\boldsymbol{\alpha}=k_1\boldsymbol{\alpha}_1+k_2\boldsymbol{\alpha}_2+\cdots+k_n\boldsymbol{\alpha}_n$. 因为 W 是子空间, 上式意味着 $\boldsymbol{\alpha}\in W$, 这推出 $V\subseteq W$. 所以 $W=V$. □

考虑 V 中包含向量 $\boldsymbol{\alpha}_1,\boldsymbol{\alpha}_2,\cdots,\boldsymbol{\alpha}_s$ 的最小子空间, 引出如下向量集

$$W=\{k_1\boldsymbol{\alpha}_1+k_2\boldsymbol{\alpha}_2+\cdots+k_s\boldsymbol{\alpha}_s|k_i\in\mathbb{F},i=1,2,\cdots,s\},$$

其实就是 $\boldsymbol{\alpha}_1,\boldsymbol{\alpha}_2,\cdots,\boldsymbol{\alpha}_s$ 的全部线性组合构成的集合. 容易证明 W 是 V 的一个子空间, 称 W 为 $\boldsymbol{\alpha}_1,\boldsymbol{\alpha}_2,\cdots,\boldsymbol{\alpha}_s$ **生成的子空间**, 记为 $L(\boldsymbol{\alpha}_1,\boldsymbol{\alpha}_2,\cdots,\boldsymbol{\alpha}_s)$, 又记为 $\langle\boldsymbol{\alpha}_1,\boldsymbol{\alpha}_2,\cdots,\boldsymbol{\alpha}_s\rangle$.

因为在 V 中要得到一个包含 $\boldsymbol{\alpha}_1,\boldsymbol{\alpha}_2,\cdots,\boldsymbol{\alpha}_s$ 的子空间 V_1, 则 V_1 就必须包含 $\boldsymbol{\alpha}_1,\boldsymbol{\alpha}_2,\cdots,\boldsymbol{\alpha}_s$ 的所有线性组合, 于是 $V_1\supset L(\boldsymbol{\alpha}_1,\boldsymbol{\alpha}_2,\cdots,\boldsymbol{\alpha}_s)$, 这说明 $L(\boldsymbol{\alpha}_1,\boldsymbol{\alpha}_2,\cdots,\boldsymbol{\alpha}_s)$ 确实是**包含 $\boldsymbol{\alpha}_1,\boldsymbol{\alpha}_2,\cdots,\boldsymbol{\alpha}_s$ 的最小子空间**.

当 V 是有限维时, 任何一个子空间 W 都应该是一个生成子空间. 事实上, 当 $W\neq 0$ 时 W 有有限个元素构成的基, 不妨设为 $\boldsymbol{\beta}_1,\boldsymbol{\beta}_2,\cdots,\boldsymbol{\beta}_t$, 则 $W=\langle\boldsymbol{\beta}_1,\boldsymbol{\beta}_2,\cdots,\boldsymbol{\beta}_t\rangle$. 当 $W=0$ 时 $W=\langle\mathbf{0}\rangle$.

定理 8.7 $\dim L(\boldsymbol{\alpha}_1,\boldsymbol{\alpha}_2,\cdots,\boldsymbol{\alpha}_s)=$ 秩 $\{\boldsymbol{\alpha}_1,\boldsymbol{\alpha}_2,\cdots,\boldsymbol{\alpha}_s\}$, $\boldsymbol{\alpha}_1,\boldsymbol{\alpha}_2,\cdots,\boldsymbol{\alpha}_s$ 的一个极大线性无关组是 $L(\boldsymbol{\alpha}_1,\boldsymbol{\alpha}_2,\cdots,\boldsymbol{\alpha}_s)$ 的一个基.

证明 设 $\boldsymbol{\alpha}_{i_1},\boldsymbol{\alpha}_{i_2},\cdots,\boldsymbol{\alpha}_{i_r}$ 是 $\boldsymbol{\alpha}_1,\boldsymbol{\alpha}_2,\cdots,\boldsymbol{\alpha}_s$ 的一个极大无关组, 从而每个 $\boldsymbol{\alpha}_i$ 均可由其线性表出, 又 $L(\boldsymbol{\alpha}_1,\boldsymbol{\alpha}_2,\cdots,\boldsymbol{\alpha}_s)$ 的任意向量 $\boldsymbol{\alpha}$ 可由 $\boldsymbol{\alpha}_1,\boldsymbol{\alpha}_2,\cdots,\boldsymbol{\alpha}_s$ 线性表出, 根据线性表出的传递性, $\boldsymbol{\alpha}$ 可由 $\boldsymbol{\alpha}_{i_1},\boldsymbol{\alpha}_{i_2},\cdots,\boldsymbol{\alpha}_{i_r}$ 线性表出, 故 $\boldsymbol{\alpha}_{i_1},\boldsymbol{\alpha}_{i_2},\cdots,\boldsymbol{\alpha}_{i_r}$ 是 $L(\boldsymbol{\alpha}_1,\boldsymbol{\alpha}_2,\cdots,\boldsymbol{\alpha}_s)$ 之基, 从而结论得证. □

定理 8.8 V 中两个向量组 $\boldsymbol{\alpha}_1,\boldsymbol{\alpha}_2,\cdots,\boldsymbol{\alpha}_s$ 与 $\boldsymbol{\beta}_1,\boldsymbol{\beta}_2,\cdots,\boldsymbol{\beta}_t$ 生成的子空间相同的充要条件是这两个向量组等价.

证明 必要性显然. 根据线性表出的传递性不难证明充分性. □

例 8.21 W 是线性空间 V 的一个有限维子空间, 如果 W 中的每一向量在 W 的某基下的坐标不是全为零, 就是全不为零, 求 $\dim W$.

解 假设 $\dim W=n\geqslant 2$, 取基 $\boldsymbol{\varepsilon}_1,\boldsymbol{\varepsilon}_2,\cdots,\boldsymbol{\varepsilon}_n$, 则 $\boldsymbol{\varepsilon}_1$ 在 $\boldsymbol{\varepsilon}_1,\boldsymbol{\varepsilon}_2,\cdots,\boldsymbol{\varepsilon}_n$ 下的坐标为 $(1,0,\cdots,0)$, 与条件相矛盾, 所以 $\dim W=1$ 或 0, 而这两种情况容易验证条件被满足. □

练 习 8.5

8.5.1 线性空间 V 中向量组 $\boldsymbol{\beta}_1,\boldsymbol{\beta}_2,\cdots,\boldsymbol{\beta}_s$ 与基 $\boldsymbol{\alpha}_1,\boldsymbol{\alpha}_2,\cdots,\boldsymbol{\alpha}_n$ 有如下形式关系

$$(\boldsymbol{\beta}_1,\boldsymbol{\beta}_2,\cdots,\boldsymbol{\beta}_s)=(\boldsymbol{\alpha}_1,\boldsymbol{\alpha}_2,\cdots,\boldsymbol{\alpha}_n)\boldsymbol{A},$$

其中 $\boldsymbol{A} \in \mathbb{F}^{n\times s}$, 证明 $\dim\langle\boldsymbol{\beta}_1,\boldsymbol{\beta}_2,\cdots,\boldsymbol{\beta}_s\rangle =$ 秩 $(\boldsymbol{A})$.

8.5.2　设 V_1 和 V_2 都是线性空间 V 的真子空间 (即 $V_1\neq V, V_2\neq V$), 试问 $V_1\cup V_2$ 是否为 V 的子空间? 证明或举出反例.

8.5.3　在数域 $\mathbb{F}$ 上线性空间 V 中, 如果 $k_1\boldsymbol{\alpha}+k_2\boldsymbol{\beta}+k_3\boldsymbol{\gamma}=\mathbf{0}$ 且 $k_1k_2\neq 0$, 证明 $\langle\boldsymbol{\alpha},\boldsymbol{\gamma}\rangle=\langle\boldsymbol{\beta},\boldsymbol{\gamma}\rangle$.

8.5.4　设 $V=\{\boldsymbol{B}\in\mathbb{F}^{2\times 2}|\boldsymbol{BA}=\boldsymbol{AB}\}$, 其中 $\boldsymbol{A}=\begin{pmatrix}1&-1\\1&0\end{pmatrix}$, 证明: V 是 $\mathbb{F}^{2\times 2}$ 的一个子空间, 求 V 的维数和一个基.

8.5.5　设 V 的两个子空间为 V_1 和 V_2, 那么 $V_1\cap V_2$(集合交) 是否还是 V 的子空间?

8.6　子空间的运算

本节考虑子空间的运算, 也就是在一定规则下由两个子空间产生一个新的子空间的问题. 一个自然的想法是研究两个子空间作为集合的交与并.

8.6.1　子空间的交与和

定理 8.9　设 V_1, V_2 都是数域 $\mathbb{F}$ 上线性空间 V 的子空间, 则 $V_1\cap V_2$ 也是 V 的子空间.

证明　因为 $\mathbf{0}\in V_1\cap V_2$, 所以 $V_1\cap V_2\neq\varnothing$. 设 $\boldsymbol{\alpha},\boldsymbol{\beta}\in V_1\cap V_2$, 则 $\boldsymbol{\alpha},\boldsymbol{\beta}\in V_1$ 且 $\boldsymbol{\alpha},\boldsymbol{\beta}\in V_2$. 由于 V_1 和 V_2 都是子空间, 所以 $\boldsymbol{\alpha}+\boldsymbol{\beta}\in V_1$ 且 $\boldsymbol{\alpha}+\boldsymbol{\beta}\in V_2$, 同时对任意 $\lambda\in\mathbb{F}$ 又有 $\lambda\boldsymbol{\alpha}\in V_1$ 且 $\lambda\boldsymbol{\alpha}\in V_2$. 于是 $\boldsymbol{\alpha}+\boldsymbol{\beta}\in V_1\cap V_2$ 且 $\lambda\boldsymbol{\alpha}\in V_1\cap V_2$, 因此, $V_1\cap V_2$ 是 V 的子空间. □

由集合交的定义易见, 子空间的交适合下列运算规则:

(1) **交换律**　$V_1\cap V_2=V_2\cap V_1$;

(2) **结合律**　$(V_1\cap V_2)\cap V_3=V_1\cap(V_2\cap V_3)$.

由结合律, 可以定义多个子空间的交: $V_1\cap V_2\cap\cdots\cap V_s=\bigcap\limits_{i=1}^{s}V_i$. 易证, $\bigcap\limits_{i=1}^{s}V_i$ 也是 V 的子空间. 类似又可证明 $\bigcap\limits_{i\in I}V_i$ 也是子空间, 其中 I 是一个指标集, 它可能是一个无限集.

例 8.22　设 $\boldsymbol{A}\in\mathbb{F}^{s\times n}, \boldsymbol{B}\in\mathbb{F}^{t\times n}, V_1$ 和 V_2 分别表示以 $\boldsymbol{A}$ 和 $\boldsymbol{B}$ 为系数阵的线性方程组 $\boldsymbol{Ax}=\mathbf{0}, \boldsymbol{Bx}=\mathbf{0}$ 的解空间, 那么 $V_1\cap V_2$ 就是 $\begin{pmatrix}\boldsymbol{A}\\\boldsymbol{B}\end{pmatrix}\boldsymbol{x}=\mathbf{0}$ 的解空间.

现在再来看子空间 V_1 与 V_2 的并集, 一般来说 $V_1\cup V_2$ 不再是 V 的子空间. 例如, 在三维几何空间 V 中, V_1 是 z 轴上由原点出发的向量构成的一维子空间, xOy 平面上由原点出发的向量构成二维子空间 V_2, 但是它们的并集显然对加法不封闭, 从而不是 V 的子空间.

既然 $V_1 \cup V_2$ 一般不构成子空间, 那么包括 $V_1 \cup V_2$ 的最小的子空间 W 应怎样构成呢? W 显然应该包括由 V_1 中的向量与 V_2 中的向量作和得到的向量. 由此, 应该考虑集合 $\{\boldsymbol{\alpha}_1 + \boldsymbol{\alpha}_2 | \boldsymbol{\alpha}_1 \in V_1, \boldsymbol{\alpha}_2 \in V_2\}$.

定理 8.10 设 V_1 和 V_2 是数域 $\mathbb{F}$ 上线性空间 V 的两个子空间, 则集合 $S = \{\boldsymbol{\alpha}_1 + \boldsymbol{\alpha}_2 | \boldsymbol{\alpha}_1 \in V_1, \boldsymbol{\alpha}_2 \in V_2\}$ 是 V 的子空间, 称 S 为 V_1 与 V_2 的**和**, 记作 $V_1 + V_2$.

证明 由 $\mathbf{0} = \mathbf{0} + \mathbf{0} \in S$ 知 $S \neq \varnothing$. 任取 $\boldsymbol{\alpha}, \boldsymbol{\beta} \in S$, 由 S 的定义有

$$\boldsymbol{\alpha} = \boldsymbol{\alpha}_1 + \boldsymbol{\alpha}_2, \quad \boldsymbol{\beta} = \boldsymbol{\beta}_1 + \boldsymbol{\beta}_2,$$

其中 $\boldsymbol{\alpha}_1, \boldsymbol{\beta}_1 \in V_1, \boldsymbol{\alpha}_2, \boldsymbol{\beta}_2 \in V_2$. 于是 $\boldsymbol{\alpha}_1 + \boldsymbol{\beta}_1 \in V_1, \boldsymbol{\alpha}_2 + \boldsymbol{\beta}_2 \in V_2$, 因此

$$\boldsymbol{\alpha} + \boldsymbol{\beta} = (\boldsymbol{\alpha}_1 + \boldsymbol{\beta}_1) + (\boldsymbol{\alpha}_2 + \boldsymbol{\beta}_2) \in S.$$

任取 $\lambda \in \mathbb{F}$, 显然有

$$\lambda\boldsymbol{\alpha} = \lambda(\boldsymbol{\alpha}_1 + \boldsymbol{\alpha}_2) = \lambda\boldsymbol{\alpha}_1 + \lambda\boldsymbol{\alpha}_2, \quad \lambda\boldsymbol{\alpha}_1 \in V_1,\ \lambda\boldsymbol{\alpha}_2 \in V_2,$$

因此 $\lambda\boldsymbol{\alpha} \in S$. 综上 S 对加法和数乘是封闭的, 所以 S 是子空间. □

由定理 8.10 知, 包含 $V_1 \cup V_2$ 的**最小子空间** $W \supseteq S$, 由最小性知 $W = V_1 + V_2$.

容易验证子空间的和适合下列运算规则:

(1) **交换律** $V_1 + V_2 = V_2 + V_1$;

(2) **结合律** $(V_1 + V_2) + V_3 = V_1 + (V_2 + V_3)$.

由结合律同样可以定义多个子空间的和: $V_1 + V_2 + \cdots + V_s = \sum\limits_{i=1}^{s} V_i$, 易证 $\sum\limits_{i=1}^{s} V_i$ 仍是 V 的子空间, 并且

$$\sum_{i=1}^{s} V_i = \{\boldsymbol{\alpha}_1 + \boldsymbol{\alpha}_2 + \cdots + \boldsymbol{\alpha}_s | \boldsymbol{\alpha}_i \in V_i, i = 1, 2, \cdots, s\}.$$

命题 8.3 设 $\boldsymbol{\alpha}_1, \boldsymbol{\alpha}_2, \cdots, \boldsymbol{\alpha}_r$ 与 $\boldsymbol{\beta}_1, \boldsymbol{\beta}_2, \cdots, \boldsymbol{\beta}_s$ 是数域 $\mathbb{F}$ 上线性空间 V 的两个向量组, 则

$$\langle \boldsymbol{\alpha}_1, \boldsymbol{\alpha}_2, \cdots, \boldsymbol{\alpha}_r \rangle + \langle \boldsymbol{\beta}_1, \boldsymbol{\beta}_2, \cdots, \boldsymbol{\beta}_s \rangle = \langle \boldsymbol{\alpha}_1, \boldsymbol{\alpha}_2, \cdots, \boldsymbol{\alpha}_r, \boldsymbol{\beta}_1, \boldsymbol{\beta}_2, \cdots, \boldsymbol{\beta}_s \rangle. \tag{8.5}$$

证明 由定义易见

$$\begin{aligned}
&\langle \boldsymbol{\alpha}_1, \boldsymbol{\alpha}_2, \cdots, \boldsymbol{\alpha}_r \rangle + \langle \boldsymbol{\beta}_1, \boldsymbol{\beta}_2, \cdots, \boldsymbol{\beta}_s \rangle \\
=& \{(k_1\boldsymbol{\alpha}_1 + k_2\boldsymbol{\alpha}_2 + \cdots + k_r\boldsymbol{\alpha}_r) \\
&+ (l_1\boldsymbol{\beta}_1 + l_2\boldsymbol{\beta}_2 + \cdots + l_s\boldsymbol{\beta}_s) | k_i, l_j \in \mathbb{F}, i = 1, 2, \cdots, r, j = 1, 2, \cdots, s\} \\
=& \langle \boldsymbol{\alpha}_1, \boldsymbol{\alpha}_2, \cdots, \boldsymbol{\alpha}_r, \boldsymbol{\beta}_1, \boldsymbol{\beta}_2, \cdots, \boldsymbol{\beta}_s \rangle.
\end{aligned}$$

□

8.6.2　维数公式

设在三维几何空间中 V_1 表示由原点出发的 xOy 平面上的向量全体构成的子空间, V_2 表示由原点出发的 xOz 平面上的向量全体构成的子空间, 易见 $\dim V_1 = \dim V_2 = 2$, 又不难看出 $\dim(V_1 \cap V_2) = 1, \dim(V_1 + V_2) = 3$, 从而有

$$\dim V_1 + \dim V_2 = \dim(V_1 \cap V_2) + \dim(V_1 + V_2).$$

这个公式是否有一般性呢?

定理 8.11 (维数公式)　设 V_1, V_2 是数域 $\mathbb{F}$ 上线性空间 V 的两个有限维子空间, 那么 $V_1 \cap V_2$ 与 $V_1 + V_2$ 也是有限维的, 且如下公式成立:

$$\dim V_1 + \dim V_2 = \dim(V_1 + V_2) + \dim(V_1 \cap V_2).$$

证明　由 $V_1 \cap V_2 \subset V_1, V_1$ 是有限维可知 $V_1 \cap V_2$ 是有限维. 设 $\boldsymbol{\alpha}_1, \cdots, \boldsymbol{\alpha}_m$ 是 $V_1 \cap V_2$ 的一个基, 它可扩充为 V_1 的一个基 $\boldsymbol{\alpha}_1, \cdots, \boldsymbol{\alpha}_m, \boldsymbol{\beta}_1, \cdots, \boldsymbol{\beta}_t$; 同样又可扩充为 V_2 的一个基 $\boldsymbol{\alpha}_1, \cdots, \boldsymbol{\alpha}_m, \boldsymbol{\gamma}_1, \cdots, \boldsymbol{\gamma}_s$. 由 (8.5) 式知

$$\begin{aligned} V_1 + V_2 &= \langle \boldsymbol{\alpha}_1, \cdots, \boldsymbol{\alpha}_m, \boldsymbol{\beta}_1, \cdots, \boldsymbol{\beta}_t \rangle + \langle \boldsymbol{\alpha}_1, \cdots, \boldsymbol{\alpha}_m, \boldsymbol{\gamma}_1, \cdots, \boldsymbol{\gamma}_s \rangle \\ &= \langle \boldsymbol{\alpha}_1, \cdots, \boldsymbol{\alpha}_m, \boldsymbol{\beta}_1, \cdots, \boldsymbol{\beta}_t, \boldsymbol{\gamma}_1, \cdots, \boldsymbol{\gamma}_s \rangle, \end{aligned}$$

于是 $V_1 + V_2$ 也是有限维的. 如果能证 $\boldsymbol{\alpha}_1, \cdots, \boldsymbol{\alpha}_m, \boldsymbol{\beta}_1, \cdots, \boldsymbol{\beta}_t, \boldsymbol{\gamma}_1, \cdots, \boldsymbol{\gamma}_s$ 线性无关, 则它就是 $V_1 + V_2$ 的一个基, 从而有

$$\dim(V_1+V_2)=m+t+s=(m+t)+(m+s)-m=\dim V_1+\dim V_2-\dim(V_1 \cap V_2),$$

则维数公式得证. 事实上, 若有等式

$$k_1\boldsymbol{\alpha}_1 + \cdots + k_m\boldsymbol{\alpha}_m + l_1\boldsymbol{\beta}_1 + \cdots + l_t\boldsymbol{\beta}_t + p_1\boldsymbol{\gamma}_1 + \cdots + p_s\boldsymbol{\gamma}_s = \mathbf{0}, \tag{8.6}$$

则

$$\boldsymbol{\delta} = k_1\boldsymbol{\alpha}_1 + \cdots + k_m\boldsymbol{\alpha}_m + l_1\boldsymbol{\beta}_1 + \cdots + l_t\boldsymbol{\beta}_t = -p_1\boldsymbol{\gamma}_1 - \cdots - p_s\boldsymbol{\gamma}_s, \tag{8.7}$$

看等号两边表达式可知 $\boldsymbol{\delta} \in V_1 \cap V_2$, 从而

$$-p_1\boldsymbol{\gamma}_1 - \cdots - p_s\boldsymbol{\gamma}_s = q_1\boldsymbol{\alpha}_1 + \cdots + q_m\boldsymbol{\alpha}_m,$$

进一步得

$$q_1\boldsymbol{\alpha}_1 + \cdots + q_m\boldsymbol{\alpha}_m + p_1\boldsymbol{\gamma}_1 + \cdots + p_s\boldsymbol{\gamma}_s = \mathbf{0}.$$

由 $\boldsymbol{\alpha}_1,\cdots,\boldsymbol{\alpha}_m,\boldsymbol{\gamma}_1,\cdots,\boldsymbol{\gamma}_s$ 线性无关推出

$$q_1=\cdots=q_m=p_1=\cdots=p_s=0, \tag{8.8}$$

这意味着 $\boldsymbol{\delta}=\mathbf{0}$, 再由 (8.7) 及 $\boldsymbol{\alpha}_1,\cdots,\boldsymbol{\alpha}_m,\boldsymbol{\beta}_1,\cdots,\boldsymbol{\beta}_t$ 线性无关推出

$$k_1=\cdots=k_m=l_1=\cdots=l_t=0, \tag{8.9}$$

由 (8.6), (8.8) 和 (8.9) 知 $\boldsymbol{\alpha}_1,\cdots,\boldsymbol{\alpha}_m,\boldsymbol{\beta}_1,\cdots,\boldsymbol{\beta}_t,\boldsymbol{\gamma}_1,\cdots,\boldsymbol{\gamma}_s$ 线性无关. □

例 8.23 设 $V=\mathbb{F}^4, V_1=\langle\boldsymbol{\alpha}_1,\boldsymbol{\alpha}_2\rangle, V_2=\langle\boldsymbol{\beta}_1,\boldsymbol{\beta}_2\rangle$, 其中

$$\boldsymbol{\alpha}_1=(1,-1,0,1),\quad \boldsymbol{\alpha}_2=(-2,3,1,-3),\quad \boldsymbol{\beta}_1=(1,2,0,-2),\quad \boldsymbol{\beta}_2=(1,3,1,-3).$$

求 $V_1\cap V_2$ 和 V_1+V_2 的基及维数.

解 $V_1+V_2=\langle\boldsymbol{\alpha}_1,\boldsymbol{\alpha}_2\rangle+\langle\boldsymbol{\beta}_1,\boldsymbol{\beta}_2\rangle=\langle\boldsymbol{\alpha}_1,\boldsymbol{\alpha}_2,\boldsymbol{\beta}_1,\boldsymbol{\beta}_2\rangle$, 求 $\dim(V_1+V_2)$ 就是要求 $\{\boldsymbol{\alpha}_1,\boldsymbol{\alpha}_2,\boldsymbol{\beta}_1,\boldsymbol{\beta}_2\}$ 的一个极大无关组. 用行初等变换化阶梯形的方法得

$$\begin{pmatrix}1&-2&1&1\\-1&3&2&3\\0&1&0&1\\1&-3&-2&-3\end{pmatrix}\to\begin{pmatrix}1&-2&1&1\\0&1&3&4\\0&0&-3&-3\\0&0&0&0\end{pmatrix}\to\begin{pmatrix}1&0&0&2\\0&1&0&1\\0&0&1&1\\0&0&0&0\end{pmatrix},$$

由此易见 $\dim V_1=2,\dim V_2=2, V_1+V_2=\langle\boldsymbol{\alpha}_1,\boldsymbol{\alpha}_2,\boldsymbol{\beta}_1\rangle$, 即 $\dim(V_1+V_2)=3$, 且 $\boldsymbol{\alpha}_1,\boldsymbol{\alpha}_2,\boldsymbol{\beta}_1$ 为 V_1+V_2 的一个基. 由维数公式得 $\dim(V_1\cap V_2)=2+2-3=1$. 由阶梯形可知 $\boldsymbol{\beta}_2=2\boldsymbol{\alpha}_1+\boldsymbol{\alpha}_2+\boldsymbol{\beta}_1$, 于是 $2\boldsymbol{\alpha}_1+\boldsymbol{\alpha}_2=\boldsymbol{\beta}_2-\boldsymbol{\beta}_1$, 这意味着 $\boldsymbol{\beta}_2-\boldsymbol{\beta}_1=(0,1,1,-1)$ 是 $V_1\cap V_2$ 的一个基. □

8.6.3 子空间的直和

考虑维数公式的特殊情况

$$\dim(V_1+V_2)=\dim V_1+\dim V_2\Leftrightarrow V_1\cap V_2=0,$$

我们给出如下的概念.

定义 8.7 设 V_1,V_2 为数域 $\mathbb{F}$ 上线性空间 V 的子空间, 如果 $V_1\cap V_2=0$, 则称和 V_1+V_2 为**直和**, 记作 $V_1\oplus V_2$.

例 8.24 设 $V_1=\{(a,0,0)|a\in\mathbb{F}\}, V_2=\{(0,b,c)|b,c\in\mathbb{F}\}$, 容易验证 V_1+V_2 是直和.

定理 8.12 设 V_1,V_2 是数域 $\mathbb{F}$ 上线性空间 V 的子空间, 则下列叙述是等价的:

(1) 和 V_1+V_2 是直和;

(2) V_1+V_2 中任意向量 $\boldsymbol{\alpha}$ 可唯一地表示为 $\boldsymbol{\alpha}=\boldsymbol{\alpha}_1+\boldsymbol{\alpha}_2, \boldsymbol{\alpha}_1\in V_1, \boldsymbol{\alpha}_2\in V_2$;

(3) V_1+V_2 中零向量的表法唯一, 即如果 $\boldsymbol{\alpha}_1+\boldsymbol{\alpha}_2=\mathbf{0}, \boldsymbol{\alpha}_1\in V_1, \boldsymbol{\alpha}_2\in V_2$, 则必有 $\boldsymbol{\alpha}_1=\boldsymbol{\alpha}_2=\mathbf{0}$.

证明　(1) $\Rightarrow$ (2)　设 $\boldsymbol{\alpha}=\boldsymbol{\alpha}_1+\boldsymbol{\alpha}_2=\boldsymbol{\beta}_1+\boldsymbol{\beta}_2$, 其中 $\boldsymbol{\alpha}_1,\boldsymbol{\beta}_1\in V_1, \boldsymbol{\alpha}_2,\boldsymbol{\beta}_2\in V_2$. 于是得 $\boldsymbol{\alpha}_1-\boldsymbol{\beta}_1=\boldsymbol{\beta}_2-\boldsymbol{\alpha}_2$, 显然左端为 V_1 中向量, 右端为 V_2 中向量, 故 $\boldsymbol{\alpha}_1-\boldsymbol{\beta}_1=\boldsymbol{\beta}_2-\boldsymbol{\alpha}_2\in V_1\cap V_2$. 由 (1) 知 $\boldsymbol{\alpha}_1-\boldsymbol{\beta}_1=\boldsymbol{\beta}_2-\boldsymbol{\alpha}_2=\mathbf{0}$, 于是 $\boldsymbol{\alpha}_1=\boldsymbol{\beta}_1, \boldsymbol{\alpha}_2=\boldsymbol{\beta}_2$, 即 $\boldsymbol{\alpha}$ 的表示法唯一.

(2) $\Rightarrow$ (3)　这是显然的.

(3) $\Rightarrow$ (1)　设 $\boldsymbol{\alpha}\in V_1\cap V_2$, 则 $-\boldsymbol{\alpha}\in V_1\cap V_2$, 于是 $\mathbf{0}=\boldsymbol{\alpha}+(-\boldsymbol{\alpha})$, 由零向量表示的唯一性得 $\boldsymbol{\alpha}=\mathbf{0}$, 即 $V_1\cap V_2=0$, 故 V_1+V_2 是直和. □

定理 8.13　设 V_1,V_2 是数域 $\mathbb{F}$ 上线性空间 V 的两个有限维子空间, 则下列陈述彼此等价:

(1) 和 V_1+V_2 是直和;

(2) $\dim(V_1+V_2)=\dim V_1+\dim V_2$;

(3) V_1 的一个基 $\boldsymbol{\alpha}_1,\boldsymbol{\alpha}_2,\cdots,\boldsymbol{\alpha}_s$ 与 V_2 的一个基 $\boldsymbol{\beta}_1,\boldsymbol{\beta}_2,\cdots,\boldsymbol{\beta}_t$ 合起来即 $\boldsymbol{\alpha}_1, \boldsymbol{\alpha}_2,\cdots,\boldsymbol{\alpha}_s,\boldsymbol{\beta}_1,\boldsymbol{\beta}_2,\cdots,\boldsymbol{\beta}_t$ 是 V_1+V_2 的一个基.

证明　(1) $\Leftrightarrow$ (2)　由维数公式是显然的.

(3) $\Rightarrow$ (2)　也是明显成立的.

(2) $\Rightarrow$ (3)　设 $\boldsymbol{\alpha}_1,\boldsymbol{\alpha}_2,\cdots,\boldsymbol{\alpha}_s$ 是 V_1 的一个基, $\boldsymbol{\beta}_1,\boldsymbol{\beta}_2,\cdots,\boldsymbol{\beta}_t$ 是 V_2 的一个基, 则

$$V_1+V_2=\langle\boldsymbol{\alpha}_1,\boldsymbol{\alpha}_2,\cdots,\boldsymbol{\alpha}_s\rangle+\langle\boldsymbol{\beta}_1,\boldsymbol{\beta}_2,\cdots,\boldsymbol{\beta}_t\rangle=\langle\boldsymbol{\alpha}_1,\boldsymbol{\alpha}_2,\cdots,\boldsymbol{\alpha}_s,\boldsymbol{\beta}_1,\boldsymbol{\beta}_2,\cdots,\boldsymbol{\beta}_t\rangle,$$

由于 $\dim(V_1+V_2)=\dim V_1+\dim V_2$, 所以 $\boldsymbol{\alpha}_1,\boldsymbol{\alpha}_2,\cdots,\boldsymbol{\alpha}_s,\boldsymbol{\beta}_1,\boldsymbol{\beta}_2,\cdots,\boldsymbol{\beta}_t$ 的秩等于 $s+t$, 从而知其线性无关, 因此是 V_1+V_2 的一个基. □

定义 8.8　设 U 是数域 $\mathbb{F}$ 上线性空间 V 的子空间, 如果存在 V 的子空间 W 使 $V=U\oplus W$, 则称 W 是 U 在 V 里的**补空间**.

定理 8.14　设 U 是数域 $\mathbb{F}$ 上有限维线性空间 V 的子空间, 则 U 在 V 里存在补空间.

证明　由于 V 是有限维的, 故 U 也是有限维的. 如果 $U=V$, 取 $W=0$, 否则取 U 之一个基 $\boldsymbol{\alpha}_1,\boldsymbol{\alpha}_2,\cdots,\boldsymbol{\alpha}_r$, 由定理 8.3 知它可扩充为 $\boldsymbol{\alpha}_1,\boldsymbol{\alpha}_2,\cdots,\boldsymbol{\alpha}_r,\boldsymbol{\alpha}_{r+1}, \boldsymbol{\alpha}_{r+2},\cdots,\boldsymbol{\alpha}_n$ 成 V 的基, 则

$$V=\langle\boldsymbol{\alpha}_1,\boldsymbol{\alpha}_2,\cdots,\boldsymbol{\alpha}_n\rangle=\langle\boldsymbol{\alpha}_1,\boldsymbol{\alpha}_2,\cdots,\boldsymbol{\alpha}_r\rangle+\langle\boldsymbol{\alpha}_{r+1},\boldsymbol{\alpha}_{r+2},\cdots,\boldsymbol{\alpha}_n\rangle=U+W,$$

其中 $W=\langle \boldsymbol{\alpha}_{r+1},\boldsymbol{\alpha}_{r+2},\cdots,\boldsymbol{\alpha}_n\rangle$. 由定理 8.13(3) 知 $V=U\oplus W$, 即 W 为 U 在 V 里存在补空间. □

例 8.25 设 $V=\mathbb{F}^{n\times n}$, V_1 是由 $\mathbb{F}$ 上 n 阶对称阵全体构成的子空间, V_2 是由 $\mathbb{F}$ 上 n 阶反对称阵全体构成的子空间, 证明 $V=V_1\oplus V_2$.

证明 对任意 $\boldsymbol{A}\in V$, $\boldsymbol{A}=\frac{1}{2}(\boldsymbol{A}+\boldsymbol{A}^{\mathrm{T}})+\frac{1}{2}(\boldsymbol{A}-\boldsymbol{A}^{\mathrm{T}})$. 容易验证 $\frac{1}{2}(\boldsymbol{A}+\boldsymbol{A}^{\mathrm{T}})\in V_1$, $\frac{1}{2}(\boldsymbol{A}-\boldsymbol{A}^{\mathrm{T}})\in V_2$, 故 $V\subset V_1+V_2$, 从而 $V=V_1+V_2$. 为证是直和只需证 $V_1\cap V_2=0$. 事实上设 $\boldsymbol{B}\in V_1\cap V_2$, 则 $\boldsymbol{B}=\boldsymbol{B}^{\mathrm{T}}$ 且 $\boldsymbol{B}=-\boldsymbol{B}^{\mathrm{T}}$, 从而可推出 $\boldsymbol{B}=\boldsymbol{O}$.

□

子空间的直和概念还可推广到多个子空间的情形.

定义 8.9 设 $V_1,V_2,\cdots,V_s$ 都是数域 $\mathbb{F}$ 上线性空间 V 的子空间, 如果和 $V_1+V_2+\cdots+V_s$ 中每个向量 $\boldsymbol{\alpha}$ 可唯一地表示成

$$\boldsymbol{\alpha}=\boldsymbol{\alpha}_1+\boldsymbol{\alpha}_2+\cdots+\boldsymbol{\alpha}_s,\quad \boldsymbol{\alpha}_i\in V_i,\ i=1,2,\cdots,s,$$

则这个和就称为直和, 记作 $V_1\oplus V_2\oplus\cdots\oplus V_s$ 或 $\bigoplus\limits_{i=1}^{s}V_i$.

定理 8.15 设 $V_1,V_2,\cdots,V_s$ 都是数域 $\mathbb{F}$ 上线性空间 V 的子空间, 则下列陈述彼此等价:

(1) 和 $V_1+V_2+\cdots+V_s$ 是直和;

(2) $V_1+V_2+\cdots+V_s$ 中零向量表法唯一;

(3) $V_i\cap\sum\limits_{j\neq i}V_j=0, i=1,2,\cdots,s$.

证明 (1) $\Rightarrow$ (2) 是显然的.

(2) $\Rightarrow$ (3) 任取 $\boldsymbol{\alpha}\in V_i\cap\sum\limits_{j\neq i}V_j$, 则 $-\boldsymbol{\alpha}\in V_i,\boldsymbol{\alpha}\in\sum\limits_{j\neq i}V_j$. 设 $\boldsymbol{\alpha}=\sum\limits_{j\neq i}\boldsymbol{\alpha}_j$, 其中 $\boldsymbol{\alpha}_j\in V_j$, 则

$$\mathbf{0}=-\boldsymbol{\alpha}+\boldsymbol{\alpha}=(-\boldsymbol{\alpha})+\sum_{j\neq i}\boldsymbol{\alpha}_j,$$

由 (2) 得 $-\boldsymbol{\alpha}=\mathbf{0}$, 从而 $\boldsymbol{\alpha}=\mathbf{0}$, 于是 $V_i\cap\sum\limits_{j\neq i}V_j=0$.

(3) $\Rightarrow$ (1) 任取 $\boldsymbol{\alpha}\in\sum\limits_{i=1}^{s}V_i$, 设

$$\boldsymbol{\alpha}=\boldsymbol{\alpha}_1+\boldsymbol{\alpha}_2+\cdots+\boldsymbol{\alpha}_s,\quad \boldsymbol{\alpha}_i\in V_i,\ i=1,2,\cdots,s,$$

$$\boldsymbol{\alpha}=\boldsymbol{\beta}_1+\boldsymbol{\beta}_2+\cdots+\boldsymbol{\beta}_s,\quad \boldsymbol{\beta}_i\in V_i,\ i=1,2,\cdots,s.$$

任取 $i\in\{1,2,\cdots,s\}$, 从上两式可得

$$\boldsymbol{\beta}_i-\boldsymbol{\alpha}_i=\sum_{j\neq i}(\boldsymbol{\alpha}_j-\boldsymbol{\beta}_j)\in V_i\cap\sum_{j\neq i}V_j=0,$$

故 $\boldsymbol{\beta}_i-\boldsymbol{\alpha}_i=\mathbf{0}$, 即 $\boldsymbol{\beta}_i=\boldsymbol{\alpha}_i, i=1,2,\cdots,s$. □

上面的定理说明定义 8.9 和定义 8.7 是统一的.

定理 8.16 设 $V_1,V_2,\cdots,V_s$ 是数域 $\mathbb{F}$ 上线性空间 V 的有限维子空间, 则下列陈述彼此等价:

(1) 和 $\sum\limits_{i=1}^{s}V_i$ 是直和;

(2) $\dim\left(\sum\limits_{i=1}^{s}V_i\right)=\sum\limits_{i=1}^{s}\dim V_i$;

(3) 诸 V_i 的基 (当 $i=1,2,\cdots,s$ 时) 合起来是 $\sum\limits_{i=1}^{s}V_i$ 的一个基.

证明 (1) ⇒ (2) 对 s 归纳. 当 $s=2$ 时, 由定理 8.13 知结论成立. 假设结论对 $s-1(s\geqslant 3)$ 个子空间成立, 下面考察 s 个子空间的情形. 由于 $\sum\limits_{i=1}^{s}V_i$ 是直和, 故由定理 8.15 知 $V_s\cap\sum\limits_{i=1}^{s-1}V_j=0$. 于是由维数公式得

$$\begin{aligned}\dim\left(\sum_{i=1}^{s}V_i\right)&=\dim\left(V_s+\sum_{i=1}^{s-1}V_i\right)\\&=\dim V_s+\dim\left(\sum_{i=1}^{s-1}V_i\right)-\dim\left(V_s\cap\sum_{i=1}^{s-1}V_i\right)\\&=\dim V_s+\dim\left(\sum_{i=1}^{s-1}V_i\right).\end{aligned}$$

又 $\sum\limits_{i=1}^{s}V_i$ 是直和, 再由定理 8.15, 利用零向量分解的唯一性, 易见 $\sum\limits_{i=1}^{s-1}V_i$ 是直和. 由归纳假设可得 $\dim\left(\sum\limits_{i=1}^{s-1}V_i\right)=\sum\limits_{i=1}^{s-1}\dim V_i$. 因此, $\dim\left(\sum\limits_{i=1}^{s}V_i\right)=\sum\limits_{i=1}^{s}\dim V_i$.

(2) ⇒ (3) 类似于定理 8.13 证明中的 (2) ⇒ (3) .

(3) ⇒ (1) 设 $\mathbf{0}=\boldsymbol{\alpha}_1+\boldsymbol{\alpha}_2+\cdots+\boldsymbol{\alpha}_s, \boldsymbol{\alpha}_i\in V_i\ (i=1,2,\cdots,s)$, 每个 $\boldsymbol{\alpha}_i$ 均可由 V_i 的基线性表出, 由 (3) 知 $\mathbf{0}$ 的所有表出系数均为 0, 从而 $\boldsymbol{\alpha}_1=\mathbf{0},\boldsymbol{\alpha}_2=\mathbf{0},\cdots,\boldsymbol{\alpha}_s=\mathbf{0}$. 因此 $V_1+V_2+\cdots+V_s$ 是直和. □

练 习 8.6

8.6.1 设 $V=\mathbb{F}^4, V_1=\langle\boldsymbol{\alpha}_1,\boldsymbol{\alpha}_2,\boldsymbol{\alpha}_3\rangle, V_2=\langle\boldsymbol{\beta}_1,\boldsymbol{\beta}_2\rangle$, 其中 $\boldsymbol{\alpha}_1=(1,2,1,0),\boldsymbol{\alpha}_2=(-1,1,1,1),\boldsymbol{\alpha}_3=(0,3,2,1),\boldsymbol{\beta}_1=(2,-1,0,1),\boldsymbol{\beta}_2=(1,-1,3,7)$. 求 $V_1+V_2, V_1\cap V_2$ 的维数和基.

8.6.2 n 维线性空间 $(n\geqslant 2)$ 中两个 $n-1$ 维子空间的交的最大和最小维数是多少?

8.6.3 V_1 和 V_2 分别是方程组 $x_1+x_2+\cdots+x_n=0$ 与 $x_1=x_2=\cdots=x_n$ 的解空间, 证明 $\mathbb{F}^n=V_1\oplus V_2$.

8.6.4 如果 $V=V_1\oplus V_2, V_1=V_3\oplus V_4$, 证明: $V=V_2\oplus V_3\oplus V_4$.

8.6.5 设 $V_1,V_2,\cdots,V_s$ 是数域 $\mathbb{F}$ 上线性空间 V 的子空间, $s\geqslant 2$, 证明: $\sum\limits_{i=1}^{s}V_i$ 是直和的充要条件是 $V_i\cap\sum\limits_{j=1}^{i-1}V_j=0, i=2,3,\cdots,s$.

8.7 线性空间的同构

8.7.1 映射、可逆映射

定义 8.10 设 M_1 和 M_2 是两个非空集合. 如果存在某个对应关系, 记为 σ, 使得对 M_1 中的任意一个元素 x, 在 M_2 中必存在唯一的一个元素 y 与 x 相对应, 则称 σ 为 M_1 到 M_2 的**映射**, 记为 $\sigma(x)=y$, 称 y 为 x 在 σ 下的**像**, x 为 y 的一个**原像**. 集合 M 到 M 自身的映射有时也称 M 到自身的**变换**. 设 σ,τ 是 M_1 到 M_2 的两个映射, 如果对 M_1 的每个元素 x 都有 $\sigma(x)=\tau(x)$, 则称 σ 和 τ **相等**, 记作 $\sigma=\tau$.

例 8.26 设 $\mathbb{F}$ 是一个数域, $\sigma(\boldsymbol{A})=\det\boldsymbol{A}$ 是 $\mathbb{F}^{n\times n}$ 到 $\mathbb{F}$ 的一个映射.

例 8.27 设 $\mathbb{Z}$ 是所有整数的集合, $\sigma(n)=2n$ 是 $\mathbb{Z}$ 到偶数集 $2\mathbb{Z}$ 的一个映射.

例 8.28 设 S 是线性空间 V 的所有有限维子空间构成的集合, $\mathbb{N}$ 是自然数集, 则 $\sigma(W)=\dim W, W\in S$ 是 S 到 $\mathbb{N}$ 的一个映射.

例 8.29 $\sigma(f(x))=f'(x)$ 是 $\mathbb{F}[x]$ 到 $\mathbb{F}[x]$ 自身的一个映射.

例 8.30 $\sigma(f(x))=f'(x)$ 是 $\mathbb{F}[x]_n$ 到 $\mathbb{F}[x]$ 的一个映射.

例 8.31 $\sigma(a)=a\boldsymbol{I}_3$ 是 $\mathbb{F}$ 到 $\mathbb{F}^{3\times 3}$ 的一个映射.

例 8.32 $\sigma(a)=a$ 是集合 M 到自身的一个映射 (称之为恒等映射), 常记为 $\mathbf{1}_M$.

例 8.33 设 $\boldsymbol{\alpha}\in\mathbb{F}^n$, $\boldsymbol{A_\alpha}\in\mathbb{F}^{n\times n}$, 且 $\boldsymbol{A_\alpha}$ 的各列均为 $\boldsymbol{\alpha}$, 则 $\sigma(\boldsymbol{\alpha})=\boldsymbol{A_\alpha}$ 是 $\mathbb{F}^n$ 到 $\mathbb{F}^{n\times n}$ 的一个映射.

例 8.34 设 V 是数域 $\mathbb{F}$ 上任意 n 维线性空间, $\boldsymbol{\varepsilon}_1,\boldsymbol{\varepsilon}_2,\cdots,\boldsymbol{\varepsilon}_n$ 是 V 的一个基, 任取 $\boldsymbol{x}\in V$ 且 $\boldsymbol{x}=x_1\boldsymbol{\varepsilon}_1+x_2\boldsymbol{\varepsilon}_2+\cdots+x_n\boldsymbol{\varepsilon}_n$, 则 $\sigma(\boldsymbol{x})=\begin{pmatrix}x_1\\x_2\\\vdots\\x_n\end{pmatrix}$ 是 V 到 $\mathbb{F}^n$ 的一个映射.

定义 8.11 设 σ 是 M_1 到 M_2 的一个映射. 记 $\sigma(M_1)=\{\sigma(x)|x\in M_1\}$. 如果 $\sigma(M_1)=M_2$, 即 M_2 中的任意元素在 M_1 中都有原像, 则称 σ 为 M_1 到 M_2 的**满射**. 如果 M_1 中任意两个不同元素, 在 M_2 中的像也不同, 即当 $\sigma(x_1)=\sigma(x_2)$ 时必有 $x_1=x_2$, 则称 σ 为 M_1 到 M_2 的**单射**. 如果 σ 既是单射, 又是满射, 则称 σ 为

M_1 到 M_2 的**双射**.

不难验证上述例子中例 8.26、例 8.27、例 8.29、例 8.32、例 8.34 都是满射; 例 8.27、例 8.31—例 8.34 都是单射; 例 8.27、例 8.32、例 8.34 都是双射. 而例 8.30 既不是单射, 也不是满射; 例 8.28 在 V 为无限维时是满射.

定义 8.12　设 σ 是 M_1 到 M_2 的映射, τ 是 M_2 到 M_3 的映射, 则 $\rho(x)=\tau(\sigma(x))$ 是 M_1 到 M_3 的一个映射, 称为 σ 与 τ 的合成 (乘积), 记为 $\tau\sigma$.

容易看出映射的合成是复合函数概念的推广. 不难验证映射的合成适合结合律, 但不适合交换律.

定义 8.13　设 σ 为 M_1 到 M_2 的映射, 如果存在 M_2 到 M_1 的映射 τ 使得

$$\tau\sigma=\mathbf{1}_{M_1},\quad \sigma\tau=\mathbf{1}_{M_2},$$

则称 σ 为**可逆映射**, 且称 τ 为 σ 之**逆映射**.

命题 8.4　设 σ 为 M_1 到 M_2 的可逆映射, 则 σ 的逆映射是唯一的, 记为 σ^{-1}.

证明　设 τ_1 及 τ_2 都是 σ 的逆映射, 则有 $\tau_1\sigma=\mathbf{1}_{M_1},\sigma\tau_2=\mathbf{1}_{M_2}$, 于是有

$$\tau_1=\tau_1\mathbf{1}_{M_2}=\tau_1\cdot\sigma\tau_2=\tau_1\sigma\cdot\tau_2=\mathbf{1}_{M_1}\tau_2=\tau_2.$$ □

命题 8.5　σ 为 M_1 到 M_2 的可逆映射当且仅当 σ 为 M_1 到 M_2 的双射.

证明　必要性. 由 σ 为可逆映射知有 $\tau: M_2\to M_1$ 使 $\sigma\tau=\mathbf{1}_{M_2}$. 于是对任意 $y\in M_2$ 有 $\sigma(\tau(y))=y$, 即 y 有原像 $\tau(y)\in M_1$, 从而 σ 为满射. 又由 $\tau\sigma=\mathbf{1}_{M_1}$ 知 $\tau\sigma(a)=a,\tau\sigma(b)=b$. 若 $\sigma(a)=\sigma(b)$, 显然有 $a=\tau\sigma(a)=\tau\sigma(b)=b$, 即 σ 为单射.

充分性. 设 σ 为 M_1 到 M_2 的双射, 于是 σ 为单射和满射. 由 σ 为满射知, 对任意 $b\in M_2$ 有原像 a, 即 $\sigma(a)=b$. 令 $\tau(b)=a$, 由 σ 为单射知, 原像 a 唯一, 故 τ 为映射. 于是 $\sigma\tau(b)=\sigma(a)=b$, 即 $\sigma\tau=\mathbf{1}_{M_2}$, 又 $\tau\sigma(a)=\tau(b)=a$, 故 $\tau\sigma=\mathbf{1}_{M_1}$, 即 σ 为可逆映射. □

容易验证例 8.27 中 σ 的逆映射为 $\tau: 2n\mapsto n$; 例 8.32 中 σ 的逆映射为 $\tau: a\mapsto a$; 而在例 8.34 中 σ 的逆映射为 $\tau:\begin{pmatrix}x_1\\x_2\\\vdots\\x_n\end{pmatrix}\mapsto x_1\boldsymbol{\varepsilon}_1+x_2\boldsymbol{\varepsilon}_2+\cdots+x_n\boldsymbol{\varepsilon}_n$.

8.7.2　线性空间的同构

在前面的学习中我们已经看到了数域 $\mathbb{F}$ 上许多具体的线性空间, 自然会想到一个问题: 这些线性空间中, 哪些从本质上说是一样的? 尽管有些空间的元素不同, 加法和数乘定义也可能不同, 但是它们的元素之间存在一一对应, 并且对应的元素

关于这两种运算的性质完全一样，即从代数运算的观点来看他们有完全相同的结构，我们用“同构”一词来表示某些线性空间之间这种本质一样的关系.

定义 8.14 设 V 和 W 都是数域 $\mathbb{F}$ 上的线性空间，如果存在 V 到 W 的一个双射 σ，并且 σ 保持加法与数乘两种运算，即

(i) $\sigma(\boldsymbol{\alpha}+\boldsymbol{\beta})=\sigma(\boldsymbol{\alpha})+\sigma(\boldsymbol{\beta}),\ \forall\boldsymbol{\alpha},\boldsymbol{\beta}\in V$;

(ii) $\sigma(\lambda\boldsymbol{\alpha})=\lambda\sigma(\boldsymbol{\alpha}),\ \forall\lambda\in\mathbb{F},\boldsymbol{\alpha}\in V$,

则称 V 与 W 是**同构**的，记作 $V\cong W$. 这样的映射 σ 称为 V 到 W 的一个**同构映射**.

按此定义检验，例 8.34 中的双射 σ，其实是任意 n 维空间与 $\mathbb{F}^n$ 之间的一个同构映射. 事实上，设 $\boldsymbol{x}=x_1\boldsymbol{\varepsilon}_1+x_2\boldsymbol{\varepsilon}_2+\cdots+x_n\boldsymbol{\varepsilon}_n,\boldsymbol{y}=y_1\boldsymbol{\varepsilon}_1+y_2\boldsymbol{\varepsilon}_2+\cdots+y_n\boldsymbol{\varepsilon}_n,\lambda\in\mathbb{F}$，则有

$$\begin{aligned}\sigma(\boldsymbol{x}+\boldsymbol{y})&=\sigma((x_1+y_1)\boldsymbol{\varepsilon}_1+(x_2+y_2)\boldsymbol{\varepsilon}_2+\cdots+(x_n+y_n)\boldsymbol{\varepsilon}_n)\\&=\begin{pmatrix}x_1+y_1\\x_2+y_2\\\vdots\\x_n+y_n\end{pmatrix}=\begin{pmatrix}x_1\\x_2\\\vdots\\x_n\end{pmatrix}+\begin{pmatrix}y_1\\y_2\\\vdots\\y_n\end{pmatrix}=\sigma(\boldsymbol{x})+\sigma(\boldsymbol{y}),\end{aligned}$$

$$\sigma(\lambda\boldsymbol{x})=\sigma(\lambda x_1\boldsymbol{\varepsilon}_1+\lambda x_2\boldsymbol{\varepsilon}_2+\cdots+\lambda x_n\boldsymbol{\varepsilon}_n)=\begin{pmatrix}\lambda x_1\\\lambda x_2\\\vdots\\\lambda x_n\end{pmatrix}=\lambda\sigma(\boldsymbol{x}).$$

这说明 $V\cong\mathbb{F}^n$，也就是说在同构意义下 $\mathbb{F}^n$ 是数域 $\mathbb{F}$ 上 n 维线性空间的一个本质一样的代表. 所以，前面花费大量篇幅研究 $\mathbb{F}^n$ 中的向量，其实是对所有 n 维线性空间中向量结果的一个展示.

下面看一下两个线性空间在同构映射下究竟保持哪些本质的性质. 设 $V\cong W$，其同构映射为 σ.

(1) $\sigma(\mathbf{0})$ 是 W 的零元素 (零的像还是零).

证明 由 $\sigma(\mathbf{0})=\sigma(\mathbf{0}+\mathbf{0})=\sigma(\mathbf{0})+\sigma(\mathbf{0})$ 知 $\sigma(\mathbf{0})=\mathbf{0}$. □

(2) $\sigma(-\boldsymbol{\alpha})=-\sigma(\boldsymbol{\alpha}),\ \forall\boldsymbol{\alpha}\in V$.

证明 由于 $\sigma(\boldsymbol{\alpha})+\sigma(-\boldsymbol{\alpha})=\sigma(\boldsymbol{\alpha}-\boldsymbol{\alpha})=\sigma(\mathbf{0})=\mathbf{0}$，所以结论得证 (注意前面等式中最后一个 $\mathbf{0}$ 实际上是 W 中的零元素). □

(3) σ 保持向量的线性组合，即对任意 $\boldsymbol{\alpha}_1,\boldsymbol{\alpha}_2,\cdots,\boldsymbol{\alpha}_s\in V,\lambda_1,\lambda_2,\cdots,\lambda_s\in\mathbb{F}$ 有

$$\sigma(\lambda_1\boldsymbol{\alpha}_1+\lambda_2\boldsymbol{\alpha}_2+\cdots+\lambda_s\boldsymbol{\alpha}_s)=\lambda_1\sigma(\boldsymbol{\alpha}_1)+\lambda_2\sigma(\boldsymbol{\alpha}_2)+\cdots+\lambda_s\sigma(\boldsymbol{\alpha}_s).$$

证明　这是定义 8.14 中 (i) 与 (ii) 的自然结果. □

(4) V 中向量组 $\boldsymbol{\alpha}_1,\boldsymbol{\alpha}_2,\cdots,\boldsymbol{\alpha}_s$ 线性相关当且仅当它们的像 $\sigma(\boldsymbol{\alpha}_1),\sigma(\boldsymbol{\alpha}_2),\cdots,\sigma(\boldsymbol{\alpha}_s)$ 线性相关.

证明　必要性. 由性质 (1) 和 (3) 立得. 又设存在不全为 0 的 $\mathbb{F}$ 中元素 $\lambda_1,\lambda_2,\cdots,\lambda_s$ 使 $\lambda_1\sigma(\boldsymbol{\alpha}_1)+\lambda_2\sigma(\boldsymbol{\alpha}_2)+\cdots+\lambda_s\sigma(\boldsymbol{\alpha}_s)=\sigma(\mathbf{0})$, 即 $\sigma(\lambda_1\boldsymbol{\alpha}_1+\lambda_2\boldsymbol{\alpha}_2+\cdots+\lambda_s\boldsymbol{\alpha}_s)=\sigma(\mathbf{0})$, 则由 σ 为双射知 $\lambda_1\boldsymbol{\alpha}_1+\lambda_2\boldsymbol{\alpha}_2+\cdots+\lambda_s\boldsymbol{\alpha}_s=\mathbf{0}$, 即 $\boldsymbol{\alpha}_1,\boldsymbol{\alpha}_2,\cdots,\boldsymbol{\alpha}_s$ 线性相关, 这证明了充分性. □

(5) $\dim V=n\Leftrightarrow\dim W=n$, 其中 n 为自然数.

证明　若 $\dim V=n$, 任取 V 的一个基 $\boldsymbol{\alpha}_1,\boldsymbol{\alpha}_2,\cdots,\boldsymbol{\alpha}_n$, 则 $\boldsymbol{\alpha}_1,\boldsymbol{\alpha}_2,\cdots,\boldsymbol{\alpha}_n$ 线性无关. 由 (4) 知 $\sigma(\boldsymbol{\alpha}_1),\sigma(\boldsymbol{\alpha}_2),\cdots,\sigma(\boldsymbol{\alpha}_n)$ 线性无关. 假设 W 中存在 $n+1$ 个线性无关的向量 $\sigma(\boldsymbol{\varepsilon}_1),\sigma(\boldsymbol{\varepsilon}_2),\cdots,\sigma(\boldsymbol{\varepsilon}_{n+1})$. 由 (4) 知 $\boldsymbol{\varepsilon}_1,\boldsymbol{\varepsilon}_2,\cdots,\boldsymbol{\varepsilon}_{n+1}$ 也线性无关, 这与 $\dim V=n$ 矛盾. 因此, $\dim W=n$.

类似可证 $\dim W=n\Rightarrow\dim V=n$. □

(6) $\boldsymbol{\alpha}_1,\boldsymbol{\alpha}_2,\cdots,\boldsymbol{\alpha}_n$ 是 V 的一个基当且仅当 $\sigma(\boldsymbol{\alpha}_1),\sigma(\boldsymbol{\alpha}_2),\cdots,\sigma(\boldsymbol{\alpha}_n)$ 是 W 的一个基.

证明　由性质 (4) 知 $\boldsymbol{\alpha}_1,\boldsymbol{\alpha}_2,\cdots,\boldsymbol{\alpha}_n$ 线性无关当且仅当 $\sigma(\boldsymbol{\alpha}_1),\sigma(\boldsymbol{\alpha}_2),\cdots,\sigma(\boldsymbol{\alpha}_n)$ 线性无关, 再考察 V 和 W 的维数, 结论易证. □

(7) 如果 V_1 是 V 的一个子空间, 则 $\sigma(V_1)=\{\sigma(\boldsymbol{\alpha})|\boldsymbol{\alpha}\in V_1\}$ 是 W 的子空间, 并且如果 V_1 是有限维的, 则 $\sigma(V_1)$ 也是有限维的, 且 V_1 与 $\sigma(V_1)$ 维数相同.

证明　易验证 $\sigma(V_1)$ 非空, 且对 W 的加法与数乘是封闭的, 故 $\sigma(V_1)$ 是 W 的子空间. 如果只考虑 σ 对 V_1 的向量的作用, 即 σ 限制到 V_1 上, 记为 $\sigma|_{V_1}$, 易证 $\sigma|_{V_1}$ 是 V_1 到 $\sigma(V_1)$ 的双射, $\sigma|_{V_1}$ 显然保持两种运算, 于是结论由性质 (5) 得出. □

命题 8.6　*同构映射的逆映射以及两个同构映射的乘积还是同构映射.*

证明　设 σ 为数域 $\mathbb{F}$ 上线性空间 V 到 W 的一个同构映射. 显然 σ^{-1} 是 W 到 V 的双射. 下面证 σ^{-1} 保持两种运算. 设 $\boldsymbol{\alpha}_1,\boldsymbol{\beta}_1$ 是 W 中任意两个向量, 并设 $\sigma^{-1}(\boldsymbol{\alpha}_1)=\boldsymbol{\alpha},\sigma^{-1}(\boldsymbol{\beta}_1)=\boldsymbol{\beta}$, 则 $\sigma(\boldsymbol{\alpha})=\boldsymbol{\alpha}_1,\sigma(\boldsymbol{\beta})=\boldsymbol{\beta}_1$. 于是

$$\begin{aligned}\sigma^{-1}(\boldsymbol{\alpha}_1+\boldsymbol{\beta}_1)&=\sigma^{-1}(\sigma(\boldsymbol{\alpha})+\sigma(\boldsymbol{\beta}))=\sigma^{-1}(\sigma(\boldsymbol{\alpha}+\boldsymbol{\beta}))=(\sigma^{-1}\sigma)(\boldsymbol{\alpha}+\boldsymbol{\beta})\\&=\mathbf{1}_V(\boldsymbol{\alpha}+\boldsymbol{\beta})=\boldsymbol{\alpha}+\boldsymbol{\beta}=\sigma^{-1}(\boldsymbol{\alpha}_1)+\sigma^{-1}(\boldsymbol{\beta}_1),\\\sigma^{-1}(\lambda\boldsymbol{\alpha}_1)&=\sigma^{-1}(\lambda\sigma(\boldsymbol{\alpha}))=\sigma^{-1}(\sigma(\lambda\boldsymbol{\alpha}))=(\sigma^{-1}\sigma)(\lambda\boldsymbol{\alpha})\\&=\lambda\boldsymbol{\alpha}=\lambda\sigma^{-1}(\boldsymbol{\alpha}_1),\quad\forall\lambda\in\mathbb{F},\end{aligned}$$

所以 σ^{-1} 是 W 到 V 的同构映射.

又设 σ,τ 分别是数域 $\mathbb{F}$ 上线性空间 V 到 W,W 到 U 的同构映射, 往证 $\tau\sigma$ 是

V 到 U 的一个同构映射. 显然 $\tau\sigma$ 是 V 到 U 的双射. 任取 $\boldsymbol{\alpha},\boldsymbol{\beta}\in V,\lambda\in\mathbb{F}$, 则有

$$(\tau\sigma)(\boldsymbol{\alpha}+\boldsymbol{\beta})=\tau(\sigma(\boldsymbol{\alpha}+\boldsymbol{\beta}))=\tau(\sigma(\boldsymbol{\alpha})+\sigma(\boldsymbol{\beta}))=(\tau\sigma)(\boldsymbol{\alpha})+(\tau\sigma)(\boldsymbol{\beta}),$$
$$(\tau\sigma)(\lambda\boldsymbol{\alpha})=\tau(\sigma(\lambda\boldsymbol{\alpha}))=\tau(\lambda\sigma(\boldsymbol{\alpha}))=\lambda(\tau\sigma)(\boldsymbol{\alpha}),$$

因此 $\tau\sigma$ 是 V 到 U 的同构映射. □

命题 8.6 说明同构具有传递性和对称性, 又恒等映射显然也是同构映射, 故同构也具有自反性. 前面我们已经知道任意 n 维空间均与 $\mathbb{F}^n$ 同构, 由传递性和对称性可得如下的定理.

定理 8.17 数域 $\mathbb{F}$ 上两个有限维线性空间同构的充要条件是它们有相同的维数.

证明 这是性质 (5) 和命题 8.6 的自然结果. □

例 8.35 设 $\boldsymbol{\alpha}_1,\boldsymbol{\alpha}_2,\cdots,\boldsymbol{\alpha}_n$ 是数域 $\mathbb{F}$ 上线性空间 V 的一个基, 设 $\boldsymbol{\beta}_1,\boldsymbol{\beta}_2,\cdots,\boldsymbol{\beta}_s$ 是 V 的一个向量组, 并且

$$(\boldsymbol{\beta}_1,\boldsymbol{\beta}_2,\cdots,\boldsymbol{\beta}_s)=(\boldsymbol{\alpha}_1,\boldsymbol{\alpha}_2,\cdots,\boldsymbol{\alpha}_n)\boldsymbol{A}, \tag{8.10}$$

其中 $\boldsymbol{A}\in\mathbb{F}^{n\times s}$. 证明 $\dim\langle\boldsymbol{\beta}_1,\boldsymbol{\beta}_2,\cdots,\boldsymbol{\beta}_s\rangle=$ 秩 $(\boldsymbol{A})$.

证明 用 σ 表示 V 到 $\mathbb{F}^n$ 的同构映射, 它把 $\boldsymbol{\alpha}\in V$ 映射到 $\boldsymbol{\alpha}$ 在基 $\boldsymbol{\alpha}_1,\boldsymbol{\alpha}_2,\cdots,\boldsymbol{\alpha}_n$ 下的坐标. 从 (8.10) 式知, $\boldsymbol{A}$ 的第 j 个列向量 $\boldsymbol{A}_j$ 是 $\boldsymbol{\beta}_j$ 在基 $\boldsymbol{\alpha}_1,\boldsymbol{\alpha}_2,\cdots,\boldsymbol{\alpha}_n$ 下的坐标, 因此 $\sigma(\boldsymbol{\beta}_j)=\boldsymbol{A}_j$, 由性质 (7) 得

$$\begin{aligned}&\dim\langle\boldsymbol{\beta}_1,\boldsymbol{\beta}_2,\cdots,\boldsymbol{\beta}_s\rangle=\dim\langle\sigma(\boldsymbol{\beta}_1),\sigma(\boldsymbol{\beta}_2),\cdots,\sigma(\boldsymbol{\beta}_s)\rangle\\=&\dim\langle\boldsymbol{A}_1,\boldsymbol{A}_2,\cdots,\boldsymbol{A}_s\rangle=\dim(\boldsymbol{A}_1,\boldsymbol{A}_2,\cdots,\boldsymbol{A}_s)=\text{秩 }(\boldsymbol{A}).\end{aligned}$$ □

练 习 8.7

8.7.1 证明: $\mathbb{F}^{m\times n}\cong\mathbb{F}^{mn}$; $\mathbb{F}[x]_n\cong\mathbb{F}^n$. 写出同构映射.

8.7.2 线性空间 V 中向量组 $\boldsymbol{\alpha}_1,\boldsymbol{\alpha}_2,\boldsymbol{\alpha}_3,\boldsymbol{\alpha}_4$ 线性无关, 求 $\langle\boldsymbol{\alpha}_1+\boldsymbol{\alpha}_2,\boldsymbol{\alpha}_2+\boldsymbol{\alpha}_3,\boldsymbol{\alpha}_3+\boldsymbol{\alpha}_4,\boldsymbol{\alpha}_4+\boldsymbol{\alpha}_1\rangle$ 及 $\langle\boldsymbol{\alpha}_1+\boldsymbol{\alpha}_2,\boldsymbol{\alpha}_2+\boldsymbol{\alpha}_3,\boldsymbol{\alpha}_3+\boldsymbol{\alpha}_4,\boldsymbol{\alpha}_4-\boldsymbol{\alpha}_1\rangle$ 的基和维数.

8.7.3 令

$$W=\left\{\begin{pmatrix}a&b\\-b&a\end{pmatrix}\middle|a,b\in\mathbb{R}\right\}.$$

(1) 证明: W 是 $\mathbb{R}^{2\times 2}$ 的子空间, 求 W 的一个基和维数;

(2) 证明: 复数域 $\mathbb{C}$ 作为实数域上线性空间与 W 同构, 写出一个同构映射.

8.8　问题与研讨

问题 8.1　设 V 为数域 $\mathbb{F}$ 上线性空间, $\boldsymbol{\alpha}_1,\boldsymbol{\alpha}_2,\cdots,\boldsymbol{\alpha}_n\in V$, 那么 $\boldsymbol{\alpha}_1,\boldsymbol{\alpha}_2,\cdots,\boldsymbol{\alpha}_n$ 为 V 的一个基的充要条件是什么? (尽量多写出一些)

问题 8.2　列出本章中与"线性空间是有限维"无关的基本概念和基本结论.

问题 8.3　设 W 是数域 $\mathbb{F}$ 上 n 维线性空间 V 的一个非平凡子空间, 那么在 V 中 W 有多少个补空间? 补空间唯一的充要条件是什么?

问题 8.4　(i) 设 $c_1,c_2,\cdots,c_n$ 是数域 $\mathbb{F}$ 中不同数, n 是固定的正整数, 又设

$$f_i(x)=(x-c_1)(x-c_2)\cdots(x-c_{i-1})(x-c_{i+1})\cdots(x-c_n),\quad i=2,3,\cdots,n-1,$$

那么 $f_1(x),f_2(x),\cdots,f_n(x)$ 是 $\mathbb{F}[x]_n$ 的一个基, 请证明;

(ii) 如果在 (i) 中 $c_1,c_2,\cdots,c_n$ 取所有 n 次单位根, $\mathbb{F}$ 取复数域, 求由基 $1,x,\cdots,x^{n-1}$ 到基 $f_1(x),f_2(x),\cdots,f_n(x)$ 的过渡阵;

(iii) 设 $f(x)\in\mathbb{F}[x]_n$, 求 $f(x)$ 在基 $f_1(x),f_2(x),\cdots,f_n(x)$ 下的坐标.

(iv) 设 $b_1,b_2,\cdots,b_k$ 是 $\mathbb{F}$ 中给定的 k 个不同数, k 是一个固定的正整数, n 也是固定的正整数. 令

$$W=\{f(x)\in\mathbb{F}[x]_n|f(b_1)=f(b_2)=\cdots=f(b_k)=0\},$$

证明 W 是 $\mathbb{F}[x]_n$ 的一个子空间, 并求 $\dim W$.

(v) 设 $b_1,b_2,\cdots,b_k$ 是 $\mathbb{F}$ 中 k 个不同数, k 为一固定的正整数, 令

$$W=\{f(x)\in\mathbb{F}[x]|f(b_1)=f(b_2)=\cdots=f(b_k)=0\},$$

则 $W\cong\mathbb{F}[x]$, 对吗?

问题 8.5　设 $\boldsymbol{A}$ 为 n 阶实对称阵, $S_{\boldsymbol{A}}=\{\boldsymbol{x}\in\mathbb{R}^n|\boldsymbol{x}^{\mathrm{T}}\boldsymbol{A}\boldsymbol{x}=\boldsymbol{0}\}$, $S_{\boldsymbol{A}}$ 是 $\mathbb{R}^n$ 的子空间的充要条件是什么? 当 $S_{\boldsymbol{A}}$ 为子空间时求 $\dim S_{\boldsymbol{A}}$.

问题 8.6　设 W_1 和 W_2 为数域 $\mathbb{F}$ 上线性空间 V 的两个有限维子空间, 那么条件 $\dim(W_1+W_2)=\dim(W_1\cap W_2)+1$ 意味着什么?

问题 8.7　设 $\boldsymbol{A}\in\mathbb{F}^{n\times n}$, $f(x),g(x)\in\mathbb{F}[x]$ 且 $(f(x),g(x))=1$. 又设 $N(f(\boldsymbol{A}))$, $N(g(\boldsymbol{A}))$ 和 $N(f(\boldsymbol{A})g(\boldsymbol{A}))$ 分别表示线性方程组 $f(\boldsymbol{A})\boldsymbol{y}=\boldsymbol{0}, g(\boldsymbol{A})\boldsymbol{y}=\boldsymbol{0}$ 和 $f(\boldsymbol{A})\cdot g(\boldsymbol{A})\boldsymbol{y}=\boldsymbol{0}$ 的解空间, 那么 $N(f(\boldsymbol{A})g(\boldsymbol{A}))=N(f(\boldsymbol{A}))\oplus N(g(\boldsymbol{A}))$, 对吗?

问题 8.8　设有理数域上多项式 $f_1(x)=(\lambda+1)+x+x^2+x^3$, $f_2(x)=1+(\lambda+2)x+x^2+x^3$, $f_3(x)=3-3x-3x^2+(\lambda-1)x^3$, $f_4(x)=\lambda^3+\lambda^2x-\lambda x^2+x^3$, 那么 $\langle f_1(x),f_2(x)\rangle+\langle f_3(x),f_4(x)\rangle$ 何时是直和?

问题 8.9 设 $V_1, V_2, \cdots, V_s$ 是数域 $\mathbb{F}$ 上 n 维 (n 正整数) 线性空间 V 的真子空间, 那么是否存在一个向量 $\boldsymbol{\alpha} \in V$ 但 $\boldsymbol{\alpha} \overline{\in} V_i, \forall i = 1, 2, \cdots, s$.

问题 8.10 求 $W = \left\{ f(x) \in \mathbb{C}[0,1] \middle| \int_0^1 f(x)\mathrm{d}x = 0 \right\}$ 在 $\mathbb{C}[0,1]$ 内的补空间.

总 习 题 8

A 类 题

8.1 $\mathbb{R}^R$ 的下列子集, 按原来的运算是否构成 $\mathbb{R}$ 上线性空间.

(1) $\{f \in \mathbb{R}^R | \lim\limits_{|x|\to\infty} f(x) = 0\}$;

(2) $\{f \in \mathbb{R}^R | \lim\limits_{|x|\to\infty} f(x) = 1\}$;

(3) $\{f \in \mathbb{R}^R | f$ 只有有限多个间断点$\}$.

8.2 $\mathbb{R}^\infty$ 的下列子集, 按原来的运算是否构成 $\mathbb{R}$ 上线性空间.

(1) 只有有限多个分量不为 0 的子集;

(2) 只有有限多个分量为 0 的子集;

(3) 没有分量等于 1 的子集;

(4) 满足 Cauchy 条件 (任给 $\varepsilon > 0, \exists N > 0$ 使得只要 $m, n > N$ 就有 $|a_m - a_n| < \varepsilon$) 的子集;

(5) 满足 Hilbert 条件 $\left(\sum\limits_{n=1}^{\infty} |a_n|^2 \text{ 收敛}\right)$ 的子集;

(6) 有界序列的子集.

8.3 设 V 为数域 $\mathbb{F}$ 上线性空间, 判断下列集合 W 是否构成 $\mathbb{F}$ 上线性空间.

(1) 设 $\boldsymbol{\alpha}_1, \boldsymbol{\alpha}_2, \cdots, \boldsymbol{\alpha}_r$ 为 V 中给定的 r 个向量,

$$W = \{\boldsymbol{\beta} \in V | \boldsymbol{\alpha}_1, \boldsymbol{\alpha}_2, \cdots, \boldsymbol{\alpha}_r, \boldsymbol{\beta} \text{ 线性相关}\};$$

(2) 设 $\boldsymbol{\alpha}_1, \boldsymbol{\alpha}_2, \cdots, \boldsymbol{\alpha}_r$ 为 V 中给定的 r 个向量, W 为 V 中不能由 $\boldsymbol{\alpha}_1, \boldsymbol{\alpha}_2, \cdots, \boldsymbol{\alpha}_r$ 线性表出的全体向量的集合;

(3) 设 $\boldsymbol{\alpha}_1, \boldsymbol{\alpha}_2, \cdots, \boldsymbol{\alpha}_r$ 为 V 中给定的 r 个向量,

$$W = \left\{ \begin{pmatrix} c_1 \\ c_2 \\ \vdots \\ c_r \end{pmatrix} \in \mathbb{F}^n \middle| c_1\boldsymbol{\alpha}_1 + c_2\boldsymbol{\alpha}_2 + \cdots + c_r\boldsymbol{\alpha}_r = \mathbf{0} \right\}.$$

8.4 证明: 满足 $x_n = x_{n-1} + x_{n-2}$ $(n \geqslant 3)$ 的实序列 $(x_1, x_2, \cdots, x_n, \cdots)$ 按通常的加法和数乘运算构成二维线性空间, 求一个由等比数列构成的基.

8.5　对 $\mathbb{R}^2$ 规定如下运算

$$(a_1,b_1)\oplus(a_2,b_2)=(a_1+a_2,b_1+b_2+a_1a_2),$$
$$k\circ(a_1,b_1)=\left(ka_1,kb_1+\frac{k(k-1)}{2}a_1^2\right)$$

是否构成 $\mathbb{R}$ 上的线性空间? 若是, 求出维数和基.

8.6　证明: 在 $\mathbb{R}^{\mathbb{R}}$ 中函数组 $x^{a_1},x^{a_2},\cdots,x^{a_n}$ 是线性无关的, 其中 $a_1,a_2,\cdots,a_n$ 是互不相同的实数.

8.7　证明: $\mathbb{R}^{\mathbb{R}}$ 中下列函数组线性无关.

(1) $\sin x,\sin 2x,\cdots,\sin nx$;

(2) $1,\cos x,\cos 2x,\cdots,\cos nx$;

(3) $1,\sin x,\sin^2 x,\cdots,\sin^n x$;

(4) $1,\cos x,\cos^2 x,\cdots,\cos^n x$;

(5) $\mathrm{e}^x\cos x,\mathrm{e}^x\sin x,\sin x$.

8.8　在数域 $\mathbb{F}$ 上线性空间 V 中 $\boldsymbol{\alpha}_1,\boldsymbol{\alpha}_2,\cdots,\boldsymbol{\alpha}_s$ 线性无关, 设

$$\boldsymbol{\beta}=b_1\boldsymbol{\alpha}_1+b_2\boldsymbol{\alpha}_2+\cdots+b_s\boldsymbol{\alpha}_s,$$

证明: 如果对于某个 $i(1\leqslant i\leqslant s)$, 有 $b_i\neq 0$, 则向量组 $\boldsymbol{\alpha}_1,\boldsymbol{\alpha}_2,\cdots,\boldsymbol{\alpha}_{i-1},\boldsymbol{\beta},\boldsymbol{\alpha}_{i+1},\cdots,\boldsymbol{\alpha}_s$ 也是线性无关组.

8.9　在 $\mathbb{F}[x]_n$ 中, 设 $\boldsymbol{g}_i(x)=\prod\limits_{j\neq i}(x-c_j)(c_i-c_j)^{-1},i=1,2,\cdots,n$, 其中 $c_1,c_2,\cdots,c_n$ 是 $\mathbb{F}$ 中互不相同的数, 试证 $\boldsymbol{g}_1(x),\boldsymbol{g}_2(x),\cdots,\boldsymbol{g}_n(x)$ 是 $\mathbb{F}[x]_n$ 的基, 并求任意 $f(x)\in\mathbb{F}[x]_n$ 在这个基下的坐标.

8.10　判断 $\mathbb{F}$ 上 n 元方程的解集是否构成 $\mathbb{F}^n$ 的子空间, 若是, 求出维数和一个基.

(1) $\sum\limits_{i=1}^{n}a_ix_i=1$;

(2) $x_3=2x_4,n\geqslant 4$.

8.11　证明数域 $\mathbb{F}$ 上与 $\boldsymbol{A}$ 交换的所有矩阵的集合 $C(\boldsymbol{A})$ 构成 $\mathbb{F}^{n\times n}$ 的一个子空间, 当

(1) $\boldsymbol{A}=2\boldsymbol{I}_n$;

(2) $\boldsymbol{A}=\mathrm{diag}(1,2,\cdots,n)$;

(3) 当 $\boldsymbol{A}=\begin{pmatrix}1&0&0\\0&1&0\\3&1&2\end{pmatrix}$ 时分别求 $C(\boldsymbol{A})$ 的维数和基.

8.12　设 W_1,W_2 是线性空间 V 的子空间. 证明如下三个叙述等价:

(1) $W_1\subseteq W_2$;　　(2) $W_1\cap W_2=W_1$;　　(3) $W_1+W_2=W_2$.

8.13　求由诸向量 $\boldsymbol{\alpha}_i$ 生成的子空间 W_1 与诸向量 $\boldsymbol{\beta}_i$ 生成的子空间 W_2 的交与和的基和维数.

(1) $\begin{cases}\boldsymbol{\alpha}_1=(1,3,1,-1),\\ \boldsymbol{\alpha}_2=(1,0,1,2),\end{cases}\quad\begin{cases}\boldsymbol{\beta}_1=(3,-1,-3,-5),\\ \boldsymbol{\beta}_2=(5,-2,-3,-4);\end{cases}$

(2) $\begin{cases}\boldsymbol{\alpha}_1=(1,0,1,0),\\ \boldsymbol{\alpha}_2=(1,1,0,1),\end{cases}$ $\begin{cases}\boldsymbol{\beta}_1=(0,1,0,1),\\ \boldsymbol{\beta}_2=(0,1,1,0);\end{cases}$

(3) $\begin{cases}\boldsymbol{\alpha}_1=(1,0,2,0),\\ \boldsymbol{\alpha}_2=(2,0,1,1),\\ \boldsymbol{\alpha}_3=(1,0,-1,1),\end{cases}$ $\begin{cases}\boldsymbol{\beta}_1=(3,3,1,-2),\\ \boldsymbol{\beta}_2=(1,3,0,-3).\end{cases}$

8.14 设 W,W_1,W_2 都是线性空间 V 的子空间, 且

$$W_1\subseteq W_2,\quad W\cap W_1=W\cap W_2,\quad W+W_1=W+W_2,$$

证明: $W_1=W_2$.

8.15. 设 $V=\mathbb{F}^4,\boldsymbol{\alpha}_1=\begin{pmatrix}1\\2\\1\\2\end{pmatrix},\boldsymbol{\alpha}_2=\begin{pmatrix}2\\1\\2\\1\end{pmatrix},W=\langle\boldsymbol{\alpha}_1,\boldsymbol{\alpha}_2\rangle$, 求子空间 W 在 V 中的一个补空间.

8.16 证明: 每一个 n 维线性空间都是 n 个一维子空间的直和 (n 为正整数).

8.17 设 V_1 及 W 是线性空间 V 的子空间, 且 $V_1\subset W$. 设 V_1 在 V 中的一个补空间是 V_2, 证明: $V_1\oplus(V_2\cap W)=W$.

8.18 设 V_1,V_2,W 都是线性空间 V 的子空间, 且 $W\subset V_1+V_2$, 那么 $W=(W\cap V_1)+(W\cap V_2)$ 是否总成立? 如果 $V_1\subset W$ 成立, 上式对否?

8.19 设 V 是 $\mathbb{F}^{n\times n}$ 中迹为零的阵的全体构成的集合 ($n\geqslant 2$), 证明 V 是 $\mathbb{F}^{n\times n}$ 的一个子空间. 试求出 V 在 $\mathbb{F}^{n\times n}$ 中的两个补空间.

8.20 证明: $\mathbb{F}^{n\times n}$ 可写成 n 阶反对称空间与 n 阶上三角矩阵空间的直和.

8.21 设 $\boldsymbol{A}\in\mathbb{F}^{n\times n}$ 且 $\boldsymbol{A}^2=\boldsymbol{A}$, 令

$$V_1=\{x\in\mathbb{F}^n|\boldsymbol{A}\boldsymbol{x}=\boldsymbol{0}\},\quad V_2=\{x\in\mathbb{F}^n|\boldsymbol{A}\boldsymbol{x}=\boldsymbol{x}\},$$

证明: $\mathbb{F}^n=V_1\oplus V_2$.

8.22 $\boldsymbol{A}=\begin{pmatrix}\boldsymbol{A}_1\\ \boldsymbol{A}_2\end{pmatrix}$ 为 $\mathbb{F}$ 上 n 阶可逆阵, 证明: $\mathbb{F}^n$ 是 $\boldsymbol{A}_1\boldsymbol{x}=\boldsymbol{0}$ 的解空间与 $\boldsymbol{A}_2\boldsymbol{x}=\boldsymbol{0}$ 解空间的直和.

B 类 题

8.23 设 $H=\left\{\begin{pmatrix}\boldsymbol{\alpha}&\boldsymbol{\beta}\\-\overline{\boldsymbol{\beta}}&\overline{\boldsymbol{\alpha}}\end{pmatrix}\middle|\boldsymbol{\alpha},\boldsymbol{\beta}\in\mathbb{C}\right\}$.

(1) 证明: H 对于矩阵的加法、实数与矩阵的乘法构成实数域上一个线性空间;

(2) 求 H 的一个基和维数;

(3) 证明: H 与 $\mathbb{R}^4$ 同构, 写出一个同构映射.

8.24 证明: 数域 $\mathbb{F}$ 上二元多项式空间 $\mathbb{F}[x,y]$ 中 m 次齐次多项式全体之集合, 再添上零多项式构成 $\mathbb{F}[x,y]$ 的子空间. 求出这个子空间的维数和一个基.

8.25 设 $X=\{a_1,a_2,\cdots,a_n\}$, 求 $\mathbb{F}^X$ 空间的一个基及维数, 并求任意函数 f 在这个基下的坐标.

8.26 在 $\mathbb{F}^{m\times n}$ 中令 $V_i=\{\boldsymbol{A}\boldsymbol{E}_{ii}|\boldsymbol{A}\in\mathbb{F}^{m\times n}\}, i=1,2,\cdots,n$, 证明: V_i 是 $\mathbb{F}^{m\times n}$ 的子空间, 并且 $\mathbb{F}^{m\times n}=V_1\oplus V_2\oplus\cdots\oplus V_n$.

8.27 求 $\mathbb{F}[x]_n$ 在 $\mathbb{F}[x]$ 中的补空间.

8.28 设 $\boldsymbol{A}\in\mathbb{R}^{m\times n}$, 称 $\{\boldsymbol{A}\boldsymbol{x}|\boldsymbol{x}\in\mathbb{R}^n\}$ 为 $\boldsymbol{A}$ 的列空间, 证明:

(1) $\boldsymbol{A}$ 的列空间是 $\mathbb{R}^m$ 的子空间;

(2) $\boldsymbol{A}$ 的列空间与 $\boldsymbol{A}\boldsymbol{A}^{\mathrm{T}}$ 的列空间相等.

8.29 设 V 是 n 维 $(\geqslant 2)$ 线性空间, $1\leqslant r<n$, 证明: V 有无穷多个 r 维子空间.

8.30 设 $\boldsymbol{\alpha}_1,\boldsymbol{\alpha}_2,\cdots,\boldsymbol{\alpha}_t$ 与 $\boldsymbol{\beta}_1,\boldsymbol{\beta}_2,\cdots,\boldsymbol{\beta}_s$ 为数域 $\mathbb{F}$ 上线性空间 V 的两组向量, 如果

$$(\boldsymbol{\beta}_1,\boldsymbol{\beta}_2,\cdots,\boldsymbol{\beta}_s)=(\boldsymbol{\alpha}_1,\boldsymbol{\alpha}_2,\cdots,\boldsymbol{\alpha}_t)\boldsymbol{A},$$

证明: $\dim\langle\boldsymbol{\beta}_1,\boldsymbol{\beta}_2,\cdots,\boldsymbol{\beta}_s\rangle\leqslant$ 秩 $\boldsymbol{A}$.

8.31 设 W 是 $\mathbb{F}^n$ 的 r 维子空间, $r\geqslant 1$. 证明: 存在 $\mathbb{F}$ 上矩阵 $\boldsymbol{A}$, 使 $\boldsymbol{A}\boldsymbol{x}=\boldsymbol{0}$ 的解空间恰为 W.

8.32 证明: n 维线性空间 V 的每个真子空间都是若干个 $n-1$ 维子空间的交.

8.33 设 $\boldsymbol{A}\in\mathbb{F}^{n\times n}, W=\{\boldsymbol{y}\in\mathbb{F}^n|\boldsymbol{x}^{\mathrm{T}}\boldsymbol{A}\boldsymbol{y}=\boldsymbol{0},\forall\boldsymbol{x}\in\mathbb{F}^n\}$, 证明: W 是 $\mathbb{F}^n$ 的子空间, 并求 $\dim W$.

8.34 设 V_1 和 V_2 是线性空间 V 的两个非平凡子空间, 证明: 在 V 中存在 $\boldsymbol{\alpha}$ 使 $\boldsymbol{\alpha}\overline{\in}V_1$ 且 $\boldsymbol{\alpha}\overline{\in}V_2$.

8.35 设 $f(x_1,x_2,\cdots,x_n)$ 是一个秩为 n 的实二次型, 证明: 有 $\mathbb{R}^n$ 的一个 $\dfrac{1}{2}(n-|s|)$ 维子空间 V_1 存在 (s 为符号差), 使对任意 $(x_1,x_2,\cdots,x_n)^{\mathrm{T}}\in V_1$ 有 $f(x_1,x_2,\cdots,x_n)=0$.

8.36 设 W 是 $\mathbb{F}^{n\times n}$ 中所有形如 $\boldsymbol{X}\boldsymbol{Y}-\boldsymbol{Y}\boldsymbol{X}$ 的矩阵生成的子空间, 求这个子空间的维数.

8.37 设 $\mathbb{F}^{n\times n}$ 中, $\boldsymbol{A},\boldsymbol{B},\boldsymbol{C},\boldsymbol{D}$ 两两交换且 $\boldsymbol{A}\boldsymbol{C}+\boldsymbol{B}\boldsymbol{D}=\boldsymbol{I}_n$, 证明: $\boldsymbol{A}\boldsymbol{B}\boldsymbol{x}=\boldsymbol{0}$ 的解空间 W 是 $\boldsymbol{A}\boldsymbol{x}=\boldsymbol{0}$ 的解空间 W_1 和 $\boldsymbol{B}\boldsymbol{x}=\boldsymbol{0}$ 解空间 W_2 的直和.

C 类 题

8.38 设 $\mathbb{F}[x]$ 中多项式 $f_1(x),f_2(x),\cdots,f_s(x)(s\geqslant 2)$ 的次数和小于 $\dfrac{s(s-1)}{2}$, 证明它们线性相关.

8.39 设 W 是 $\mathbb{F}^n$ 的一个子空间, 若 W 中任意非零向量的分量 0 的个数最多为 r, 证明: $\dim W\leqslant r+1$.

8.40 设 V 为数域 $\mathbb{F}$ 上 $n(\geqslant 1)$ 维线性空间, 任意给定自然数 $m\geqslant n$, 证明: V 中存在 m 个向量, 使得其中任意 n 个向量都线性无关.

8.41 求由 $\mathbb{F}[x_1,x_2,\cdots,x_n]$ 中 m 次齐次多项式添上零多项式组成的线性空间 W 的维数.

8.42 设 $W_1,W_2,\cdots,W_s$ 是 n 维线性空间 V 的真子空间, 证明: 存在 V 的一个基 $\boldsymbol{\alpha}_1,\boldsymbol{\alpha}_2,\cdots,\boldsymbol{\alpha}_n$ 使它们均不在 $W_1,W_2,\cdots,W_s$ 之中.

8.43 证明: 数域 $\mathbb{F}$ 上 n 维线性空间不能被可数个非平凡子空间覆盖.

8.44 设 V_1 和 V_2 是数域 $\mathbb{F}$ 上 n 维线性空间 V 的两个 m 维 $(0 < m < n)$ 子空间, 证明: V_1 和 V_2 在 V 中存在共同的补空间.

8.45 设 V 是实数域, $\mathbb{F}$ 是数域 $\{a + b\sqrt{2} | a, b \in \mathbb{Q}\}, V$ 中的加法即通常的加法, $\mathbb{F}$ 与 V 的数乘 $\odot$ 定义如下:

$$(a + b\sqrt{2}) \odot \alpha = (a + b)\alpha, \quad \text{右边是通常乘法}, \quad \forall a + b\sqrt{2} \in \mathbb{F},\ \alpha \in V.$$

那么 V 是否构成 $\mathbb{F}$ 上的线性空间. 这个结论说明什么问题?

8.46 线性空间定义的第 8 条不能由其他各条推出, 举例说明之.

8.47 设 $V_1, V_2, \cdots, V_t, \cdots$ 是有限维线性空间 V 的子空间, 且 $\bigcap\limits_{i=1}^{\infty} V_i = 0$, 证明: 存在 $V_{i_1}, \cdots, V_{i_s}$ 使 $\bigcap\limits_{j=1}^{s} V_{i_j} = 0$.

第 9 章　线性映射 · 线性变换

在线性代数理论中除了研究线性空间的内部构造之外, 另一个核心内容就是研究反映线性空间之间关系的映射, 其中保持线性运算 (加法和数乘之统称) 的映射尤为重要. 第 8 章谈到的线性空间的同构映射是一个特殊情况, 如果去掉双射的限制, 那么将是更一般的线性映射. 线性空间之间的线性映射在解析几何、数学分析、代数和诸多应用领域中都扮演着十分重要的角色, 发挥着最基础的作用. 本章重点研究线性映射的概念、运算、值域和核、矩阵表示、线性变换在不同基下矩阵的关系、不变子空间及线性变换的化简.

9.1　线性映射的概念

定义 9.1　设 V 和 W 是数域 $\mathbb{F}$ 上两个线性空间, V 到 W 的一个映射 σ 如果保持加法和数乘两种运算, 即

$$\boldsymbol{\sigma}(\boldsymbol{\sigma}+\boldsymbol{\beta})=\sigma(\boldsymbol{\alpha})+\sigma(\boldsymbol{\beta}), \quad \forall \boldsymbol{\alpha}, \boldsymbol{\beta} \in V,$$

$$\sigma(\lambda \boldsymbol{\alpha})=\lambda \sigma(\boldsymbol{\alpha}), \quad \forall \boldsymbol{\alpha} \in V, \lambda \in \mathbb{F}.$$

则称 σ 是 V 到 W 的**一个线性映射**. 如果 $V=W$, 则称 σ 为 V 的**一个线性变换**.

容易看出, 在例 8.29、例 8.31、例 8.33 和例 8.34 中 σ 是相应线性空间之间的线性映射. 而例 8.27、例 8.28 和例 8.32 根本不是线性空间之间的映射. 例 8.26 中 σ 虽然是线性空间 $\mathbb{F}^{n\times n}$ 到 $\mathbb{F}$ 的映射, 但 σ 不保持线性运算, 因此不是线性映射. 事实上 $\det(\boldsymbol{A}+\boldsymbol{B}) \neq \det\boldsymbol{A}+\det\boldsymbol{B}$ 对大量的 $\boldsymbol{A}$ 与 $\boldsymbol{B}$ 是成立的.

例 9.1　线性空间 V 到 W 的零映射, 即 $0(\boldsymbol{\alpha})=\mathbf{0}(\forall \boldsymbol{\alpha} \in V)$ 是线性映射

例 9.2　线性空间 V 到自身的恒等映射, 即 $\mathbf{1}_V(\boldsymbol{\alpha})=\boldsymbol{\alpha}, \forall \boldsymbol{\alpha} \in V$ 是线性变换.

例 9.3　设 $\boldsymbol{A} \in \mathbb{F}^{m\times n}, \sigma(\boldsymbol{\alpha})=\boldsymbol{A}\boldsymbol{\alpha}, \forall \boldsymbol{\alpha} \in \mathbb{F}^n$ 是 $\mathbb{F}^n$ 到 $\mathbb{F}^m$ 的一个线性映射.

例 9.4　用 $C^{(1)}(a,b)$ 表示区间 (a,b) 上一次可微函数全体组成的线性空间, 则求微商是 $C^{(1)}(a,b)$ 到 $\mathbb{R}^{(a,b)}$ 的一个线性映射, 用 D 表示, 即 $D(f(x))=f'(x)$.

例 9.5　$\sigma_\lambda(\boldsymbol{\alpha})=\lambda\boldsymbol{\alpha}(\lambda \in \mathbb{F})$ 是线性空间 V 到自身的线性变换, 称为数乘变换, 当 $\lambda=0$ 时即零变换.

例 9.6　设 σ 是三维几何空间 V 到经过原点的平面 π 上的正投影, 即 $\sigma(\boldsymbol{\beta})=\boldsymbol{\beta}-(\boldsymbol{\beta},\boldsymbol{\alpha}_0)\boldsymbol{\alpha}_0$, 其中 $\boldsymbol{\alpha}_0$ 是平面 π 的单位法向量. 易验证 σ 是线性空间 V 的一个线性变换.

例 9.7 设 $\boldsymbol{P} \in \mathbb{F}^{m\times n}, \boldsymbol{Q} \in \mathbb{F}^{s\times t}$ 是固定阵, 则 $\sigma(\boldsymbol{X}) = \boldsymbol{PXQ}, \forall \boldsymbol{X} \in \mathbb{F}^{n\times s}$ 是 $\mathbb{F}^{n\times s} \to \mathbb{F}^{m\times t}$ 的一个线性映射. 事实上, 对任意的 $\boldsymbol{X}, \boldsymbol{Y} \in \mathbb{F}^{n\times s}, \lambda, \mu \in \mathbb{F}$, 有

$$\sigma(\lambda\boldsymbol{X} + \mu\boldsymbol{Y}) = \boldsymbol{P}(\lambda\boldsymbol{X} + \mu\boldsymbol{Y})\boldsymbol{Q} = \lambda\boldsymbol{PXQ} + \mu\boldsymbol{PXQ} = \lambda\sigma(\boldsymbol{X}) + \mu\sigma(\boldsymbol{Y}).$$

例 9.8 $\sigma(f(x)) = \int_a^x f(t)\mathrm{d}t$ 是 $C[a,b]$ 的一个线性变换.

现在来看定义 9.1 中所定义的线性映射 σ 的一些基本性质:

(1) $\sigma(\mathbf{0}) = \mathbf{0}$;

(2) $\sigma(-\boldsymbol{\alpha}) = -\sigma(\boldsymbol{\alpha}), \forall \boldsymbol{\alpha} \in V$;

(3) $\sigma(\lambda_1\boldsymbol{\alpha}_1 + \lambda_2\boldsymbol{\alpha}_2 + \cdots + \lambda_s\boldsymbol{\alpha}_s) = \lambda_1\sigma(\boldsymbol{\alpha}_1) + \lambda_2\sigma(\boldsymbol{\alpha}_2) + \cdots + \lambda_s\sigma(\boldsymbol{\alpha}_s)$, 即保 σ 向量的线性组合;

(4) 若 $\boldsymbol{\alpha}_1, \boldsymbol{\alpha}_2, \cdots, \boldsymbol{\alpha}_s$ 线性相关, 则 $\sigma(\boldsymbol{\alpha}_1), \sigma(\boldsymbol{\alpha}_2), \cdots, \sigma(\boldsymbol{\alpha}_s)$ 线性相关;

(5) 若 $\sigma(\boldsymbol{\alpha}_1), \sigma(\boldsymbol{\alpha}_2), \cdots, \sigma(\boldsymbol{\alpha}_s)$ 线性无关, 则 $\boldsymbol{\alpha}_1, \boldsymbol{\alpha}_2, \cdots, \boldsymbol{\alpha}_s$ 线性无关.

(1)—(4) 的证明与 8.7 节同构映射的性质相同. 值得注意的是在那里, 由于 σ 是双射, 所以 (4) 是充要条件, 而现在只有必要性成立. (5) 其实是 (4) 的逆否命题.

现在要问: 一个线性映射由什么来确定呢? 按照映射来说, 显然映射 σ 由其全部像来确定. 但对线性映射来说, 如果 V 是有限维, 那么 V 到 W 的线性映射 σ 由其在一个基下的像来确定.

定理 9.1 设 V 和 W 是数域 $\mathbb{F}$ 上两个线性空间, 如果 $\boldsymbol{\alpha}_1, \boldsymbol{\alpha}_2, \cdots, \boldsymbol{\alpha}_n$ 是 V 的一个基, σ 和 τ 是 V 到 W 的两个线性映射, 则 $\sigma = \tau$ 当且仅当 $\sigma(\boldsymbol{\alpha}_1) = \tau(\boldsymbol{\alpha}_1), \sigma(\boldsymbol{\alpha}_2) = \tau(\boldsymbol{\alpha}_2), \cdots, \sigma(\boldsymbol{\alpha}_n) = \tau(\boldsymbol{\alpha}_n)$.

证明 必要性是显然的. 任取 $\boldsymbol{\alpha} = \lambda_1\boldsymbol{\alpha}_1 + \lambda_2\boldsymbol{\alpha}_2 + \cdots + \lambda_n\boldsymbol{\alpha}_n \in V$, 由 $\sigma\boldsymbol{\alpha}_i = \tau\boldsymbol{\alpha}_i (i = 1, 2, \cdots, n)$ 可知 $\sigma(\boldsymbol{\alpha}) = \lambda_1\sigma(\boldsymbol{\alpha}_1) + \lambda_2\sigma(\boldsymbol{\alpha}_2) + \cdots + \lambda_n\sigma(\boldsymbol{\alpha}_n) = \lambda_1\tau(\boldsymbol{\alpha}_1) + \lambda_2\tau(\boldsymbol{\alpha}_2) + \cdots + \lambda_n\tau(\boldsymbol{\alpha}_n) = \tau(\boldsymbol{\alpha})$, 这意味着 $\sigma = \tau$. 这证明了充分性. □

定理 9.2 设 V 和 W 都是数域 $\mathbb{F}$ 上线性空间, $\boldsymbol{\alpha}_1, \boldsymbol{\alpha}_2, \cdots, \boldsymbol{\alpha}_n$ 是 V 之一个基, $\boldsymbol{\beta}_1, \boldsymbol{\beta}_2, \cdots, \boldsymbol{\beta}_n$ 是 W 中取定的 n 个向量, 则存在唯一的线性映射 σ 使得 $\sigma(\boldsymbol{\alpha}_1) = \boldsymbol{\beta}_1, \sigma(\boldsymbol{\alpha}_2) = \boldsymbol{\beta}_2, \cdots, \sigma(\boldsymbol{\alpha}_n) = \boldsymbol{\beta}_n$.

证明 任取 $\boldsymbol{\alpha} = \lambda_1\boldsymbol{\alpha}_1 + \lambda_2\boldsymbol{\alpha}_2 + \cdots + \lambda_n\boldsymbol{\alpha}_n$, 令 $\sigma(\boldsymbol{\alpha}) = \lambda_1\boldsymbol{\beta}_1 + \lambda_2\boldsymbol{\beta}_2 + \cdots + \lambda_n\boldsymbol{\beta}_n$, $\forall \boldsymbol{\alpha} \in V$. 显然, σ 满足 $\sigma(\boldsymbol{\alpha}_1) = \boldsymbol{\beta}_1, \sigma(\boldsymbol{\alpha}_2) = \boldsymbol{\beta}_2, \cdots, \sigma(\boldsymbol{\alpha}_n) = \boldsymbol{\beta}_n$ (取适当 λ_i 之值可得). 又不难验证上述定义的 σ 是 V 到 W 的线性映射. 事实上, 再任取 $\boldsymbol{\beta} = \mu_1\boldsymbol{\alpha}_1 + \mu_2\boldsymbol{\alpha}_2 + \cdots + \mu_n\boldsymbol{\alpha}_n$, 任取 $\lambda \in \mathbb{F}$, 则有

$$\begin{aligned}\sigma(\boldsymbol{\alpha} + \boldsymbol{\beta}) &= \sigma((\lambda_1 + \mu_1)\boldsymbol{\alpha}_1 + \sigma(\lambda_2 + \mu_2)\boldsymbol{\alpha}_2 + \cdots + (\lambda_n + \mu_n)\boldsymbol{\alpha}_n) \\ &= (\lambda_1 + \mu_1)\boldsymbol{\beta}_1 + (\lambda_2 + \mu_2)\boldsymbol{\beta}_2 + \cdots + (\lambda_n + \mu_n)\boldsymbol{\beta}_n = \sigma(\boldsymbol{\alpha}) + \sigma(\boldsymbol{\beta}),\end{aligned}$$

$$\sigma(\lambda\boldsymbol{\alpha}) = \sigma(\lambda\lambda_1\boldsymbol{\alpha}_1 + \lambda\lambda_2\boldsymbol{\alpha}_2 + \cdots + \lambda\lambda_n\boldsymbol{\alpha}_n) = \lambda\lambda_1\boldsymbol{\beta}_1 + \lambda\lambda_2\boldsymbol{\beta}_2 + \cdots + \lambda\lambda_n\boldsymbol{\beta}_n = \lambda\sigma(\boldsymbol{\alpha}),$$

唯一性由定理 9.1 易见. □

练　习　9.1

9.1.1　下列变换是否是 $\mathbb{F}^3$ 中的线性变换?

(1) $\sigma(\boldsymbol{\alpha})=\boldsymbol{\alpha}_0, \forall \boldsymbol{\alpha} \in \mathbb{F}^3, \boldsymbol{\alpha}_0$ 是 $\mathbb{F}^3$ 中的一个固定向量;

(2) $\sigma(x_1, x_2, x_3)=(x_1 x_2, x_2^2, x_1+x_3), \forall x_1, x_2, x_3 \in \mathbb{F}$;

(3) $\sigma(x_1, x_2, x_3)=(2 x_1-x_3, x_2-x_3, x_1), \forall x_1, x_2, x_3 \in \mathbb{F}$.

9.1.2　下列映射是否是线性空间之间的线性映射?

(1) $\sigma(f(x))=x^2 f'(x), \sigma: \mathbb{F}[x]_n \longrightarrow \mathbb{F}[x]$;

(2) $\sigma(\boldsymbol{A})=\operatorname{tr}(\boldsymbol{A}), \sigma: \mathbb{F}^{n \times n} \longrightarrow \mathbb{F}$;

(3) $\sigma(\boldsymbol{X})=\boldsymbol{A} \boldsymbol{X}-\boldsymbol{X} \boldsymbol{A}$, $\boldsymbol{A}$ 是一固定的 n 阶阵, $\sigma: \mathbb{F}^{n \times n} \longrightarrow \mathbb{F}^{n \times n}$;

(4) $\sigma(z)=\bar{z}$, σ 是复数域作为自身上的线性空间到自身的映射;

(5) $\sigma(f)=f(x_0)$, x_0 是集合 X 的固定元素, $\sigma: \mathbb{F}^X \longrightarrow \mathbb{F}$, $\mathbb{F}$ 是数域 (参考例 8.8).

9.1.3　设 σ 是线性空间 V 到 W 的线性映射, 那么 V 中的等价向量组在 σ 下的像在 W 中是否仍是等价的向量组? 为什么?

9.2　线性映射的运算

本节讨论线性映射可以做哪些运算. 首先线性映射是映射, 所以有些映射可以合成, 那时可以做乘法运算. 把数域 $\mathbb{F}$ 上线性空间 V 到 W 的所有线性映射的集合记作 $\operatorname{Hom}(V, W)$, 类似又可以把线性空间 W 到 U 的所有线性映射记作 $\operatorname{Hom}(W, U)$. 于是有如下的结论.

命题 9.1　设 $\sigma \in \operatorname{Hom}(V, W), \tau \in \operatorname{Hom}(W, U)$, 则 $\tau \sigma \in \operatorname{Hom}(V, U)$.

证明　只需证 $\tau \sigma$ 是线性映射, 这与命题 8.6 的相应证明没有什么区别. □

命题 9.2　设 $\sigma \in \operatorname{Hom}(V, W)$, 如果 σ 是可逆的, 则 $\sigma^{-1} \in \operatorname{Hom}(W, V)$.

证明　只需证 σ^{-1} 是线性映射, 这与命题 8.6 的相应证明也没有什么区别. □

由于线性空间有加法和数乘运算, 因此可以按如下方式定义线性映射的加法和数乘.

设 $\tau, \sigma \in \operatorname{Hom}(V, W)$, 定义和 $\sigma+\tau$ 及数乘 $\lambda \sigma$ 如下:

(i) $(\sigma+\tau)(\boldsymbol{\alpha})=\sigma(\boldsymbol{\alpha})+\tau(\boldsymbol{\alpha}), \forall \boldsymbol{\alpha} \in V$;

(ii) $(\lambda \sigma)(\boldsymbol{\alpha})=\lambda \sigma(\boldsymbol{\alpha}), \lambda \in \mathbb{F}, \forall \boldsymbol{\alpha} \in V$.

命题 9.3　设 $\tau, \sigma \in \operatorname{Hom}(V, W), \lambda \in \mathbb{F}$, 则 $\sigma+\tau, \lambda \sigma \in \operatorname{Hom}(V, W)$.

证明

$$(\sigma+\tau)(\boldsymbol{\alpha}+\boldsymbol{\beta})=\sigma(\boldsymbol{\alpha}+\boldsymbol{\beta})+\tau(\boldsymbol{\alpha}+\boldsymbol{\beta})=\sigma(\boldsymbol{\alpha})+\sigma(\boldsymbol{\beta})+\tau(\boldsymbol{\alpha})+\tau(\boldsymbol{\beta})$$
$$=\sigma(\boldsymbol{\alpha})+\tau(\boldsymbol{\alpha})+\sigma(\boldsymbol{\beta})+\tau(\boldsymbol{\beta})=(\sigma+\tau)\boldsymbol{\alpha}+(\sigma+\tau)\boldsymbol{\beta},\quad \forall\boldsymbol{\alpha},\boldsymbol{\beta}\in V,$$
$$(\sigma+\tau)(k\boldsymbol{\alpha})=\sigma(k\boldsymbol{\alpha})+\tau(k\boldsymbol{\alpha})=k\sigma(\boldsymbol{\alpha})+k\tau(\boldsymbol{\alpha})=k(\sigma+\tau)(\boldsymbol{\alpha}),\quad \forall\boldsymbol{\alpha}\in V,k\in\mathbb{F},$$

这证明了 $\sigma+\tau\in\mathrm{Hom}(V,W)$, 而 $\lambda\sigma\in\mathrm{Hom}(V,W)$ 留给读者去证. □

因为对 $\mathrm{Hom}(V,W)$ 的元素定义了加法和数乘, 于是应该考虑它是否构成数域 $\mathbb{F}$ 上的线性空间的问题.

定理 9.3 设 V 和 W 都是数域 $\mathbb{F}$ 上的线性空间, 则按线性映射的加法和数乘, $\mathrm{Hom}(V,W)$ 构成 $\mathbb{F}$ 上的线性空间.

证明 按线性空间定义逐条检验. $\mathrm{Hom}(V,W)$ 是非空集合, 零映射 $0\in\mathrm{Hom}(V,W)$, 所定义的加法满足交换律, 结合律易验证. 又 $\sigma+0=\sigma,\forall\sigma\in\mathrm{Hom}(V,W)$ 成立. 对于每个 $\sigma\in\mathrm{Hom}(V,W)$, 可定义 $-\sigma:(-\sigma)(\boldsymbol{\alpha})=-(\sigma(\boldsymbol{\alpha})),\forall\boldsymbol{\alpha}\in V$. 然后易验证 $\sigma+(-\sigma)=0$.

另外 4 条也不难验证, 即

$1\sigma=\sigma,\quad \forall\sigma\in\mathrm{Hom}(V,W)$;

$(kl)\sigma=k(l\sigma),\quad \forall\sigma\in\mathrm{Hom}(V,W),\ k,l\in\mathbb{F}$;

$k(\sigma+\tau)=k\sigma+k\tau,\quad \forall\sigma,\tau\in\mathrm{Hom}(V,W),\ k\in\mathbb{F}$;

$(k+l)\sigma=k\sigma+l\sigma,\quad \forall\sigma\in\mathrm{Hom}(V,W),\ k,l\in\mathbb{F}$. □

如果我们把线性映射的乘法、加法、数乘一起考虑, 还有如下的一些结果:

(i) $\delta(\sigma+\tau)=\delta\sigma+\delta\tau,\ \forall\sigma,\tau\in\mathrm{Hom}(V,W),\delta\in\mathrm{Hom}(W,U)$;

(ii) $(\sigma+\tau)\delta=\sigma\delta+\tau\delta,\ \forall\sigma,\tau\in\mathrm{Hom}(V,W),\delta\in\mathrm{Hom}(U,V)$;

(iii) $k(\tau\sigma)=(k\tau)\sigma=\tau(k\sigma),\ \forall\sigma\in\mathrm{Hom}(V,W),\tau\in\mathrm{Hom}(W,U),k\in\mathbb{F}$.

当 $V=W$ 时, $\sigma\in\mathrm{Hom}(V,V)$, σ 实际上是线性变换, 此时易见 σ^n 是有意义的, 于是又有 $\sigma^{m+n}=\sigma^m\sigma^n,(\sigma^m)^n=\sigma^{mn}$, 甚至可以有 σ 的多项式写法. 例如, $f(x)=a_mx^m+a_{m-1}x^{m-1}+\cdots+a_1x+a_0$, 则 $f(\sigma)=a_m\sigma^m+a_{m-1}\sigma^{m-1}+\cdots+a_1\sigma+a_0\mathbf{1}_V$.

例 9.9 设 U 和 W 是数域 $\mathbb{F}$ 上线性空间 V 的子空间且 $V=U\oplus W$. 定义 $P_U(\boldsymbol{\alpha})=P_U(\boldsymbol{\alpha}_1+\boldsymbol{\alpha}_2)=\boldsymbol{\alpha}_1$, 其中 $\boldsymbol{\alpha}_1\in U,\boldsymbol{\alpha}_2\in W,\ \boldsymbol{\alpha}=\boldsymbol{\alpha}_1+\boldsymbol{\alpha}_2$. 称 P_U 为平行于 W 在 U 上的投影. 证明

(i) $P_U\in\mathrm{Hom}(V,V)$;

(ii) $P_U^2=P_U,P_W^2=P_W$;

(iii) $P_U+P_W=\mathbf{1}_V,P_UP_W=P_WP_U=0$;

(iv) 如上定义的 P_U,P_W 是唯一的.

解　(i) 任取 $\boldsymbol{\alpha}=\boldsymbol{\alpha}_1+\boldsymbol{\alpha}_2,\boldsymbol{\beta}=\boldsymbol{\beta}_1+\boldsymbol{\beta}_2$, 其中 $\boldsymbol{\alpha}_1,\boldsymbol{\beta}_1\in U,\boldsymbol{\alpha}_2,\boldsymbol{\beta}_2\in W$, 则

$$P_U(\boldsymbol{\alpha}+\boldsymbol{\beta})=P_U((\boldsymbol{\alpha}_1+\boldsymbol{\beta}_1)+(\boldsymbol{\alpha}_2+\boldsymbol{\beta}_2))=\boldsymbol{\alpha}_1+\boldsymbol{\beta}_1=P_U(\boldsymbol{\alpha})+P_U(\boldsymbol{\beta}),$$
$$P_U(k\boldsymbol{\alpha})=P_U(k\boldsymbol{\alpha}_1+k\boldsymbol{\alpha}_2)=k\boldsymbol{\alpha}_1=kP_U(\boldsymbol{\alpha}),\quad \forall k\in\mathbb{F}.$$

所以 P_U 是 V 上一个线性变换.

(ii) $P_U^2(\boldsymbol{\alpha})=P_UP_U(\boldsymbol{\alpha}_1+\boldsymbol{\alpha}_2)=\boldsymbol{\alpha}_1=P_U(\boldsymbol{\alpha}),\forall\boldsymbol{\alpha}\in V$, 故 $P_U^2=P_U$. 类似可证 $P_W^2=P_W$.

(iii) $(P_U+P_W)(\boldsymbol{\alpha})=P_U(\boldsymbol{\alpha})+P_W(\boldsymbol{\alpha})=\boldsymbol{\alpha}_1+\boldsymbol{\alpha}_2=\boldsymbol{\alpha},\forall\boldsymbol{\alpha}=\boldsymbol{\alpha}_1+\boldsymbol{\alpha}_2\in V$, 其中 $\boldsymbol{\alpha}_1\in U,\boldsymbol{\alpha}_2\in W$. 于是 $P_U+P_W=\mathbf{1}_V$.

$P_UP_W(\boldsymbol{\alpha})=P_UP_W(\boldsymbol{\alpha}_1+\boldsymbol{\alpha}_2)=P_U(\boldsymbol{\alpha}_2)=0$, 这推出 $P_UP_W=0$. 同理可证 $P_WP_U=0$.

(iv) 由定义及直和中向量表出的唯一性, 易证. □

例 9.10　设 $\mathbb{F}$ 为数域, 在 $\mathbb{F}[x]_n$ 上的平移变换 $S_a:f(x)\longmapsto f(x+a)(a\in\mathbb{F})$ 是一个线性变换, D 表示求导变换 $f(x)\longmapsto f'(x)$. 那么 S_a 与 D 有何关系?

解　设 $f(x)\in\mathbb{F}[x]_n$, 令 $f(x+a)=k_0(x)+k_1(x)a+k_2(x)a^2+\cdots+k_{n-1}(x)a^{n-1}$, 其中 $k_0(x),k_1(x),k_2(x),\cdots,k_{n-1}(x)\in\mathbb{F}[x]$. 易见令 $a=0,k_0(x)=f(x),f'(x+a)=k_1(x)+2k_2(x)a+\cdots+(n-1)k_{n-1}(x)a^{n-2}$, 再令 $a=0$ 得 $k_1(x)=f'(x)$, 依此类推, 易得 $k_2(x)=\dfrac{f''(x)}{2!},\cdots,k_{n-1}(x)=\dfrac{f^{(n-1)}(x)}{(n-1)!}$, 故得

$$S_a=1+aD+\frac{a^2}{2!}D^2+\cdots+\frac{a^{n-1}}{(n-1)!}D^{n-1}.$$ □

练　习　9.2

9.2.1　设 $\mathbb{F}^3$ 的线性变换 σ,τ 如下

$$\sigma(x_1,x_2,x_3)=(x_1,x_2,x_1+x_2),\quad x_1,x_2,x_3\in\mathbb{F},$$
$$\tau(x_1,x_2,x_3)=(x_1+x_2-x_3,0,x_1+x_2-x_3),\quad x_1,x_2,x_3\in\mathbb{F},$$

求 (1) $\sigma\tau,\tau\sigma,\sigma^2$; (2) $\sigma+\tau,\sigma-\tau,2\sigma$.

9.2.2　设 $\mathbb{F}^3$ 的线性变换为 $\sigma(x_1,x_2,x_3)=(x_1+x_2+x_3,x_2+x_3,x_3)$, 证明 σ 是可逆的线性变换, 求其逆线性变换.

9.2.3　设 $\sigma,\tau\in\mathrm{Hom}(V,V)$ 且 $\sigma\tau-\tau\sigma=\mathbf{1}_V$. 证明 $\sigma^k\tau-\tau\sigma^k=k\sigma^{k-1},k>1$.

9.2.4　设 σ 是 n 维线性空间 V 上的线性变换, 证明 σ 可逆当且仅当 σ 变非零向量为非零向量当且仅当 σ 变线性无关组为线性无关组.

9.2.5　在 $\mathbb{F}[x]$ 中 σ 是求导变换, τ 是 $f(x)\longmapsto xf(x)$, 求 σ 与 τ 的一个关系式.

9.2.6　设 $\sigma\in\mathrm{Hom}(V,V)$, 若 $\sigma^{t-1}(\alpha)\neq 0$, 但 $\sigma^t(\alpha)=0$, 证明 $\alpha,\sigma(\alpha),\cdots,\sigma^{t-1}(\alpha)$ 线性无关.

9.3 线性映射的核与像

众所周知, 一个函数的值域和零点对于研究函数是重要的. 同样对于线性映射也有类似的概念.

定义 9.2 设 V 和 W 都是数域 $\mathbb{F}$ 上线性空间, $\sigma \in \mathrm{Hom}(V, W)$, 则称 $\ker\sigma = \{\boldsymbol{\alpha} \in V | \sigma(\boldsymbol{\alpha}) = \mathbf{0}\}$ 为线性映射 σ 的核. 令 $\mathrm{Im}\sigma = \{\sigma(\boldsymbol{\alpha}) | \boldsymbol{\alpha} \in V\}$, 称 $\mathrm{Im}\sigma$ 为 σ 的像 (或值域).

例 9.11 在例 9.1 中 $\ker 0 = V, \mathrm{Im}0 = 0$; 例 9.3 中 $\ker\sigma$ 为线性方程组 $\boldsymbol{Ax} = \mathbf{0}$ 的解空间, $\mathrm{Im}\sigma = \{\boldsymbol{A\alpha} | \boldsymbol{\alpha} \in \mathbb{F}^n\} = \langle \boldsymbol{\alpha}_1, \boldsymbol{\alpha}_2, \cdots, \boldsymbol{\alpha}_n \rangle$, 其中 $\boldsymbol{\alpha}_1, \boldsymbol{\alpha}_2, \cdots, \boldsymbol{\alpha}_n$ 是 $\boldsymbol{A}$ 的各列; 例 9.4 中 $\ker D = \{(a, b)$ 上的常数实函数$\}$, $\mathrm{Im}\sigma$=$\{(a, b)$ 上有原函数的实函数$\}$; 例 9.5 中 $\ker\sigma_\lambda = 0(\lambda \neq 0), \ker\sigma_0 = V, \mathrm{Im}\sigma_\lambda = V(\lambda \neq 0), \mathrm{Im}\sigma_0 = 0$; 在例 9.6 中 $\ker\sigma = \langle \boldsymbol{\alpha}_0 \rangle$, $\mathrm{Im}\sigma = \{$平面 π 上从原点出发的向量$\}$.

命题 9.4 设 $\sigma \in \mathrm{Hom}(V, W)$, 则 $\ker\sigma$ 是 V 的子空间, $\mathrm{Im}\sigma$ 是 W 的子空间.

证明 设 $\boldsymbol{\alpha}, \boldsymbol{\beta} \in \ker\sigma, \lambda \in \mathbb{F}$, 则 $\sigma(\lambda\boldsymbol{\alpha} + \boldsymbol{\beta}) = \lambda\sigma(\boldsymbol{\alpha}) + \sigma(\boldsymbol{\beta}) = \mathbf{0}$, 故 $\lambda\boldsymbol{\alpha} + \boldsymbol{\beta} \subset \ker\sigma$, 从而 $\ker\sigma$ 是 V 的子空间.

又设 $\boldsymbol{\alpha}_1, \boldsymbol{\beta}_1 \in \mathrm{Im}\sigma, \lambda \in \mathbb{F}$, 则 $\boldsymbol{\alpha}_1 = \sigma(\boldsymbol{\alpha}), \boldsymbol{\beta}_1 = \sigma(\boldsymbol{\beta})$, 于是有 $\sigma(\lambda\boldsymbol{\alpha} + \boldsymbol{\beta}) = \lambda\sigma(\boldsymbol{\alpha}) + \sigma(\boldsymbol{\beta}) = \lambda\boldsymbol{\alpha}_1 + \boldsymbol{\beta}_1$, 即 $\lambda\boldsymbol{\alpha}_1 + \boldsymbol{\beta}_1 \in \mathrm{Im}\sigma$, 这证明了 $\mathrm{Im}\sigma$ 是 W 的子空间. □

观察例 9.11 中各例, 容易看出当 V 是有限维空间时 $\ker\sigma$ 与 $\mathrm{Im}\sigma$ 的维数和常等于 $\dim V$, 其实如下一般性结论成立.

定理 9.4 设 V 是有限维线性空间, $\sigma \in \mathrm{Hom}(V, W)$, 则 $\ker\sigma$ 与 $\mathrm{Im}\sigma$ 都是有限维的, 并且

$$\dim\ker\sigma + \dim\mathrm{Im}\sigma = \dim V.$$

证明 因为 V 是有限维的, 所以 $\ker\sigma$ 也是有限维的, 在 $\ker\sigma$ 中取一个基 $\boldsymbol{\alpha}_1, \boldsymbol{\alpha}_2, \cdots, \boldsymbol{\alpha}_m$, 将其扩充为 V 的一个基 $\boldsymbol{\alpha}_1, \boldsymbol{\alpha}_2, \cdots, \boldsymbol{\alpha}_m, \boldsymbol{\alpha}_{m+1}, \boldsymbol{\alpha}_{m+2}, \cdots, \boldsymbol{\alpha}_n$. 于是 σ 由 $\sigma(\boldsymbol{\alpha}_1), \sigma(\boldsymbol{\alpha}_2), \cdots, \sigma(\boldsymbol{\alpha}_m), \sigma(\boldsymbol{\alpha}_{m+1}), \sigma(\boldsymbol{\alpha}_{m+2}), \cdots, \sigma(\boldsymbol{\alpha}_n)$ 确定, 易见 $\mathrm{Im}\sigma = \langle \sigma(\boldsymbol{\alpha}_{m+1}), \sigma(\boldsymbol{\alpha}_{m+2}), \cdots, \sigma(\boldsymbol{\alpha}_n) \rangle$, 从而 $\mathrm{Im}\sigma$ 也是有限维, 为证结论, 只需证 $\sigma(\boldsymbol{\alpha}_{m+1})$, $\sigma(\boldsymbol{\alpha}_{m+2}), \cdots, \sigma(\boldsymbol{\alpha}_n)$ 线性无关. 设

$$k_{m+1}\sigma(\boldsymbol{\alpha}_{m+1}) + k_{m+2}\sigma(\boldsymbol{\alpha}_{m+2}) + \cdots + k_n\sigma(\boldsymbol{\alpha}_n) = \mathbf{0},$$

则

$$\sigma(k_{m+1}\boldsymbol{\alpha}_{m+1} + k_{m+2}\boldsymbol{\alpha}_{m+2} + \cdots + k_n\boldsymbol{\alpha}_n) = \mathbf{0},$$

于是

$$k_{m+1}\boldsymbol{\alpha}_{m+1} + k_{m+2}\boldsymbol{\alpha}_{m+2} + \cdots + k_n\boldsymbol{\alpha}_n \in \ker\sigma,$$

所以

$$k_{m+1}\boldsymbol{\alpha}_{m+1}+k_{m+2}\boldsymbol{\alpha}_{m+2}+\cdots+k_n\boldsymbol{\alpha}_n=l_1\boldsymbol{\alpha}_1+l_2\boldsymbol{\alpha}_2+\cdots+l_m\boldsymbol{\alpha}_m,$$

即

$$-l_1\boldsymbol{\alpha}_1-l_2\boldsymbol{\alpha}_2-\cdots-l_m\boldsymbol{\alpha}_m+k_{m+1}\boldsymbol{\alpha}_{m+1}+k_{m+2}\boldsymbol{\alpha}_{m+2}+\cdots+k_n\boldsymbol{\alpha}_n=\mathbf{0},$$

由 $\boldsymbol{\alpha}_1,\boldsymbol{\alpha}_2,\cdots,\boldsymbol{\alpha}_n$ 线性无关得 $k_{m+1}=k_{m+2}=\cdots=k_n=0$, 这证得了 $\sigma(\boldsymbol{\alpha}_{m+1})$, $\sigma(\boldsymbol{\alpha}_{m+2}),\cdots,\sigma(\boldsymbol{\alpha}_n)$ 线性无关. □

推论 9.1　*在定理 9.4 的条件下, $\mathrm{Im}\sigma$ 的一个基的原像与 $\ker\sigma$ 的一个基合成 V 的一个基.*

推论 9.2　*设 $\sigma\in\mathrm{Hom}(V,W)$, 则有*

(i) σ 是单射 $\Leftrightarrow\ker\sigma=0$;

(ii) 当 $\dim V=\dim W=n$ 时, σ 是单射 $\Leftrightarrow\dim\mathrm{Im}\sigma=n\Leftrightarrow\mathrm{Im}\sigma=W\Leftrightarrow\sigma$ 是满射.

证明　由 (i) 知 (ii) 是明显的, 故只需证 (i). 由于 $\sigma(\mathbf{0})=\mathbf{0}$, 因此 σ 若是单射且 $\sigma(\boldsymbol{\alpha})=\mathbf{0}$, 必有 $\boldsymbol{\alpha}=\mathbf{0}$, 即 $\ker\sigma=0$. 反之, 若 $\ker\sigma=0$ 且 $\sigma\boldsymbol{\alpha}=\sigma\boldsymbol{\beta}$, 则 $\sigma(\boldsymbol{\alpha}-\boldsymbol{\beta})=\mathbf{0}$, 从而 $\boldsymbol{\alpha}-\boldsymbol{\beta}=\mathbf{0}$, 即 $\boldsymbol{\alpha}=\boldsymbol{\beta}$, 这意味着 σ 为单射. □

推论 9.3　*设 $\sigma\in\mathrm{Hom}(V,V)$, V 是有限维, 则 σ 单射 $\Leftrightarrow\sigma$ 满射.*

定义 9.3　*设 $\sigma\in\mathrm{Hom}(V,W)$, 当 V 是有限维时, $\dim\mathrm{Im}\sigma$ 和 $\dim\ker\sigma$ 分别称为 σ 的秩和零度.*

注意, 前面定理叙述的是核与像的维数之间的关系, 即使 $\sigma\in\mathrm{Hom}(V,V)$ 也并不意味着 $V=\ker\sigma+\mathrm{Im}\sigma$. 考虑 $\mathbb{F}[x]_n$ 的求导线性变换 D, 由于 $\ker D=\mathbb{F}$, $\mathrm{Im}D=\mathbb{F}[x]_{n-1}$, 显然 $\mathbb{F}+\mathbb{F}[x]_{n-1}\neq\mathbb{F}[x]_n$. 那么什么时候有 $V=\ker\sigma+\mathrm{Im}\sigma$ 呢?

命题 9.5　*设 σ 是 V 上幂等 (线性) 变换, 即 $\sigma^2=\sigma\in\mathrm{Hom}(V,V)$, 则 $V=\ker\sigma\oplus\mathrm{Im}\sigma$, 并且 σ 是平行于 $\ker\sigma$ 在 $\mathrm{Im}\sigma$ 上的投影 (变换).*

证明　$\forall\boldsymbol{\alpha}\in V$, 则

$$\sigma(\boldsymbol{\alpha}-\sigma(\boldsymbol{\alpha}))=\sigma(\boldsymbol{\alpha})-\sigma^2(\boldsymbol{\alpha})=\sigma(\boldsymbol{\alpha})-\sigma(\boldsymbol{\alpha})=\mathbf{0},$$

即 $\boldsymbol{\alpha}-\sigma(\boldsymbol{\alpha})\in\ker\sigma$. 于是 $\boldsymbol{\alpha}=\boldsymbol{\alpha}-\sigma(\boldsymbol{\alpha})+\sigma(\boldsymbol{\alpha})\in\ker\sigma+\mathrm{Im}\sigma$, 即 $V\subseteq\ker\sigma+\mathrm{Im}\sigma$, 故 $V=\ker\sigma+\mathrm{Im}\sigma$.

$\forall\boldsymbol{\beta}\in\ker\sigma\cap\mathrm{Im}\sigma$, 则 $\boldsymbol{\beta}\in\ker\sigma$ 且 $\boldsymbol{\beta}\in\mathrm{Im}\sigma$, 从而 $\sigma(\boldsymbol{\beta})=\mathbf{0}$ 且存在 $\boldsymbol{\gamma}\in V$ 使得 $\boldsymbol{\beta}=\sigma(\boldsymbol{\gamma})$. 于是 $\boldsymbol{\beta}=\sigma(\boldsymbol{\gamma})=\sigma^2(\boldsymbol{\gamma})=\sigma(\sigma(\boldsymbol{\gamma}))=\sigma(\boldsymbol{\beta})=\mathbf{0}$, 即 $\ker\sigma\cap\mathrm{Im}\sigma=0$, 因此 $V=\ker\sigma\oplus\mathrm{Im}\sigma$.

任取 $\boldsymbol{\alpha}\in V$, 则 $\boldsymbol{\alpha}=\boldsymbol{\alpha}_1+\boldsymbol{\alpha}_2,\boldsymbol{\alpha}_1\in\ker\sigma,\boldsymbol{\alpha}_2\in\mathrm{Im}\sigma$, 于是 $\sigma(\boldsymbol{\alpha}_1)=\mathbf{0},\sigma(\boldsymbol{\beta})=\boldsymbol{\alpha}_2$, 从而有

$$\sigma(\boldsymbol{\alpha})=\sigma(\boldsymbol{\alpha}_1+\boldsymbol{\alpha}_2)=\sigma(\boldsymbol{\alpha}_1)+\sigma(\boldsymbol{\alpha}_2)=\sigma(\sigma(\boldsymbol{\beta}))=\sigma(\boldsymbol{\beta})=\boldsymbol{\alpha}_2,$$

这说明 σ 是平行于 $\ker\sigma$ 在 $\mathrm{Im}\sigma$ 上的投影. □

注1° 在证 $V = \ker\sigma \oplus \mathrm{Im}\sigma$ 时用定理 9.4 可以吗?

注2° 例 9.9 说明投影是幂等变换, 此命题 9.5 又说明幂等变换是投影.

推论 9.4 设 $V = U \oplus W$, 则 $\ker P_W = U, \mathrm{Im}P_W = W$.

证明 这是命题 9.5 和例 9.9 的自然结果. □

练 习 9.3

9.3.1 求下列线性变换的像与核、秩与零度.

(1) $\sigma(x_1, x_2, x_3) = (x_1, x_1 + x_2, x_2 + x_3), x_1, x_2, x_3 \in \mathbb{F}$;

(2) $\sigma(\boldsymbol{A}) = \begin{pmatrix} 0 & 0 & 1 \\ 0 & 1 & 0 \\ 0 & 0 & 0 \end{pmatrix} \boldsymbol{A}, \forall \boldsymbol{A} \in \mathbb{F}^{3\times 3}$.

9.3.2 设 $\sigma \in \mathrm{Hom}(V, U)$, 又设 W 是 V 的一个子空间, 令 $\sigma W = \{\sigma\boldsymbol{\beta} | \boldsymbol{\beta} \in W\}$, 证明: σW 是 U 的一个子空间. 如果只考虑 σ 对 W 的作用, σ 可看成 W 到 U 的线性映射.

9.3.3 设 $\sigma \in \mathrm{Hom}(V, U), V$ 是有限维的, 又设 W 是 V 的一个子空间, 证明:

$$\dim\sigma(W) + \dim(\ker\sigma \cap W) = \dim W.$$

9.3.4 设 $\sigma \in \mathrm{Hom}(V, U), \tau \in \mathrm{Hom}(U, W), \dim V = n, \dim U = m$, 证明: 秩 $(\tau\sigma) \geqslant$ 秩 $(\sigma)+$ 秩 $(\tau) - m$.

9.4 线性映射 (线性变换) 的矩阵表示

当线性空间是有限维时, 抽象的线性映射可以与形象的矩阵建立联系. 设 V 和 W 分别是数域 $\mathbb{F}$ 上的 n 维和 m 维线性空间, $\sigma \in \mathrm{Hom}(V, W)$, $\boldsymbol{\varepsilon}_1, \boldsymbol{\varepsilon}_2, \cdots, \boldsymbol{\varepsilon}_n$ 与 $\boldsymbol{\eta}_1, \boldsymbol{\eta}_2, \cdots, \boldsymbol{\eta}_m$ 分别为 V 和 W 的基. 由于 σ 完全由 $\sigma(\boldsymbol{\varepsilon}_1), \sigma(\boldsymbol{\varepsilon}_2), \cdots, \sigma(\boldsymbol{\varepsilon}_n)$ 来确定, 故可设

$$\begin{cases} \sigma(\boldsymbol{\varepsilon}_1) = a_{11}\boldsymbol{\eta}_1 + a_{21}\boldsymbol{\eta}_2 + \cdots + a_{m1}\boldsymbol{\eta}_m, \\ \sigma(\boldsymbol{\varepsilon}_2) = a_{12}\boldsymbol{\eta}_1 + a_{22}\boldsymbol{\eta}_2 + \cdots + a_{m2}\boldsymbol{\eta}_m, \\ \qquad\qquad \cdots\cdots \\ \sigma(\boldsymbol{\varepsilon}_n) = a_{1n}\boldsymbol{\eta}_1 + a_{2n}\boldsymbol{\eta}_2 + \cdots + a_{mn}\boldsymbol{\eta}_m. \end{cases} \tag{9.1}$$

按照形式写法 (9.1) 式可写成

$$\sigma(\boldsymbol{\varepsilon}_1, \boldsymbol{\varepsilon}_2, \cdots, \boldsymbol{\varepsilon}_n) = (\sigma(\boldsymbol{\varepsilon}_1), \sigma(\boldsymbol{\varepsilon}_2), \cdots, \sigma(\boldsymbol{\varepsilon}_n)) = (\boldsymbol{\eta}_1, \boldsymbol{\eta}_2, \cdots, \boldsymbol{\eta}_m)\boldsymbol{A}_\sigma, \tag{9.2}$$

其中 $\boldsymbol{A}_\sigma = (a_{ij}) \in \mathbb{F}^{m\times n}$, 其中 $\boldsymbol{A}_\sigma$ **称为** σ **在基** $\boldsymbol{\varepsilon}_1, \boldsymbol{\varepsilon}_2, \cdots, \boldsymbol{\varepsilon}_n$ **和基** $\boldsymbol{\eta}_1, \boldsymbol{\eta}_2, \cdots, \boldsymbol{\eta}_m$ **下的矩阵**.

(9.1) 式 (或 (9.2) 式) 说明, 当 V 和 W 的基取定后, 我们可以建立 $\mathrm{Hom}(V,W)$ 到 $\mathbb{F}^{m\times n}$ 的一个映射 $f:\sigma\longmapsto \boldsymbol{A}_\sigma$, 容易证明这个映射是单且满的, 即双射. 事实上, 若 $\sigma\neq\tau$, 则 $\sigma(\boldsymbol{\varepsilon}_1,\boldsymbol{\varepsilon}_2,\cdots,\boldsymbol{\varepsilon}_n)\neq\tau(\boldsymbol{\varepsilon}_1,\boldsymbol{\varepsilon}_2,\cdots,\boldsymbol{\varepsilon}_n)$, 从而 $\boldsymbol{A}_\sigma\neq\boldsymbol{A}_\tau$, 这说明 f 是单射. 又任取 $\boldsymbol{A}\in\mathbb{F}^{m\times n}$, 由于 (9.1) 式确定一个 $\sigma\in\mathrm{Hom}(V,W)$, 这说明 f 是满射.

由于 $\mathrm{Hom}(V,W)$ 和 $\mathbb{F}^{m\times n}$ 都是 $\mathbb{F}$ 上的线性空间, 如果再能证 f 保持两种运算, 那么我们就证明了两者是同构的. 事实上, 设 $\tau(\boldsymbol{\varepsilon}_1,\boldsymbol{\varepsilon}_2,\cdots,\boldsymbol{\varepsilon}_n)=(\boldsymbol{\eta}_1,\boldsymbol{\eta}_2,\cdots,\boldsymbol{\eta}_m)\boldsymbol{A}_\tau$, 则

$$\begin{aligned}(\sigma+\tau)(\boldsymbol{\varepsilon}_1,\boldsymbol{\varepsilon}_2,\cdots,\boldsymbol{\varepsilon}_n)&=((\sigma+\tau)\boldsymbol{\varepsilon}_1,(\sigma+\tau)\boldsymbol{\varepsilon}_2,\cdots,(\sigma+\tau)\boldsymbol{\varepsilon}_n)\\&=(\sigma(\boldsymbol{\varepsilon}_1)+\tau(\boldsymbol{\varepsilon}_1),\sigma(\boldsymbol{\varepsilon}_2)+\tau(\boldsymbol{\varepsilon}_2),\cdots,\sigma(\boldsymbol{\varepsilon}_n)+\tau(\boldsymbol{\varepsilon}_n))\\&=(\sigma(\boldsymbol{\varepsilon}_1),\sigma(\boldsymbol{\varepsilon}_2),\cdots,\sigma(\boldsymbol{\varepsilon}_n))+(\tau(\boldsymbol{\varepsilon}_1),\tau(\boldsymbol{\varepsilon}_2),\cdots,\tau(\boldsymbol{\varepsilon}_n))\\&=(\boldsymbol{\eta}_1,\boldsymbol{\eta}_2,\cdots,\boldsymbol{\eta}_m)(\boldsymbol{A}_\sigma+\boldsymbol{A}_\tau),\end{aligned}$$

即 $f(\sigma+\tau)=\boldsymbol{A}_\sigma+\boldsymbol{A}_\tau=f(\sigma)+f(\tau)$.

类似地, 对任意 $k\in\mathbb{F}$, 因为

$$\begin{aligned}(k\sigma)(\boldsymbol{\varepsilon}_1,\boldsymbol{\varepsilon}_2,\cdots,\boldsymbol{\varepsilon}_n)&=((k\sigma)\boldsymbol{\varepsilon}_1,(k\sigma)\boldsymbol{\varepsilon}_2,\cdots,(k\sigma)\boldsymbol{\varepsilon}_n)\\&=(k(\sigma\boldsymbol{\varepsilon}_1),k(\sigma\boldsymbol{\varepsilon}_2),\cdots,k(\sigma\boldsymbol{\varepsilon}_n))=(\boldsymbol{\eta}_1,\boldsymbol{\eta}_2,\cdots,\boldsymbol{\eta}_m)(k\boldsymbol{A}_\sigma),\end{aligned}$$

即 $f(k\sigma)=k\boldsymbol{A}_\sigma=kf(\sigma)$.

这证明了如下的定理.

定理 9.5　设 V 和 W 分别是数域 $\mathbb{F}$ 上 n 维和 m 维线性空间, 则有

$$\mathrm{Hom}(V,W)\cong\mathbb{F}^{m\times n},\quad \dim\mathrm{Hom}(V,W)=mn.$$

推论 9.5　设 V 是数域 $\mathbb{F}$ 上 n 维线性空间, 则 $\mathrm{Hom}(V,V)\cong\mathbb{F}^{n\times n}$ 且 $\dim\mathrm{Hom}(V,V)=n^2$.

推论 9.6　设 $\sigma\in\mathrm{Hom}(V,W)$, $\boldsymbol{\varepsilon}_1,\boldsymbol{\varepsilon}_2,\cdots,\boldsymbol{\varepsilon}_n$ 和 $\boldsymbol{\eta}_1,\boldsymbol{\eta}_2,\cdots,\boldsymbol{\eta}_m$ 分别为 V 和 W 的基. 若

$$\sigma(\boldsymbol{\varepsilon}_1,\boldsymbol{\varepsilon}_2,\cdots,\boldsymbol{\varepsilon}_n)=(\boldsymbol{\eta}_1,\boldsymbol{\eta}_2,\cdots,\boldsymbol{\eta}_m)\boldsymbol{A},\quad \boldsymbol{\alpha}=(\boldsymbol{\varepsilon}_1,\boldsymbol{\varepsilon}_2,\cdots,\boldsymbol{\varepsilon}_n)\begin{pmatrix}x_1\\x_2\\\vdots\\x_n\end{pmatrix},$$

则

$$\sigma(\boldsymbol{\alpha})=(\boldsymbol{\eta}_1,\boldsymbol{\eta}_2,\cdots,\boldsymbol{\eta}_m)\boldsymbol{A}\begin{pmatrix}x_1\\x_2\\\vdots\\x_n\end{pmatrix}.$$

证明

$$\sigma(\boldsymbol{\alpha})=\sigma(x_1\boldsymbol{\varepsilon}_1+x_2\boldsymbol{\varepsilon}_2+\cdots+x_n\boldsymbol{\varepsilon}_n)=x_1\sigma(\boldsymbol{\varepsilon}_1)+x_2\sigma(\boldsymbol{\varepsilon}_2)+\cdots+x_n\sigma(\boldsymbol{\varepsilon}_n)$$

$$=(\sigma(\boldsymbol{\varepsilon}_1),\sigma(\boldsymbol{\varepsilon}_2),\cdots,\sigma(\boldsymbol{\varepsilon}_n))\begin{pmatrix}x_1\\x_2\\\vdots\\x_n\end{pmatrix}=(\boldsymbol{\eta}_1,\boldsymbol{\eta}_2,\cdots,\boldsymbol{\eta}_m)\boldsymbol{A}\begin{pmatrix}x_1\\x_2\\\vdots\\x_n\end{pmatrix}.$$ □

设 $\sigma,\tau\in\mathrm{Hom}(V,V)$, 则上述同构的映射 f 也保持乘法运算. 事实上, 设

$$\sigma(\boldsymbol{\varepsilon}_1,\boldsymbol{\varepsilon}_2,\cdots,\boldsymbol{\varepsilon}_n)=(\boldsymbol{\varepsilon}_1,\boldsymbol{\varepsilon}_2,\cdots,\boldsymbol{\varepsilon}_n)\boldsymbol{A}_\sigma,\quad \tau(\boldsymbol{\varepsilon}_1,\boldsymbol{\varepsilon}_2,\cdots,\boldsymbol{\varepsilon}_n)=(\boldsymbol{\varepsilon}_1,\boldsymbol{\varepsilon}_2,\cdots,\boldsymbol{\varepsilon}_n)\boldsymbol{A}_\tau,$$

则

$$(\sigma\tau)(\boldsymbol{\varepsilon}_1,\boldsymbol{\varepsilon}_2,\cdots,\boldsymbol{\varepsilon}_n)=\sigma(\tau(\boldsymbol{\varepsilon}_1,\boldsymbol{\varepsilon}_2,\cdots,\boldsymbol{\varepsilon}_n))=\sigma((\boldsymbol{\varepsilon}_1,\boldsymbol{\varepsilon}_2,\cdots,\boldsymbol{\varepsilon}_n)\boldsymbol{A}_\tau)$$
$$=(\sigma(\boldsymbol{\varepsilon}_1,\boldsymbol{\varepsilon}_2,\cdots,\boldsymbol{\varepsilon}_n))\boldsymbol{A}_\tau=((\boldsymbol{\varepsilon}_1,\boldsymbol{\varepsilon}_2,\cdots,\boldsymbol{\varepsilon}_n)\boldsymbol{A}_\sigma)\boldsymbol{A}_\tau=(\boldsymbol{\varepsilon}_1,\boldsymbol{\varepsilon}_2,\cdots,\boldsymbol{\varepsilon}_n)(\boldsymbol{A}_\sigma\boldsymbol{A}_\tau),$$

从而

$$f(\sigma\tau)=\boldsymbol{A}_\sigma\boldsymbol{A}_\tau=f(\sigma)f(\tau).$$

注意, 上述证明中实际上用到了这种形式写法的结合律, 我们省略了它的证明.

定理 9.6 设 σ 是 n 维线性空间 V 的线性变换, 则

(i) σ 是可逆变换当且仅当 σ 在 V 的任意一个基下的矩阵是可逆阵;

(ii) 若 σ 在一个基下的矩阵是可逆阵 $\boldsymbol{A}$, 则 σ^{-1} 在该基下的矩阵是 $\boldsymbol{A}^{-1}$.

证明 任取 V 的一个基 $\boldsymbol{\varepsilon}_1,\boldsymbol{\varepsilon}_2,\cdots,\boldsymbol{\varepsilon}_n$, 设 σ 在 $\boldsymbol{\varepsilon}_1,\boldsymbol{\varepsilon}_2,\cdots,\boldsymbol{\varepsilon}_n$ 下的阵是 $\boldsymbol{A}_\sigma$, 则

$$\sigma(\boldsymbol{\varepsilon}_1,\boldsymbol{\varepsilon}_2,\cdots,\boldsymbol{\varepsilon}_n)=(\boldsymbol{\varepsilon}_1,\boldsymbol{\varepsilon}_2,\cdots,\boldsymbol{\varepsilon}_n)\boldsymbol{A}_\sigma,$$

即 $f(\sigma)=\boldsymbol{A}_\sigma$. 如果 σ 可逆, 则 σ^{-1} 存在且 $\sigma^{-1}\sigma=\mathbf{1}_V$, 又显然 $f(\mathbf{1}_V)=\boldsymbol{I}_n$, 故 $f(\sigma^{-1}\sigma)=\boldsymbol{I}_n$, 即有 $\boldsymbol{A}_{\sigma^{-1}}\boldsymbol{A}_\sigma=\boldsymbol{I}_n$, 由此可得 (i) 的必要性及 (ii). 反之, 若 $\boldsymbol{A}_\sigma$ 可逆, 令 $f(\tau)=\boldsymbol{A}_\sigma^{-1}$, 于是 $f(\sigma\tau)=f(\tau\sigma)=\boldsymbol{I}_n$, 故 $\sigma\tau=\tau\sigma=\mathbf{1}_V$, 即 σ 可逆. 这证明了 (i) 之充分性. □

例 9.12 设 σ 是数域 $\mathbb{F}$ 上 n 维线性空间 V 的幂等线性变换, 证明在 V 中存在一个基, 使得 σ 在这个基下的矩阵 $\boldsymbol{A}=\mathrm{diag}(\boldsymbol{I}_r,\boldsymbol{O})$, 其中 $r=$ 秩 $\boldsymbol{A}$.

证明 因为 σ 是幂等变换, 由命题 9.5 得 $V=\ker\sigma\oplus\mathrm{Im}\sigma$, 并且 σ 是平行于 $\ker\sigma$ 在 $\mathrm{Im}\sigma$ 上的投影. 在 $\mathrm{Im}\sigma$ 中取一个基 $\boldsymbol{\alpha}_1,\boldsymbol{\alpha}_2,\cdots,\boldsymbol{\alpha}_r$, 在 $\ker\sigma$ 中取一个基 $\boldsymbol{\alpha}_{r+1},\boldsymbol{\alpha}_{r+2},\cdots,\boldsymbol{\alpha}_n$, 则 $\boldsymbol{\alpha}_1,\boldsymbol{\alpha}_2,\cdots,\boldsymbol{\alpha}_r,\boldsymbol{\alpha}_{r+1},\boldsymbol{\alpha}_{r+2},\cdots,\boldsymbol{\alpha}_n$ 是 V 的基. 因为

$$\sigma(\boldsymbol{\alpha}_1)=\boldsymbol{\alpha}_1,\sigma(\boldsymbol{\alpha}_2)=\boldsymbol{\alpha}_2,\cdots,\sigma(\boldsymbol{\alpha}_r)=\boldsymbol{\alpha}_r,\sigma(\boldsymbol{\alpha}_{r+1})=\mathbf{0},\sigma(\boldsymbol{\alpha}_{r+2})=\mathbf{0},\cdots,\sigma(\boldsymbol{\alpha}_n)=\mathbf{0},$$

所以 $\sigma(\boldsymbol{\alpha}_1,\boldsymbol{\alpha}_2,\cdots,\boldsymbol{\alpha}_n)=(\boldsymbol{\alpha}_1,\boldsymbol{\alpha}_2,\cdots,\boldsymbol{\alpha}_n)\begin{pmatrix}\boldsymbol{I}_r & \boldsymbol{O}\\ \boldsymbol{O} & \boldsymbol{O}\end{pmatrix}$, 且显然有 $r=\dim\mathrm{Im}\sigma=$ 秩 $(\boldsymbol{A})$. □

练　习　9.4

9.4.1　在 $\mathbb{R}^{\mathbb{R}}$ 中, 由下述四个函数

$$\boldsymbol{\varepsilon}_1=\mathrm{e}^{ax}\sin bx,\quad \boldsymbol{\varepsilon}_2=\mathrm{e}^{ax}\cos bx,\quad \boldsymbol{\varepsilon}_3=x\mathrm{e}^{ax}\sin bx,\quad \boldsymbol{\varepsilon}_4=x\mathrm{e}^{ax}\cos bx$$

生成的四维子空间记作 V, 证明求微商 D 是 V 上的一个线性变换, 并求 D 在基 $\boldsymbol{\varepsilon}_1,\boldsymbol{\varepsilon}_2,\boldsymbol{\varepsilon}_3,\boldsymbol{\varepsilon}_4$ 下的矩阵.

9.4.2　在 $\mathbb{F}[x]_n$ 中 $(n>1)$, 证明求导变换 D 在任一个基下的矩阵都不可能是对角阵.

9.4.3　设 $a,b,c,d\in\mathbb{F}$, 在 $\mathbb{F}^{2\times 2}$ 中定义如下变换

$$\sigma_1(\boldsymbol{X})=\begin{pmatrix}a & b\\ c & d\end{pmatrix}\boldsymbol{X},\quad \sigma_2(\boldsymbol{X})=\boldsymbol{X}\begin{pmatrix}a & b\\ c & d\end{pmatrix},\quad \sigma_3(\boldsymbol{X})=\begin{pmatrix}a & b\\ c & d\end{pmatrix}\boldsymbol{X}\begin{pmatrix}a & b\\ c & d\end{pmatrix},$$

证明 $\sigma_1,\sigma_2,\sigma_3\in\mathrm{Hom}(\mathbb{F}^{2\times 2},\mathbb{F}^{2\times 2})$, 并分别求 $\sigma_1,\sigma_2,\sigma_3$ 在基 $\boldsymbol{E}_{11},\boldsymbol{E}_{12},\boldsymbol{E}_{21},\boldsymbol{E}_{22}$ 下的矩阵.

9.4.4　在 n 维线性空间 V 中, 设对线性变换 σ 及 $\boldsymbol{\alpha}\in V$ 有 $\sigma^{n-1}(\boldsymbol{\alpha})\neq 0$, 但是 $\sigma^n(\boldsymbol{\alpha})=0$, 证明 V 中存在一个基, 使得 σ 在这个基下的矩阵是

$$\begin{pmatrix}0 & & & & \\ 1 & 0 & & & \\ & 1 & \ddots & & \\ & & \ddots & \ddots & \\ & & & 1 & 0\end{pmatrix}.$$

9.4.5　设 V 是数域 $\mathbb{F}$ 上 n 维线性空间, 证明 V 的与全体线性变换可以交换的线性变换是数乘变换.

9.4.6　设 V 和 W 分别为数域 $\mathbb{F}$ 上 m 维和 n 维线性空间, $\sigma\in\mathrm{Hom}(V,W)$, 且 σ 的秩为 r, 证明 σ 能表示为 r 个秩 1 的线性映射的和.

9.5　线性变换在不同基下的矩阵 · 特征值和特征向量 · 可对角化条件

从 9.4 节已经看到, 当 V 是 n 维线性空间时, 不仅作为线性空间来说, $\mathrm{Hom}(V,V)$ 与 $\mathbb{F}^{n\times n}$ 是同构的, 而且这个同构映射还保持乘法运算, 所以甚至可以说作为加法和乘法都封闭的线性变换环与矩阵环 $\mathbb{F}^{n\times n}$ 是同构的. 注意这些同构映射都是在选

定一个基时产生的. 如果所选的基不是原来那个时, 线性变换所对应的矩阵如何变化呢?

定理 9.7 设 V 是数域 $\mathbb{F}$ 上 n 维线性空间, σ 是 V 的线性变换, 又设 $\varepsilon_1,\varepsilon_2,\cdots,\varepsilon_n$ 与 $\boldsymbol{\eta}_1,\boldsymbol{\eta}_2,\cdots,\boldsymbol{\eta}_n$ 是 V 的两个基, 且

$$\sigma(\boldsymbol{\varepsilon}_1,\boldsymbol{\varepsilon}_2,\cdots,\boldsymbol{\varepsilon}_n)=(\boldsymbol{\varepsilon}_1,\boldsymbol{\varepsilon}_2,\cdots,\boldsymbol{\varepsilon}_n)\boldsymbol{A}, \tag{9.3}$$

$$\sigma(\boldsymbol{\eta}_1,\boldsymbol{\eta}_2,\cdots,\boldsymbol{\eta}_n)=(\boldsymbol{\eta}_1,\boldsymbol{\eta}_2,\cdots,\boldsymbol{\eta}_n)\boldsymbol{B}, \tag{9.4}$$

$$(\boldsymbol{\eta}_1,\boldsymbol{\eta}_2,\cdots,\boldsymbol{\eta}_n)=(\boldsymbol{\varepsilon}_1,\boldsymbol{\varepsilon}_2,\cdots,\boldsymbol{\varepsilon}_n)\boldsymbol{T}, \tag{9.5}$$

则 $\boldsymbol{B}=\boldsymbol{T}^{-1}\boldsymbol{AT}$.

证明 将 (9.5) 式代入 (9.4) 式利用 (9.3) 式及 (9.5) 式得

$$\begin{aligned}\sigma(\boldsymbol{\eta}_1,\boldsymbol{\eta}_2,\cdots,\boldsymbol{\eta}_n)&=\sigma((\boldsymbol{\varepsilon}_1,\boldsymbol{\varepsilon}_2,\cdots,\boldsymbol{\varepsilon}_n)\boldsymbol{T})=((\boldsymbol{\varepsilon}_1,\boldsymbol{\varepsilon}_2,\cdots,\boldsymbol{\varepsilon}_n)\boldsymbol{A})\boldsymbol{T}\\&=(\boldsymbol{\varepsilon}_1,\boldsymbol{\varepsilon}_2,\cdots,\boldsymbol{\varepsilon}_n)(\boldsymbol{AT})=((\boldsymbol{\eta}_1,\boldsymbol{\eta}_2,\cdots,\boldsymbol{\eta}_n)\boldsymbol{T}^{-1})\boldsymbol{AT}\\&=(\boldsymbol{\eta}_1,\boldsymbol{\eta}_2,\cdots,\boldsymbol{\eta}_n)(\boldsymbol{T}^{-1}\boldsymbol{AT}).\end{aligned}$$

再由 (9.4) 式易见 $\boldsymbol{B}=\boldsymbol{T}^{-1}\boldsymbol{AT}$. □

从定理 9.7 可以看出同一线性变换在不同基下的矩阵是相似的. 所以在相似关系下的不变量就反映线性变换最内在的性质, 它们与基的选取无关. 例如, n 阶阵的行列式、迹、秩、特征值、特征多项式和最小多项式等都是相似不变量. 因而对线性变换来说也有如上的各概念, 它们由线性变换在一个基下的矩阵来定义 (有的也可以直接定义), 当然也有在前些章得到的一些基本结果. 我们挑一些列举如下:

(1) 设 $\sigma(\boldsymbol{\alpha})=\lambda\boldsymbol{\alpha},\lambda\in\mathbb{F},\boldsymbol{0}\neq\boldsymbol{\alpha}\in V$, 则称 λ 为 σ**的一个特征值**, $\boldsymbol{\alpha}$ 为**属于特征值 λ 的一个特征向量**. 求特征值和特征向量的方法可沿用第 4 章的矩阵方法, 最后用基底表示结果.

(2) 称 $f(\sigma)=|\lambda\boldsymbol{I}-\boldsymbol{A}|$ 为 σ 的特征多项式, 于是有关于线性变换 σ 的**哈密顿 - 凯莱定理**: $f(\sigma)=0$, 即 σ **的特征多项式是** σ **的化零多项式**.

当然又可定义 σ **的最小多项式**是 σ 的首 1 的最低次数的化零多项式.

(3) 若存在一个基, σ 在该基下的矩阵是对角阵, 则称 σ **可对角化**. 由第 4 章及第 7 章矩阵相似于对角阵的相应结果, 有

$$\begin{aligned}\sigma\text{ 可对角化}&\Leftrightarrow\sigma\text{ 有 }n\text{ 个线性无关的特征向量}\\&\Leftrightarrow\sigma\text{ 的最小多项式无重根(所有根在 }\mathbb{F}\text{ 中)}\\&\Leftarrow\sigma\text{ 有 }n\text{ 个互不相同的特征值.}\end{aligned}$$

为了扩展线性变换可对角化的条件, 引出下面的概念.

定义 9.4 设 V 是数域 $\mathbb{F}$ 上线性空间, σ 是 V 的一个线性变换, 令 $V_{\lambda_0}=\{\boldsymbol{\alpha}\in V|\sigma(\boldsymbol{\alpha})=\lambda_0\boldsymbol{\alpha}\}$, 容易验证 V_{λ_0} 是 V 的子空间 (写出理由), 称 V_{λ_0} 是 σ **的属于特征值 λ_0 的特征子空间.**

定理 9.8 n 维线性空间 V 上的线性变换 σ 的全部不同特征值是 $\lambda_1,\lambda_2,\cdots,\lambda_m$, 则

$$\sigma\text{可对角化}\Leftrightarrow V=V_{\lambda_1}\oplus V_{\lambda_2}\oplus\cdots\oplus V_{\lambda_m}.$$

证明 充分性. 由 $\sum\limits_{i=1}^{m}V_{\lambda_i}$ 是直和, 在 $V_{\lambda_1},V_{\lambda_2},\cdots,V_{\lambda_m}$ 中各取一个基, 把它们并起来就是 V 的一个由特征向量构成的基, 从而 σ 可对角化.

必要性. 由 σ 可对角化, 则 σ 有 n 个线性无关的特征向量, 将这些特征向量按所属特征值分开, 显然得 $V=V_{\lambda_1}+V_{\lambda_2}+\cdots+V_{\lambda_m}$, 看维数可知此和为直和. □

推论 9.7 设 n 维线性空间 V 上的线性变换 σ 的全部不同特征值是 $\lambda_1,\lambda_2,\cdots,\lambda_m$, 则 σ 可对角化 $\Leftrightarrow \dim V_{\lambda_1}+\dim V_{\lambda_2}+\cdots+\dim V_{\lambda_m}=n$.

例 9.13 设 $\boldsymbol{\varepsilon}_1,\boldsymbol{\varepsilon}_2,\boldsymbol{\varepsilon}_3$ 为 V 的一个基, $\sigma\in\mathrm{Hom}(V,V)$ 在 $\boldsymbol{\varepsilon}_1,\boldsymbol{\varepsilon}_2,\boldsymbol{\varepsilon}_3$ 下的矩阵是

$$\boldsymbol{A}=\begin{pmatrix}a_{11}&a_{12}&a_{13}\\a_{21}&a_{22}&a_{23}\\a_{31}&a_{32}&a_{33}\end{pmatrix},$$

求 σ 在基 $\boldsymbol{\varepsilon}_1,\boldsymbol{\varepsilon}_1+\boldsymbol{\varepsilon}_2,\boldsymbol{\varepsilon}_3$ 下的矩阵.

解 由于

$$(\boldsymbol{\varepsilon}_1,\boldsymbol{\varepsilon}_1+\boldsymbol{\varepsilon}_2,\boldsymbol{\varepsilon}_3)=(\boldsymbol{\varepsilon}_1,\boldsymbol{\varepsilon}_2,\boldsymbol{\varepsilon}_3)\begin{pmatrix}1&1&0\\0&1&0\\0&0&1\end{pmatrix},$$

设

$$\sigma(\boldsymbol{\varepsilon}_1,\boldsymbol{\varepsilon}_1+\boldsymbol{\varepsilon}_2,\boldsymbol{\varepsilon}_3)=(\boldsymbol{\varepsilon}_1,\boldsymbol{\varepsilon}_1+\boldsymbol{\varepsilon}_2,\boldsymbol{\varepsilon}_3)\boldsymbol{B},$$

则

$$\begin{aligned}\boldsymbol{B}&=\begin{pmatrix}1&1&0\\0&1&0\\0&0&1\end{pmatrix}^{-1}\boldsymbol{A}\begin{pmatrix}1&1&0\\0&1&0\\0&0&1\end{pmatrix}\\&=\begin{pmatrix}a_{11}-a_{21}&a_{11}+a_{12}-a_{21}-a_{22}&a_{13}-a_{23}\\a_{21}&a_{21}+a_{22}&a_{23}\\a_{31}&a_{31}+a_{32}&a_{33}\end{pmatrix}.\end{aligned}$$

□

例 9.14 设 $\boldsymbol{\alpha}_1,\boldsymbol{\alpha}_2,\boldsymbol{\alpha}_3,\boldsymbol{\alpha}_4$ 是数域 $\mathbb{F}$ 上的四维线性空间 V 的一个基, 线性变换 σ 在这个基下的矩阵是

$$\begin{pmatrix} 1 & 0 & 0 & 0 \\ 0 & 0 & 0 & 0 \\ 1 & 0 & 0 & 0 \\ 0 & 0 & 0 & 1 \end{pmatrix}.$$

(1) 求 σ 的特征值与特征向量;

(2) 求 V 的一个基, 使得 σ 在这个基下的矩阵是对角阵, 并写出这个对角阵.

解 (1) $|\lambda \boldsymbol{I}-\boldsymbol{A}|=\lambda^2(\lambda-1)^2, \lambda=0$ 时求出 $\boldsymbol{A}$ 的特征向量 $\begin{pmatrix} 0 \\ 1 \\ 0 \\ 0 \end{pmatrix}, \begin{pmatrix} 0 \\ 0 \\ 1 \\ 0 \end{pmatrix}$, $\lambda=1$ 时又求出 $\boldsymbol{A}$ 的特征向量 $\begin{pmatrix} 1 \\ 0 \\ 1 \\ 0 \end{pmatrix}, \begin{pmatrix} 0 \\ 0 \\ 0 \\ 1 \end{pmatrix}$. 所以 σ 的特征值分别为 0 和 1, 其所属特征向量分别为 $k_2\boldsymbol{\alpha}_2+k_3\boldsymbol{\alpha}_3(k_2,k_3$ 不全为 $0)$ 和 $k_1(\boldsymbol{\alpha}_1+\boldsymbol{\alpha}_3)+k_4\boldsymbol{\alpha}_4(k_1,k_4$ 不全为 $0)$.

(2) 取基 $\boldsymbol{\alpha}_1+\boldsymbol{\alpha}_3,\boldsymbol{\alpha}_2,\boldsymbol{\alpha}_3,\boldsymbol{\alpha}_4$, 则易见

$$\sigma(\boldsymbol{\alpha}_1+\boldsymbol{\alpha}_3,\boldsymbol{\alpha}_2,\boldsymbol{\alpha}_3,\boldsymbol{\alpha}_4)=(\boldsymbol{\alpha}_1+\boldsymbol{\alpha}_3,\boldsymbol{\alpha}_2,\boldsymbol{\alpha}_3,\boldsymbol{\alpha}_4)\begin{pmatrix} 1 & & & \\ & 0 & & \\ & & 0 & \\ & & & 1 \end{pmatrix}.$$ □

练 习 9.5

9.5.1 设数域 $\mathbb{F}$ 上的三维线性空间 V 的线性变换 σ 在一个基 $\varepsilon_1,\varepsilon_2,\varepsilon_3$ 下的矩阵是

(1) $\boldsymbol{A}=\begin{pmatrix} 2 & -2 & 2 \\ -2 & -1 & 4 \\ 2 & 4 & -1 \end{pmatrix}$; (2) $\boldsymbol{B}=\begin{pmatrix} 0 & 0 & 0 \\ 1 & 0 & 0 \\ 1 & 2 & 0 \end{pmatrix}$.

求 σ 的全部特征值和特征向量, 当 σ 可对角化时求一个基使 σ 在该基下的矩阵是对角阵, 写出这个对角阵. 当 σ 不可对角化时说明理由.

9.5.2 设

$$\boldsymbol{A}=\begin{pmatrix} 0 & 1 & 1 \\ 1 & 0 & 2 \\ 1 & 2 & 0 \end{pmatrix},$$

求可逆阵 $\boldsymbol{P}$ 使 $\boldsymbol{P}^{-1}\boldsymbol{A}\boldsymbol{P}$ 为对角阵.

9.5.3 设 $\boldsymbol{\varepsilon}_1,\boldsymbol{\varepsilon}_2,\boldsymbol{\varepsilon}_3$ 是 V 的基, $\sigma\in\mathrm{Hom}(V,V)$ 在 $\boldsymbol{\varepsilon}_1,\boldsymbol{\varepsilon}_2,\boldsymbol{\varepsilon}_3$ 下的矩阵是

$$\boldsymbol{A}=\begin{pmatrix} a_{11} & a_{12} & a_{13}\\ a_{21} & a_{22} & a_{23}\\ a_{31} & a_{32} & a_{33}\end{pmatrix},$$

求 σ 在基 $\boldsymbol{\varepsilon}_3,\boldsymbol{\varepsilon}_2,\boldsymbol{\varepsilon}_1-\boldsymbol{\varepsilon}_3$ 下的矩阵 $\boldsymbol{B}$.

9.5.4 σ 为实数域上 n 维线性空间 V 的线性变换, 且 $\sigma^2+\sigma+\mathbf{1}_V=0$. 证明 σ 不可对角化.

9.5.5 设 σ 是数域 $\mathbb{F}$ 上 n 维线性空间 V 的一个线性变换, 如果 σ 在各个基下的矩阵都相同, 证明 σ 是数乘变换.

9.5.6 设 V 是数域 $\mathbb{F}$ 上任一线性空间, 证明: 如果 V 上的线性变换以 V 中每个非零向量为其特征向量, 则这个线性变换是数乘变换.

9.5.7 设 V 为数域 $\mathbb{F}$ 上 n 维线性空间, σ 为 V 的一个线性变换, 且 $\sigma^2=\mathbf{1}_V$, 证明:

(i) σ 的特征值只能是 ±1; (ii) $V=V_1\oplus V_{-1}$.

9.6 线性变换的不变子空间

求一个方阵在相似下的最简形曾经是我们的一个重要目标. 从线性变换的观点来看其实就是找到一个基, 使线性变换在这个基下的矩阵是最简单的. 尽管对角阵是相当简单的矩阵类型, 然而矩阵相似于对角阵是需要条件的. 也就是说, 并非 n 维线性空间的任意线性变换都可以对角化. 为了寻找任意 n 阶阵在相似下的最简形, 也就是寻找线性变换 σ 在一个基下具有最简单形状, 我们考虑 σ 的矩阵是对角块阵 $\mathrm{diag}(\boldsymbol{A}_1,\boldsymbol{A}_2,\cdots,\boldsymbol{A}_t)$ 时需要什么条件. 考虑最简单情况:

$$\sigma(\boldsymbol{\varepsilon}_1,\boldsymbol{\varepsilon}_2,\cdots,\boldsymbol{\varepsilon}_r,\boldsymbol{\varepsilon}_{r+1},\boldsymbol{\varepsilon}_{r+2},\cdots,\boldsymbol{\varepsilon}_n)=(\boldsymbol{\varepsilon}_1,\boldsymbol{\varepsilon}_2,\cdots,\boldsymbol{\varepsilon}_r,\boldsymbol{\varepsilon}_{r+1},\boldsymbol{\varepsilon}_{r+2},\cdots,\boldsymbol{\varepsilon}_n)\begin{pmatrix}\boldsymbol{A}_1 & \boldsymbol{O}\\ \boldsymbol{O} & \boldsymbol{A}_2\end{pmatrix},$$

很明显, 上式意味着

$$\sigma(\boldsymbol{\varepsilon}_1,\boldsymbol{\varepsilon}_2,\cdots,\boldsymbol{\varepsilon}_r)=(\boldsymbol{\varepsilon}_1,\boldsymbol{\varepsilon}_2,\cdots,\boldsymbol{\varepsilon}_r)\boldsymbol{A}_1,$$

$$\sigma(\boldsymbol{\varepsilon}_{r+1},\boldsymbol{\varepsilon}_{r+2},\cdots,\boldsymbol{\varepsilon}_n)=(\boldsymbol{\varepsilon}_{r+1},\boldsymbol{\varepsilon}_{r+2},\cdots,\boldsymbol{\varepsilon}_n)\boldsymbol{A}_2.$$

令 $W_1=\langle\boldsymbol{\varepsilon}_1,\boldsymbol{\varepsilon}_2,\cdots,\boldsymbol{\varepsilon}_r\rangle, W_2=\langle\boldsymbol{\varepsilon}_{r+1},\boldsymbol{\varepsilon}_{r+2},\cdots,\boldsymbol{\varepsilon}_n\rangle$, 上二式意味着 $\sigma(W_1)\subset W_1$, $\sigma(W_2)\subset W_2$. 这引出如下概念.

定义 9.5 设 W 是数域 $\mathbb{F}$ 上线性空间 V 的子空间, $\sigma\in\mathrm{Hom}(V,V)$, 如果 $\sigma(\boldsymbol{\alpha})\in W,\forall\boldsymbol{\alpha}\in W$, 则称 W 是 σ **的不变子空间**, 简称 **σ-子空间**. 此时 σ 可看作 W 的线性变换, 记为 $\sigma|_W$.

例 9.15 $\{0\}$ 和 V 是任意线性变换 σ 的平凡不变子空间.

例 9.16 设 $\sigma\in \mathrm{Hom}(V,V)$, 则 $\ker\sigma$ 和 $\mathrm{Im}\sigma$ 是 σ-子空间. 事实上, $\boldsymbol{\alpha}\in\ker\sigma$, 则 $\sigma(\boldsymbol{\alpha})=\mathbf{0}\in\ker\sigma, \boldsymbol{\alpha}\in\mathrm{Im}\sigma$, 则 $\sigma(\boldsymbol{\alpha})\in\mathrm{Im}\sigma$.

例 9.17 设 λ 是 σ 的一个特征值, 则 V_λ 是 σ-子空间 (证略).

例 9.18 设 $\sigma,\tau\in\mathrm{Hom}(V,V)$, 且 $\sigma\tau=\tau\sigma$, 则 σ 的核、像和特征子空间是 τ 的不变子空间.

证明 任取 $\boldsymbol{\alpha}\in\ker\sigma$, 则 $\sigma(\boldsymbol{\alpha})=\mathbf{0}$, 现在看 $\sigma(\tau(\boldsymbol{\alpha}))=(\sigma\tau)(\boldsymbol{\alpha})=(\tau\sigma)(\boldsymbol{\alpha})=\tau(\mathbf{0})=\mathbf{0}$, 这意味着 $\tau(\boldsymbol{\alpha})\in\ker\sigma$, 即 $\ker\sigma$ 是 τ-子空间.

又任取 $\boldsymbol{\alpha}\in\mathrm{Im}\sigma$, 则存在 $\boldsymbol{\beta}\in V$ 使 $\sigma(\boldsymbol{\beta})=\boldsymbol{\alpha}$, 从而 $\tau(\boldsymbol{\alpha})=\tau(\sigma(\boldsymbol{\beta}))=(\tau\sigma)(\boldsymbol{\beta})=\sigma(\tau(\boldsymbol{\beta}))\in\mathrm{Im}\sigma$, 这说明 $\mathrm{Im}\sigma$ 是 τ-子空间.

设 V_λ 为 σ 的特征子空间, 任取 $\boldsymbol{\alpha}\in V_\lambda$, 则 $\sigma(\boldsymbol{\alpha})=\lambda\boldsymbol{\alpha}$, 从而 $\sigma(\tau(\boldsymbol{\alpha}))=(\sigma\tau)\boldsymbol{\alpha}=(\tau\sigma)(\boldsymbol{\alpha})=\tau\sigma(\boldsymbol{\alpha})=\tau(\lambda\boldsymbol{\alpha})=\lambda\tau(\boldsymbol{\alpha})$, 即 $\tau(\boldsymbol{\alpha})\in V_\lambda$, 这说明 V_λ 是 τ-子空间. □

例 9.19 线性变换 σ-子空间的交与和仍为 σ-子空间.

证明 设 $V_1,V_2,\cdots,V_s$ 都是 σ-子空间, 任取 $\boldsymbol{\alpha}\in\sum\limits_{i=1}^{s}V_i$, 则 $\boldsymbol{\alpha}=\sum\limits_{i=1}^{s}\boldsymbol{\alpha}_i$, 其中 $\boldsymbol{\alpha}_1\in V_1,\boldsymbol{\alpha}_2\in V_2,\cdots,\boldsymbol{\alpha}_s\in V_s$. 现在看 $\sigma(\boldsymbol{\alpha})=\sigma(\boldsymbol{\alpha}_1+\boldsymbol{\alpha}_2+\cdots+\boldsymbol{\alpha}_s)=\sigma(\boldsymbol{\alpha}_1)+\sigma(\boldsymbol{\alpha}_2)+\cdots+\sigma(\boldsymbol{\alpha}_s)$, 由于 V_i 是 σ-子空间, 从而 $\sigma(\boldsymbol{\alpha})\in\sum\limits_{i=1}^{s}V_i$, $\sum\limits_{i=1}^{s}V_i$ 是 σ-子空间.

任取 $\boldsymbol{\alpha}\in\bigcap\limits_{i=1}^{s}V_i$, 显然有 $\sigma(\boldsymbol{\alpha})\in\bigcap\limits_{i=1}^{s}V_i$. 因此 $\bigcap\limits_{i=1}^{s}V_i$ 是 σ-子空间. □

例 9.20 V 的任何一个子空间都是数乘变换的不变子空间. (证略)

命题 9.6 设 V 的子空间 $W=\langle\boldsymbol{\alpha}_1,\boldsymbol{\alpha}_2,\cdots,\boldsymbol{\alpha}_m\rangle$, 则 W 是线性变换 σ 的不变子空间当且仅当 $\sigma(\boldsymbol{\alpha}_i)\in W,\ i=1,2,\cdots,m$.

证明 必要性显然. 任取 $\boldsymbol{\alpha}\in W$, 设 $\boldsymbol{\alpha}=\sum\limits_{i=1}^{m}k_i\boldsymbol{\alpha}_i$, 于是 $\sigma(\boldsymbol{\alpha})=\sum\limits_{i=1}^{m}k_i\sigma\boldsymbol{\alpha}_i\in W$, 故 W 是 σ-子空间, 这证明了充分性. □

定理 9.9 设 V 是数域 $\mathbb{F}$ 上 n 维线性空间, σ 是 V 的线性变换, 则 σ 可对角化当且仅当 V 可分解为 σ 的一维不变子空间的直和.

证明 必要性. 设 σ 可对角化, 则 V 中存在由 σ 的特征向量组成的一个基 $\boldsymbol{\alpha}_1,\boldsymbol{\alpha}_2,\cdots,\boldsymbol{\alpha}_n$, 因此

$$V=\langle\boldsymbol{\alpha}_1\rangle\oplus\langle\boldsymbol{\alpha}_2\rangle\oplus\cdots\oplus\langle\boldsymbol{\alpha}_n\rangle,$$

显然 $\langle\boldsymbol{\alpha}_i\rangle$ 是 σ 的一维不变子空间.

充分性. 设 $V=W_1\oplus W_2\oplus\cdots\oplus W_n$, 而 $W_i=\langle\boldsymbol{\alpha}_i\rangle$ 为 σ 的一维不变子空间, 故 $\sigma(\boldsymbol{\alpha}_i)=\lambda_i\boldsymbol{\alpha}_i,\boldsymbol{\alpha}_i\neq\mathbf{0},\lambda_i\in\mathbb{F}$, 于是 $\boldsymbol{\alpha}_i$ 是 σ 的特征向量, $i=1,2,\cdots,n$. 而特征向量 $\boldsymbol{\alpha}_1,\boldsymbol{\alpha}_2,\cdots,\boldsymbol{\alpha}_n$ 线性无关, 故 σ 可对角化. □

定理 9.10 设 σ 是数域 $\mathbb{F}$ 上 n 维线性空间的线性变换, 则 σ 有非平凡的不变子空间的充要条件是 σ 在一个基下的矩阵形如 $\begin{pmatrix} \boldsymbol{A}_1 & \boldsymbol{A}_3 \\ \boldsymbol{O} & \boldsymbol{A}_2 \end{pmatrix}$ 所示, 其中 $\boldsymbol{A}_1$ 和 $\boldsymbol{A}_2$ 分别为 r 阶和 $n-r$ 阶矩阵, 且 $0<r<n$.

证明 设 W 是 σ 的非平凡不变子空间, 在 W 中取基 $\boldsymbol{\alpha}_1,\boldsymbol{\alpha}_2,\cdots,\boldsymbol{\alpha}_r, 0<r<n$, 将其扩充为 V 之基 $\boldsymbol{\alpha}_1,\boldsymbol{\alpha}_2,\cdots,\boldsymbol{\alpha}_r,\boldsymbol{\alpha}_{r+1},\cdots,\boldsymbol{\alpha}_n$(因为 $\sigma(\boldsymbol{\alpha}_j)\in W, j=1,2,\cdots,r$), 所以

$$\sigma(\boldsymbol{\alpha}_1,\boldsymbol{\alpha}_2,\cdots,\boldsymbol{\alpha}_n)=(\boldsymbol{\alpha}_1,\boldsymbol{\alpha}_2,\cdots,\boldsymbol{\alpha}_n)\begin{pmatrix} \boldsymbol{A}_1 & \boldsymbol{A}_3 \\ \boldsymbol{O} & \boldsymbol{A}_2 \end{pmatrix}, \quad \boldsymbol{A}_1\in\mathbb{F}^{r\times r}. \tag{9.6}$$

这证明了必要性.

反之, 若 σ 在 V 的一个基 $\boldsymbol{\alpha}_1,\boldsymbol{\alpha}_2,\cdots,\boldsymbol{\alpha}_n$ 下的矩阵如 (9.6) 式所示, 则显然

$$\sigma(\boldsymbol{\alpha}_1)=a_{11}\boldsymbol{\alpha}_1+a_{21}\boldsymbol{\alpha}_2+\cdots+a_{r1}\boldsymbol{\alpha}_r,$$

$$\sigma(\boldsymbol{\alpha}_2)=a_{12}\boldsymbol{\alpha}_1+a_{22}\boldsymbol{\alpha}_2+\cdots+a_{r2}\boldsymbol{\alpha}_r,$$

$$\cdots\cdots$$

$$\sigma(\boldsymbol{\alpha}_r)=a_{1r}\boldsymbol{\alpha}_1+a_{2r}\boldsymbol{\alpha}_2+\cdots+a_{rr}\boldsymbol{\alpha}_r,$$

令 $W=\langle\boldsymbol{\alpha}_1,\boldsymbol{\alpha}_2,\cdots,\boldsymbol{\alpha}_r\rangle$, 由上看出 $\sigma(\boldsymbol{\alpha}_j)\in W, j=1,2,\cdots,r$, 所以 W 是 σ-子空间. 因 $0<r<n$, 故 W 是非平凡子空间. □

定理 9.11 设 σ 是数域 $\mathbb{F}$ 上 n 维线性空间 V 的线性变换, 则 σ 在 V 的一个基下的矩阵是对角分块的充分必要条件是: V 能分解成 σ 的若干个不变子空间的直和.

证明 必要性. 设 σ 在 V 的一个基 $\boldsymbol{\alpha}_{11},\cdots,\boldsymbol{\alpha}_{1r_1},\boldsymbol{\alpha}_{21},\cdots,\boldsymbol{\alpha}_{2r_2},\cdots,\boldsymbol{\alpha}_{s1},\cdots,\boldsymbol{\alpha}_{sr_s}$ 下的矩阵 $\boldsymbol{A}=\mathrm{diag}(\boldsymbol{A}_1,\boldsymbol{A}_2,\cdots,\boldsymbol{A}_s)$, 其中 $\boldsymbol{A}_i$ 是 r_i 阶的. 令 $W_1=\langle\boldsymbol{\alpha}_{11},\cdots,\boldsymbol{\alpha}_{1r_1}\rangle, W_2=\langle\boldsymbol{\alpha}_{21},\cdots,\boldsymbol{\alpha}_{2r_2}\rangle,\cdots,W_s=\langle\boldsymbol{\alpha}_{s1},\cdots,\boldsymbol{\alpha}_{sr_s}\rangle$. 由

$$\sigma(\boldsymbol{\alpha}_{j1},\boldsymbol{\alpha}_{j2},\cdots,\boldsymbol{\alpha}_{jr_j})=(\boldsymbol{\alpha}_{j1},\boldsymbol{\alpha}_{j2},\cdots,\boldsymbol{\alpha}_{jr_j})\boldsymbol{A}_j, \quad j=1,2,\cdots,s,$$

可知 W_j 是 σ-子空间, 又由于诸 W_j 的基合起来是 V 之基, 所以

$$V=W_1\oplus W_2\oplus\cdots\oplus W_s. \tag{9.7}$$

充分性. 设有 (9.7) 成立, 诸 W_j 为 σ 的不变子空间. 显然在每个 W_j 中取基 $\boldsymbol{\alpha}_{j1},\boldsymbol{\alpha}_{j2},\cdots,\boldsymbol{\alpha}_{jr_j}$, 由 (9.7) 知将其并起来可得 V 之基, 在此基下 σ 有准对角阵如 $\mathrm{diag}(\boldsymbol{A}_1,\boldsymbol{A}_2,\cdots,\boldsymbol{A}_s)$. □

练 习 9.6

9.6.1 设 $\sigma \in \mathrm{Hom}(V, V)$, W 为 σ-子空间, $f(x) \in \mathbb{F}[x]$, 证明 W 为 $f(\sigma)$-子空间.

9.6.2 线性空间 V 有基 $\boldsymbol{\alpha}_1, \boldsymbol{\alpha}_2, \boldsymbol{\alpha}_3, \boldsymbol{\alpha}_4, \sigma \in \mathrm{Hom}(V, V)$, σ 在基 $\boldsymbol{\alpha}_1, \boldsymbol{\alpha}_2, \boldsymbol{\alpha}_3, \boldsymbol{\alpha}_4$ 下的矩阵是

$$\boldsymbol{A} = \begin{pmatrix} 1 & 0 & 2 & -1 \\ 0 & 1 & 4 & -2 \\ 2 & -1 & 0 & 1 \\ 2 & -1 & -1 & 2 \end{pmatrix},$$

令 $W = \langle \boldsymbol{\alpha}_1 + 2\boldsymbol{\alpha}_2, \boldsymbol{\alpha}_2 + \boldsymbol{\alpha}_3 + \boldsymbol{\alpha}_4 \rangle, U = \langle \boldsymbol{\alpha}_1 + 2\boldsymbol{\alpha}_2, \boldsymbol{\alpha}_3 + \boldsymbol{\alpha}_4 \rangle$, 证明 W 不是 σ-子空间, U 是 σ-子空间.

9.6.3 设 W 是 V 上可逆线性变换 σ 的有限维不变子空间, 证明:

(1) $\sigma|_W$ 是 W 上的可逆线性变换;

(2) W 也是 σ^{-1}-子空间, 且 $(\sigma|_W)^{-1} = \sigma^{-1}|_W$.

9.6.4 设 V 是复数域上 n 维线性空间, σ, τ 是 V 的线性变换并且 $\sigma\tau = \tau\sigma$, 证明: σ 和 τ 至少有一个公共的特征向量.

9.6.5 设 W 是 V 的线性变换 σ 的不变子空间, 证明: W 在 σ 下的像 $\sigma(W)$ 以及 W 在 σ 下的原像 (记为 $\sigma^{-1}(W)$) 都是 σ-子空间, 其中 $\sigma^{-1}(W) = \{\boldsymbol{\alpha} \in V | \sigma(\boldsymbol{\alpha}) \in W\}$.

9.7* 线性变换的化简

本节考虑复数域 $\mathbb{C}$ 上 n 维线性空间 V 的任意一个线性变换 σ 的化简, 这个工作包括以下两个步骤.

(1) 将 V 分解成 σ 的各根子空间的直和, 即

$$V = V_1 \oplus V_2 \oplus \cdots \oplus V_s, \tag{9.8}$$

其中 $V_i = \ker(\sigma - \lambda_i \mathbf{1}_V)^{l_i}$ 称为 σ **的属于特征值 λ_i 的根子空间**, $i = 1, 2, \cdots, s$, σ 的特征多项式为 $(\lambda - \lambda_1)^{l_1}(\lambda - \lambda_2)^{l_2} \cdots (\lambda - \lambda_s)^{l_s}$, $\lambda_1, \lambda_2, \cdots, \lambda_s$ 是 σ 的所有不同的特征值.

由例 9.18 知 $V_1, V_2, \cdots, V_s$ 为 σ 的不变子空间. 根据 (9.8) 式及定理 9.11 知 σ 在一个基下的矩阵是准对角阵

$$\mathrm{diag}(\boldsymbol{A}_1, \boldsymbol{A}_2, \cdots, \boldsymbol{A}_s).$$

由于 $(\sigma - \lambda_i \mathbf{1}_V)|_{V_i}$ 是幂零的, 从而 $\boldsymbol{A}_i$ 的特征值仅为 $\lambda_i, i = 1, 2, \cdots, s$.

为说明第二个步骤, 先引出一个概念.

定义 9.6 设 σ 是线性空间 V 的一个线性变换, $W=\langle\boldsymbol{\xi},\sigma(\boldsymbol{\xi}),\cdots,\sigma^{r-1}(\boldsymbol{\xi})\rangle$ 是 V 的一个子空间, 其中 $\sigma^{r-1}(\boldsymbol{\xi})\neq\mathbf{0},\sigma^{r}(\boldsymbol{\xi})=\mathbf{0}$, 易见 $\sigma(W)\subset W$, 则称 W 是 V 的 σ 不变的一个**循环子空间**, 其中 $\boldsymbol{\xi},\sigma(\boldsymbol{\xi}),\cdots,\sigma^{r-1}(\boldsymbol{\xi})$ 称为 W 的**循环基**.

容易看出 $\sigma|_W$ 在循环基下的矩阵是

$$\begin{pmatrix} 0 & & & & \\ 1 & 0 & & & \\ & 1 & \ddots & & \\ & & \ddots & \ddots & \\ & & & 1 & 0 \end{pmatrix}.$$

(2) 将每个 V_i 再分解成若干个循环子空间的直和, 即

$$V_i=W_{i1}\oplus W_{i2}\oplus\cdots\oplus W_{it_i}, \tag{9.9}$$

其中 $W_{ij}=\langle(\sigma-\lambda_i\mathbf{1}_V)^{k_{ij}-1}\boldsymbol{\alpha}_j,\cdots,(\sigma-\lambda_i\mathbf{1}_V)\boldsymbol{\alpha}_j,\boldsymbol{\alpha}_j\rangle$, 令 $\tau_i=\sigma-\lambda_i\mathbf{1}_V$, 则显然 W_{ij} 是 V_i 的 τ_i 不变的一个循环子空间, $j=1,2,\cdots,t_i$. 因为 $\tau_i|_{W_{ij}}$ 在循环基下的矩阵是

$$\begin{pmatrix} 0 & & & & \\ 1 & 0 & & & \\ & 1 & \ddots & & \\ & & \ddots & \ddots & \\ & & & 1 & 0 \end{pmatrix},$$

所以 $\sigma|_{W_{ij}}$ 在该基下的矩阵为

$$\boldsymbol{J}_{ij}=\begin{pmatrix} \lambda_i & & & & \\ 1 & \lambda_i & & & \\ & 1 & \ddots & & \\ & & \ddots & \ddots & \\ & & & 1 & \lambda_i \end{pmatrix},$$

由 (9.9) 式, 进一步可知存在一个基使 $\boldsymbol{A}_i=\operatorname{diag}(\boldsymbol{J}_{i1},\boldsymbol{J}_{i2},\cdots,\boldsymbol{J}_{it_i})$.

将 (1) 及 (2) 两个步骤结合起来可以说, 存在 V 的一个基, 使 σ 在该基下的矩阵是若尔当标准形. 这样, 从线性变换的观点, 运用子空间分解的方法, 又一次给出了若尔当标准形的一个理论证明. 当然这个证明仅是粗略的, 其细微程度远远不够. 不过与第 7 章相结合能够解决更多的问题. 又作为学习线性代数基本方法来说, 不变子空间的方法是很重要的, 希望读者仔细体会并尽量掌握之.

作为复数域上有限维线性空间的线性变换的化简的总思路及框架, 甚至结论都已经说清楚了. 然而两个分解式即 (9.8) 与 (9.9) 的证明尚未给出. 我们想给出更一般性的两个定理, 将它们具体运用就可以得 (9.8) 式和 (9.9) 式.

定理 9.12 设 $f_1(x), f_2(x), \cdots, f_s(x) \in \mathbb{F}[x]$, 且它们两两互素, $f(x) = f_1(x) \cdot f_2(x) \cdots f_s(x)$, σ 为数域 $\mathbb{F}$ 上 n 维线性空间 V 的线性变换, 则

$$\ker f(\sigma) = \ker f_1(\sigma) \oplus \ker f_2(\sigma) \oplus \cdots \oplus \ker f_s(\sigma). \tag{9.10}$$

注3° 设 σ 的特征多项式是 $(\lambda-\lambda_1)^{l_1}(\lambda-\lambda_2)^{l_2}\cdots(\lambda-\lambda_s)^{l_s}$, 其中 $\lambda_1, \lambda_2, \cdots, \lambda_s$ 互不相同. 令 $f_1(x) = (x-\lambda_1)^{l_1}, f_2(x) = (x-\lambda_2)^{l_2}, \cdots, f_s(x) = (x-\lambda_s)^{l_s}$, 易见 $f_1(x), f_2(x), \cdots, f_s(x)$ 两两互素, 但由哈密顿–凯莱定理知 $f(\sigma) = 0$, 从而 $\ker f(\sigma) = V$, 于是由 (9.10) 式可得 (9.8) 式.

定理 9.13* 设 τ 是幂零变换, 且 $\tau \in \mathrm{Hom}(V, V)$, V 为 n 维线性空间, 则

$$V = W_1 \oplus W_2 \oplus \cdots \oplus W_s, \tag{9.11}$$

其中 W_j 是 τ 不变的 k_j 维循环子空间, 即 $W_j = \langle \tau^{k_j-1}(\boldsymbol{\eta}_j), \tau^{k_j-2}(\boldsymbol{\eta}_j), \cdots, \tau(\boldsymbol{\eta}_j), \boldsymbol{\eta}_j \rangle$, $\tau^{k_j}(\boldsymbol{\eta}_j) = \mathbf{0}$.

注4° 注意 $(\sigma - \lambda_i \mathbf{1}_V)|_{V_i}$ 是幂零的, 将 V 换成 V_i, 将 τ 换成 $(\sigma - \lambda_i \mathbf{1}_V)|_{V_i}$, 将 W_j 换成 W_{ij}, 将 k_j 换成 k_{ij}, 将 t_i 换成 s, 则由 (9.11) 式得 (9.9) 式.

下面给出两个定理的证明.

定理 9.12 的证明 对 s 用数学归纳法. $s = 1$ 显然. $s = 2$ 时, 将 8.8 节问题 8.7 中 n 阶阵 $\boldsymbol{A}$ 换成 σ, 则所证得的结论就是现在 $s = 2$ 时的结论. 假定定理对 $s-1$ 成立, 来看 s 的情形. 由 $f_1(x), f_2(x), \cdots, f_s(x)$ 两两互素可知 $(f_1(x)f_2(x), \cdots f_{s-1}(x), f_s(x)) = 1$, 记 $g(x) = f_1(x)f_2(x), \cdots f_{s-1}(x)$, 由 $s = 2$ 的结论知

$$\ker f(\sigma) = \ker g(\sigma) \oplus \ker f_s(\sigma). \tag{9.12}$$

再由归纳假设知 $\ker g(\sigma) = \ker f_1(\sigma) \oplus \ker f_2(\sigma) \oplus \cdots \oplus \ker f_{s-1}(\sigma)$, 将其代入 (9.12) 式可得 (9.10) 式.

定理 9.13 的证明 对 $\dim V$ 用归纳法. 当 $\dim V = 1$ 时, $V = \langle \boldsymbol{\eta}_1 \rangle, \tau(\boldsymbol{\eta}_1) = \lambda_1 \boldsymbol{\eta}_1$, 设 $\tau^k = 0$, 于是 $\mathbf{0} = \tau^k(\boldsymbol{\eta}_1) = \lambda_1^k \boldsymbol{\eta}_1$, 从而 $\lambda_1 = 0$. 因此 $\tau(\boldsymbol{\eta}_1) = \mathbf{0}, V = \langle \boldsymbol{\eta}_1 \rangle$, 即 $n = 1$ 时结论成立. 现假设 $\dim V < n$ 时结论成立. 由 $\mathrm{Im}\tau$ 是 τ-子空间及 τ 幂零, 所以 τ 非满射, 故 $\dim \mathrm{Im}\tau < n$. 由 $\tau|_{\mathrm{Im}\tau} \in \mathrm{Hom}(\mathrm{Im}\tau, \mathrm{Im}\tau)$, 应用归纳假设, 有

$$\mathrm{Im}\tau = V_1 \oplus V_2 \oplus \cdots \oplus V_s,$$

其中 $V_j = \langle \boldsymbol{\varepsilon}_j, \tau(\boldsymbol{\varepsilon}_j), \cdots, \tau^{k_j-2}(\boldsymbol{\varepsilon}_j), \tau^{k_j-1}(\boldsymbol{\varepsilon}_j) \rangle$ 为 k_j 维循环子空间, 且 $\tau^{k_j}(\boldsymbol{\varepsilon}_j) = \mathbf{0}$, 又由 $V_j \subseteq \mathrm{Im}\tau$ 知 $\boldsymbol{\varepsilon}_j = \tau(\boldsymbol{\eta}_j), j = 1, 2, \cdots, t$. 由 $\tau^{k_1}(\boldsymbol{\varepsilon}_1) = \tau^{k_2}(\boldsymbol{\varepsilon}_2) = \cdots = \tau^{k_t}(\boldsymbol{\varepsilon}_t) =$

$\mathbf{0}$ 知 $\tau^{k_1}(\boldsymbol{\eta}_1), \tau^{k_2}(\boldsymbol{\eta}_2), \cdots, \tau^{k_t}(\boldsymbol{\eta}_t) \in \ker\tau$, 且线性无关 (由归纳假设它们是 $\mathrm{Im}\tau$ 的基之部分向量). 将其扩充, 使 $\tau^{k_1}(\boldsymbol{\eta}_1), \tau^{k_2}(\boldsymbol{\eta}_2), \cdots, \tau^{k_t}(\boldsymbol{\eta}_t), \boldsymbol{\eta}_{t+1}, \cdots, \boldsymbol{\eta}_s$ 构成 $\ker\tau$ 之基. 现在令

$$W_j = \begin{cases} \langle \boldsymbol{\eta}_j, \tau(\boldsymbol{\eta}_j), \cdots, \tau^{k_j-1}(\boldsymbol{\eta}_j), \tau^{k_j}(\boldsymbol{\eta}_j) \rangle, & j = 1, 2, \cdots, t, \\ \langle \boldsymbol{\eta}_j \rangle, & j = t+1, t+2, \cdots, s. \end{cases}$$

由推论 9.1 知 $\mathrm{Im}\tau$ 的基

$$\boldsymbol{\varepsilon}_1, \tau(\boldsymbol{\varepsilon}_1), \cdots, \tau^{k_1-1}(\boldsymbol{\varepsilon}_1), \quad \boldsymbol{\varepsilon}_2, \tau(\boldsymbol{\varepsilon}_2), \cdots, \tau^{k_2-1}(\boldsymbol{\varepsilon}_2), \quad \cdots, \quad \boldsymbol{\varepsilon}_t, \tau(\boldsymbol{\varepsilon}_t), \cdots, \tau^{k_t-1}(\boldsymbol{\varepsilon}_t)$$

的原像

$$\boldsymbol{\eta}_1, \tau(\boldsymbol{\eta}_1), \cdots, \tau^{k_1-1}(\boldsymbol{\eta}_1), \quad \boldsymbol{\eta}_2, \tau(\boldsymbol{\eta}_2), \cdots, \tau^{k_2-1}(\boldsymbol{\eta}_2), \quad \cdots, \quad \boldsymbol{\eta}_t, \tau(\boldsymbol{\eta}_t), \cdots, \tau^{k_t-1}(\boldsymbol{\eta}_t)$$

与上述 $\ker\tau$ 的基 $\tau^{k_1}(\boldsymbol{\eta}_1), \tau^{k_2}(\boldsymbol{\eta}_2), \cdots, \tau^{k_t}(\boldsymbol{\eta}_t), \boldsymbol{\eta}_{t+1}, \cdots, \boldsymbol{\eta}_s$ 合起来恰为 V 之基. 再注意前述 $W_i (i = 1, 2, \cdots, s)$ 之意义, 不难看出它们都是循环子空间且

$$V = W_1 \oplus W_2 \oplus \cdots \oplus W_t \oplus W_{t+1} \oplus \cdots \oplus W_s,$$

这证明了 $\dim V = n$ 时结论成立.

练　习　9.7

9.7.1　设 V 是数域 $\mathbb{F}$ 上线性空间, $\sigma \in \mathrm{Hom}(V, V)$, $\mathbf{0} \neq \boldsymbol{\xi} \in V$, $a \in \mathbb{F}$, m 为正整数, 若 $(\sigma - a\mathbf{1}_V)^m \boldsymbol{\xi} = \mathbf{0}$, 证明: a 是 σ 的一个特征值.

9.7.2　设 V 是数域 $\mathbb{F}$ 上线性空间, $\sigma \in \mathrm{Hom}(V, V)$, m_1, m_2 为正整数, 设非零向量 $\boldsymbol{\alpha} \in \ker(\sigma - a\mathbf{1}_V)^{m_1}$, 非零向量 $\boldsymbol{\beta} \in \ker(\sigma - b\mathbf{1}_V)^{m_2}$, 若 $a, b \in \mathbb{F}$ 且 $a \neq b$, 证明: $\boldsymbol{\alpha}, \boldsymbol{\beta}$ 线性无关.

9.7.3　设 σ 是幂零线性变换, W 是一个 r 维 σ-循环子空间, 令 s 是整数且满足 $0 < s \leqslant r$, 求子空间 $\sigma^s(W)$ 的维数.

9.8　问题与研讨

问题 9.1　设 $\sigma \in \mathrm{Hom}(V, V)$, V 是 n 维线性空间, 写出 σ 可逆的充要条件 (尽量多).

问题 9.2　W 是线性空间, V 是 n 维线性空间, V_1 是 V 之子空间, W_1 是 W 的子空间,

(1) 是否存在 $\sigma \in \mathrm{Hom}(V, W)$, 使 $\ker\sigma = V_1$?

(2) 是否存在 $\sigma \in \mathrm{Hom}(V, W)$, 使 $\mathrm{Im}\sigma = W_1$?

(3) 何时存在 $\sigma \in \mathrm{Hom}(V, W)$, 使 $\ker\sigma = V_1$ 且 $\mathrm{Im}\sigma = W_1$?

问题 9.3 设

$$A=\begin{pmatrix}1&-1&0\\4&1&5\\1&-1&0\end{pmatrix},\quad B=\begin{pmatrix}-15&-15&20\\1&1&-2\\-13&-13&16\end{pmatrix},\quad C=\begin{pmatrix}-1&0&1\\0&1&0\\-13&0&3\end{pmatrix}.$$

如果 $\boldsymbol{A}$ 为三维线性空间 V 的线性变换 σ 关于一个基的矩阵, 那么 $\boldsymbol{B}$ 和 $\boldsymbol{C}$ 能是 σ 关于其他基的矩阵吗? 说明理由?

问题 9.4 设 σ 为 n 维线性空间 V 的线性变换, V_{λ_0} 为 σ 的属于特征值 λ_0 的特征子空间, $\dim V_{\lambda_0}$ 称为 σ 的特征值 λ_0 的几何重数, 而 σ 的特征多项式的根 λ_0 的重数称为 σ 的特征值 λ_0 的代数重数. 证明:

(1) σ 的每一特征值的几何重数 $\leqslant$ 其代数重数;

(2) 若 σ 的每一特征值的几何重数均与其代数重数相等, 这意味着什么? 反之呢?

问题 9.5 设 V 是 n 维线性空间, $\sigma,\tau\in\mathrm{Hom}(V,V)$, σ 有 n 个不同特征值, 又 $\sigma\tau=\tau\sigma$, 证明 τ 可以写成 σ 的多项式.

问题 9.6* 设 $\sigma\in\mathrm{Hom}(V,V)$, $\dim V>0$, σ 幂零, $f(x)\in\mathbb{F}[x]$, 那么 $f(\sigma)$ 可逆的充要条件是什么? 当 $f(\sigma)$ 可逆时, 其逆是否也是 σ 的多项式?

问题 9.7* 设 $\varepsilon_1,\varepsilon_2,\cdots,\varepsilon_n$ 是复数域上线性空间 V 的一个基, $\sigma\in\mathrm{Hom}(V,V)$, 设 σ 在基 $\varepsilon_1,\varepsilon_2,\cdots,\varepsilon_n$ 下的矩阵是

$$\begin{pmatrix}\lambda&&&\\1&\lambda&&\\&\ddots&\ddots&\\&&1&\lambda\end{pmatrix}.$$

(1) 求包含 ε_1 的 σ-子空间;

(2) ε_n 是否属于所有非零的 σ-子空间?

(3) V 能否分解成两个非平凡的 σ-子空间的直和?

(4) 求出所有的 σ-子空间.

问题 9.8* 设 $\sigma,\tau\in\mathrm{Hom}(V,V)$, V 为 n 维线性空间, $f(\lambda)$ 为 σ 的特征多项式, 那么 $f(\tau)$ 可逆的充要条件是什么?

问题 9.9* 设 $\sigma,\tau\in\mathrm{Hom}(V,V)$, V 为 n 维线性空间, 那么 $\ker\sigma\subset\ker\tau$ 的充要条件是什么? $\ker\sigma=\ker\tau$ 的充要条件呢?

问题 9.10* 设 $S=\{\boldsymbol{Ax}|\boldsymbol{Bx}=\boldsymbol{0}\}$, 其中 $\boldsymbol{A}\in\mathbb{F}^{m\times n}$, $\boldsymbol{B}\in\mathbb{F}^{p\times n}$, $\boldsymbol{x}\in\mathbb{F}^n$, 证明 S 是 $\mathbb{F}^m$ 的子空间并求 $\dim S$.

总习题 9

A 类 题

9.1 设 V 是 8.1.3 题的实线性空间, 实数域 $\mathbb{R}$ 也可看成实线性空间, 那么映射 $x \longmapsto \log_a x(a>0, a\neq 1)$ 是否为 V 到 $\mathbb{R}$ 的一个线性映射?

9.2 设 V 为 $\mathbb{F}[x,y]$ 中所有 m 次齐次多项式添上零多项式构成的线性空间, 那么 $f(x,y)\longmapsto f(ax+by, cx+dy)$, 其中 $a,b,c,d\in\mathbb{F}$ 是否为 V 的线性变换?

9.3 取定 $\boldsymbol{A}\in\mathbb{F}^{n\times n}$, 定义 $\sigma(\boldsymbol{X})=\boldsymbol{AX}-\boldsymbol{XA}, \forall \boldsymbol{X}\in\mathbb{F}^{n\times n}$, 证明:

(1) σ 是 $\mathbb{F}^{n\times n}$ 的线性变换;

(2) 对任意的 $\boldsymbol{X},\boldsymbol{Y}\in\mathbb{F}^{n\times n}$, 有 $\sigma(\boldsymbol{XY})=\sigma(\boldsymbol{X})\boldsymbol{Y}+\boldsymbol{X}\sigma(\boldsymbol{Y})$.

9.4 在 $\mathbb{F}[x]_3$ 中, 令线性变换 σ 满足 $\sigma(1)=0, \sigma(x)=1, \sigma(x^2)=2x$, 求 σ 在基 $1, x-1, x^2-1$ 下的矩阵表示.

9.5 设 V 和 W 都是数域 $\mathbb{F}$ 上有限维向量空间, $\sigma\in\mathrm{Hom}(V,W)$. 证明: 存在直和分解 $V=U\oplus P, W=M\oplus N$ 使得 $U=\ker\sigma$, 并且 $P\cong M$.

9.6 设 $\varepsilon_1,\varepsilon_2,\varepsilon_3,\varepsilon_4$ 是线性空间 V 的一个基, $\sigma\in\mathrm{Hom}(V,V)$, σ 在基 $\varepsilon_1,\varepsilon_2,\varepsilon_3,\varepsilon_4$ 下的矩阵是

$$\begin{pmatrix} 1 & 0 & 2 & 1 \\ -1 & 2 & 1 & 3 \\ 1 & 2 & 5 & 5 \\ 2 & -2 & 1 & -2 \end{pmatrix}.$$

(1) 求 σ 在基 $\boldsymbol{\eta}_1=\varepsilon_1-2\varepsilon_2+\varepsilon_4, \boldsymbol{\eta}_2=3\varepsilon_2-\varepsilon_3-\varepsilon_4, \boldsymbol{\eta}_3=\varepsilon_3+\varepsilon_4, \boldsymbol{\eta}_4=2\varepsilon_4$ 下的矩阵;

(2) 求 σ 的核与值域;

(3) 在 σ 的核中取一个基, 扩充为 V 之基, 求 σ 在该基下的矩阵;

(4) 在 σ 的值域中取一个基, 扩充为 V 之基, 求 σ 在该基下的矩阵:

9.7 设 $\mathbb{F}^3$ 的两个基 $\varepsilon_1,\varepsilon_2,\varepsilon_3$ 及 $\boldsymbol{\eta}_1,\boldsymbol{\eta}_2,\boldsymbol{\eta}_3$ 如下:

$$\varepsilon_1=\begin{pmatrix}1\\0\\1\end{pmatrix},\quad \varepsilon_2=\begin{pmatrix}2\\1\\0\end{pmatrix},\quad \varepsilon_3=\begin{pmatrix}1\\1\\1\end{pmatrix};$$

$$\boldsymbol{\eta}_1=\begin{pmatrix}1\\2\\-1\end{pmatrix},\quad \boldsymbol{\eta}_2=\begin{pmatrix}2\\2\\-1\end{pmatrix},\quad \boldsymbol{\eta}_3=\begin{pmatrix}2\\-1\\-1\end{pmatrix}.$$

定义线性变换 σ 使 $\sigma(\varepsilon_i)=\boldsymbol{\eta}_i, \forall i=1,2,3$.

(1) 写出由基 $\varepsilon_1,\varepsilon_2,\varepsilon_3$ 到基 $\boldsymbol{\eta}_1,\boldsymbol{\eta}_2,\boldsymbol{\eta}_3$ 的过渡矩阵;

(2) 求 σ 在基 $\varepsilon_1,\varepsilon_2,\varepsilon_3$ 下的矩阵;

(3) 求 σ 在基 $\boldsymbol{\eta}_1,\boldsymbol{\eta}_2,\boldsymbol{\eta}_3$ 下的矩阵.

9.8 设 $\varepsilon_1,\varepsilon_2,\varepsilon_3,\varepsilon_4$ 是线性空间 V 的基, 线性变换 σ 在这基下的矩阵是 $\boldsymbol{A}$,

$$\boldsymbol{A}=\begin{pmatrix}5&-2&-4&3\\3&-1&-3&2\\-3&\dfrac{1}{2}&\dfrac{9}{2}&-\dfrac{5}{2}\\-10&3&11&-7\end{pmatrix}.$$

(1) 求 σ 在基 $\boldsymbol{\eta}_1=\varepsilon_1+2\varepsilon_2+\varepsilon_3+\varepsilon_4,\boldsymbol{\eta}_2=2\varepsilon_1+3\varepsilon_2+\varepsilon_3,\boldsymbol{\eta}_3=\varepsilon_3,\boldsymbol{\eta}_4=\varepsilon_4$ 下的矩阵;

(2) 求 σ 的特征值与特征向量;

(3) 求可逆阵 $\boldsymbol{T}$ 使 $\boldsymbol{T}^{-1}\boldsymbol{AT}$ 为对角阵.

9.9 设 σ 和 τ 均为线性空间 V 的幂等 (线性) 变换, 证明: 如果 $\sigma\tau=\tau\sigma$, 则 $\sigma+\tau-\sigma\tau$ 也是幂等变换.

9.10 证明: 有限维线性空间 V 的任意一个子空间 U 都是某一个线性变换的像.

9.11 设 V,U,W 都是数域 $\mathbb{F}$ 上线性空间, 并且 V 是有限维的, 设 $\sigma\in\mathrm{Hom}(V,U)$, $\tau\in\mathrm{Hom}(U,W)$, 证明: $\dim\ker(\sigma\tau)\leqslant\dim\ker\sigma+\dim\ker\tau$.

9.12 设 σ 是幂零线性变换, W 是一个 r 维 σ-循环子空间, $\boldsymbol{\xi}\in W$. 如果存在一个整数 k, $0\leqslant k\leqslant r$, 使得 $\sigma^{r-k}(\boldsymbol{\xi})=\mathbf{0}$, 证明: 存在 $\boldsymbol{\eta}\in W$ 使得 $\boldsymbol{\xi}=\sigma^k(\boldsymbol{\eta})$.

9.13 W_1 和 W_2 是 n 维线性空间 V 的子空间, $\sigma\in\mathrm{Hom}(V,V)$, 如果 $V=W_1\oplus W_2$, 证明 σ 可逆当且仅当 $V=\sigma(W_1)\oplus\sigma(W_2)$.

9.14 设 $\sigma\in\mathrm{Hom}(V,V)$, 证明:

(1) $\mathrm{Im}\sigma\subset\ker\sigma$ 当且仅当 $\sigma^2=0$;

(2) $\ker\sigma\subset\ker\sigma^2\subset\ker\sigma^3\subset\cdots$;

(3) $\mathrm{Im}\sigma\supset\mathrm{Im}\sigma^2\supset\mathrm{Im}\sigma^3\supset\cdots$.

9.15 设 σ 是 n 维线性空间 V 的线性变换, 证明:

(1) 存在次数 $\leqslant n^2$ 的多项式 $f(x)$ 使 $f(\sigma)=0$;

(2) 如果 $f(\sigma)=0,g(\sigma)=0,d(x)=(f(x),g(x))$, 则 $d(\sigma)=0$;

(3) σ 可逆当且仅当存在常数项不为 0 的多项式 $f(x)$ 使 $f(\sigma)=0$.

9.16 $\sigma\in\mathrm{Hom}(V,V)$, V 为 n 维线性空间, 一个基为 $\boldsymbol{\alpha}_1,\boldsymbol{\alpha}_2,\cdots,\boldsymbol{\alpha}_n$, σ 在基 $\boldsymbol{\alpha}_1,\boldsymbol{\alpha}_2,\cdots,\boldsymbol{\alpha}_n$ 下的矩阵为 $\boldsymbol{A}$, 证明 $\dim\mathrm{Im}\sigma=$ 秩 $(\boldsymbol{A})$.

9.17 设复数域上 n 维线性空间 V 的线性变换 σ 和 τ 满足 $\sigma\tau=\tau\sigma$, 又设 σ 有 s 个不同特征值, 证明 σ 和 τ 至少有公共的 s 个线性无关的特征向量.

9.18 设 V 之基 $\varepsilon_1,\varepsilon_2,\varepsilon_3$, $\sigma\in\mathrm{Hom}(V,V)$, 如果 σ 在基 $\varepsilon_1,\varepsilon_2,\varepsilon_3$ 下的矩阵如下:

(1) $\begin{pmatrix}a_1&&\\&a_2&\\&&a_3\end{pmatrix}$, a_1,a_2,a_3 互不同;　　(2) $\begin{pmatrix}a&&\\1&a&\\&1&a\end{pmatrix}$.

求 σ 的全部不变子空间.

9.19 设 V 是平面上的定点 O 为起点的所有向量组成的实数域上的二维线性空间, σ 是绕 O 点转角 θ 的旋转变换, $\theta\neq k\pi,k$ 是整数, 证明: σ 没有非平凡的不变子空间.

9.20　V 是实数域上 n 维线性空间, $\sigma \in \mathrm{Hom}(V, V)$. 证明: σ 必有一维或二维不变子空间.

9.21　设 V 是 n 维线性空间, $\sigma, \tau \in \mathrm{Hom}(V, V)$, 证明: $\dim\ker(\sigma+\tau) \geqslant \dim\ker\sigma + \dim\ker\tau - n$.

B　类　题

9.22　设 $f(x), g(x) \in \mathbb{F}[x], d(x) = (f(x), g(x)), \sigma \in \mathrm{Hom}(V, V)$, 证明:

$$\ker d(\sigma) = \ker f(\sigma) \cap \ker g(\sigma).$$

9.23　设 $\sigma, \tau \in \mathrm{Hom}(V, V)$, 且 $\sigma^2 = \sigma, \tau^2 = \tau$, 证明:

(1) $\mathrm{Im}\sigma = \mathrm{Im}\tau$ 当且仅当 $\sigma\tau = \tau, \tau\sigma = \sigma$.

(2) $\ker\sigma = \ker\tau$ 当且仅当 $\sigma\tau = \sigma, \tau\sigma = \tau$.

9.24　设 V 是 n 维向量空间, $\sigma \in \mathrm{Hom}(V, V)$, σ 可对角化, 令 $\lambda_1, \lambda_2, \cdots, \lambda_t$ 是全部不同特征值, 证明存在 $\sigma_1, \sigma_2, \cdots, \sigma_t \in \mathrm{Hom}(V, V)$ 使得

(1) $\sigma = \lambda_1\sigma_1 + \lambda_2\sigma_2 + \cdots + \lambda_t\sigma_t$;　　(2) $\sigma_1 + \sigma_2 + \cdots + \sigma_t = \mathbf{1}_V$;

(3) $\sigma_i\sigma_j = 0, \forall i \neq j$;　　(4) $\sigma_i^2 = \sigma_i, \forall i = 1, 2, \cdots, t$;

(5) $\sigma_i(V) = V_{\lambda_i}$($\sigma$ 的属于特征值 λ_i 的特征子空间).

9.25　设 V 是 n 维线性空间, $\sigma \in \mathrm{Hom}(V, V)$, σ 在基 $\boldsymbol{\alpha}_1, \boldsymbol{\alpha}_2, \cdots, \boldsymbol{\alpha}_n$ 下的矩阵是 $\boldsymbol{A}$,

(1) $\boldsymbol{A} = \begin{pmatrix} a_1 & & & \\ & a_2 & & \\ & & \ddots & \\ & & & a_n \end{pmatrix}$, $a_1, a_2, \cdots, a_n$ 互不相同;

(2) $\boldsymbol{A} = \begin{pmatrix} a & & & & \\ 1 & a & & & \\ & 1 & \ddots & & \\ & & \ddots & \ddots & \\ & & & 1 & a \end{pmatrix}$,

求 σ 的全部不变子空间.

9.26　求 $\mathbb{F}[x]_n$ 的求导变换 D 的所有不变子空间.

9.27　设 $\sigma, \tau \in \mathrm{Hom}(V, V), \sigma^2 = \sigma, \tau^2 = \tau$, 证明: $(\sigma+\tau)^2 = \sigma+\tau$ 当且仅当 $\sigma\tau = \tau\sigma = 0$.

9.28　设 V 和 W 是数域 $\mathbb{F}$ 上有限维线性空间, $\sigma \in \mathrm{Hom}(V, W)$, 证明: 存在 V 和 W 各一个基, 使得 σ 在这对基下的矩阵是 $\begin{pmatrix} \boldsymbol{I}_r & \boldsymbol{O} \\ \boldsymbol{O} & \boldsymbol{O} \end{pmatrix}$.

9.29　设 V, U, W, M 是数域 $\mathbb{F}$ 上线性空间, 并且 V, U 都是有限维, 设 $\sigma \in \mathrm{Hom}(V, U)$, $\tau \in \mathrm{Hom}(U, W)$, $\mu \in \mathrm{Hom}(W, M)$, 证明: 秩$(\mu\tau\sigma) \geqslant$ 秩$(\mu\tau) +$ 秩$(\tau\sigma) -$ 秩τ.

9.30 设 $\sigma\in\mathrm{Hom}(V,V)$, $\boldsymbol{\alpha}_1,\boldsymbol{\alpha}_2,\cdots,\boldsymbol{\alpha}_t$ 分别为 σ 属于不同特征值 $\lambda_1,\lambda_2,\cdots,\lambda_t$ 的特征向量. 又设 W 为 V 的 σ-子空间, 且 $\boldsymbol{\alpha}_1+\boldsymbol{\alpha}_2+\cdots+\boldsymbol{\alpha}_t\in W$, 证明 $\dim W\geqslant t$.

9.31 设 $\sigma\in\mathrm{Hom}(V,V)$, $(\sigma-\lambda_1\mathbf{1}_V)(\boldsymbol{\alpha}_{i+1})=\boldsymbol{\alpha}_i(i=1,2,\cdots,s-1)$. 设 $\boldsymbol{\alpha}_1$ 是 σ 的属于特征值 λ_1 的一个特征向量, 证明 $\boldsymbol{\alpha}_1,\boldsymbol{\alpha}_2,\cdots,\boldsymbol{\alpha}_s$ 线性无关.

9.32 设 $\sigma\in\mathrm{Hom}(V,V)$, V 为 n 维空间, W 为其子空间, 证明: $\dim\ker\sigma+\dim\sigma W\geqslant\dim W$.

9.33 设 $\sigma\in\mathrm{Hom}(V,V)$, V 是 n 维空间, 若 $\mathrm{Im}\sigma=\ker\sigma$, 求一个基, 使 σ 在其下的矩阵是若尔当标准形.

C 类 题

9.34 设 V 是数域 $\mathbb{F}$ 上 n 维向量空间, $\sigma_1,\sigma_2,\cdots,\sigma_m$ 是 V 的非零线性变换, 证明: V 中存在一个基 $\boldsymbol{\alpha}_1,\boldsymbol{\alpha}_2,\cdots,\boldsymbol{\alpha}_n$, 使得 $\sigma_i(\boldsymbol{\alpha}_j)\neq\mathbf{0},\forall i=1,2,\cdots,m,j=1,2,\cdots,n$.

9.35 设 $\sigma_1,\sigma_2,\cdots,\sigma_s$ 是向量空间 V 的 s 个两两不同的线性变换, 证明: V 中存在 $\boldsymbol{\alpha}$, 使 $\sigma_1(\boldsymbol{\alpha})$, $\sigma_2(\boldsymbol{\alpha})$, $\cdots$, $\sigma_s(\boldsymbol{\alpha})$ 也两两不同.

9.36 设 $\sigma\in\mathrm{Hom}(V,V)$, V 是 n 维线性空间, 证明 $\dim\mathrm{Im}\sigma=\dim\mathrm{Im}\sigma^2$ 当且仅当存在可逆的 $\tau\in\mathrm{Hom}(V,V)$, 使 $\sigma^2=\tau\sigma$.

9.37 给定数域 $\mathbb{F}$ 上有限维向量空间 $V_0,V_1,\cdots,V_n,V_{n+1}$, 其中 $V_0=V_{n+1}=0$. 又设线性映射 $\sigma_i\in\mathrm{Hom}(V_i,V_{i+1})(i=0,1,\cdots,n)$ 满足条件 $\ker\sigma_{i+1}=\mathrm{Im}\sigma_i(i=0,1,\cdots,n-1)$. 证明: $\sum\limits_{i=1}^{n}(-1)^i\dim V_i=0$.

9.38 设 $\sigma_1,\sigma_2,\cdots,\sigma_t\in\mathrm{Hom}(V,V)$, 且满足以下条件

(i) $\sigma_i^2=\sigma_i,\forall i=1,2,\cdots,t$;

(ii) $\sigma_i\sigma_j=0,i\neq j,i,j=1,2,\cdots,t$.

证明: $V=\mathrm{Im}\sigma_1\oplus\mathrm{Im}\sigma_2\oplus\cdots\oplus\mathrm{Im}\sigma_t\oplus\bigcap\limits_{i=1}^{t}\ker\sigma_i$.

9.39 设 V 是 n 维线性空间, W 是其子空间, $\sigma\in\mathrm{Hom}(V,V)$, $\sigma^{-1}(W)$ 为 W 的原像集合, 即 $\sigma^{-1}(W)=\{\boldsymbol{\alpha}\in V|\sigma(\boldsymbol{\alpha})\in W\}$. 证明: $\dim W\leqslant\dim\sigma^{-1}(W)\leqslant\dim W+\dim\ker\sigma$.

9.40 设 $\sigma,\tau\in\mathrm{Hom}(V,V)$, $V=V_1\oplus V_2$. 又任意 $\boldsymbol{\alpha}\in V$, 若 $\boldsymbol{\alpha}=\boldsymbol{\alpha}_1+\boldsymbol{\alpha}_2$, 其中 $\boldsymbol{\alpha}_1\in V_1,\boldsymbol{\alpha}_2\in V_2$, 则有 $\sigma(\boldsymbol{\alpha})=\boldsymbol{\alpha}_1$, 证明 V_1 和 V_2 都是 τ-子空间的充要条件是 $\sigma\tau=\tau\sigma$.

9.41 设 $\boldsymbol{A}\in\mathbb{F}^{n\times n}$, 且 $\boldsymbol{A}$ 可对角化, 定义 $f(\boldsymbol{X})=\boldsymbol{AX}-\boldsymbol{XA},\forall\boldsymbol{X}\in\mathbb{F}^{n\times n}$. 证明 f 是 $\mathbb{F}^{n\times n}$ 的可对角化的线性变换.

9.42 设 $\sigma\in\mathrm{Hom}(V,V)$, V 为 n 维线性空间, V_1 及 V_2 是 V 的子空间, 且 $V_1\cap V_2=\ker\sigma$, 证明: 存在 $\sigma_1,\sigma_2\in\mathrm{Hom}(V,V)$ 使 $V_1\subseteq\ker\sigma_1,V_2\subseteq\ker\sigma_2$, 且 $\sigma_1+\sigma_2=\sigma$.

9.43 设 $\sigma\in\mathrm{Hom}(V,V)$, V 是 n 维空间, 证明: 存在正整数 k 使 $V=\mathrm{Im}\sigma^k\oplus\ker\sigma^k$.

第10章 欧氏空间

设 $\mathbb{R}$ 为实数域, 第 5 章在 $\mathbb{R}^n$ 中定义了内积, 因而构成了一个欧氏空间. 本章将定义更为抽象的一般欧氏空间, 它将包括更多的对象, 甚至是无限维的. 本章还将讨论欧氏空间的同构、正交子空间、最小二乘法、正交变换和对称变换, 最后对酉空间做些基本的介绍.

10.1 欧氏空间的概念

定义 10.1 设 V 是实数域 $\mathbb{R}$ 上一个线性空间, 在 V 上定义了一个二元实函数, 称为内积, 记作 $(\boldsymbol{\alpha},\boldsymbol{\beta})$, 如果它具有以下性质:

(1) $(\boldsymbol{\alpha},\boldsymbol{\beta})=(\boldsymbol{\beta},\boldsymbol{\alpha}),\forall\boldsymbol{\alpha},\boldsymbol{\beta}\in V$;

(2) $(\boldsymbol{\alpha}+\boldsymbol{\beta},\gamma)=(\boldsymbol{\alpha},\gamma)+(\boldsymbol{\beta},\gamma),\forall\boldsymbol{\alpha},\boldsymbol{\beta},\gamma\in V$;

(3) $(k\boldsymbol{\alpha},\boldsymbol{\beta})=k(\boldsymbol{\alpha},\boldsymbol{\beta}),\forall\boldsymbol{\alpha},\boldsymbol{\beta}\in V,k\in\mathbb{R}$;

(4) $(\boldsymbol{\alpha},\boldsymbol{\alpha})\geqslant 0,\forall\boldsymbol{\alpha}\in V$, 且 $(\boldsymbol{\alpha},\boldsymbol{\alpha})=0\Leftrightarrow\boldsymbol{\alpha}=\mathbf{0}$.

此时称 V 为一个**欧几里得空间**, 简称**欧氏空间**.

例 10.1 令 $V=\mathbb{R}^n$, 对于其中任意两向量 $\boldsymbol{\alpha}=(a_1,a_2,\cdots,a_n)$ 及 $\boldsymbol{\beta}=(b_1,b_2,\cdots,b_n)$, 定义内积 $(\boldsymbol{\alpha},\boldsymbol{\beta})=a_1b_1+a_2b_2+\cdots+a_nb_n$, 则由第 5 章可知, 此时 $\mathbb{R}^n$ 是一个欧氏空间. 如果定义内积 $(\boldsymbol{\alpha},\boldsymbol{\beta})=a_1b_1+2a_2b_2+\cdots+na_nb_n$, 也不难验证此时 $\mathbb{R}^n$ 构成了另一个欧氏空间.

例 10.2 在实线性空间 $\mathbb{R}^{n\times m}$ 中定义 $(\boldsymbol{A},\boldsymbol{B})=\mathrm{tr}(\boldsymbol{A}\boldsymbol{B}^{\mathrm{T}})$, 不难验证其满足内积的四条公理, 我们只看 (4). 设 $\boldsymbol{A}=(a_{ij})\in\mathbb{R}^{n\times m}$, 则显然有

$$(\boldsymbol{A},\boldsymbol{A})=\mathrm{tr}(\boldsymbol{A}\boldsymbol{A}^{\mathrm{T}})=\sum_{i=1}^{n}\sum_{j=1}^{m}a_{ij}^2\geqslant 0,\text{ 且 }(\boldsymbol{A},\boldsymbol{A})=0\Leftrightarrow a_{ij}=0,\ \forall i,j\Leftrightarrow\boldsymbol{A}=\boldsymbol{O}.$$

于是 $\mathbb{R}^{n\times m}$ 构成一个欧氏空间.

例 10.3 在 $C[a,b]$ 中定义

$$(f(x),g(x))=\int_a^b f(x)g(x)\mathrm{d}x,\quad \forall f(x),g(x)\in C[a,b].$$

容易验证内积定义的 (3), 而由 (4) $(f(x),f(x))\geqslant 0$ 也是显然的. 若 $(f(x),f(x))=0$, 即

$$\int_a^b f^2(x)\mathrm{d}x=0,$$

假设 $f(x)\neq 0$, 即存在 x_0 使 $f(x_0)\neq 0$, 故 $f^2(x_0)>0$, 于是在某个 $[x_0-\varepsilon,x_0+\varepsilon]$ 中 $f^2(x)>0$. 设 $f^2(x)$ 在此区间最小值是 m, 则

$$\int_a^b f^2(x)\mathrm{d}x \geqslant \int_{x_0-\varepsilon}^{x_0+\varepsilon} f^2(x)\mathrm{d}x \geqslant 2\varepsilon m>0,$$

此为矛盾, 故 $f(x)=0$, 于是 $C[a,b]$ 构成一个欧氏空间.

例 10.4 令 H 是一切平方和收敛的实数列

$$\boldsymbol{\xi}=(x_1,x_2,\cdots),\quad \sum_{n=1}^{\infty}x_n^2<\infty$$

所成的集合. 在 H 中用自然方式定义加法和数乘.

设 $\boldsymbol{\xi}=(x_1,x_2,\cdots),\boldsymbol{\eta}=(y_1,y_2,\cdots),k\in\mathbb{R}$, 规定

$$\boldsymbol{\xi}+\boldsymbol{\eta}=(x_1+y_1,x_2+y_2,\cdots),\quad k\boldsymbol{\xi}=(kx_1,kx_2,\cdots),$$

则 H 构成实数域上线性空间. 若再定义

$$(\boldsymbol{\xi},\boldsymbol{\eta})=\sum_{n=1}^{\infty}x_ny_n,$$

则 H 构成一个欧氏空间.

实际上, 为验证这个结果, 只需说明由 $\sum\limits_{n=1}^{\infty}x_n^2<\infty$ 及 $\sum\limits_{n=1}^{\infty}y_n^2<\infty$ 可推出 $\sum\limits_{n=1}^{\infty}(x_n+y_n)^2<\infty$, $\sum\limits_{n=1}^{\infty}(kx_n)^2<\infty$, $\sum\limits_{n=1}^{\infty}(x_ny_n)^2<\infty$. 而这些由 $|x_ny_n|\leqslant\dfrac{1}{2}(x_n^2+y_n^2)$ 容易证明.

有了欧氏空间的概念, 像在第 5 章一样可以定义**向量的长度**、**夹角**等, 也可推出**柯西不等式**、**余弦定理**、**勾股定理** 和**三角不等式**. 当然也有**正交**、**正交向量组**、**标准正交基**的概念, 以及 **Schmidt 正交化方法**. 然而必须清楚, 这里的欧氏空间包括了更广泛的对象. 我们还可以自然地给出向量距离的概念.

例 10.5 设 V 是一个欧氏空间, $\boldsymbol{\alpha},\boldsymbol{\beta}\in V$, 称 $|\boldsymbol{\alpha}-\boldsymbol{\beta}|$ 为向量 $\boldsymbol{\alpha}$ 和 $\boldsymbol{\beta}$ 的距离, 记作 $d(\boldsymbol{\alpha},\boldsymbol{\beta})$. 证明对任意的 $\boldsymbol{\alpha},\boldsymbol{\beta},\boldsymbol{\gamma}\in V$ 有

(1) (对称性) $d(\boldsymbol{\alpha},\boldsymbol{\beta})=d(\boldsymbol{\beta},\boldsymbol{\alpha})$;

(2) (正定性) $d(\boldsymbol{\alpha},\boldsymbol{\beta})\geqslant 0$, 且 $d(\boldsymbol{\alpha},\boldsymbol{\beta})=0$ 当且仅当 $\boldsymbol{\alpha}=\boldsymbol{\beta}$;

(3) (三角不等式) $d(\boldsymbol{\alpha},\boldsymbol{\gamma})\leqslant d(\boldsymbol{\alpha},\boldsymbol{\beta})+d(\beta,\boldsymbol{\gamma})$.

证明 略. □

例 10.6 在 $\mathbb{R}[x]_3$ 中定义内积

$$(f(x),g(x))=\int_{-1}^{1}f(x)g(x)\mathrm{d}x$$

构成一个欧氏空间, 求一个标准正交基.

解　取 $\mathbb{R}[x]_3$ 的一个基 $f_1(x)=1, f_2(x)=x, f_3(x)=x^2$, 由此进行 Schmidt 正交化. 取

$$
\begin{aligned}
g_1(x) &= f_1(x) = 1,\\
g_2(x) &= f_2(x) - \frac{(f_2(x), g_1(x))}{(g_1(x), g_1(x))} g_1(x) = x - \frac{\displaystyle\int_{-1}^{1} x\mathrm{d}x}{\displaystyle\int_{-1}^{1} \mathrm{d}x} \cdot 1 = x,\\
g_3(x) &= f_3(x) - \frac{(f_3(x), g_1(x))}{(g_1(x), g_1(x))} g_1(x) - \frac{(f_3(x), g_2(x))}{(g_2(x), g_2(x))} g_2(x)\\
&= x^2 - \frac{\displaystyle\int_{-1}^{1} x^2\mathrm{d}x}{\displaystyle\int_{-1}^{1} \mathrm{d}x} \cdot 1 - \frac{\displaystyle\int_{-1}^{1} x^3\mathrm{d}x}{\displaystyle\int_{-1}^{1} x^2\mathrm{d}x} \cdot x\\
&= x^2 - \frac{1}{3},
\end{aligned}
$$

再单位化得

$$
h_1(x)=\frac{\sqrt{2}}{2},\quad h_2(x)=\sqrt{\frac{3}{2}}x=\frac{\sqrt{6}}{2}x,\quad h_3(x)=\frac{x^2-\dfrac{1}{3}}{\sqrt{\displaystyle\int_{-1}^{1}\left(x^2-\frac{1}{3}\right)^2\mathrm{d}x}}=\frac{\sqrt{10}}{4}(3x^2-1)
$$

为 $\mathbb{R}[x]_3$ 的标准正交基.　□

Schmidt 正交化方法说明, 任何一个有限维欧氏空间都有一个**标准正交基**. 一个欧氏空间作为一个线性空间, 其子空间, 按原来的内积显然又构成一个欧氏空间, 称为原来欧氏空间的**子空间**. Schmidt 正交化方法又说明一个有限维欧氏空间的子空间的一个标准正交基可以扩充为原来欧氏空间的一个标准正交基.

定义 10.2　设 V 是一个欧氏空间, $\boldsymbol{\alpha}_1, \boldsymbol{\alpha}_2, \cdots, \boldsymbol{\alpha}_m$ 为 V 的一组向量, 令 $\boldsymbol{A}=((\boldsymbol{\alpha}_i, \boldsymbol{\alpha}_j)) \in \mathbb{R}^{m\times m}$, 则称 $\boldsymbol{A}$ 为 $\boldsymbol{\alpha}_1, \boldsymbol{\alpha}_2, \cdots, \boldsymbol{\alpha}_m$ 的 **Gram(格拉姆) 矩阵**, $|\boldsymbol{A}|$ 称为 $\boldsymbol{\alpha}_1, \boldsymbol{\alpha}_2, \cdots, \boldsymbol{\alpha}_m$ 的 **Gram 行列式**. 当 $\boldsymbol{\alpha}_1, \boldsymbol{\alpha}_2, \cdots, \boldsymbol{\alpha}_n$ 为 V 的一个基时, 称 $\boldsymbol{\alpha}_1, \boldsymbol{\alpha}_2, \cdots, \boldsymbol{\alpha}_n$ 的 Gram 矩阵为基 $\boldsymbol{\alpha}_1, \boldsymbol{\alpha}_2, \cdots, \boldsymbol{\alpha}_n$ 的**度量阵**.

设欧氏空间 V 的一个基是 $\boldsymbol{\alpha}_1, \boldsymbol{\alpha}_2, \cdots, \boldsymbol{\alpha}_n$, 基 $\boldsymbol{\alpha}_1, \boldsymbol{\alpha}_2, \cdots, \boldsymbol{\alpha}_n$ 的度量矩阵 $\boldsymbol{A}=(a_{ij})$. 很明显, $\boldsymbol{A}$ 是一个实对称阵. 设 V 中任意向量

$$
\boldsymbol{\alpha} = x_1\boldsymbol{\alpha}_1 + x_2\boldsymbol{\alpha}_2 + \cdots + x_n\boldsymbol{\alpha}_n,
$$

$$
\boldsymbol{\beta} = y_1\boldsymbol{\alpha}_1 + y_2\boldsymbol{\alpha}_2 + \cdots + y_n\boldsymbol{\alpha}_n,
$$

则 V 的内积

$$(\boldsymbol{\alpha},\boldsymbol{\beta})=\sum_{i=1}^{n}\sum_{j=1}^{n}a_{ij}x_iy_j=\boldsymbol{x}^{\mathrm{T}}\boldsymbol{A}\boldsymbol{y}, \tag{10.1}$$

其中 $\boldsymbol{x}=\begin{pmatrix}x_1\\x_2\\\vdots\\x_n\end{pmatrix},\boldsymbol{y}=\begin{pmatrix}y_1\\y_2\\\vdots\\y_n\end{pmatrix}$.

上式说明一个基的度量矩阵完全确定了内积 (,). 由内积的性质 (4) 知 $(\boldsymbol{\alpha},\boldsymbol{\alpha})\geqslant 0$, 即 $\boldsymbol{x}^{\mathrm{T}}\boldsymbol{A}\boldsymbol{x}\geqslant 0$, $\forall \boldsymbol{x}\in\mathbb{R}^n$, 这说明 $\boldsymbol{A}$ 是半正定阵, 又 $(\boldsymbol{\alpha},\boldsymbol{\alpha})=0\Leftrightarrow\boldsymbol{\alpha}=\mathbf{0}$, 进一步说明**度量矩阵 $\boldsymbol{A}$ 是正定阵**.

反之, 给定一个 n 阶实对称正定阵 $\boldsymbol{A}$ 及 n 维实线性空间的一个基, 可以按如上方式规定其内积, 使之构成一个 n 维欧氏空间, 并且使其基的度量矩阵为 $\boldsymbol{A}$.

容易看出, n 维欧氏空间的**标准正交基的度量矩阵是 $\boldsymbol{I}_n$**, 此时内积与第 5 章 $\mathbb{R}^n$ 空间所定义的内积是一致的, 即

$$(\boldsymbol{\alpha},\boldsymbol{\beta})=\sum_{i=1}^{n}x_iy_i=\boldsymbol{x}^{\mathrm{T}}\boldsymbol{y},$$

其中 $\boldsymbol{x},\boldsymbol{y}$ 分别为 $\boldsymbol{\alpha}$ 和 $\boldsymbol{\beta}$ 在标准正交基下的坐标向量.

标准正交基另一个优越性在于, n 维欧氏空间 V 中任一向量在标准正交基 $\boldsymbol{\eta}_1,\boldsymbol{\eta}_2,\cdots,\boldsymbol{\eta}_n$ 下的坐标可以通过内积简单表示出来.

事实上, 设 $\boldsymbol{\alpha}\in V$, 则 $\boldsymbol{\alpha}=x_1\boldsymbol{\eta}_1+x_2\boldsymbol{\eta}_2+\cdots+x_n\boldsymbol{\eta}_n$, 等式两边向量与基向量作内积可推出, $x_1=(\boldsymbol{\alpha},\boldsymbol{\eta}_1),x_2=(\boldsymbol{\alpha},\boldsymbol{\eta}_2),\cdots,x_n=(\boldsymbol{\alpha},\boldsymbol{\eta}_n)$, 即

$$\boldsymbol{\alpha}=\sum_{i=1}^{n}(\boldsymbol{\alpha},\boldsymbol{\eta}_i)\boldsymbol{\eta}_i. \tag{10.2}$$

标准正交基是否唯一呢? 显然不唯一. 例如, 三维几何空间中任意三个两两垂直的单位向量都构成标准正交基.

现在来看同一个 n 维欧氏空间不同的标准正交基之间的关系.

命题 10.1 设 $\boldsymbol{\varepsilon}_1,\boldsymbol{\varepsilon}_2,\cdots,\boldsymbol{\varepsilon}_n$ 与 $\boldsymbol{\eta}_1,\boldsymbol{\eta}_2,\cdots,\boldsymbol{\eta}_n$ 是 n 维欧氏空间的两个基, 且 $\boldsymbol{\varepsilon}_1,\boldsymbol{\varepsilon}_2,\cdots,\boldsymbol{\varepsilon}_n$ 及 $\boldsymbol{\eta}_1,\boldsymbol{\eta}_2,\cdots,\boldsymbol{\eta}_n$ 的度量矩阵分别为 $\boldsymbol{A}$ 及 $\boldsymbol{B}$. 若

$$(\boldsymbol{\eta}_1,\boldsymbol{\eta}_2,\cdots,\boldsymbol{\eta}_n)=(\boldsymbol{\varepsilon}_1,\boldsymbol{\varepsilon}_2,\cdots,\boldsymbol{\varepsilon}_n)\boldsymbol{C},$$

则 $\boldsymbol{B}=\boldsymbol{C}^{\mathrm{T}}\boldsymbol{A}\boldsymbol{C}$.

证明 由 $(\boldsymbol{\eta}_1,\boldsymbol{\eta}_2,\cdots,\boldsymbol{\eta}_n)=(\boldsymbol{\varepsilon}_1,\boldsymbol{\varepsilon}_2,\cdots,\boldsymbol{\varepsilon}_n)\boldsymbol{C}$ 可知 $\boldsymbol{\eta}_i=(\boldsymbol{\varepsilon}_1,\boldsymbol{\varepsilon}_2,\cdots,\boldsymbol{\varepsilon}_n)\boldsymbol{C}_i$ 及 $\boldsymbol{\eta}_j=(\boldsymbol{\varepsilon}_1,\boldsymbol{\varepsilon}_2,\cdots,\boldsymbol{\varepsilon}_n)\boldsymbol{C}_j$, 其中 $\boldsymbol{C}_i$ 与 $\boldsymbol{C}_j$ 是 $\boldsymbol{C}$ 的第 i 列与第 j 列. 从而由

$\boldsymbol{A}=((\boldsymbol{\varepsilon}_i,\boldsymbol{\varepsilon}_j))\in\mathbb{R}^{n\times n}$ 及 (10.1) 式不难看出对任意 i,j 有 $(\boldsymbol{\eta}_i,\boldsymbol{\eta}_j)=\boldsymbol{C}_i^{\mathrm{T}}\boldsymbol{A}\boldsymbol{C}_j$. 于是

$$\boldsymbol{B}=\begin{pmatrix}\boldsymbol{C}_1^{\mathrm{T}}\boldsymbol{A}\boldsymbol{C}_1 & \boldsymbol{C}_1^{\mathrm{T}}\boldsymbol{A}\boldsymbol{C}_2 & \cdots & \boldsymbol{C}_1^{\mathrm{T}}\boldsymbol{A}\boldsymbol{C}_n\\ \boldsymbol{C}_2^{\mathrm{T}}\boldsymbol{A}\boldsymbol{C}_1 & \boldsymbol{C}_2^{\mathrm{T}}\boldsymbol{A}\boldsymbol{C}_2 & \cdots & \boldsymbol{C}_2^{\mathrm{T}}\boldsymbol{A}\boldsymbol{C}_n\\ \vdots & \vdots & & \vdots\\ \boldsymbol{C}_n^{\mathrm{T}}\boldsymbol{A}\boldsymbol{C}_1 & \boldsymbol{C}_n^{\mathrm{T}}\boldsymbol{A}\boldsymbol{C}_2 & \cdots & \boldsymbol{C}_n^{\mathrm{T}}\boldsymbol{A}\boldsymbol{C}_n\end{pmatrix}$$

$$=\begin{pmatrix}\boldsymbol{C}_1^{\mathrm{T}}\\ \boldsymbol{C}_2^{\mathrm{T}}\\ \vdots\\ \boldsymbol{C}_n^{\mathrm{T}}\end{pmatrix}\boldsymbol{A}(\boldsymbol{C}_1,\boldsymbol{C}_2,\cdots,\boldsymbol{C}_n)=\boldsymbol{C}^{\mathrm{T}}\boldsymbol{A}\boldsymbol{C}.$$ □

命题 10.2 设 $\varepsilon_1,\varepsilon_2,\cdots,\varepsilon_n$ 是欧氏空间 V 的一个标准正交基, $\boldsymbol{\eta}_1,\boldsymbol{\eta}_2,\cdots,\boldsymbol{\eta}_n$ 是 V 中 n 个向量, 且

$$(\boldsymbol{\eta}_1,\boldsymbol{\eta}_2,\cdots,\boldsymbol{\eta}_n)=(\varepsilon_1,\varepsilon_2,\cdots,\varepsilon_n)\boldsymbol{C},\quad \boldsymbol{C}\in\mathbb{R}^{n\times n},$$

则 $\boldsymbol{\eta}_1,\boldsymbol{\eta}_2,\cdots,\boldsymbol{\eta}_n$ 是 V 的一个标准正交基当且仅当 $\boldsymbol{C}$ 是正交阵.

证明 若 $\boldsymbol{\eta}_1,\boldsymbol{\eta}_2,\cdots,\boldsymbol{\eta}_n$ 是 V 的一个标准正交基, 由于标准正交基的度量阵是单位阵, 故根据命题 10.1 可得 $\boldsymbol{I}_n=\boldsymbol{C}^{\mathrm{T}}\boldsymbol{I}_n\boldsymbol{C}$, 即 $\boldsymbol{C}^{\mathrm{T}}\boldsymbol{C}=\boldsymbol{I}_n$, 所以 $\boldsymbol{C}$ 是正交阵.

反之, 若 $\boldsymbol{C}$ 正交, 则 $\boldsymbol{C}$ 必可逆, 从而 $\boldsymbol{\eta}_1,\boldsymbol{\eta}_2,\cdots,\boldsymbol{\eta}_n$ 是 V 的一个基. 由命题 10.1 及标准正交基的度量矩阵是 $\boldsymbol{I}_n$ 可知 $\boldsymbol{\eta}_1,\boldsymbol{\eta}_2,\cdots,\boldsymbol{\eta}_n$ 的度量矩阵为 $\boldsymbol{C}^{\mathrm{T}}\boldsymbol{I}_n\boldsymbol{C}=\boldsymbol{C}^{\mathrm{T}}\boldsymbol{C}=\boldsymbol{I}_n$, 这说明 $(\boldsymbol{\eta}_i,\boldsymbol{\eta}_j)=\delta_{ij}$, 即 $\boldsymbol{\eta}_1,\boldsymbol{\eta}_2,\cdots,\boldsymbol{\eta}_n$ 为标准正交基. □

练 习 10.1

10.1.1 在 $\mathbb{R}^2$ 中定义下面三种二元函数. 试问 $\mathbb{R}^2$ 对哪些是欧氏空间? 这里 $\boldsymbol{\alpha}=(a_1,a_2),\boldsymbol{\beta}=(b_1,b_2)$.

(1) $(\boldsymbol{\alpha},\boldsymbol{\beta})=a_1b_2+a_2b_1$;

(2) $(\boldsymbol{\alpha},\boldsymbol{\beta})=(a_1+a_2)b_1+(a_1+2a_2)b_2$;

(3) $(\boldsymbol{\alpha},\boldsymbol{\beta})=pa_1b_1+qa_2b_2,\ p,q\in\mathbb{R}$.

10.1.2 证明在一个欧氏空间中对任意向量 $\boldsymbol{\alpha},\boldsymbol{\beta}$, 以下等式成立:

$$|\boldsymbol{\alpha}+\boldsymbol{\beta}|^2+|\boldsymbol{\alpha}-\boldsymbol{\beta}|^2=2|\boldsymbol{\alpha}|^2+2|\boldsymbol{\beta}|^2.$$

在解析几何里, 这意味着什么?

10.1.3 设 $\boldsymbol{C}$ 是一个 n 阶实可逆阵, 在 $\mathbb{R}^n$ 中定义 $(x,y)=\boldsymbol{x}^{\mathrm{T}}\boldsymbol{C}^{\mathrm{T}}\boldsymbol{C}\boldsymbol{y},\forall\boldsymbol{x},\boldsymbol{y}\in\mathbb{R}^n$, 证明这是 $\mathbb{R}^n$ 的一个内积.

10.1.4 设 $V=C[0,1]$, 考虑 V 到自身的映射 σ:

$$\sigma(f(x))=xf(x),\quad\forall f(x)\in V.$$

(1) 证明 $\sigma \in \mathrm{Hom}(V,V)$, 且 σ 是单射;

(2) 规定

$$(f(x),g(x)) = \int_0^1 f(t)g(t)t^2\mathrm{d}t, \quad \forall f(x),g(x)\in V,$$

证明这是 V 的一个内积.

10.1.5 写出本节例 10.3 和例 10.4 的相应内积的柯西不等式.

10.1.6 在 $\mathbb{R}[x]_3$ 中定义内积 $(f(x),g(x)) = \int_0^1 f(x)g(x)\mathrm{d}x$, 求 $\mathbb{R}[x]_3$ 的一个标准正交基.

10.1.7 设 $\varepsilon_1,\varepsilon_2,\varepsilon_3,\varepsilon_4,\varepsilon_5$ 是欧氏空间 V 的一个标准正交基, 令 $V_1=\langle\boldsymbol{\alpha}_1,\boldsymbol{\alpha}_2,\boldsymbol{\alpha}_3\rangle$, 其中 $\boldsymbol{\alpha}_1=\varepsilon_1+2\varepsilon_3-\varepsilon_5, \boldsymbol{\alpha}_2=\varepsilon_2-\varepsilon_3+\varepsilon_4, \boldsymbol{\alpha}_3=-\varepsilon_2+\varepsilon_3+\varepsilon_5$, 求 V_1 的一个标准正交基.

10.1.8 欧氏空间 V 的基 $\boldsymbol{\alpha}_1,\boldsymbol{\alpha}_2,\boldsymbol{\alpha}_3$ 的度量矩阵 $\boldsymbol{A}=\begin{pmatrix}1&0&1\\0&10&-2\\1&-2&2\end{pmatrix}$, 求 V 的一个标准正交基.

10.2 欧氏空间的同构

同一实线性空间, 由于定义了不同的内积, 则构成了不同的欧氏空间. 当然不同的实线性空间又可构成许多不同的欧氏空间. 像线性空间一样, 也要考虑在代数运算的意义下哪些欧氏空间是同构的.

定义 10.3 设 V_1 和 V_2 分别是定义了内积 $(\ ,\ )_1$ 和 $(\ ,\ )_2$ 的两个欧氏空间. 如果存在 V_1 到 V_2 的一个双射 σ 使得对任意 $\boldsymbol{\alpha},\boldsymbol{\beta}\in V$ 及 $k\in\mathbb{R}$ 有

$$\sigma(\boldsymbol{\alpha}+\boldsymbol{\beta})=\sigma(\boldsymbol{\alpha})+\sigma(\boldsymbol{\beta}), \quad \sigma(k\boldsymbol{\alpha})=k\sigma(\boldsymbol{\alpha}),$$
$$(\sigma(\boldsymbol{\alpha}),\sigma(\boldsymbol{\beta}))_2=(\boldsymbol{\alpha},\boldsymbol{\beta})_1,$$

则称 V_1 与 V_2 是**欧氏空间同构**的, 记为 $V_1\cong V_2$; 称 σ 为 V_1 到 V_2 的一个**同构映射**.

定理 10.1 两个有限维欧氏空间同构的充要条件是它们的维数相同.

证明 按定义, 两个有限维欧氏空间同构, 则它们按线性空间也同构, 于是它们的维数相同, 这证明了必要性.

为了证明充分性, 设 V_1 和 V_2 是维数均为 n 的欧氏空间, 它们分别定义了内积 $(\ ,\ )_1$ 和 $(\ ,\ )_2$, 又令 $\varepsilon_1,\varepsilon_2,\cdots,\varepsilon_n$ 和 $\boldsymbol{\eta}_1,\boldsymbol{\eta}_2,\cdots,\boldsymbol{\eta}_n$ 分别为 V_1 和 V_2 的标准正交基, 按如下方式建立 V_1 到 V_2 的一个映射 σ :

$$\boldsymbol{\alpha}=\sum_{i=1}^n x_i\varepsilon_i \mapsto \sigma(\boldsymbol{\alpha})=\sum_{i=1}^n x_i\boldsymbol{\eta}_i, \quad \forall\boldsymbol{\alpha}\in V_1,$$

容易证明 σ 是线性空间 V_1 到 V_2 的一个同构映射. 再证 σ 保持内积运算即可. 事实上, 设

$$\boldsymbol{\alpha}=\sum_{i=1}^n x_i\varepsilon_i, \quad \boldsymbol{\beta}=\sum_{i=1}^n y_i\varepsilon_i,$$

则有

$$(\boldsymbol{\alpha},\boldsymbol{\beta})_1=\left(\sum_{i=1}^n x_i\boldsymbol{\varepsilon}_i,\sum_{i=1}^n y_i\boldsymbol{\varepsilon}_i\right)_1=\sum_{i=1}^n x_iy_i=\left(\sum_{i=1}^n x_i\boldsymbol{\eta}_i,\sum_{i=1}^n y_i\boldsymbol{\eta}_i\right)_2=(\sigma(\boldsymbol{\alpha}),\sigma(\boldsymbol{\beta}))_2,$$

这说明 σ 是欧氏空间 V_1 到 V_2 的一个同构映射, 故 $V_1\cong V_2$. □

推论 10.1　任意 n 维欧氏空间均与 $\mathbb{R}^n$ 空间 (第 5 章定义的) 同构.

推论 10.2　欧氏空间的同构关系具有反身性、对称性和传递性.

证明留给读者.

练　习　10.2

10.2.1　在例 10.1 中对 $\mathbb{R}^n$ 定义了两个内积, 试找出 $\mathbb{R}^n$ 作为两个欧氏空间的一个同构映射.

10.2.2　证明本节推论 10.2.

10.2.3　若 V 是所有三阶实反对称阵所组成的实数域上的线性空间, 如果定义 $(\boldsymbol{A},\boldsymbol{B})=\frac{1}{2}\mathrm{tr}(\boldsymbol{A}\boldsymbol{B}^{\mathrm{T}})$, 证明 V 构成一个欧氏空间. 试给出 $\mathbb{R}^3$ 到 V 作为欧氏空间的一个同构映射, 并求 V 的一个标准正交基.

10.2.4　设 V_1 和 V_2 均为 n 维欧氏空间, σ 为 V_1 到 V_2 的线性映射, 且 σ 保持内积, 证明 σ 是 V_1 到 V_2 的同构映射.

10.2.5　设 V_1 和 V_2 均为 n 维欧氏空间, $\boldsymbol{\alpha}_1,\boldsymbol{\alpha}_2,\cdots,\boldsymbol{\alpha}_n$ 及 $\boldsymbol{\beta}_1,\boldsymbol{\beta}_2,\cdots,\boldsymbol{\beta}_n$ 分别为 V_1 和 V_2 的基. 证明: 存在 V_1 到 V_2 的同构映射 σ 使得

$$\sigma(\boldsymbol{\alpha}_i)=\boldsymbol{\beta}_i,\quad \forall i=1,2,\cdots,n$$

当且仅当 V_1 对 $\boldsymbol{\alpha}_1,\boldsymbol{\alpha}_2,\cdots,\boldsymbol{\alpha}_n$ 的度量矩阵与 V_2 对 $\boldsymbol{\beta}_1,\boldsymbol{\beta}_2,\cdots,\boldsymbol{\beta}_n$ 的度量矩阵相等.

10.3　正交子空间与最小二乘法

本节考察欧氏空间的子空间的正交关系, 进一步揭示欧氏空间的结构, 同时还介绍正交投影, 以及其应用——最小二乘法.

10.3.1　正交和正交补

定义 10.4　设 W_1 和 W_2 是欧氏空间 V 的两个子空间, (,) 为 V 的内积, 若对任意的 $\boldsymbol{\alpha}\in W_1,\boldsymbol{\beta}\in W_2$ 都有 $(\boldsymbol{\alpha},\boldsymbol{\beta})=0$, 则称 W_1 **与** W_2 **正交**, 记作 $W_1\perp W_2$. 设 $\boldsymbol{\alpha}$ 为 V 的一个固定向量, W 为 V 的一个子空间, 若对 W 的任意向量 $\boldsymbol{\beta}$ 有 $(\boldsymbol{\alpha},\boldsymbol{\beta})=0$, 则称 $\boldsymbol{\alpha}$ **与** W **正交**, 记作 $\boldsymbol{\alpha}\perp W$ 或 $(\boldsymbol{\alpha},W)=0$.

定理 10.2　若欧氏空间的子空间 $W_1,W_2,\cdots,W_t$ 两两正交, 则和 $\sum\limits_{i=1}^t W_i$ 是直和.

证明 设 $\mathbf{0}=\boldsymbol{\alpha}_1+\boldsymbol{\alpha}_2+\cdots+\boldsymbol{\alpha}_t$, 其中 $\boldsymbol{\alpha}_i\in W_i, i=1,2,\cdots,t$. 于是, $0=(\boldsymbol{\alpha}_i,\mathbf{0})=(\boldsymbol{\alpha}_i,\boldsymbol{\alpha}_1)+\cdots+(\boldsymbol{\alpha}_i,\boldsymbol{\alpha}_i)+\cdots+(\boldsymbol{\alpha}_i,\boldsymbol{\alpha}_t)$. 由 $W_1,W_2,\cdots,W_t$ 两两正交得 $(\boldsymbol{\alpha}_i,\boldsymbol{\alpha}_i)=0$, 故 $\boldsymbol{\alpha}_i=\mathbf{0}$. 由 i 的任意性知 $\mathbf{0}$ 表示唯一, 即和 $\sum\limits_{i=1}^{t}W_i$ 是直和. □

在三维几何空间 V 中, 设 V_1 是 xOy 平面上从原点出发的所有向量, V_2 是 z 轴上从原点出发的所有向量, 易见 $V_1\perp V_2$ 且 $V=V_1\oplus V_2$. 这引出如下正交补的概念.

定义 10.5 设 S 是欧氏空间 V 的一个非空子集, V 中与 S 中所有向量都正交的全体向量组成的集合, 称为 S 的**正交补**, 记作 $S^{\perp}$, 即 $S^{\perp}=\{\boldsymbol{\alpha}\in V|(\boldsymbol{\alpha},\boldsymbol{\beta})=0,\forall\boldsymbol{\beta}\in S\}$.

命题 10.3 如上定义的 $S^{\perp}$ 是 V 的一个子空间.

证明 显然, $\mathbf{0}\in S^{\perp}$, 故 $S^{\perp}$ 非空. $\forall\boldsymbol{\alpha},\boldsymbol{\beta}\in S^{\perp}$, $\forall\gamma\in S$, 显然有 $(\boldsymbol{\alpha}+\boldsymbol{\beta},\boldsymbol{\gamma})=(\boldsymbol{\alpha},\boldsymbol{\gamma})+(\boldsymbol{\beta},\boldsymbol{\gamma})=0$, 故 $\boldsymbol{\alpha}+\boldsymbol{\beta}\in S^{\perp}$. 类似可证 $k\boldsymbol{\alpha}\in S^{\perp},\forall\boldsymbol{\alpha}\in S^{\perp},k\in\mathbb{R}$. 因此 $S^{\perp}$ 是 V 的一个子空间. □

定理 10.3 设 U 是欧氏空间 V 的一个有限维子空间, 则 $V-U\oplus U^{\perp}$.

证明 当 $U=0$ 时, 显然 $U^{\perp}=V$, 定理成立. 当 $U\neq 0$ 时, 设 $\boldsymbol{\varepsilon}_1,\boldsymbol{\varepsilon}_2,\cdots,\boldsymbol{\varepsilon}_m$ 为 U 的一个标准正交基. 任取 $\boldsymbol{\alpha}\in V$, 令

$$\begin{aligned}\boldsymbol{\alpha}_1=&(\boldsymbol{\alpha},\boldsymbol{\varepsilon}_1)\boldsymbol{\varepsilon}_1+(\boldsymbol{\alpha},\boldsymbol{\varepsilon}_2)\boldsymbol{\varepsilon}_2+\cdots+(\boldsymbol{\alpha},\boldsymbol{\varepsilon}_m)\boldsymbol{\varepsilon}_m\in U,\\ \boldsymbol{\alpha}_2=&\boldsymbol{\alpha}-\boldsymbol{\alpha}_1,\end{aligned}$$

由于

$$\begin{aligned}(\boldsymbol{\alpha}_2,\boldsymbol{\varepsilon}_j)&=(\boldsymbol{\alpha}-\boldsymbol{\alpha}_1,\boldsymbol{\varepsilon}_j)=(\boldsymbol{\alpha},\boldsymbol{\varepsilon}_j)-(\boldsymbol{\alpha}_1,\boldsymbol{\varepsilon}_j)\\&=(\boldsymbol{\alpha},\boldsymbol{\varepsilon}_j)-\left(\sum_{i=1}^{m}(\boldsymbol{\alpha},\boldsymbol{\varepsilon}_i)\boldsymbol{\varepsilon}_i,\boldsymbol{\varepsilon}_j\right)\\&=(\boldsymbol{\alpha},\boldsymbol{\varepsilon}_j)-(\boldsymbol{\alpha},\boldsymbol{\varepsilon}_j)\\&=0,\quad j=1,2,\cdots,m,\end{aligned}$$

故 $\boldsymbol{\alpha}_2\perp U$, 即 $\boldsymbol{\alpha}_2\in U^{\perp}$, 从而 $\boldsymbol{\alpha}=\boldsymbol{\alpha}_1+\boldsymbol{\alpha}_2$, 意味着 $V=U+U^{\perp}$. 又显然有 $U\perp U^{\perp}$, 故 $V=U\oplus U^{\perp}$. □

推论 10.3 若 U 是欧氏空间 V 的有限维子空间, $V=U+W$ 且 $U\perp W$, 则 $W=U^{\perp}$.

证明 任取 $\boldsymbol{\alpha}\in U^{\perp}$, 则有 $\boldsymbol{\alpha}=\boldsymbol{u}+\boldsymbol{\omega},\boldsymbol{u}\in U,\boldsymbol{\omega}\in W$, 于是

$$0=(\boldsymbol{\alpha},\boldsymbol{u})=(\boldsymbol{u},\boldsymbol{u})+(\boldsymbol{u},\boldsymbol{\omega}),$$

从而 $(\boldsymbol{u},\boldsymbol{u})=0$, 故 $\boldsymbol{u}=\mathbf{0}$, 即 $\boldsymbol{\alpha}=\boldsymbol{\omega}\in W$, 进而 $U^{\perp}\subset W$, 因此 $W=U^{\perp}$. □

对于定义 10.5 前面的例子, 显然有 $V = V_1 \oplus V_1^{\perp}$.

10.3.2　正交投影

设 U 是欧氏空间 V 的子空间, 如果 $V = U \oplus U^{\perp}$, 于是有平行于 $U^{\perp}$ 在 U 上的投影变换 P_U, 此时称 P_U 是 **V 在 U 上的正交投影**, 这是一个线性变换. 如果

$$\boldsymbol{\alpha} = \boldsymbol{\alpha}_1 + \boldsymbol{\alpha}_2, \quad \boldsymbol{\alpha}_1 \in U, \boldsymbol{\alpha}_2 \in U^{\perp},$$

又称 $\boldsymbol{\alpha}_1$ 是 $\boldsymbol{\alpha}$ 在 U 上的**正交投影**. 换句话说, **$\boldsymbol{\alpha}$ 在 U 上的正交投影就是 $\boldsymbol{\alpha}$ 在 P_U 下的像**. 在定理 10.3 的证明中已看到, 若 U 有标准正交基 $\boldsymbol{\varepsilon}_1, \boldsymbol{\varepsilon}_2, \cdots, \boldsymbol{\varepsilon}_m$, 则 $\boldsymbol{\alpha}$ 在 U 上的正交投影就是

$$\boldsymbol{\alpha}_1 = \sum_{i=1}^{m} (\boldsymbol{\alpha}, \boldsymbol{\varepsilon}_i)\boldsymbol{\varepsilon}_i. \tag{10.3}$$

再看定义 10.5 前面的例子, 设 $\boldsymbol{\alpha} = \boldsymbol{\alpha}_1 + \boldsymbol{\alpha}_2, \boldsymbol{\alpha}_1 \in V_1, \boldsymbol{\alpha}_2 \in V_1^{\perp}$, 容易看出 $\boldsymbol{\alpha}_1$ 与 $\boldsymbol{\alpha}$ 的距离 $|\boldsymbol{\alpha} - \boldsymbol{\alpha}_1|$ 比 V_1(xOy 平面上从原点出发的所有向量) 中其他向量 $\boldsymbol{\gamma}$ 与 $\boldsymbol{\alpha}$ 的距离 $|\boldsymbol{\alpha} - \boldsymbol{\gamma}|$ 都短.

上述事实其实只是下述更一般性结果的特例.

定理 10.4　设 U 是欧氏空间 V 的一个有限维子空间, 对于 $\boldsymbol{\alpha} \in V$ 来说, $\boldsymbol{\alpha}_1 \in U$ 是 $\boldsymbol{\alpha}$ 在 U 上的正交投影的充要条件是 $|\boldsymbol{\alpha} - \boldsymbol{\alpha}_1| \leqslant |\boldsymbol{\alpha} - \boldsymbol{\gamma}|, \forall \boldsymbol{\gamma} \in U$.

证明　必要性. 设 $\boldsymbol{\alpha}_1$ 是 $\boldsymbol{\alpha}$ 在 U 上的正交投影, 于是 $\boldsymbol{\alpha} - \boldsymbol{\alpha}_1 \in U^{\perp}$, 故 $(\boldsymbol{\alpha} - \boldsymbol{\alpha}_1) \perp (\boldsymbol{\alpha}_1 - \boldsymbol{\gamma}), \forall \boldsymbol{\gamma} \in U$. 于是, 由勾股定理得

$$|\boldsymbol{\alpha} - \boldsymbol{\alpha}_1|^2 + |\boldsymbol{\alpha}_1 - \boldsymbol{\gamma}|^2 = |\boldsymbol{\alpha} - \boldsymbol{\gamma}|^2, \quad \forall \boldsymbol{\gamma} \in U.$$

由此有

$$|\boldsymbol{\alpha} - \boldsymbol{\alpha}_1| \leqslant |\boldsymbol{\alpha} - \boldsymbol{\gamma}|, \quad \forall \boldsymbol{\gamma} \in U.$$

充分性. 设存在 $\boldsymbol{\alpha}_1$ 使 $|\boldsymbol{\alpha} - \boldsymbol{\alpha}_1| \leqslant |\boldsymbol{\alpha} - \boldsymbol{\gamma}|, \forall \boldsymbol{\gamma} \in U$. 又设 $\boldsymbol{\delta}$ 是 $\boldsymbol{\alpha}$ 在 U 上的正交投影, 易知 $|\boldsymbol{\alpha} - \boldsymbol{\alpha}_1| \leqslant |\boldsymbol{\alpha} - \boldsymbol{\delta}|$, 且 $\boldsymbol{\delta} - \boldsymbol{\alpha}_1 \in U$. 因此, 由 $\boldsymbol{\alpha} - \boldsymbol{\delta} \perp \boldsymbol{\delta} - \boldsymbol{\alpha}_1$ 得

$$\begin{aligned}|\boldsymbol{\alpha} - \boldsymbol{\alpha}_1|^2 &= |(\boldsymbol{\alpha} - \boldsymbol{\delta}) + (\boldsymbol{\delta} - \boldsymbol{\alpha}_1)|^2 \\ &= |\boldsymbol{\alpha} - \boldsymbol{\delta}|^2 + |\boldsymbol{\delta} - \boldsymbol{\alpha}_1|^2.\end{aligned}$$

由此得 $|\boldsymbol{\delta} - \boldsymbol{\alpha}_1| = 0$, 故 $\boldsymbol{\delta} = \boldsymbol{\alpha}_1$.　□

定义 10.6　设 U 是欧氏空间 V 的一个子空间, $\boldsymbol{\alpha}$ 是 V 中向量, 如果 U 中存在一个向量 $\boldsymbol{\delta}$, 使得 $|\boldsymbol{\alpha} - \boldsymbol{\delta}| \leqslant |\boldsymbol{\alpha} - \boldsymbol{\gamma}|, \forall \boldsymbol{\gamma} \in U$, 那么 $\boldsymbol{\delta}$ 称为 **$\boldsymbol{\alpha}$ 在 U 上的最佳逼近元**.

定理 10.4 说明, 如果 U 是有限维子空间, 则 V 中任意一个向量 $\boldsymbol{\alpha}$ 在 U 上的最佳逼近元存在且唯一, 它就是 $\boldsymbol{\alpha}$ 在 U 上的正交投影 $\boldsymbol{\alpha}_1$.

10.3.3 最小二乘法

下面介绍正交投影和最佳逼近元的一个重要应用: 最小二乘法.

在许多实际问题中需要研究一个变量 y 与其他一些变量 $x_1, x_2, \cdots, x_n$ 之间的依赖关系. 经过实际观测和分析, 假定 y 与 $x_1, x_2, \cdots, x_n$ 之间呈线性关系:

$$y = k_1x_1 + k_2x_2 + \cdots + k_nx_n.$$

为了确定具体系数 $k_1, k_2, \cdots, k_n$, 需要观测数据

y	x_1	x_2	$\cdots$	x_n
b_1	a_{11}	a_{12}	$\cdots$	a_{1n}
$\vdots$	$\vdots$	$\vdots$		$\vdots$
b_m	a_{m1}	a_{m2}	$\cdots$	a_{mn}

如果观测是绝对精确的话, 原则上只要 $m = n$ 次观测, 就可以通过线性方程组解出 $k_1, k_2, \cdots, k_n$. 然而, 任何观测都会有误差, 这样就需要更多观测次数, 即 $m > n$, 于是有如下的方程组

$$\begin{cases} a_{11}k_1 + a_{12}k_2 + \cdots + a_{1n}k_n = b_1, \\ a_{21}k_2 + a_{22}k_2 + \cdots + a_{2n}k_n = b_2, \\ \cdots\cdots \\ a_{m1}k_1 + a_{m2}k_2 + \cdots + a_{mn}k_n = b_m, \end{cases} \tag{10.4}$$

甚至可能无解, 即任何一组实数 $k_1, k_2, \cdots, k_n$ 都使

$$\sum_{i=1}^{m}(b_i - (a_{i1}k_1 + a_{i2}k_2 + \cdots + a_{in}k_n))^2 \tag{10.5}$$

不为 0. 此时, 我们需要找使上式值最小的解 $k_1^0, k_2^0, \cdots, k_n^0$, 这样的解称为方程组 (10.4) 的**最小二乘解**. 这种问题叫做**最小二乘问题**.

现在讨论如何求方程组 (10.4) 的最小二乘解. 实际上 (10.5) 式可以写成 $|\boldsymbol{\beta} - \boldsymbol{A}\boldsymbol{x}|^2$, 其中

$$\boldsymbol{A} = \begin{pmatrix} a_{11} & a_{12} & \cdots & a_{1n} \\ a_{21} & a_{22} & \cdots & a_{2n} \\ \vdots & \vdots & & \vdots \\ a_{m1} & a_{m2} & \cdots & a_{mn} \end{pmatrix}, \quad \boldsymbol{x} = \begin{pmatrix} k_1 \\ k_2 \\ \vdots \\ k_n \end{pmatrix}, \quad \boldsymbol{\beta} = \begin{pmatrix} b_1 \\ b_2 \\ \vdots \\ b_m \end{pmatrix},$$

令 $\boldsymbol{A}$ 的各列依次为 $\boldsymbol{\alpha}_1, \boldsymbol{\alpha}_2, \cdots, \boldsymbol{\alpha}_n, U = \langle \boldsymbol{\alpha}_1, \boldsymbol{\alpha}_2, \cdots, \boldsymbol{\alpha}_n \rangle$, 于是 U 是 $\mathbb{R}^m$ 的子空间, 所谓最小二乘问题就是找 $\boldsymbol{\beta}$ 在 U 上的最佳逼近元. 按定理 10.3, 这就是求 $\boldsymbol{\beta}$

在 U 上的正交投影, 因此 $\boldsymbol{A}\boldsymbol{x}^0$ 应为 $\boldsymbol{\beta}$ 在 $\boldsymbol{U}$ 上的正交投影, 其中 $\boldsymbol{x}^0=\begin{pmatrix}k_1^0\\k_2^0\\\vdots\\k_n^0\end{pmatrix}$.

这意味着 $\boldsymbol{\beta}-\boldsymbol{A}\boldsymbol{x}^0\in U^{\perp}$.

$$\begin{aligned}\boldsymbol{\beta}-\boldsymbol{A}\boldsymbol{x}^0\in U^{\perp}&\Leftrightarrow(\boldsymbol{\beta}-\boldsymbol{A}\boldsymbol{x}^0)\perp U\\&\Leftrightarrow(\boldsymbol{\beta}-\boldsymbol{A}\boldsymbol{x}^0,\boldsymbol{\alpha}_j)=0,\quad j=1,2,\cdots,n\\&\Leftrightarrow\boldsymbol{\alpha}_j^{\mathrm{T}}(\boldsymbol{\beta}-\boldsymbol{A}\boldsymbol{x}^0)=0,\quad j=1,2,\cdots,n\\&\Leftrightarrow\boldsymbol{A}^{\mathrm{T}}(\boldsymbol{\beta}-\boldsymbol{A}x^0)=0\\&\Leftrightarrow\boldsymbol{A}^{\mathrm{T}}\boldsymbol{A}\boldsymbol{x}^0=\boldsymbol{A}^{\mathrm{T}}\boldsymbol{\beta}\\&\Leftrightarrow\boldsymbol{x}^0\text{是方程组}\boldsymbol{A}^{\mathrm{T}}\boldsymbol{A}\boldsymbol{x}=\boldsymbol{A}^{\mathrm{T}}\boldsymbol{\beta}\text{ 的解}.\end{aligned}$$

而方程组 $\boldsymbol{A}^{\mathrm{T}}\boldsymbol{A}\boldsymbol{x}=\boldsymbol{A}^{\mathrm{T}}\boldsymbol{\beta}$ 总是有解的. 事实上, 一方面

$$\text{增广阵的秩}=\text{秩}(\boldsymbol{A}^{\mathrm{T}}\boldsymbol{A}\ \boldsymbol{A}^{\mathrm{T}}\boldsymbol{\beta})=\text{秩}(\boldsymbol{A}^{\mathrm{T}}(\boldsymbol{A}\ \boldsymbol{\beta}))\leqslant\text{秩}(\boldsymbol{A}^{\mathrm{T}})=\text{秩}(\boldsymbol{A}^{\mathrm{T}}\boldsymbol{A}),$$

另一方面, 增广阵的秩 = 秩 $(\boldsymbol{A}^{\mathrm{T}}\boldsymbol{A}\ \boldsymbol{A}^{\mathrm{T}}\boldsymbol{\beta})\geqslant$ 秩 $(\boldsymbol{A}^{\mathrm{T}}\boldsymbol{A})$, 所以, 增广阵的秩 = 系数阵的秩, 故 $\boldsymbol{A}^{\mathrm{T}}\boldsymbol{A}\boldsymbol{x}=\boldsymbol{A}^{\mathrm{T}}\boldsymbol{\beta}$ 有解. 这样一来就把最小二乘问题求解归结为解方程 $\boldsymbol{A}^{\mathrm{T}}\boldsymbol{A}\boldsymbol{x}=\boldsymbol{A}^{\mathrm{T}}\boldsymbol{\beta}$ 的问题了.

例 10.7　已知某种材料在生产过程中的废品率 y 与某种化学成分所占百分比 x 有关. 下表中记录了 y 与相应的 x 的数值关系:

$x/\%$	3.6	3.7	3.8	3.9	4.0	4.1	4.2
$y/\%$	1.00	0.9	0.9	0.81	0.60	0.56	0.35

求 y 对 x 的一个近似公式.

解　根据数值画出图来观察变化趋势近于一条直线, 因此决定选取 $y=ax+b$ 来表示 x 与 y 的关系. 于是, 由已知有

$$\boldsymbol{A}=\begin{pmatrix}3.6&1\\3.7&1\\3.8&1\\3.9&1\\4.0&1\\4.1&1\\4.2&1\end{pmatrix},\quad\boldsymbol{\beta}=\begin{pmatrix}1.00\\0.90\\0.90\\0.81\\0.60\\0.56\\0.35\end{pmatrix},$$

最小二乘解 $\begin{pmatrix} a \\ b \end{pmatrix}$ 所满足的方程组就是 $\boldsymbol{A}^{\mathrm{T}}\boldsymbol{A}\begin{pmatrix} a \\ b \end{pmatrix} = \boldsymbol{A}^{\mathrm{T}}\boldsymbol{\beta}$, 即

$$\begin{cases} 106.75a + 27.3b = 19.675, \\ 27.3a + 7b = 5.12, \end{cases}$$

解得 $a = -1.05, b = 4.81$(取三位有效数字). □

例 10.8 在有标准内积的 $\mathbb{R}^4$ 空间中, $\boldsymbol{\alpha}_1 = (1,-1,-1,1), \boldsymbol{\alpha}_2 = (1,-1,0,1)$, $\boldsymbol{\alpha}_3 = (1,-1,1,0)$. 令 $U = \langle \boldsymbol{\alpha}_1, \boldsymbol{\alpha}_2, \boldsymbol{\alpha}_3 \rangle$, 求向量 $\boldsymbol{\beta} = (2,4,1,2)$ 在 U 上的正交投影.

解 方法 1. 在 U 中用 Schmidt 正交化方法求出一个标准正交基

$$\boldsymbol{\eta}_1 = \frac{1}{2}(1,-1,-1,1),$$

$$\boldsymbol{\eta}_2 = \frac{\sqrt{3}}{6}(1,-1,3,1),$$

$$\boldsymbol{\eta}_3 = \frac{\sqrt{6}}{6}(1,-1,0,-2),$$

按公式 (10.3) 求得

$$P_U(\boldsymbol{\beta}) = \sum_{i=1}^{3} (\boldsymbol{\beta}, \boldsymbol{\eta}_i)\boldsymbol{\eta}_i = (-1,1,1,2).$$

方法 2. 求解方程组 $\boldsymbol{A}^{\mathrm{T}}\boldsymbol{A}\boldsymbol{x} = \boldsymbol{A}^{\mathrm{T}}\boldsymbol{\beta}$, 其中

$$\boldsymbol{A} = \begin{pmatrix} 1 & 1 & 1 \\ -1 & -1 & -1 \\ -1 & 0 & 1 \\ 1 & 1 & 0 \end{pmatrix}, \quad \boldsymbol{\beta} = \begin{pmatrix} 2 \\ 4 \\ 1 \\ 2 \end{pmatrix},$$

于是 $\boldsymbol{A}^{\mathrm{T}}\boldsymbol{A} = \begin{pmatrix} 4 & 3 & 1 \\ 3 & 3 & 2 \\ 1 & 2 & 3 \end{pmatrix}, \boldsymbol{A}^{\mathrm{T}}\boldsymbol{\beta} = \begin{pmatrix} -1 \\ 0 \\ -1 \end{pmatrix}$, 从而 $\boldsymbol{A}^{\mathrm{T}}\boldsymbol{A}\boldsymbol{x} = \boldsymbol{A}^{\mathrm{T}}\boldsymbol{\beta}$, 有解 $\boldsymbol{x}^0 = \begin{pmatrix} -4 \\ 6 \\ -3 \end{pmatrix}$, 从而 $\boldsymbol{\beta}$ 在 U 上的正交投影是 $(-1,1,1,2)$. $\left(\text{因为}\boldsymbol{A}\boldsymbol{x}^0 = \begin{pmatrix} -1 \\ 1 \\ 1 \\ 2 \end{pmatrix}\right)$ □

练　习　10.3

10.3.1　设 U 是欧氏空间 $\mathbb{R}^4$(指定标准内积) 的一个子空间, $U=\langle\boldsymbol{\alpha}_1,\boldsymbol{\alpha}_2\rangle$, 其中

$$\boldsymbol{\alpha}_1=(1,1,2,1),\quad \boldsymbol{\alpha}_2=(1,0,0,-2).$$

(1) 求 $U^{\perp}$ 的标准正交基;

(2) 求向量 $\boldsymbol{\alpha}=(1,-3,2,2)$ 在 U 上的正交投影.

10.3.2　设 V 是一个 n 维欧氏空间, $\boldsymbol{\alpha}$ 是 V 中一个固定向量, $V_1=\{\boldsymbol{\alpha}\}^{\perp}$, 求 $\dim V_1$.

10.3.3　设 U 是 n 维欧氏空间 V 的一个子空间, 证明: $(U^{\perp})^{\perp}=U$.

10.3.4　设 W_1,W_2 是 n 维欧氏空间 V 的两个子空间, 证明

$$(W_1+W_2)^{\perp}=W_1^{\perp}\cap W_2^{\perp},\quad (W_1\cap W_2)^{\perp}=W_1^{\perp}+W_2^{\perp}.$$

10.3.5　求下列方程组的最小二乘解:

$$\begin{cases}3.4x-1.6y=1,\\3.3x-1.7y=1,\\3.2x-1.5y=1,\\2.6x-1.1y=1.\end{cases}$$

10.3.6　设 U 是欧氏空间 V 的有限维子空间, P_U 是 V 在 U 上的正交投影 (变换), 求证 V 在 $U^{\perp}$ 上的正交投影存在, 它等于 $\mathbf{1}_V-P_U$.

10.3.7　设 $\boldsymbol{\alpha}_1,\boldsymbol{\alpha}_2,\cdots,\boldsymbol{\alpha}_m$ 是欧氏空间 V 的一个标准正交组, 证明: 对任意 $\boldsymbol{\alpha}\in V$ 有

$$\sum_{i=1}^{m}(\boldsymbol{\alpha},\boldsymbol{\alpha}_i)^2\leqslant|\boldsymbol{\alpha}|^2.$$

10.4　正 交 变 换

对线性空间, 人们感兴趣于保持线性运算的线性变换. 自然, 对欧氏空间, 人们感兴趣于保持内积的变换.

定义 10.7　设 σ 是欧氏空间 V 的一个变换, 如果对一切 $\boldsymbol{\alpha},\boldsymbol{\beta}\in V$ 都有 $(\sigma(\boldsymbol{\alpha}),\sigma(\boldsymbol{\beta}))=(\boldsymbol{\alpha},\boldsymbol{\beta})$, 则称 σ 是 V 的一个**正交变换**.

例 10.9　平面上由原点出发的所有向量构成的二维几何空间 V 中, 内积通常是几何向量的数量积, 那么将向量绕原点 O 旋转 θ 角的变换显然是 V 的一个正交变换.

例 10.10　在由原点出发的所有向量构成的三维几何空间 V 中, 内积通常是几何向量的数量积, 那么绕 xOy 平面的翻转 (即将向量 (x,y,z) 变为 $(x,y,-z)$) 显然是 V 的一个正交变换.

从定义 10.7 可以看出正交变换保持长度不变, 保持两个非零向量的夹角不变, 保持正交性不变.

定理 10.5 欧氏空间 V 上的正交变换 σ 一定是线性变换.

证明 只需证, 对任意 $\boldsymbol{\alpha},\boldsymbol{\beta}\in V$ 及 $k\in\mathbb{R}$ 有 $\sigma(k\boldsymbol{\alpha}+\boldsymbol{\beta})-k\sigma(\boldsymbol{\alpha})-\sigma(\boldsymbol{\beta})=0$. 由于

$$
\begin{aligned}
&(\sigma(k\boldsymbol{\alpha}+\boldsymbol{\beta})-k\sigma(\boldsymbol{\alpha})-\sigma(\boldsymbol{\beta}),\sigma(k\boldsymbol{\alpha}+\boldsymbol{\beta})-k\sigma(\boldsymbol{\alpha})-\sigma(\boldsymbol{\beta}))\\
=&(\sigma(k\boldsymbol{\alpha}+\boldsymbol{\beta}),\sigma(k\boldsymbol{\alpha}+\boldsymbol{\beta}))-2(k\sigma(\boldsymbol{\alpha}),\sigma(k\boldsymbol{\alpha}+\boldsymbol{\beta}))-2(\sigma(\boldsymbol{\beta}),\sigma(k\boldsymbol{\alpha}+\boldsymbol{\beta}))\\
&+k^2(\sigma(\boldsymbol{\alpha}),\sigma(\boldsymbol{\alpha}))+(\sigma(\boldsymbol{\beta}),\sigma(\boldsymbol{\beta}))+2(k\sigma(\boldsymbol{\alpha}),\sigma(\boldsymbol{\beta}))\\
=&|k\boldsymbol{\alpha}+\boldsymbol{\beta}|^2-2k(\boldsymbol{\alpha},k\boldsymbol{\alpha}+\boldsymbol{\beta})-2(\boldsymbol{\beta},k\boldsymbol{\alpha}+\boldsymbol{\beta})+k^2|\boldsymbol{\alpha}|^2+|\boldsymbol{\beta}|^2+2k(\boldsymbol{\alpha},\boldsymbol{\beta})\\
=&k^2|\boldsymbol{\alpha}|^2+|\boldsymbol{\beta}|^2+2k(\boldsymbol{\alpha},\boldsymbol{\beta})-2k^2|\boldsymbol{\alpha}|^2-2k(\boldsymbol{\alpha},\boldsymbol{\beta})-2|\boldsymbol{\beta}|^2-2k(\boldsymbol{\alpha},\boldsymbol{\beta})\\
&+k^2|\boldsymbol{\alpha}|^2+|\boldsymbol{\beta}|^2+2k(\boldsymbol{\alpha},\boldsymbol{\beta})\\
=&0,
\end{aligned}
$$

故 $\sigma(k\boldsymbol{\alpha}+\boldsymbol{\beta})=k\sigma(\boldsymbol{\alpha})+\sigma(\boldsymbol{\beta})$, 结论得证. □

定理 10.6 欧氏空间 V 的正交变换 σ 一定是单射. 当 V 是 n 维空间时, σ 是可逆的.

证明 因为 $(\sigma(\boldsymbol{\alpha}),\sigma(\boldsymbol{\alpha}))=(\boldsymbol{\alpha},\boldsymbol{\alpha})$, 所以

$$\boldsymbol{\alpha}\in\ker\sigma\Leftrightarrow\sigma(\boldsymbol{\alpha})=\mathbf{0}\Leftrightarrow(\sigma(\boldsymbol{\alpha}),\sigma(\boldsymbol{\alpha}))=0\Leftrightarrow(\boldsymbol{\alpha},\boldsymbol{\alpha})=0\Leftrightarrow\boldsymbol{\alpha}=\mathbf{0}.$$

于是 $\ker\sigma=0$, 从而 σ 是单射. 当 $\dim V=n$ 时, 由定理 10.5 及线性变换结果知 σ 又是满射, 从而 σ 是双射, 即可逆映射. □

定理 10.7 设 σ 是欧氏空间 V 的一个线性变换. 则 σ 是正交变换当且仅当 σ 保持向量长度.

证明 必要性. 由定义 10.7 和定理 10.5 显然.

充分性. 由 σ 保长度知, 对任意 $\boldsymbol{\alpha},\boldsymbol{\beta}\in V$ 有

$$(\sigma(\boldsymbol{\alpha}+\boldsymbol{\beta}),\sigma(\boldsymbol{\alpha}+\boldsymbol{\beta}))=(\boldsymbol{\alpha}+\boldsymbol{\beta},\boldsymbol{\alpha}+\boldsymbol{\beta}),$$

其左边 $=(\sigma(\boldsymbol{\alpha})+\sigma(\boldsymbol{\beta}),\sigma(\boldsymbol{\alpha})+\sigma(\boldsymbol{\beta}))=|\sigma(\boldsymbol{\alpha})|^2+2(\sigma(\boldsymbol{\alpha}),\sigma(\boldsymbol{\beta}))+|\sigma(\boldsymbol{\beta})|^2$, 而右边 $=|\boldsymbol{\alpha}|^2+2(\boldsymbol{\alpha},\boldsymbol{\beta})+|\boldsymbol{\beta}|^2$, 对比两边, 注意 σ 保长度, 则有 $(\sigma(\boldsymbol{\alpha}),\sigma(\boldsymbol{\beta}))=(\boldsymbol{\alpha},\boldsymbol{\beta})$, 这证明了 σ 是正交变换. □

定理 10.8 n 维欧氏空间 V 的正交变换的逆变换仍是正交变换, 正交变换的乘积仍是正交变换.

证明 由定义 10.7、定理 10.5 和定理 10.6 可知 n 维欧氏空间的正交变换实际上是 V 到自身的同构映射. 根据同构关系的对称性和传递性可推出本定理结论.

□

定理 10.9　设 σ 是 n 维欧氏空间 V 的一个线性变换, 则下列叙述等价.

(i) σ 是正交变换;

(ii) 如果 $\varepsilon_1, \varepsilon_1, \cdots, \varepsilon_n$ 是 V 的一个标准正交基, 则 $\sigma(\varepsilon_1), \sigma(\varepsilon_2), \cdots, \sigma(\varepsilon_n)$ 也是 V 的一个标准正交基;

(iii) σ 在 V 的任意一个标准正交基下的矩阵是正交矩阵.

证明　(i)⇒ (ii)　由 $(\sigma(\varepsilon_i), \sigma(\varepsilon_j)) = (\varepsilon_i, \varepsilon_j) = \delta_{ij}$ 及 $\sigma\varepsilon_i \neq 0, \forall i, j$, 结论容易推出.

(ii)⇒ (iii)　设 $(\sigma(\varepsilon_1), \sigma(\varepsilon_2), \cdots, \sigma(\varepsilon_n)) = (\varepsilon_1, \varepsilon_2, \cdots, \varepsilon_n)\boldsymbol{A}$, 然后由命题 10.2 知 $\boldsymbol{A}$ 是正交矩阵.

(iii)⇒ (i)　取 V 的一个标准正交基 $\varepsilon_1, \varepsilon_2, \cdots, \varepsilon_n$, 设 σ 在 $\varepsilon_1, \varepsilon_2, \cdots, \varepsilon_n$ 下的矩阵 $\boldsymbol{A}$, 则 $\boldsymbol{A}$ 是正交矩阵, 故 $\boldsymbol{A}^{\mathrm{T}}\boldsymbol{A} = \boldsymbol{I}_n$.

任取 V 中两个向量 $\boldsymbol{\alpha} = (\varepsilon_1, \varepsilon_2, \cdots, \varepsilon_n)\boldsymbol{x}, \boldsymbol{\beta} = (\varepsilon_1, \varepsilon_2, \cdots, \varepsilon_n)\boldsymbol{y}$, 其中 $\boldsymbol{x}, \boldsymbol{y}$ 为 $\boldsymbol{\alpha}, \boldsymbol{\beta}$ 在 $\varepsilon_1, \varepsilon_2, \cdots, \varepsilon_n$ 下的坐标向量. 于是

$$\sigma(\boldsymbol{\alpha}) = (\varepsilon_1, \varepsilon_2, \cdots, \varepsilon_n)\boldsymbol{A}\boldsymbol{x}, \quad \sigma(\boldsymbol{\beta}) = (\varepsilon_1, \varepsilon_2, \cdots, \varepsilon_n)\boldsymbol{A}\boldsymbol{y},$$

所以

$$(\sigma(\boldsymbol{\alpha}), \sigma(\boldsymbol{\beta})) = (\boldsymbol{A}\boldsymbol{x})^{\mathrm{T}}\boldsymbol{A}\boldsymbol{y} = \boldsymbol{x}^{\mathrm{T}}(\boldsymbol{A}^{\mathrm{T}}\boldsymbol{A})\boldsymbol{y} = \boldsymbol{x}^{\mathrm{T}}\boldsymbol{y} = (\boldsymbol{\alpha}, \boldsymbol{\beta}).$$

因此 σ 是正交变换. □

由于 n 维欧氏空间的正交变换在标准正交基下的矩阵是正交矩阵, 而正交矩阵的行列式只有 $+1$ 和 -1. 行列式等于 $+1$ 的正交变换称为**第一类正交变换**, 又称为**旋转**; 行列式等于 -1 的正交变换称为**第二类正交变换**.

n 维线性空间的任意一个 $n-1$ 维子空间称为一个**超平面**.

例 10.11　设 V 是 n 维欧氏空间, $\boldsymbol{\eta}$ 是 V 中一个单位向量, 设 P 是 V 在 $\langle\boldsymbol{\eta}\rangle$ 上的正交投影. 令 $\sigma = \mathbf{1}_V - 2P$, 则称 σ 为**关于超平面 $\langle\boldsymbol{\eta}\rangle^{\perp}$ 的镜面反射**, 简称**镜面反射**. 证明 σ 是正交变换, 并且是第二类的.

证明　设 $\boldsymbol{\eta}_1, \boldsymbol{\eta}_2, \cdots, \boldsymbol{\eta}_n$ 是 V 的一个标准正交基, 其中 $\boldsymbol{\eta}_1 = \boldsymbol{\eta}$. 任取 $\boldsymbol{\alpha} = k_1\boldsymbol{\eta}_1 + k_2\boldsymbol{\eta}_2 + \cdots + k_n\boldsymbol{\eta}_n$, 易见 $P(\boldsymbol{\alpha}) = k_1\boldsymbol{\eta}_1$, $P(\boldsymbol{\eta}) = \boldsymbol{\eta}, P(\boldsymbol{\eta}_i) = \mathbf{0}, i = 2, \cdots, n$. 于是

$$\sigma(\boldsymbol{\eta}) = (\mathbf{1}_V - 2P)\boldsymbol{\eta} = -\boldsymbol{\eta}, \quad \sigma(\boldsymbol{\eta}_i) = (\mathbf{1}_V - 2P)\boldsymbol{\eta}_i = \boldsymbol{\eta}_i, \quad i = 2, \cdots, n.$$

从而

$$\sigma(\boldsymbol{\eta}_1, \boldsymbol{\eta}_2, \cdots, \boldsymbol{\eta}_n) = (\boldsymbol{\eta}_1, \boldsymbol{\eta}_2, \cdots, \boldsymbol{\eta}_n)\mathrm{diag}(-1, 1, \cdots, 1).$$

由于 $\mathrm{diag}(-1, 1, \cdots, 1)$ 是正交阵, 且行列式为 -1, 故 σ 为第二类正交变换. □

练 习 10.4

10.4.1 设 V 是一个欧氏空间, $\boldsymbol{\alpha} \in V$ 是一个非零向量, 规定

$$\tau(\boldsymbol{\xi}) = \boldsymbol{\xi} - \frac{2(\boldsymbol{\xi}, \boldsymbol{\alpha})}{(\boldsymbol{\alpha}, \boldsymbol{\alpha})}\boldsymbol{\alpha},$$

证明 τ 是 V 的一个正交变换, 且 $\tau^2 = 1_V$, 这个线性变换 τ 叫做由向量 $\boldsymbol{\alpha}$ 所决定的一个镜面反射. 当 V 是 n 维欧氏空间时, 它就是例 10.11 中所说的镜面反射.

10.4.2 欧氏空间的正交变换, 如果有特征值, 则特征值必为 1 或 -1.

10.4.3 设 σ 是 n 维欧氏空间 V 的正交变换, 又设 V 的一个子空间 W 是 σ-子空间, 证明 $W^{\perp}$ 也是 σ-子空间.

10.4.4 证明: 奇数维欧氏空间中的旋转一定以 1 作为一个特征值.

10.4.5 证明: n 维欧氏空间中第二类正交变换一定以 -1 作为它的一个特征值.

10.4.6 设 σ 是 n 维欧氏空间 V 的一个正交变换, 并且 1 是 σ 的一个特征值, σ 的属于 1 的特征子空间 V_1 是 $n-1$ 维的, 证明: σ 是镜面反射.

10.5 对称变换

由 10.4 节知道, n 维欧氏空间的正交变换其实是在标准正交基下的矩阵是正交阵的线性变换. 由于实对称阵在二次型理论中居于核心地位, 自然有一个问题提出: n 维欧氏空间在标准正交基下是对称阵的线性变换该如何定义呢?

设欧氏空间 V 的一个标准正交基是 $\boldsymbol{\varepsilon}_1, \boldsymbol{\varepsilon}_2, \cdots, \boldsymbol{\varepsilon}_n$, V 的线性变换 σ 在 $\boldsymbol{\varepsilon}_1, \boldsymbol{\varepsilon}_2, \cdots, \boldsymbol{\varepsilon}_n$ 下的矩阵是对称阵 $\boldsymbol{A}$, 即

$$\sigma(\boldsymbol{\varepsilon}_1, \boldsymbol{\varepsilon}_2, \cdots, \boldsymbol{\varepsilon}_n) = (\boldsymbol{\varepsilon}_1, \boldsymbol{\varepsilon}_2, \cdots, \boldsymbol{\varepsilon}_n)\boldsymbol{A}, \quad \boldsymbol{A} = \boldsymbol{A}^{\mathrm{T}}, \quad \boldsymbol{A} = (a_{ij}) \in \mathbb{R}^{n\times n}. \tag{10.6}$$

由 (10.2) 式知, V 中任意向量 $\boldsymbol{\alpha}$ 在标准正交基 $\boldsymbol{\varepsilon}_1, \boldsymbol{\varepsilon}_2, \cdots, \boldsymbol{\varepsilon}_n$ 下的坐标向量的第 k 个分量是 $(\boldsymbol{\alpha}, \boldsymbol{\varepsilon}_k), k = 1, 2, \cdots, n$. 对任意的 $1 \leqslant i, j \leqslant n$, 由 (10.6) 式可知

$$a_{ij} = \sigma(\boldsymbol{\varepsilon}_j) \text{ 在 } \boldsymbol{\varepsilon}_1, \boldsymbol{\varepsilon}_2, \cdots, \boldsymbol{\varepsilon}_n \text{ 下坐标的第 } i \text{ 个分量} = (\sigma(\boldsymbol{\varepsilon}_j), \boldsymbol{\varepsilon}_i),$$
$$a_{ji} = \sigma(\boldsymbol{\varepsilon}_i) \text{ 在 } \boldsymbol{\varepsilon}_1, \boldsymbol{\varepsilon}_2, \cdots, \boldsymbol{\varepsilon}_n \text{ 下坐标的第 } j \text{ 个分量} = (\sigma(\boldsymbol{\varepsilon}_i), \boldsymbol{\varepsilon}_j),$$

又由 $\boldsymbol{A}$ 对称知 $a_{ij} = a_{ji}$, 即

$$(\sigma(\boldsymbol{\varepsilon}_j), \boldsymbol{\varepsilon}_i) = (\sigma(\boldsymbol{\varepsilon}_i), \boldsymbol{\varepsilon}_j),$$

由于 σ 是线性的, 故有

$$(\sigma(k_j\boldsymbol{\varepsilon}_j), \boldsymbol{\varepsilon}_i) = (\sigma(\boldsymbol{\varepsilon}_i), k_j\boldsymbol{\varepsilon}_j),$$

从而进一步有

$$\left(\sigma\left(\sum_{j=1}^{n} k_j\boldsymbol{\varepsilon}_j\right), \boldsymbol{\varepsilon}_i\right) = \left(\sigma(\boldsymbol{\varepsilon}_i), \sum_{j=1}^{n} k_j\boldsymbol{\varepsilon}_j\right).$$

令 $\boldsymbol{\alpha}=\sum\limits_{j=1}^{n}k_j\boldsymbol{\varepsilon}_j,\boldsymbol{\beta}=\sum\limits_{i=1}^{n}l_i\boldsymbol{\varepsilon}_i$, 于是有

$$\left(\sigma(\boldsymbol{\alpha}),\sum_{i=1}^{n}l_i\boldsymbol{\varepsilon}_i\right)=\left(\sigma\left(\sum_{i=1}^{n}l_i\boldsymbol{\varepsilon}_i\right),\boldsymbol{\alpha}\right),$$

即

$$(\sigma(\boldsymbol{\alpha}),\boldsymbol{\beta})=(\sigma(\boldsymbol{\beta}),\boldsymbol{\alpha}),\quad \forall\boldsymbol{\alpha},\boldsymbol{\beta}\in V.$$

由此, 有下面的定义和定理.

定义 10.8　设 V 是欧氏空间, σ 是 V 的一个线性变换, 如果满足条件

$$(\sigma(\boldsymbol{\alpha}),\boldsymbol{\beta})=(\boldsymbol{\alpha},\sigma(\boldsymbol{\beta})),\quad \forall\boldsymbol{\alpha},\boldsymbol{\beta}\in V,$$

则称 σ 是 V 的一个**对称变换**.

定理 10.10　设 σ 是 n 维欧氏空间 V 的线性变换, 则 σ 是 V 的对称变换当且仅当 σ 在 V 的标准正交基的矩阵是对称阵.

例 10.12　设 U 是欧氏空间 V 的一个有限维子空间, V 在 U 上的正交投影 P 就是一个对称变换.

证明　$\forall\boldsymbol{\alpha},\boldsymbol{\beta}\in V$, 设

$$\boldsymbol{\alpha}=\boldsymbol{\alpha}_1+\boldsymbol{\alpha}_2,\quad \boldsymbol{\alpha}_1\in U,\boldsymbol{\alpha}_2\in U^{\perp},$$

$$\boldsymbol{\beta}=\boldsymbol{\beta}_1+\boldsymbol{\beta}_2,\quad \boldsymbol{\beta}_1\in U,\boldsymbol{\beta}_2\in U^{\perp}.$$

根据正交投影的定义, 得 $P\boldsymbol{\alpha}=\boldsymbol{\alpha}_1,P\boldsymbol{\beta}=\boldsymbol{\beta}_1$, 于是

$$(P(\boldsymbol{\alpha}),\boldsymbol{\beta})=(\boldsymbol{\alpha}_1,\boldsymbol{\beta}_1+\boldsymbol{\beta}_2)=(\boldsymbol{\alpha}_1,\boldsymbol{\beta}_1)+(\boldsymbol{\alpha}_1,\boldsymbol{\beta}_2)=(\boldsymbol{\alpha}_1,\boldsymbol{\beta}_1),$$

$$(\boldsymbol{\alpha},P(\boldsymbol{\beta}))=(\boldsymbol{\alpha}_1+\boldsymbol{\alpha}_2,\boldsymbol{\beta}_1)=(\boldsymbol{\alpha}_1,\boldsymbol{\beta}_1)+(\boldsymbol{\alpha}_2,\boldsymbol{\beta}_1)=(\boldsymbol{\alpha}_1,\boldsymbol{\beta}_1),$$

由此得 $(P(\boldsymbol{\alpha}),\boldsymbol{\beta})=(\boldsymbol{\alpha},P(\boldsymbol{\beta}))$, 即 P 是对称变换. □

命题 10.4　设 σ 是欧氏空间 V 的对称变换, 如果 W 是 σ-子空间, 则 $W^{\perp}$ 也是 σ-子空间.

证明　$\forall\boldsymbol{\beta}\in W^{\perp}$, 只需证 $\sigma(\boldsymbol{\beta})\in W^{\perp}$. $\forall\boldsymbol{\alpha}\in W$, 则 $\sigma(\boldsymbol{\alpha})\in W$. 于是, $(\boldsymbol{\alpha},\sigma(\boldsymbol{\beta}))=(\sigma(\boldsymbol{\alpha}),\boldsymbol{\beta})=0$, 故 $\sigma(\boldsymbol{\beta})\in W^{\perp}$. □

由第 5 章的实对称阵正交对角化定理可得出如下的结果.

定理 10.11　设 σ 是 n 维欧氏空间 V 的一个对称变换, 则存在 V 的一个标准正交基, 使得 σ 在该基下的矩阵是对角阵.

当然, 也可以用空间 V 分解成不变子空间直和的方法重新给出一个证明, 现书写其大概.

* **定理 10.11 的证明** 对 n 用数学归纳法. $n=1$ 时结论明显成立. 设 $n>1$ 且假定对于 $n-1$ 维欧氏空间的对称变换结论成立. 现在看 n 维的欧氏空间 V 的对称变换 σ.

由 4.4 节知 σ 的特征根全为实数, 故设 λ 是 σ 的一个特征值, $\boldsymbol{\alpha}$ 是属于 λ 的一个特征向量. 令 $\boldsymbol{\alpha}_1=\dfrac{\boldsymbol{\alpha}}{|\boldsymbol{\alpha}|}$, 则有 $\sigma(\boldsymbol{\alpha}_1)=\lambda\boldsymbol{\alpha}_1$. 令 $W=\langle\boldsymbol{\alpha}\rangle$, 易见 W 是 σ-子空间, 由定理 10.3 知

$$V=W\oplus W^{\perp}.$$

再由命题 10.4 知 $W^{\perp}$ 又是 σ-子空间, 故 $\sigma|_{W^{\perp}}$ 是 $W^{\perp}$ 的一个对称变换. 因为 $\dim W^{\perp}=n-1$, 所以由归纳假设, 存在 $W^{\perp}$ 的一个标准正交基 $\boldsymbol{\alpha}_2,\cdots,\boldsymbol{\alpha}_n$ 使得 $\sigma|_{W^{\perp}}$ 在这基下的矩阵是实对角阵. 因此 $\boldsymbol{\alpha}_1,\boldsymbol{\alpha}_2,\cdots,\boldsymbol{\alpha}_n$ 是 V 的一个标准正交基, σ 在此基下的矩阵也是对角的. □

完全类似地, 还可以定义反对称变换.

定义 10.9 欧氏空间 V 的线性变换 σ, 如果满足条件

$$(\sigma(\boldsymbol{\alpha}),\boldsymbol{\beta})=-(\boldsymbol{\alpha},\sigma(\boldsymbol{\beta})),\quad \forall\boldsymbol{\alpha},\boldsymbol{\beta}\in V,$$

则称 σ 是 V 的**反对称变换**.

关于反对称变换的一些结果, 将在习题中体现.

练 习 10.5

10.5.1 设 V 是 n 维欧氏空间, σ 是 V 的一个反对称变换, 证明:

(1) σ 的全部特征根 (即 σ 在 V 的任一基下的阵的特征根) 或为零或为纯虚数;

(2) 若 W 是 σ-子空间, 则 $W^{\perp}$ 也是 σ-子空间.

10.5.2 设 V 是 n 维欧氏空间, 证明: σ 是 V 的一个反对称变换当且仅当 σ 在标准正交基下的矩阵是反对称阵.

10.6* 酉空间介绍

欧氏空间实质上是实数域上赋予向量度量性质的线性空间. 自然应考虑复数域上具有向量度量性质的空间. 当然定义内积是一个关键步骤. 我们先看看还像欧氏空间那样定义内积行不行. 实际上, 根据欧氏空间定义的内积的性质 (1), (2), (4) 三条可算得

$$(\mathrm{i}\boldsymbol{\alpha},\mathrm{i}\boldsymbol{\alpha})=\mathrm{i}^2(\boldsymbol{\alpha},\boldsymbol{\alpha})<0,\quad \forall\boldsymbol{\alpha}\neq\mathbf{0},$$

这与 (4) 矛盾, 所以必须改造内积的定义.

定义 10.10　设 V 是复数域上的线性空间, 在 V 上定义了一个二元复函数, 称为内积, 记作 $(\boldsymbol{\alpha},\boldsymbol{\beta})$, 它具有如下性质:

(1) $(\boldsymbol{\alpha},\boldsymbol{\beta})=\overline{(\boldsymbol{\beta},\boldsymbol{\alpha})}$, 这里 $\overline{(\boldsymbol{\beta},\boldsymbol{\alpha})}$ 记 $(\boldsymbol{\beta},\boldsymbol{\alpha})$ 的共轭复数, $\forall\boldsymbol{\alpha},\boldsymbol{\beta}\in V$;

(2) $(k\boldsymbol{\alpha},\boldsymbol{\beta})=k(\boldsymbol{\alpha},\boldsymbol{\beta}),\forall\boldsymbol{\alpha},\boldsymbol{\beta}\in V,k\in\mathbb{C}$;

(3) $(\boldsymbol{\alpha}+\boldsymbol{\beta},\gamma)=(\boldsymbol{\alpha},\gamma)+(\boldsymbol{\beta},\gamma),\forall\boldsymbol{\alpha},\boldsymbol{\beta},\gamma\in V$;

(4) $(\boldsymbol{\alpha},\boldsymbol{\alpha})\geqslant 0,\forall\boldsymbol{\alpha}\in V,(\boldsymbol{\alpha},\boldsymbol{\alpha})=0\Leftrightarrow\boldsymbol{\alpha}=\mathbf{0}$.

则称 V 为一个**酉空间**.

例 10.13　在线性空间 $\mathbb{C}^n$ 中, 对任意向量 $\boldsymbol{\alpha}=(a_1,a_2,\cdots,a_n),\boldsymbol{\beta}=(b_1,b_2,\cdots,b_n)$, 定义内积 $(\boldsymbol{\alpha},\boldsymbol{\beta})=a_1\overline{b_1}+a_2\overline{b_2}+\cdots+a_n\overline{b_n}$, 容易验证满足定义 10.10 中的 4 条性质, 从而 $\mathbb{C}^n$ 就成为一个酉空间.

酉空间的理论与欧氏空间相平行, 只需注意其区别之处就可自然展开. 首先由内积定义可得 $(\boldsymbol{\alpha},k\boldsymbol{\beta})=\overline{k}(\boldsymbol{\alpha},\boldsymbol{\beta})$ 及 $(\boldsymbol{\alpha},\boldsymbol{\beta}+\gamma)=(\boldsymbol{\alpha},\boldsymbol{\beta})+(\boldsymbol{\alpha},\boldsymbol{\gamma})$. 前一条是个重要区别, 后一条完全与欧氏空间相同.

和欧氏空间一样可以定义**向量的长度** $|\boldsymbol{\alpha}|=\sqrt{(\boldsymbol{\alpha},\boldsymbol{\alpha})}$, 并且也有不等式成立, 即

$$|(\boldsymbol{\alpha},\boldsymbol{\beta})|\leqslant|\boldsymbol{\alpha}|\cdot|\boldsymbol{\beta}|,\quad\forall\boldsymbol{\alpha},\boldsymbol{\beta}\in V\tag{10.7}$$

等号成立当且仅当 $\boldsymbol{\alpha},\boldsymbol{\beta}$ 线性相关.

事实上, $\boldsymbol{\beta}=\mathbf{0}$ 时, 上式显然成立. 设 $\boldsymbol{\beta}\neq\mathbf{0}$, 于是

$$0\leqslant\left(\boldsymbol{\alpha}-\frac{(\boldsymbol{\alpha},\boldsymbol{\beta})}{(\boldsymbol{\beta},\boldsymbol{\beta})}\boldsymbol{\beta},\boldsymbol{\alpha}-\frac{(\boldsymbol{\alpha},\boldsymbol{\beta})}{(\boldsymbol{\beta},\boldsymbol{\beta})}\boldsymbol{\beta}\right)$$

$$=(\boldsymbol{\alpha},\boldsymbol{\alpha})-\frac{\overline{(\boldsymbol{\alpha},\boldsymbol{\beta})}}{(\boldsymbol{\beta},\boldsymbol{\beta})}(\boldsymbol{\alpha},\boldsymbol{\beta})-\frac{(\boldsymbol{\alpha},\boldsymbol{\beta})}{(\boldsymbol{\beta},\boldsymbol{\beta})}(\boldsymbol{\beta},\boldsymbol{\alpha})+\frac{(\boldsymbol{\alpha},\boldsymbol{\beta})(\boldsymbol{\beta},\boldsymbol{\alpha})}{(\boldsymbol{\beta},\boldsymbol{\beta})^2}(\boldsymbol{\beta},\boldsymbol{\beta}),$$

由此易得

$$(\boldsymbol{\alpha},\boldsymbol{\alpha})(\boldsymbol{\beta},\boldsymbol{\beta})\geqslant(\boldsymbol{\alpha},\boldsymbol{\beta})\overline{(\boldsymbol{\alpha},\boldsymbol{\beta})}.$$

这就是 (10.7) 式, 且易见等号成立当且仅当 $\boldsymbol{\alpha}-\dfrac{(\boldsymbol{\alpha},\boldsymbol{\beta})}{(\boldsymbol{\beta},\boldsymbol{\beta})}\boldsymbol{\beta}=\mathbf{0}$, 即 $\boldsymbol{\alpha},\boldsymbol{\beta}$ 线性相关.

两个向量夹角的定义也需要改造.

定义 10.11　在酉空间中两个非零向量 $\boldsymbol{\alpha},\boldsymbol{\beta}$ 的**夹角** θ 规定为

$$\theta_{\boldsymbol{\alpha},\boldsymbol{\beta}}=\arccos\frac{|(\boldsymbol{\alpha},\boldsymbol{\beta})|}{|\boldsymbol{\alpha}|\cdot|\boldsymbol{\beta}|},$$

于是 $0\leqslant\theta_{\boldsymbol{\alpha},\boldsymbol{\beta}}\leqslant\dfrac{\pi}{2}$.

易见 $\theta_{\boldsymbol{\alpha},\boldsymbol{\beta}}=\dfrac{\pi}{2}\Leftrightarrow(\boldsymbol{\alpha},\boldsymbol{\beta})=0$, 此时称 $\boldsymbol{\alpha}$ **与** $\boldsymbol{\beta}$ **正交**, 记为 $\boldsymbol{\alpha}\perp\boldsymbol{\beta}$.

由此易证**勾股定理**在酉空间中也成立. 由正交性还可定义**正交向量组**及**标准正交基**. **Schmidt 正交化方法**没什么变化, 这说明 n 维酉空间的标准正交基是存在的. 设 $\boldsymbol{\varepsilon}_1,\boldsymbol{\varepsilon}_2,\cdots,\boldsymbol{\varepsilon}_n$ 是酉空间 V 的一个标准正交基. 对任意 $\boldsymbol{\alpha}\in V$ 容易证明

$$\boldsymbol{\alpha}=\sum_{i=1}^{n}(\boldsymbol{\alpha},\boldsymbol{\varepsilon}_i)\boldsymbol{\varepsilon}_i=(\boldsymbol{\varepsilon}_1,\boldsymbol{\varepsilon}_2,\cdots,\boldsymbol{\varepsilon}_n)\begin{pmatrix}x_1\\x_2\\\vdots\\x_n\end{pmatrix}, \tag{10.8}$$

其中 $x_1=(\boldsymbol{\alpha},\boldsymbol{\varepsilon}_1),x_2=(\boldsymbol{\alpha},\boldsymbol{\varepsilon}_2),\cdots,x_n=(\boldsymbol{\alpha},\boldsymbol{\varepsilon}_n)$ 为 $\boldsymbol{\alpha}$ 在基 $\boldsymbol{\varepsilon}_1,\boldsymbol{\varepsilon}_2,\cdots,\boldsymbol{\varepsilon}_n$ 下的坐标向量 $\boldsymbol{x}$ 的各分量.

如果又设 $\boldsymbol{\beta}=(\boldsymbol{\varepsilon}_1,\boldsymbol{\varepsilon}_2,\cdots,\boldsymbol{\varepsilon}_n)\begin{pmatrix}y_1\\y_2\\\vdots\\y_n\end{pmatrix}=(\boldsymbol{\varepsilon}_1,\boldsymbol{\varepsilon}_2,\cdots,\boldsymbol{\varepsilon}_n)\boldsymbol{y}$, 容易经计算得

$$(\boldsymbol{\alpha},\boldsymbol{\beta})=\sum_{i=1}^{n}x_i\overline{y_i}=\boldsymbol{y}^*\boldsymbol{x}, \tag{10.9}$$

其中 $\boldsymbol{y}^*$ 记 $\overline{\boldsymbol{y}}^{\mathrm{T}}$.

由 (10.9) 不难证明: n 维酉空间的两个标准正交基的过渡阵是**酉矩阵**, 即满足关系 $\boldsymbol{B}^*\boldsymbol{B}=\boldsymbol{I}_n$ 的矩阵 $\boldsymbol{B}$, 其中 $\boldsymbol{B}^*$ 记 $\overline{\boldsymbol{B}}^{\mathrm{T}}$. 反之若 $\boldsymbol{\varepsilon}_1,\boldsymbol{\varepsilon}_2,\cdots,\boldsymbol{\varepsilon}_n$ 为一个标准正交基, $\boldsymbol{B}$ 是一个酉矩阵, 则

$$(\boldsymbol{\eta}_1,\boldsymbol{\eta}_2,\cdots,\boldsymbol{\eta}_n)=(\boldsymbol{\varepsilon}_1,\boldsymbol{\varepsilon}_2,\cdots,\boldsymbol{\varepsilon}_n)\boldsymbol{B},$$

$\boldsymbol{\eta}_1,\boldsymbol{\eta}_2,\cdots,\boldsymbol{\eta}_n$ 是一个标准正交基.

与欧氏空间一样, 酉空间中也可以定义正交补, 并且设 U 是酉空间 V 的有限维子空间, 则仍可证得下述分解:

$$V=U\oplus U^{\perp}, \tag{10.10}$$

于是照样有**正交投影变换**及**向量在** U **上的正交投影**等概念.

完全类似地, 还可定义**酉空间同构**的概念, 并且有如下结果:

两个有限维酉空间同构当且仅当它们的维数相同.

对应欧氏空间的正交变换、对称变换和反对称变换, 有酉空间的酉变换、Hermite 变换和斜 Hermite 变换.

定义 10.12　酉空间 V 到自身的一个变换 σ, 如果满足条件

$$(\sigma(\boldsymbol{\alpha}),\sigma(\boldsymbol{\beta}))=(\boldsymbol{\alpha},\boldsymbol{\beta}),\quad \forall\boldsymbol{\alpha},\boldsymbol{\beta}\in V,$$

则称 σ 为 V 的一个**酉变换**.

定义 10.13　酉空间 V 到自身的线性变换 σ, 如果分别满足如下条件:

(i) $(\sigma(\boldsymbol{\alpha}),\boldsymbol{\beta})=(\boldsymbol{\alpha},\sigma(\boldsymbol{\beta})),\forall\boldsymbol{\alpha},\boldsymbol{\beta}\in V$;

(ii) $(\sigma(\boldsymbol{\alpha}),\boldsymbol{\beta})=-(\boldsymbol{\alpha},\sigma(\boldsymbol{\beta})),\forall\boldsymbol{\alpha},\boldsymbol{\beta}\in V$.

则分别称 σ 为 V 的 **Hermite 变换**和**斜 Hermite 变换**.

容易证明酉变换是线性变换, 在标准正交基下 n 维酉空间中的酉变换、Hermite 变换和斜 Hermite 变换的矩阵分别为酉矩阵、**Hermite 阵**($\boldsymbol{A}^*=\boldsymbol{A}$) 和**斜 Hermite 阵**($\boldsymbol{A}^*=-\boldsymbol{A}$).

设 $\boldsymbol{A}$ 是 n 阶 Hermite 阵, 可以仿由实对称阵定义实二次型一样, 由 Hermite 阵定义 **Hermite 二次型**

$$f(x_1,x_2,\cdots,x_n)=\sum_{i,j=1}^{n}a_{ij}x_i\bar{x}_j=\boldsymbol{x}^{\mathrm{T}}\boldsymbol{A}\overline{\boldsymbol{x}}.$$

还可证明: 存在酉矩阵 $\boldsymbol{C}$ 使 $x=\boldsymbol{C}y$ 时

$$f(x_1,x_2,\cdots,x_n)=d_1y_1\bar{y}_1+d_2y_2\bar{y}_2+\cdots+d_ny_n\bar{y}_n.$$

练　习　10.6

10.6.1　在 $\mathbb{C}^4$ 中按例 10.13 定义内积, 求子空间 $\langle\boldsymbol{\alpha}_1,\boldsymbol{\alpha}_2,\boldsymbol{\alpha}_3\rangle$ 的一个标准正交基, 其中

$$\boldsymbol{\alpha}_1=(1,0,0,\mathrm{i}),\quad \boldsymbol{\alpha}_2=(1,\mathrm{i},0,1),\quad \boldsymbol{\alpha}_3=(1,1,1,-\mathrm{i}).$$

10.6.2　设 $\boldsymbol{\varepsilon}_1,\boldsymbol{\varepsilon}_2,\cdots,\boldsymbol{\varepsilon}_n$ 与 $\boldsymbol{\eta}_1,\boldsymbol{\eta}_2,\cdots,\boldsymbol{\eta}_n$ 为酉空间 V 的两个标准正交基, 且 $(\boldsymbol{\eta}_1,\boldsymbol{\eta}_2,\cdots,\boldsymbol{\eta}_n)=(\boldsymbol{\varepsilon}_1,\boldsymbol{\varepsilon}_2,\cdots,\boldsymbol{\varepsilon}_n)\boldsymbol{B}$, 证明 $\boldsymbol{B}$ 是酉矩阵.

10.6.3　证明: 酉空间中的酉变换必为线性变换.

10.6.4　证明: n 维酉空间中的酉变换在标准正交基下的阵是酉矩阵.

10.6.5　证明: n 维酉空间中的 Hermite 变换在标准正交基下的阵是 Hermite 阵.

10.6.6　在 $\mathbb{C}^{n\times n}$ 中定义 $(\boldsymbol{A},\boldsymbol{B})=\mathrm{tr}(\boldsymbol{A}\boldsymbol{B}^*)$, 其中 $\boldsymbol{B}^*=\overline{\boldsymbol{B}}^{\mathrm{T}}$. 证明: 这是 $\mathbb{C}^{n\times n}$ 中一个内积, 从而 $\mathbb{C}^{n\times n}$ 构成一个酉空间.

10.6.7　证明: (1) 酉矩阵的逆矩阵和转置矩阵还是酉矩阵, 两个酉矩阵的乘积仍为酉矩阵;

(2) 酉矩阵的行列式的模为 1;

(3) 酉矩阵的特征根的模为 1.

10.6.8 证明: (1) Hermite 阵若可逆, 则其逆矩阵是 Hermite 阵;

(2) Hermite 阵的特征根全是实数.

10.7 问题与研讨

问题 10.1 列出欧氏空间内容中不以空间有限维为前提的有关基本概念、基本方法和基本结论.

问题 10.2 W_1, W_2 为 n 维欧氏空间 V 的两个子空间, 且 $\dim W_1 < \dim W_2$, 那么在 W_2 中是否存在与 W_1 正交的非零向量?

问题 10.3 设 $\boldsymbol{\alpha}_1, \boldsymbol{\alpha}_2, \cdots, \boldsymbol{\alpha}_n$ 是欧氏空间 V 的一个基, 那么是否存在另一个基 $\boldsymbol{\beta}_1, \boldsymbol{\beta}_2, \cdots, \boldsymbol{\beta}_n$ 使得

$$(\boldsymbol{\alpha}_i, \boldsymbol{\beta}_j) = \delta_{ij}, \quad i, j = 1, 2, \cdots, n.$$

问题 10.4 设 $\boldsymbol{\alpha}_1, \cdots, \boldsymbol{\alpha}_n$ 及 $\boldsymbol{\beta}_1, \cdots, \boldsymbol{\beta}_n$ 是欧氏空间 V 的两个基, 且

$$(\boldsymbol{\alpha}_i, \boldsymbol{\beta}_j) = \delta_{ij}, \quad i, j = 1, 2, \cdots, n.$$

(1) 设 σ 为 V 的对称变换, 且 σ 在基 $\boldsymbol{\alpha}_1, \boldsymbol{\alpha}_2, \cdots, \boldsymbol{\alpha}_n$ 和基 $\boldsymbol{\beta}_1, \boldsymbol{\beta}_2, \cdots, \boldsymbol{\beta}_n$ 下的矩阵分别为 $\boldsymbol{C}$ 和 $\boldsymbol{D}$, 那么 $\boldsymbol{C}$ 和 $\boldsymbol{D}$ 有何关系?

(2) 设 $\boldsymbol{\alpha}_1, \boldsymbol{\alpha}_2, \cdots, \boldsymbol{\alpha}_n$ 的度量矩阵是 $\boldsymbol{G}$, 试给出 σ 为 V 的对称变换的一个充要条件.

问题 10.5 在空间 $C[0, 2\pi]$ 中令 $U = \langle 1, \cos x, \sin x, \cdots, \cos nx, \sin nx \rangle$, 求 (1) $\dim U$;(2)$P_n(x) \in U$ 使 $\int_0^{2\pi} (f(x) - P_n(x))^2 \mathrm{d}x$ 最小, $\forall f(x) \in C[0, 2\pi]$.

问题 10.6 * 设 V 是欧氏空间, σ 是 V 的正交变换, 且 $\sigma^m = \mathbf{1}_V (m > 1)$. 又设 $V_\sigma = \{\boldsymbol{\alpha} \in V | \sigma(\boldsymbol{\alpha}) = \boldsymbol{\alpha}\}$, 那么 $V = V_\sigma \oplus (V_\sigma)^\perp$ 是否成立? 理由?

问题 10.7 * 设 V 是 n 维欧氏空间, $\boldsymbol{\alpha}_1, \boldsymbol{\alpha}_2, \cdots, \boldsymbol{\alpha}_m$ 及 $\boldsymbol{\beta}_1, \boldsymbol{\beta}_2, \cdots, \boldsymbol{\beta}_m$ 为 V 中两组向量, 且 $(\boldsymbol{\alpha}_i, \boldsymbol{\alpha}_j) = (\boldsymbol{\beta}_i, \boldsymbol{\beta}_j)$, $i, j = 1, 2, \cdots, m$. 那么是否存在 V 的正交变换 σ 使 $\sigma(\boldsymbol{\alpha}_i) = \boldsymbol{\beta}_i, i = 1, 2, \cdots, m$.

问题 10.8 证明: 任何酉矩阵酉相似于对角阵.

问题 10.9 * 证明: 正交阵在正交相似下的标准形是

$$\mathrm{diag}\left(\boldsymbol{I}_p, -\boldsymbol{I}_q, \begin{pmatrix} \cos\varphi_1 & \sin\varphi_1 \\ -\sin\varphi_1 & \cos\varphi_1 \end{pmatrix}, \cdots, \begin{pmatrix} \cos\varphi_t & \sin\varphi_t \\ -\sin\varphi_t & \cos\varphi_t \end{pmatrix}\right).$$

问题 10.10 * 证明: n 维欧氏空间的正交变换都可以表示成若干个镜面反射的乘积.

总习题 10

A 类题

10.1 在 $\mathbb{R}^{n\times n}$ 中规定 $f(\boldsymbol{A},\boldsymbol{B})=\mathrm{tr}(\boldsymbol{AB}),\forall \boldsymbol{A},\boldsymbol{B}\in\mathbb{R}^{n\times n}$. 试问 f 是否为 $\mathbb{R}^{n\times n}$ 的一个内积?

10.2 在 $\mathbb{R}^2$ 中, 任取 $\boldsymbol{\alpha}=(x_1,x_2),\boldsymbol{\beta}=(y_1,y_2)$, 规定

$$(\boldsymbol{\alpha},\boldsymbol{\beta})=x_1y_1-x_1y_2-x_2y_1+4x_2y_2.$$

这是否是 $\mathbb{R}^2$ 上的一个内积?

10.3 设 V 是实线性空间试问: (1) 两个内积的和; (2) 两个内积的差; (3) 一个内积的正实数倍是否仍为一个内积?

10.4 求出 $\mathbb{R}$ 上所有内积.

10.5 设 $V=\mathbb{R}[x]$, 对于 $f(x)=\sum\limits_{i=0}^{n}a_ix^i,g(x)=\sum\limits_{j=0}^{m}b_jx^j\in\mathbb{R}[x]$, 规定

$$(f(x),g(x))=\sum_{i=0}^{n}\sum_{j=0}^{m}\frac{a_ib_j}{i+j+1}.$$

证明这是 $\mathbb{R}[x]$ 上的一个内积.

10.6 证明下面的 $n+1$ 阶方阵是正定阵:

$$\begin{pmatrix} 1 & \frac{1}{2} & \frac{1}{3} & \cdots & \frac{1}{n+1} \\ \frac{1}{2} & \frac{1}{3} & \frac{1}{4} & \cdots & \frac{1}{n+2} \\ \vdots & \vdots & \vdots & & \vdots \\ \frac{1}{n+1} & \frac{1}{n+2} & \frac{1}{n+3} & \cdots & \frac{1}{2n+1} \end{pmatrix}.$$

10.7 设 $\boldsymbol{\alpha}_1,\boldsymbol{\alpha}_2,\cdots,\boldsymbol{\alpha}_m$ 是欧氏空间 V 的一组向量, 令 $\boldsymbol{A}=((\boldsymbol{\alpha}_i,\boldsymbol{\alpha}_j))\in\mathbb{R}^{m\times m}$ 为 $\boldsymbol{\alpha}_1,\boldsymbol{\alpha}_2,\cdots,\boldsymbol{\alpha}_m$ 的 Gram 矩阵, $|\boldsymbol{A}|$ 为 Gram 行列式, 也记为 $G(\boldsymbol{\alpha}_1,\boldsymbol{\alpha}_2,\cdots,\boldsymbol{\alpha}_m)$. 证明: $\boldsymbol{\alpha}_1,\boldsymbol{\alpha}_2,\cdots,\boldsymbol{\alpha}_m$ 线性相关当且仅当

$$G(\boldsymbol{\alpha}_1,\boldsymbol{\alpha}_2,\cdots,\boldsymbol{\alpha}_m)=0.$$

10.8 证明: 在欧氏空间中线性无关向量组 $\boldsymbol{\alpha}_1,\boldsymbol{\alpha}_2,\cdots,\boldsymbol{\alpha}_m$ 的 Gram 行列式 $G(\boldsymbol{\alpha}_1,\boldsymbol{\alpha}_2,\cdots,\boldsymbol{\alpha}_m)>0$. 由此可定义由 $\boldsymbol{\alpha}_1,\boldsymbol{\alpha}_2,\cdots,\boldsymbol{\alpha}_m$ 张成的 m 维平行 $2m$ 面体的体积 $V(\boldsymbol{\alpha}_1,\boldsymbol{\alpha}_2,\cdots,\boldsymbol{\alpha}_m)=\sqrt{G(\boldsymbol{\alpha}_1,\boldsymbol{\alpha}_2,\cdots,\boldsymbol{\alpha}_m)}$, 当 $m=2,3$ 时分别计算 V^2 的表达式, 并说明几何意义.

10.9 证明: 对于任意实数 $a_1,a_2\cdots,a_n$ 都有 $\sum\limits_{i=1}^{n}|a_i|\leqslant\sqrt{n(a_1^2+a_2^2+\cdots+a_n^2)}$.

10.10 设 $\boldsymbol{\alpha},\boldsymbol{\beta}$ 是欧氏空间两个线性无关的向量, 且 $\dfrac{2(\boldsymbol{\alpha},\boldsymbol{\beta})}{(\boldsymbol{\alpha},\boldsymbol{\alpha})}$ 及 $\dfrac{2(\boldsymbol{\alpha},\boldsymbol{\beta})}{(\boldsymbol{\beta},\boldsymbol{\beta})}$ 都是 $\leqslant 0$ 的整数. 证明 $\boldsymbol{\alpha}$ 与 $\boldsymbol{\beta}$ 的夹角只可能是 $\dfrac{\pi}{2},\dfrac{2\pi}{3},\dfrac{3\pi}{4},\dfrac{5\pi}{6}$.

10.11 设欧氏空间中 $\boldsymbol{\beta}_1,\boldsymbol{\beta}_2,\cdots,\boldsymbol{\beta}_m$ 是由线性无关组 $\boldsymbol{\alpha}_1,\boldsymbol{\alpha}_2,\cdots,\boldsymbol{\alpha}_m$ 经 Schmidt 正交化方法得到的正交向量组. 证明

$$\boldsymbol{G}(\boldsymbol{\alpha}_1,\boldsymbol{\alpha}_2,\cdots,\boldsymbol{\alpha}_m)=\boldsymbol{G}(\boldsymbol{\beta}_1,\boldsymbol{\beta}_2,\cdots,\boldsymbol{\beta}_m)=\prod_{i=1}^{m}(\boldsymbol{\beta}_i,\boldsymbol{\beta}_i).$$

10.12 在以 $\boldsymbol{\alpha}_1,\boldsymbol{\alpha}_2,\cdots,\boldsymbol{\alpha}_n$ 为基的欧氏空间 V 中, 若 $(\boldsymbol{\xi},\boldsymbol{\alpha}_i)=(\boldsymbol{\eta},\boldsymbol{\alpha}_i)$ 对任意 $i=1,2,\cdots,n$ 成立, 则 $\boldsymbol{\xi}=\boldsymbol{\eta}$.

10.13 三阶正交阵 $\boldsymbol{A}$ 的行列式为 1, 证明: $\boldsymbol{A}$ 的特征多项式形如 $\lambda^3-t\lambda^2+t\lambda-1$, 其中 $-1\leqslant t\leqslant 3$.

10.14 设 $\boldsymbol{\alpha}_1,\boldsymbol{\alpha}_2,\cdots,\boldsymbol{\alpha}_n$ 及 $\boldsymbol{\beta}_1,\boldsymbol{\beta}_2,\cdots,\boldsymbol{\beta}_n$ 是欧氏空间 V 中两个标准正交基. 证明: 如果正交变换 σ 使 $\sigma(\boldsymbol{\alpha}_1)=\boldsymbol{\beta}_1$, 则 $\langle\sigma(\boldsymbol{\alpha}_2),\cdots,\sigma(\boldsymbol{\alpha}_n)\rangle=\langle\boldsymbol{\beta}_2,\cdots,\boldsymbol{\beta}_n\rangle$.

10.15 设 $\sigma\in\mathrm{Hom}(V,V),V$ 是欧氏空间. 证明: 如果 σ 满足下列三个条件中的两个则必满足第三个: (1) σ 是正交变换; (2) σ 是对称变换; (3) σ 是对合变换 $(\sigma^2=\mathbf{1}_V)$.

10.16 设 $\boldsymbol{\alpha}$ 及 $\boldsymbol{\beta}$ 为 $\mathbb{R}^n$ 中两个非零向量. 证明: 存在一个正实数 λ 使 $\boldsymbol{\beta}=\lambda\boldsymbol{\alpha}$ 的充要条件是 $\boldsymbol{\alpha}$ 与 $\boldsymbol{\beta}$ 的夹角为零.

10.17 设 $\boldsymbol{\alpha}_1,\boldsymbol{\alpha}_2,\cdots,\boldsymbol{\alpha}_n$ 为欧氏空间 V 的一个基, $\sigma\in\mathrm{Hom}(V,V)$, 且 $\sigma^3=\mathbf{1}_V$. 如果

$$(\boldsymbol{\beta},\sigma\boldsymbol{\alpha}_i)=0,\quad \forall i=1,2,\cdots,n.$$

证明 $\boldsymbol{\beta}=\mathbf{0}$.

10.18 设 V 是 n 维欧氏空间, V_1 和 V_2 是 V 的两个 m 维 $(<n)$ 子空间, 证明: 存在 V 的正交变换 σ 使 $\sigma(V_1)=V_2$.

10.19 设 $\boldsymbol{\alpha}_1,\boldsymbol{\alpha}_2,\cdots,\boldsymbol{\alpha}_n$ 是欧氏空间 V 的一个标准正交基, $\sigma\in\mathrm{Hom}(V,V),\sigma$ 关于基 $\boldsymbol{\alpha}_1,\boldsymbol{\alpha}_2,\cdots,\boldsymbol{\alpha}_n$ 的矩阵是 $\boldsymbol{A}=(a_{ij})$. 证明: $a_{ji}=(\sigma(\boldsymbol{\alpha}_i),\boldsymbol{\alpha}_j),\forall i,j=1,2,\cdots,n$.

10.20 设 σ 为欧氏空间 V 的对称变换, $\boldsymbol{\alpha}$ 为 σ 的一个特征向量, 证明:

$$V_1=\{\boldsymbol{\xi}\in V|(\sigma(\boldsymbol{\xi}),\boldsymbol{\alpha})=0\}$$

是 σ-子空间.

10.21 在 $\mathbb{R}^n$ 中定义变换 $\sigma:\boldsymbol{\alpha}\mapsto\boldsymbol{\alpha}-k(\boldsymbol{\alpha},\boldsymbol{w})\boldsymbol{w}$, 其中 $|w|=1,k\in\mathbb{R}$. 求 k 使 σ 为正交变换.

10.22 设 $\boldsymbol{A}\in\mathbb{R}^{m\times n},\boldsymbol{A}\boldsymbol{x}=\mathbf{0}$ 的解空间记为 $\ker\boldsymbol{A}\subset\mathbb{R}^n$. 又记 $\mathrm{Im}\boldsymbol{A}^{\mathrm{T}}=\{\boldsymbol{A}^{\mathrm{T}}\boldsymbol{x}|\boldsymbol{x}\in\mathbb{R}^m\}\subset\mathbb{R}^n$, 如果 $\mathbb{R}^n$ 是有标准内积的欧氏空间, 证明 $(\ker\boldsymbol{A})^{\perp}=\mathrm{Im}\boldsymbol{A}^{\mathrm{T}}$.

B 类 题

10.23 设 σ 为 n 维欧氏空间 V 的一个正交变换, 令

$$V_1=\{\boldsymbol{\alpha}\in V|\sigma(\boldsymbol{\alpha})=\boldsymbol{\alpha}\},\quad V_2=\{\boldsymbol{\alpha}-\sigma(\boldsymbol{\alpha})|\boldsymbol{\alpha}\in V\},$$

证明: $V=V_1\oplus V_2$.

10.24　设 σ 为 n 维实线性空间 V 上的线性变换. 证明: 能在 V 上引入内积使 σ 为对称变换的充要条件是 σ 有 n 个线性无关的特征向量.

10.25　在 $\mathbb{R}^{n\times n}$ 中定义内积 $(\boldsymbol{A},\boldsymbol{B})=\operatorname{tr}(\boldsymbol{A}^{\mathrm{T}}\boldsymbol{B})$ 后构成欧氏空间. 设

$$\boldsymbol{A}\in\mathbb{R}^{n\times n},\quad \sigma:\boldsymbol{X}\mapsto\boldsymbol{AX},\quad \forall\boldsymbol{X}\in\mathbb{R}^{n\times n}.$$

证明: σ 为 $\mathbb{R}^{n\times n}$ 的正交变换的充要条件是: $\boldsymbol{A}$ 为正交阵.

10.26　设 $\mathbb{R}^n$ 是有标准内积的欧氏空间.

(1) 求向量 $\boldsymbol{\alpha}_1,\boldsymbol{\alpha}_2,\cdots,\boldsymbol{\alpha}_n$ 使

$$G(\boldsymbol{\alpha}_1,\boldsymbol{\alpha}_2,\cdots,\boldsymbol{\alpha}_n)=\begin{vmatrix}1&1&\cdots&1\\1&2&\cdots&2\\\vdots&\vdots&&\vdots\\1&2&\cdots&n\end{vmatrix};$$

(2) 设 σ 为 $\mathbb{R}^n$ 的正交变换, $\sigma(\boldsymbol{\alpha}_i)=\boldsymbol{\beta}_i,\forall i=1,2,\cdots,n$. 求 $G(\boldsymbol{\beta}_1,\boldsymbol{\beta}_2,\cdots,\boldsymbol{\beta}_n)$.

10.27　设 V 为欧氏空间, $\sigma\in\operatorname{Hom}(V,V)$, 证明下列叙述彼此等价.

(1) σ 是 V 的正交变换;

(2) $|\sigma\boldsymbol{\alpha}-\sigma\boldsymbol{\beta}|=|\boldsymbol{\alpha}-\boldsymbol{\beta}|,\forall\boldsymbol{\alpha},\boldsymbol{\beta}\in V$, 且 σ 为线性变换;

(3) $|\sigma\boldsymbol{\alpha}-\sigma\boldsymbol{\beta}|=|\boldsymbol{\alpha}-\boldsymbol{\beta}|,\forall\boldsymbol{\alpha},\boldsymbol{\beta}\in V,\sigma(\mathbf{0})=\mathbf{0}$;

(4) $|\sigma\boldsymbol{\alpha}-\sigma\boldsymbol{\beta}|=|\boldsymbol{\alpha}-\boldsymbol{\beta}|,\forall\boldsymbol{\alpha},\boldsymbol{\beta}\in V,\sigma(\boldsymbol{\alpha})=-\sigma(-\boldsymbol{\alpha}),\forall\boldsymbol{\alpha}\in V$.

10.28　在欧氏空间 $\mathbb{R}^n$ 中证明: 存在 $n+1$ 个向量, 其中任意两个不同向量的内积都小于 0.

10.29　设 σ,τ 为 n 维欧氏空间 V 的线性变换, 且对任意 $\boldsymbol{\alpha}\in V$ 有 $(\sigma(\boldsymbol{\alpha}),\sigma(\boldsymbol{\alpha}))=(\tau(\boldsymbol{\alpha}),\tau(\boldsymbol{\alpha}))$, 证明 $\mathrm{Im}\sigma\cong\mathrm{Im}\tau$.

10.30　在欧氏空间 V 中有子空间 W.

(1) 证明: 给定的 $\boldsymbol{\alpha}\in V$ 与 W 中一切向量之间的夹角, 以它与 $\boldsymbol{\alpha}$ 在 W 上正交射影 $\boldsymbol{\beta}$ 之间的夹角最小. 以此角定义为 $\boldsymbol{\alpha}$ 与 W 的夹角;

(2) 在 $\mathbb{R}^4$ 中求 $\boldsymbol{\alpha}=(2,2,1,1)$ 与 $W=\langle\boldsymbol{\alpha}_1,\boldsymbol{\alpha}_2\rangle$ 的夹角, 其中 $\boldsymbol{\alpha}_1=(3,4,-4,-1),\boldsymbol{\alpha}_2=(0,1,-1,2)$.

10.31　在欧氏空间 V 中, 设线性无关组 $\boldsymbol{e}_1,\boldsymbol{e}_2,\cdots,\boldsymbol{e}_s$ 及两个非零正交组分别为 $\boldsymbol{f}_1,\boldsymbol{f}_2,\cdots,\boldsymbol{f}_s$ 和 $\boldsymbol{g}_1,\boldsymbol{g}_2,\cdots,\boldsymbol{g}_s$, 如果 $\boldsymbol{f}_k$ 和 $\boldsymbol{g}_k$ 可由 $\boldsymbol{e}_1,\boldsymbol{e}_2,\cdots,\boldsymbol{e}_k$ 线性表出, $k=1,2,\cdots,s$. 证明 $\boldsymbol{f}_k=a_k\boldsymbol{g}_k,k=1,2,\cdots,s$.

10.32　设 V 是欧氏空间, 令 $V_1=\{\boldsymbol{\xi}+\mathrm{i}\boldsymbol{\eta}|\boldsymbol{\xi},\boldsymbol{\eta}\in V,\mathrm{i}=\sqrt{-1}\}$, 在 V_1 中定义加法和数乘如下:

$$(\boldsymbol{\xi}_1+\mathrm{i}\boldsymbol{\eta}_1)+(\boldsymbol{\xi}_2+\mathrm{i}\boldsymbol{\eta}_2)=(\boldsymbol{\xi}_1+\boldsymbol{\xi}_2)+\mathrm{i}(\boldsymbol{\eta}_1+\boldsymbol{\eta}_2);$$

$$(a+\mathrm{i}b)(\boldsymbol{\xi}+\mathrm{i}\boldsymbol{\eta})=(a\boldsymbol{\xi}-b\boldsymbol{\eta})+\mathrm{i}(a\boldsymbol{\eta}+b\boldsymbol{\xi}).$$

证明: V_1 是复向量空间. 再利用 V 的内积 (,) 定义 V_1 中内积:

$$(\boldsymbol{\xi}_1+\mathrm{i}\boldsymbol{\eta}_1,\boldsymbol{\xi}_2+\mathrm{i}\boldsymbol{\eta}_2)=(\boldsymbol{\xi}_1,\boldsymbol{\xi}_2)+(\boldsymbol{\eta}_1,\boldsymbol{\eta}_2)+\mathrm{i}((\boldsymbol{\eta}_1,\boldsymbol{\xi}_2)-(\boldsymbol{\xi}_1,\boldsymbol{\eta}_2)),$$

证明 V_1 对于此内积构成一个酉空间.

10.33 σ 为 n 维欧氏空间 V 的对称变换, 如果 σ 的负特征值为偶数重, 证明: 存在 $\tau \in \mathrm{Hom}(V,V)$ 使得 $\sigma=\tau^2$.

10.34 (1) 二阶正交阵 $\boldsymbol{A}$ 必为如下两种

$$\boldsymbol{A}=\begin{pmatrix}\cos\theta & -\sin\theta\\ \sin\theta & \cos\theta\end{pmatrix} \quad 或 \quad \begin{pmatrix}\cos\theta & \sin\theta\\ \sin\theta & -\cos\theta\end{pmatrix};$$

(2) 在 $\mathbb{R}^2$ 中正交变换或为绕原点的旋转 θ 角的变换或为对过原点的某直线的镜面反射.

C 类 题

10.35 设 $\boldsymbol{\alpha}$ 为欧氏空间 V 的一个非零向量, $\boldsymbol{\alpha}_1,\boldsymbol{\alpha}_2,\cdots,\boldsymbol{\alpha}_m \in V$ 满足条件:

(i) $(\boldsymbol{\alpha}_i,\boldsymbol{\alpha})>0,\ \forall i=1,2,\cdots,m$;

(ii) $(\boldsymbol{\alpha}_i,\boldsymbol{\alpha}_j)\leqslant 0,\ \forall i,j=1,2,\cdots,m$ 且 $i\neq j$.

证明 $\boldsymbol{\alpha}_1,\boldsymbol{\alpha}_2,\cdots,\boldsymbol{\alpha}_m$ 线性无关.

10.36 设 V 为 $n(>0)$ 维欧氏空间, 证明 V 中至多有 $n+1$ 个向量, 使其两两间的夹角大于 $\dfrac{\pi}{2}$.

10.37 设 n 维欧氏空间 V 中向量 $\boldsymbol{\alpha}_1,\boldsymbol{\alpha}_2,\boldsymbol{\beta}_1,\boldsymbol{\beta}_2$ 满足条件 $|\boldsymbol{\alpha}_1|=|\boldsymbol{\beta}_1|,|\boldsymbol{\alpha}_2|=|\boldsymbol{\beta}_2|,\boldsymbol{\alpha}_1$ 与 $\boldsymbol{\alpha}_2$ 的夹角等于 $\boldsymbol{\beta}_1$ 与 $\boldsymbol{\beta}_2$ 的夹角, 证明: 存在正交变换 σ 使 $\sigma(\boldsymbol{\alpha}_1)=\boldsymbol{\beta}_1,\sigma(\boldsymbol{\alpha}_2)=\boldsymbol{\beta}_2$.

10.38 n 维欧氏空间 V 的线性变换 σ 是正交变换当且仅当 $|\sigma(\boldsymbol{\alpha})+\sigma(\boldsymbol{\beta})|=|\boldsymbol{\alpha}+\boldsymbol{\beta}|,\forall\boldsymbol{\alpha},\boldsymbol{\beta}\in V$.

10.39 假定在欧氏空间中向量 $\boldsymbol{\alpha}_1,\boldsymbol{\alpha}_2,\cdots,\boldsymbol{\alpha}_n$ 线性无关, 经 Schmidt 正交化过程得到正交向量组 $\boldsymbol{\beta}_1,\boldsymbol{\beta}_2,\cdots,\boldsymbol{\beta}_n$. 证明:

(1) $\boldsymbol{\beta}_k$ 是 $\boldsymbol{\alpha}_k$ 在 $\langle\boldsymbol{\alpha}_1,\boldsymbol{\beta}_2,\cdots,\boldsymbol{\alpha}_{k-1}\rangle^{\perp}$ 上的正交投影;

(2) $|\boldsymbol{\beta}_k|\leqslant|\boldsymbol{\alpha}_k|\ \forall k=1,2,\cdots,n$;

(3) $|\boldsymbol{\beta}_k|=|\boldsymbol{\alpha}_k|$ 当且仅当 $(\boldsymbol{\alpha}_k,\boldsymbol{\alpha}_j)=0,\ \forall j=1,2,\cdots,k-1(k>1)$;

(4) $|\boldsymbol{\beta}_k|^2=\dfrac{G(\boldsymbol{\alpha}_1,\boldsymbol{\beta}_2,\cdots,\boldsymbol{\alpha}_k)}{G(\boldsymbol{\alpha}_1,\boldsymbol{\beta}_2,\cdots,\boldsymbol{\alpha}_{k-1})}$.

10.40 设 W 是一欧氏空间中以 $\boldsymbol{\alpha}_1,\boldsymbol{\alpha}_2,\cdots,\boldsymbol{\alpha}_m$ 为基的子空间, 定义向量 $\boldsymbol{\alpha}$ 到 W 的距离 $d(\boldsymbol{\alpha},W)=|\boldsymbol{\alpha}-\boldsymbol{\beta}|$, 其中 $\boldsymbol{\beta}$ 是 $\boldsymbol{\alpha}$ 在 W 上的正交投影, 证明:

$$d(\boldsymbol{\alpha},W)=\sqrt{\frac{G(\boldsymbol{\alpha}_1,\boldsymbol{\alpha}_2,\cdots,\boldsymbol{\alpha}_m,\boldsymbol{\alpha})}{G(\boldsymbol{\alpha}_1,\boldsymbol{\alpha}_2,\cdots,\boldsymbol{\alpha}_m)}}.$$

10.41 设欧氏空间 $\mathbb{R}[x]_{n+1}$, 内积定义如下

$$(f(x),g(x))=\int_{-1}^{1}f(x)g(x)\mathrm{d}x,$$

证明 $P_0(x)=1,P_k(x)=\dfrac{1}{2^k k!}\dfrac{\mathrm{d}^k}{\mathrm{d}x^k}((x^2-1)^k)(k=1,2,\cdots,n)$ 构成 $\mathbb{R}[x]_{n+1}$ 的一个正交基. (勒让德多项式)

10.42　设 V 是欧氏空间, f 是 V 到实数域 $\mathbb{R}$ 的线性映射, σ 是 V 到自身的变换, 即 $\sigma(x) = x - f(x)\boldsymbol{\alpha}$, 其中 $\boldsymbol{\alpha}$ 是 V 中固定向量

(1) 证明: $\sigma \in \mathrm{Hom}(V, V)$;

(2) 设 $\boldsymbol{\alpha} \neq \mathbf{0}$, 证明: σ 可逆当且仅当 $f(\boldsymbol{\alpha}) \neq 1$;

(3) 设 $f(\boldsymbol{\alpha}) \neq 0$, 证明: σ 是正交变换当且仅当 $f(x) = \dfrac{2(x, \boldsymbol{\alpha})}{(\boldsymbol{\alpha}, \boldsymbol{\alpha})}$.

部分习题答案与提示

第 6 章

练习 6.1

6.1.1 $a=2, b=-10, c=-19$.

练习 6.2

6.2.1 商式 $\frac{2}{3}x-\frac{2}{9}$, 余式 $\frac{35}{9}x+\frac{1}{9}$.

6.2.2 商式 $2x^4-6x^3+13x^2-39x+109$, 余式 -327.

6.2.3 $p=-m^2-1, q=m$.

练习 6.3

6.3.1 (1) $(f(x),g(x))=x+3,\quad u(x)=\frac{3}{5}x-1;\quad v(x)=-\frac{1}{5}x^2+\frac{2}{5}x$;
(2) $(f(x),g(x))=x^2-2,\quad u(x)=1,\quad v(x)=-1$.

练习 6.4

6.4.3 用反证法.

6.4.4 用反证法.

练习 6.5

6.5.1 (1) $x-1, 2$ 重; (2) 无重因式; (3) $x+1, 4$ 重.

6.5.2 当 $a=b=0$ 时有 3 重因式 x; 当 $4a^3=-b^2\neq 0$ 时有 2 重因式 $2ax+b$.

练习 6.6

6.6.1 $(x-1)(x+1)(x^2+1)(x^2-\sqrt{2}x+1)(x^2+\sqrt{2}x+1)$.

6.6.2 $a=-5$.

6.6.4 $x^3+\frac{a^2-2b}{c}x^2+\frac{b^2-2ac}{c^2}x+\frac{1}{c}$.

6.6.5 考察 $f(x)$ 的根, 用定理 6.12.

练习 6.7

6.7.1　(1) 2;　(2) $-\dfrac{1}{2}$.

6.7.2　反证法. 看多项式有理根或不可约性.

6.7.3　作代换 $x = y + 1$, (1) 不可约; (2) 不可约.

6.7.4　设 $\alpha = \dfrac{r}{s}, (r, s) = 1$. 由 $f(x) = (x - \alpha)q(x) = (sx - r)\dfrac{1}{s}q(x)$ 先证 $\dfrac{1}{s}q(x)$ 为整系数多项式, 然后 $q(x)$ 亦然.

练习 6.8

6.8.1　(1) $x_1^2x_2 - x_1^2x_4^5 + 5x_1x_3x_4^5 + x_2^3x_5 + x_3^6$; (2) $5x_1^4x_2^2x_3 + x_1x_2^2 + x_1x_2x_3^3 + x_1x_2x_3^2$.

6.8.2　用反证法.

6.8.3　将 $f(x, y)$ 看成 y 的多项式, 用余数定理.

6.8.4　对 n 用归纳法.

练习 6.9

6.9.1　含 (2), (3), (4), (6) 各项, 不含 (1), (5) 两项.

6.9.2　(1) $\sigma_1\sigma_2 - \sigma_3$; (2) $\sigma_1\sigma_3 - 4\sigma_4$.

第 6 章问题与研讨

6.1　断言 (1)—(7) 仍成立; 断言 (8)—(10) 未必在 $\mathbb{P}$ 上仍成立. 前者的理由及后者的反例请思考后给出.

6.2　(1) 考察 $g(x)$ 的标准分解式可找到 $p(x)$ 不可约且 $p(\alpha) = 0$;

(2) 设法证明 $(x^m, p(x)) = 1$, 由此易找到 $f(x)$.

6.3　用引理 6.1 易证 (1) $\Leftrightarrow$ (2) $\Leftrightarrow$ (3); 利用多项式互素的充要条件及练习 6.3.3, 易证 (4) $\Leftrightarrow$ (1) $\Leftrightarrow$ (5).

6.4　前两个等号成立, 后两个等号未必成立.

例如, 令 $f(x) = x - 1, g(x) = 1 - x$, 则 $f(x) + g(x) = 0, f(x)g(x) = -(x - 1)^2$, 从而 $(f(x) + g(x), f(x)g(x)) = (x - 1)^2$, 但 $(f(x), g(x)) = x - 1$, 这说明 $(f(x), g(x)) \neq (f(x) + g(x), f(x)g(x))$.

6.5*　**解 1**　设 $x^n - \alpha$ 的 n 个复根为 $\alpha_1, \alpha_2, \cdots, \alpha_n$, 由余数定理得

$$\begin{cases} f_0(\alpha) + \alpha_1 f_1(\alpha) + \alpha_1^2 f_2(\alpha) + \cdots + \alpha_1^{n-1} f_{n-1}(\alpha) = 0, \\ f_0(\alpha) + \alpha_2 f_1(\alpha) + \alpha_2^2 f_2(\alpha) + \cdots + \alpha_2^{n-1} f_{n-1}(\alpha) = 0, \\ \cdots\cdots \\ f_0(\alpha) + \alpha_n f_1(\alpha) + \alpha_n^2 f_2(\alpha) + \cdots + \alpha_n^{n-1} f_{n-1}(\alpha) = 0. \end{cases}$$

由上述线性方程组求解得 $f_i(\alpha) = 0, i = 0, 1, \cdots, n - 1$.

解 2 从余数定理知 $f_i(y)=(y-\alpha)q(y)+f_i(\alpha)$, 从而

$$f_i(x^n)=(x^n-\alpha)q(x^n)+f_i(\alpha),\quad i=0,1,\cdots,n-1.$$

应用条件 $(x^n-\alpha)\Big|\sum\limits_{i=0}^{n-1}x^if_i(x^n)$ 可推出 $(x^n-\alpha)\Big|\sum\limits_{i=0}^{n-1}x^if_i(\alpha)$, 比较次数可得 $f_i(\alpha)=0$, $i=0,1,\cdots,n-1$.

6.6* **解 1** 设 $\deg f(x)\geqslant 1$, 则 $f(x)=cp_1^{r_1}(x)p_2^{r_2}(x)\cdots p_k^{r_k}(x)$ 为标准分解式, 又由 $f'(x)|f(x)$ 可知 $f'(x)$ 与 $(f(x),f'(x))$ 相差一个非零常数倍, 从而

$$\frac{f(x)}{(f(x),f'(x))}=cp_1(x)p_2(x)\cdots p_k(x)$$

应为一次式, 故 $k=1$, 且 $p_1(x)$ 是一次式, 故 $f(x)=c(x-a)^n,c\neq 0$. 又 $f(x)=0$ 亦满足条件, 故 $f(x)=c(x-a)^n,c\in\mathbb{F},n\geqslant 1$ 为整数.

解 2 此问题从重因式角度, 或运用数学归纳法等, 尚有多种解法, 请读者思考并写出解答, 此处略.

6.7* 由已知可写 $f(x)=(x^2+1)g(x),f(x)+1=(x^3+x^2+1)h(x)$, 由此二式可得 $1=(x^3+x^2+1)h(x)-(x^2+1)g(x)$, 求此式中之 $g(x),h(x)$ 可用辗转相除法, 然后 $f(x)$ 可求得. 实际上, $g(x)=x^2+x-1,h(x)=x$, 故 $f(x)=x^4+x^3+x-1$.

6.8* 这与 $(f(x),g(x))=1$ 当且仅当存在 $u(x)$ 及 $v(x)$ 使 $u(x)f(x)+v(x)g(x)=1$ 这个命题中 $u(x),v(x)$ 并不是唯一的有关. 事实上, 设 $\deg f(x)>0,\deg g(x)>0$, 令

$$u(x)=u_1(x)g(x)+u_0(x),\quad v(x)=v_1(x)f(x)+v_0(x).$$

则易见 $u_0(x)\neq 0,v_0(x)\neq 0$, 从而 $\deg u_0(x)<\deg g(x),\deg v_0(x)<\deg f(x)$. 于是

$$(u_1(x)+v_1(x))f(x)g(x)+u_0(x)f(x)+v_0(x)g(x)=1.$$

如果左端第一项非零, 由上式查次数得矛盾, 故由上式得

$$u_0(x)f(x)+v_0(x)g(x)=1.$$

可以证明满足条件 $\deg u_0(x)<\deg g(x)$ 及 $\deg v_0(x)<\deg f(x)$ 的上式中的 $u_0(x)$ 及 $v_0(x)$ 是唯一的. 由上证明易见 $u_1(x)=-v_1(x)$, 故满足

$$u(x)f(x)+v(x)g(x)=1$$

的一般的 $u(x)=u_1(x)g(x)+u_0(x)$,$v(x)=-u_1(x)f(x)+v_0(x)$, 其中 $u_1(x)$ 任意.

由此我们的问题的通解为

$$\begin{aligned}f(x)&=(x^2+1)[x^2+x-1+(x^3+x^2+1)q(x)]\\&=x^4+x^3+x-1+(x^2+1)(x^3+x^2+1)q(x),\end{aligned}$$

其中 $q(x)$ 为任意多项式.

6.9* (1) 假定可约, 看是否能推出矛盾;

(2) 令 $m=1$, 看 $f(x)=(x-a_1)(x-a_2)(x-a_3)+1$, 寻找思路.

解 1 注意三次多项式可约, 则必有有理根. 设 $\frac{r}{s}$ 为 $f(x)$ 的一个有理根, 由有理根判别易知 $s=\pm1$, 不妨设 $f(x)$ 有整数根 r, 于是

$$(r-a_1)(r-a_2)(r-a_3)=-1.$$

注意左端 $r-a_1, r-a_2, r-a_3$ 仍是不同的整数, 其乘积是 -1, 是不可能的, 矛盾. 这证明了 $f(x)$ 不可约.

解 2 设 $f(x)$ 可约, 则有 $f(x)=g(x)h(x)$, 于是 $g(a_i)h(a_i)=f(a_i)=1(i=1,2,3)$. 这推出 $g(a_i)$ 与 $h(a_i)$ 同为 1 或同为 -1, 从而 $g(a_i)-h(a_i)=0(i=1,2,3)$. 由于 $g(x)-h(x)$ 次数小于 3, 可得 $g(x)-h(x)=0$, 即 $g(x)=h(x)$, 因此 $f(x)=g^2(x)$, 查左、右次数这是矛盾, 故 $f(x)$ 不可约.

解 3 不妨设 $g(x)$ 是一次式, 而 $g(a_1), g(a_2), g(a_3)$ 取值 1 或 -1, 至少两个相等, 不妨设 $g(a_1)=g(a_2)=1$, 这说明 $g(x)-1=0$, 即 $g(x)=1$, 与 $g(x)$ 次数矛盾. 因此 $f(x)$ 不可约.

现在考虑原问题, 易见解 2 及解 3 提供的方法是可行的, 请读者自行写出.

6.10 参考定理 6.8 证第 1 个结论, 利用这个结论及定理 6.8 可证第 2 个结论. 当然也可以由定义直接证明

$$[f(x),g(x)]=\frac{f(x)g(x)}{(f(x),g(x))}.$$

总习题 6

6.1 $a=\frac{25}{6}, b=-\frac{3}{2}, c=\frac{1}{3}$.

6.3 (1) 商式 $2x^2+3x+11$, 余式 $25x-5$; (2) 商式 $\frac{1}{9}(3x+11)$, 余式 $\frac{10}{9}(x-2)$.

6.4 $m=0, p=1+q$ 或者 $p=-m^2+2, q=1$.

6.5 (1) $x^3+4x+2, 12$; (2) $2x^4-4x^3+3x^2-6x+4, -8$; (3) $x^2-2\mathrm{i}x-(5+2\mathrm{i}), -9+8\mathrm{i}$.

6.6 (1) $(x+2)^4-8(x+2)^3+22(x+2)^2-24(x+2)+11$; (2) $(x-2)^4+6(x-2)^3+15(x-2)^2+18(x-2)+9$.

6.7 (1) $3-\langle x\rangle+5\langle x\rangle^2+6\langle x\rangle^3+\langle x\rangle^4$; (2) $1+4\langle x\rangle^2+4\langle x\rangle^3+\langle x\rangle^4$.

6.8 (1) $(f(x),g(x))=x+\frac{1}{2}$; (2) $(f(x),g(x))=x-1$; (3) $(f(x),g(x))=x+3$.

6.9 (1) $u(x)=-\frac{3}{2}x+1, v(x)=\frac{3}{2}x^2+\frac{7}{2}x-\frac{5}{2}$;

(2) $u(x)=-\frac{1}{3}x+\frac{1}{3}, v(x)=\frac{1}{3}(2x^2-2x-3)$;

(3) $u(x)=\frac{3}{5}x-1, v(x)=-\frac{1}{5}x^2+\frac{2}{5}x$.

6.10 $t=-4, u=0$.

6.11 (1) $x-2, 3$ 重; (2) $x^2-2x+2, 2$ 重; (3) $x+3, 2$ 重; $x-1, 3$ 重.

6.12 $a=b=0$ 时有 4 重因式 x, 当 $27a^4=b^3\neq0$ 时有 2 重因式 $3ax+b$.

6.13 $a=1, b=-2$.

6.14 $a=3, b=-7$.

6.15 (1) $-1\pm\sqrt{2}\mathrm{i}$; (2) $\frac{1}{2}(-1\pm\sqrt{3}\mathrm{i})$.

6.16 $2,-1-\frac{-1+\sqrt{17}}{2}\mathrm{i},-1-\frac{-1-\sqrt{17}}{2}\mathrm{i}$.

6.17 (1) $f(x)=(x-1)^3(x^2+3x+6)=(x-1)^3\left(x+\frac{3-\sqrt{15}\mathrm{i}}{2}\right)\left(x+\frac{3+\sqrt{15}i}{2}\right)$;
(2) $f(x)=(x-1)^3(x^2+1)=(x-1)^3(x+\mathrm{i})(x-\mathrm{i})$.

6.18 (1) $-3,\frac{1}{2}$; (2) $-\frac{1}{2}$; (3) $2,2,2$.

6.19 $t=3,-\frac{15}{4}$.

6.20 (1), (3) 直接用艾森斯坦判别法, (2), (4) 用 $x=1+y$ 代换后再用.

6.21 $\frac{f(a)-f(b)}{a-b}x+\frac{af(b)-bf(a)}{a-b}$.

6.22 $1999x-1997$.

6.23 $-\frac{4}{3}x^3+10x^2-\frac{65}{3}x+15$.

6.25 先证左 $=((f_1(x)f_2(x),f_1(x)g_2(x)),(f_2(x)g_1(x),g_1(x)g_2(x)))$, 再用 6.24 题结果.

6.26 用归纳法.

6.33 运用查根法.

6.37 查根, 只需证 $f_1(1)=f_2(1)=0$.

6.39 (1), (4) 讨论奇偶性, (2), (3) 应用 6.7.4 题的结果.

6.43 m,p 奇偶性相同且恰与 n 相反. 由 $x^4+x^2+1=(x^2+x+1)(x^2-x+1)$, 应用 6.33 题的结果和方法.

6.44 (1) 看分解式及韦达公式; (2) 令 $f(x)=f_1(x)+\mathrm{i}f_2(x)$, 其中 $f_1(x)$ 与 $f_2(x)$ 为实系数多项式, 于是易证 $(f(x),\overline{f}(x))=(f_1(x),f_2(x))$.

6.45 设 $f(x)=a_3x^3+a_2x^2+a_1x+a_0$, 设法证多项式 $f(x)-\overline{f}(x)$ 有 4 个不同根.

6.46 $(\varphi(x),\psi(x))=x-1$. 不然有不可约 $p(x)$ 使得 $p(x)\left|\frac{\varphi(x)}{x-1}\right.$ 且 $p(x)\left|\frac{\psi(x)}{x-1}\right.$. 这将导致矛盾.

6.47 如果有有理根可推出 $m=0$ 或 $m=-2$, 如果无有理根则多项式可写成一个二次多项式与一个三次多项式之积, 比较系数, 经计算可推出 $m=1$.

6.48 (1) C, D; (2) B, C; (3) C, D.

6.49 $(f(x),g(x))=(f_1(x),g_1(x))\Leftarrow\begin{vmatrix}a&b\\c&d\end{vmatrix}\neq 0$.

6.50 用反证法.

6.51 用反证法.

6.52 $(x^d-1)|(x^n-1)\Leftrightarrow d|n$. 为证必要性, 写 $x^n-1=x^r(x^{dq}-1)+x^r-1$.

6.53 为证充分性, 设 $h(x)$ 为 x^m-1 与 x^n-1 的任意公因式, 只需证 $h(x)$ 的每一根 α 都是 x^d-1 之根. 注意 $(m,n)=d$ 可推出 $d=mu+nv$.

6.54 反证法, 若有整根 x_0, 设法证明 $a-x_0,b-x_0,c-x_0\in\{1,-1\}$, 由此易推出矛盾.

6.55 注意 $(2x)^{k+1}-(x+1)^{k+1}=(2x-(x+1))\frac{f(x)}{(x+1)^n}$.

6.56 证充分性时将 $f(x)$ 写成分解式, 先证实根均偶数重, 将虚根的一次式按共轭分开写.

6.57 易见 $f'(x)|f(x)$ 且 $x|f(x)$, 然后用 6.10 节问题 6.6 的结果.

6.58 未必. 例如, x^2+4 在有理数域上不可约, 但 $x^4+4=(x^2+2x+2)(x^2-2x+2)$.

6.59 利用比较次数和系数的方法可得 $f(x)=x^m$(此时 $m\geqslant 1, n=m$) 或 $c(c^{n-1}=1)$.

6.60 令代换 $x-1=y$, 用反证法和韦达公式.

6.62 假设 $f(x)=g(x)h(x)$, 先推出 $g(a_i)+h(a_i)=0\ \ (\forall i)$, 然后推出矛盾.

6.63 利用证明艾森斯坦判别法的方法, 注意无有理根, 从而 $k>1, m>1, k\leqslant n-2$.

6.64 令 $\dfrac{1}{x}=y, \dfrac{1}{x^n}f(x)=f_1(y)$, 则 $f(x)$ 不可约 $\Leftrightarrow f_1(y)$ 不可约.

6.65 用恒等变形法证 $f(x)=2g(x)$ 或用查根法.

6.66 (1) 验证左端多项式在 $a_1, a_2\cdots, a_n$ 的值均为 1, 从而与 1 恒等.

(2) $L(a_i)=b_i, \forall i$ 容易验证. 若另有 $n-1$ 次多项式 $L_1(x)$ 满足 $L_1(a_i)=b_i, i=1,2\cdots,n$, 则 $L(x)-L_1(x)$ 有 n 个零点 $a_1,a_2\cdots,a_n$, 故 $L(x)=L_1(x)$, 这证明了唯一性.

6.67 设 $f(x)=F(x)q(x)+r(x)$, 易见 $f(a_i)=r(a_i)$, 于是由 Lagrange 插值公式有 $r(x)=\sum\limits_{i=1}^{n}\dfrac{f(a_i)F(x)}{(x-a_i)F'(a_i)}$.

6.68 反证法. 设 $f(x)=g(x)h(x)$, 不妨设 $\deg g(x)\leqslant m$, 易见有多于 m 个 a_i 使 $g(a_i)=\varepsilon\in\{1,-1\}$, 这导致 $g(x)=\varepsilon$, 矛盾.

6.69 先证: 若 $f(x)$ 不可约, 又与 $g(x)$ 有公共根, 则 $f(x)|g(x)$. 设 $f(x)=a_nx^n+a_{n-1}x^{n-1}+\cdots+a_0$, 由已知条件可推出 $f(x)|(a_0x^n+a_{n-1}x^{n-1}+\cdots+a_n)$.

6.70 (1) $\sigma_1\sigma_2-3\sigma_3$; (2) $\sigma_1\sigma_2-\sigma_3+\sigma_2^2+\sigma_1\sigma_3+2\sigma_2\sigma_3+\sigma_3^2$.

6.71 (1) $\sigma_1^4-4\sigma_1^2\sigma_2+4\sigma_1\sigma_3+2\sigma_2^2-4\sigma_4$; (2) $\sigma_2^2-2\sigma_1\sigma_3+2\sigma_4$; (3) $\sigma_2\sigma_3-3\sigma_1\sigma_4+5\sigma_5$.

6.72 $\deg u(x)<\deg\dfrac{g(x)}{(f(x),g(x))}, \deg v(x)<\deg\dfrac{f(x)}{(f(x),g(x))}$.

6.73 反证法. 假设 $f(x)=g(x)h(x)$, 先推出 $\forall i, g(a_i)=h(a_i)=1$ 或 $g(a_i)=h(a_i)=-1$, 讨论次数, 设法推出矛盾.

6.74 将左边第 1 列换成 $f_1(x), f_2(x),\cdots,f_n(x)$, 得到一个次数 $\leqslant n-2$ 的多项式 $g(x)$. 再证 $g(x)=0$.

6.75 设 $\max(\deg f(x),\deg g(x))=n$, 不妨设 $f(x)$ 的次数为 n. 显然 $f^{-1}(0)\cap f^{-1}(1)=\varnothing$. 为证结论只需证 $|f^{-1}(0)\cup f^{-1}(1)|\geqslant n+1$. 不妨设

$$f(x)=\prod_{i=1}^{m}(x-c_i)^{r_i},\quad f(x)-1=\prod_{j=1}^{s}(x-d_j)^{t_j},$$

于是又有

$$f'(x)=(f(x)-1)'=\prod_{i=1}^{m}(x-c_i)^{r_i-1}\prod_{j=1}^{s}(x-d_j)^{t_j-1}h(x).$$

由此推出 $2n-(m+s)\leqslant n-1$, 从而 $m+s\geqslant n+1$ 得证.

6.76 注意 $x^{m+1}-1$ 的任意虚根均为 $x^{(m+1)n}-1$ 之根, 而不是 x^n-1 之根, 由此推出 $(n,m+1)=1$.

6.77 设 $f(x)-1=(x-a_1)(x-a_2)\cdots(x-a_r)h(x), f(x)+1=(x-b_1)(x-b_2)\cdots(x-b_s)u(x)$, 易见 $n=r+s$. 两式相减有

$$2=(x-b_1)(x-b_2)\cdots(x-b_s)u(x)-(x-a_1)(x-a_2)\cdots(x-a_r)h(x),$$

取 x 为 $a_1,a_2,\cdots,a_r,b_1,b_2,\cdots,b_s$ 中最小者代入上式, 经讨论可推出结果.

6.78 必要性. $\alpha=0$ 时取 $s(x)=x$, $\alpha\neq 0$ 时由 $\dfrac{1}{\alpha}=u(\alpha)$, 可令 $s(x)=xu(x)-1$. 为证充分性, 只需证 $f(\alpha)\neq 0$ 时存在 $u(x)\in\mathbb{F}[x]$ 使 $f(\alpha)^{-1}=u(\alpha)$. 由 $s(\alpha)=0$, 先找不可约的 $g(x)$ 使 $g(\alpha)=0$, 然后考察 $g(x)$ 与 $f(x)$ 的关系.

6.79 由 $(f(x),g(x))=1$ 推出存在整系数多项式 $u(x),v(x)$ 及整数 m 使得

$$u(x)f(x)+v(x)g(x)=m.$$

取 m 固定, $g(k)$ 作为 m 的因数 m_1, 而 $g(k)=m_1$ 只有有限个解 k.

6.80 令 $F(x)=\prod\limits_{i=1}^{s}f_i(x), F_i(x)=\dfrac{F(x)}{f_i(x)}$, 由 $(F_i(x),f_i(x))=1$ 知存在 $u_i(x),v_i(x)$ 使得 $u_i(x)F_i(x)+v_i(x)f_i(x)=1$. 令 $f(x)=\sum\limits_{i=1}^{s}u_i(x)F_i(x)r_i(x)$, 易验证其满足要求.

6.81 反证法. 假设 $\alpha\neq 0$ 为 $f(x)$ 的重数大于 $n-1$ 的根, 则 $f(\alpha)=0, f'(\alpha)=0,\cdots, f^{(n-1)}(\alpha)=0$, 进而 $\alpha f'(\alpha)=0,\alpha^2f''(\alpha)=0,\cdots,\alpha^{n-1}f^{(n-1)}(\alpha)=0$, 即

$$\begin{cases}a_1\alpha^{m_1}+a_2\alpha^{m_2}+\cdots+a_n\alpha^{m_n}=0,\\ m_1a_1\alpha^{m_1}+m_2a_2\alpha^{m_2}+\cdots+m_na_n\alpha^{m_n}=0,\\ \qquad\cdots\cdots\\ m_1(m_1-1)\cdots(m_1-n+2)a_1\alpha^{m_1}+\cdots+m_n(m_n-1)\cdots(m_n-n+2)a_n\alpha^{m_n}=0.\end{cases}$$

解上述方程组得 $a_i\alpha^{m_i}=0(i=1,2,\cdots,n)$. 这与 $\alpha\neq 0$ 矛盾.

6.82 应用

$$\frac{f'(x)}{f(x)}=\sum_{i=1}^{n}\frac{1}{x-x_i},\quad \frac{1}{x-x_i}=\frac{1}{x}\sum_{r=0}^{k}\left(\frac{x_i}{x}\right)^r+\frac{\left(\frac{x_i}{x}\right)^{k+1}}{x-x_i}.$$

第 7 章

练习 7.1

7.1.1 (1) 可逆, $\begin{pmatrix}0&0&1\\0&1&0\\1&-\lambda&-\lambda^2\end{pmatrix}$; (2) 不可逆, $\begin{pmatrix}1&&\\&1&\\&&\lambda(\lambda^4-1)\end{pmatrix}$;

(3) 可逆, $\begin{pmatrix}-5\lambda+1&25\lambda\\\lambda&-5\lambda-1\end{pmatrix}$; (4) 不可逆, $\begin{pmatrix}\lambda+1&\\&(\lambda+1)(\lambda^2-2)\end{pmatrix}$.

7.1.2 证充分性时, 令 $|\boldsymbol{A}(\lambda)|=f(\lambda)$, 由 $f(c)\neq 0,\forall c$ 推出 $f(\lambda)=d\neq 0$.

7.1.3 未必. 例如, $\mathrm{diag}(1,\lambda,0)$ 与 $\mathrm{diag}(1,\lambda-1,0)$ 秩同但不等价.

练习 7.2

7.2.1　不变因子是 $1, 1, \cdots, 1, \lambda^n + a_1\lambda^{n-1} + \cdots + a_n$.

7.2.2　(1) 不变因子是 $1, \lambda - 2, \lambda(\lambda - 2), \lambda(\lambda - 2), \lambda^3(\lambda + 1)(\lambda - 2)^2$.
初等因子组是 $\lambda, \lambda - 2, \lambda^3, (\lambda - 2)^2, \lambda, \lambda + 1, \lambda - 2, \lambda - 2$;
(2) 不变因子是 $1, 1, 1, \lambda^3(\lambda - 1)$. 初等因子组是 $\lambda^3, \lambda - 1$;
(3) 不变因子是 $1, 1, 1, (\lambda + 2)^4$. 初等因子组是 $(\lambda + 2)^4$;
(4) 当 $\beta \neq 0$ 时不变因子是 $1, 1, 1, ((\lambda + \alpha)^2 + \beta^2)^2$; 初等因子 $((\lambda + \alpha)^2 + \beta^2)^2$;
当 $\beta = 0$ 时不变因子是 $1, 1, (\lambda + \alpha)^2, (\lambda + \alpha)^2$; 初等因子 $(\lambda + \alpha)^2, (\lambda + \alpha)^2$.

练习 7.3

7.3.1　(1) 是; (2) 否; (3) 是.

练习 7.4

7.4.1　(1) 有理标准形 $\begin{pmatrix} 2 & 0 & 0 \\ 0 & 0 & -4 \\ 0 & 1 & 4 \end{pmatrix}$, 若尔当标准形 $\begin{pmatrix} 2 & 0 & 0 \\ 0 & 2 & 0 \\ 0 & 1 & 2 \end{pmatrix}$;

(2) 有理标准形 $\begin{pmatrix} \boldsymbol{A} & \boldsymbol{O} \\ \boldsymbol{O} & \boldsymbol{A} \end{pmatrix}$, 其中 $\boldsymbol{A} = \begin{pmatrix} 0 & 0 & 1 \\ 1 & 0 & 0 \\ 0 & 1 & 0 \end{pmatrix}$;

若尔当标准形 $\mathrm{diag}(1, 1, w, w, w^2, w^2)$, 其中 $w = -\dfrac{1}{2} + \dfrac{\sqrt{3}}{2}\mathrm{i}$.

(3) 有理标准形 $\begin{pmatrix} 0 & 0 & 0 \\ 1 & 0 & 8 \\ 0 & 1 & 0 \end{pmatrix}$, 若尔当标准形 $\mathrm{diag}(0, 2\sqrt{2}, -2\sqrt{2})$;

(4) 有理标准形 $\begin{pmatrix} 0 & 0 & 0 & -4 \\ 1 & 0 & 0 & -11 \\ 0 & 1 & 0 & -11 \\ 0 & 0 & 1 & -5 \end{pmatrix}$, 若尔当标准形

$$\begin{pmatrix} \dfrac{-3 + \sqrt{7}\mathrm{i}}{2} & 0 & 0 & 0 \\ 0 & \dfrac{-3 - \sqrt{7}\mathrm{i}}{2} & 0 & 0 \\ 0 & 0 & -1 & 0 \\ 0 & 0 & 1 & -1 \end{pmatrix}.$$

7.4.2　$a\boldsymbol{E}_{11}(a \neq 0)$ 或 $\boldsymbol{E}_{21}$.

7.4.3　$\boldsymbol{O}, \boldsymbol{E}_{21}, \boldsymbol{E}_{21} + \boldsymbol{E}_{32}$.

练习 7.5

7.5.1　$\lambda - 3$.

7.5.2 未必, 例如, 当 $n=2$ 时 $\begin{pmatrix} 1 & 1 \\ 0 & 1 \end{pmatrix}$ 与 $\boldsymbol{I}_2$ 特征多项式相等, 但最小多项式分别为 $(\lambda-1)^2$ 和 $\lambda-1$.

7.5.3 (1) $(\lambda-3)(\lambda-2)^2$; (2) $(\lambda-2)(\lambda-3)$; (3) $\lambda^3-6\lambda^2-4\lambda$; (4) $(\lambda+1)^2$; (5)$\lambda(\lambda-5)$.

7.5.5 利用定理 7.12.

第 7 章问题与研讨

7.1 必要性成立 (为什么?).

充分性不成立, 可举反例如下: 设 $\mathbb{F}$ 是有理数域, 令 $\boldsymbol{A}(\lambda)=\begin{pmatrix} \lambda & 1 \\ -1 & \lambda \end{pmatrix}, \boldsymbol{B}(\lambda)=\boldsymbol{I}_2$. 由于 $\boldsymbol{A}(a)$ 在有理数域上对一切有理数 a 是可逆的, 故总有 $\boldsymbol{A}(a)$ 与 $\boldsymbol{I}_2$ 等价, 但是 λ-矩阵 $\boldsymbol{A}(\lambda)$ 与 $\boldsymbol{B}(\lambda)$ 显然不等价 (为什么 ?).

7.2 充分性易证 (请读者写出).

为证必要性注意 $\lambda\boldsymbol{A}-\boldsymbol{B}\rightarrow\lambda\boldsymbol{A}_1-\boldsymbol{B}_1$ 将推出 $\lambda\boldsymbol{I}-\boldsymbol{A}^{-1}\boldsymbol{B}\rightarrow\lambda\boldsymbol{I}-\boldsymbol{A}_1^{-1}\boldsymbol{B}_1$, 于是知 $\boldsymbol{A}^{-1}\boldsymbol{B}$ 与 $\boldsymbol{A}_1^{-1}\boldsymbol{B}_1$ 相似, 由此易证结论 (写出).

7.3 当 $\boldsymbol{A}$ 为非数量阵时, 易见 $D_1(\lambda)=1$, 此时总有 $D_1(\boldsymbol{B}(\lambda))=\boldsymbol{I}_n$. 当 $\boldsymbol{A}=a\boldsymbol{I}, a\in\mathbb{F}$ 时, 容易算得 $\boldsymbol{B}(\lambda)=\boldsymbol{I}_n$, 从而 $D_1(\boldsymbol{B}(\lambda))=(1-a)\boldsymbol{I}_n$.

7.4 充分性易证. 必要性也是对的. 考察 $\begin{pmatrix} \boldsymbol{A} & \boldsymbol{O} \\ \boldsymbol{O} & \boldsymbol{A} \end{pmatrix}$ 和 $\begin{pmatrix} \boldsymbol{B} & \boldsymbol{O} \\ \boldsymbol{O} & \boldsymbol{B} \end{pmatrix}$ 的初等因子组即可.

7.5 在 $\mathbb{F}$ 上相似与在复数域上相似是等价的, 从而可考察若尔当标准形. 设 $\boldsymbol{A}$ 的若尔当标准形是由若尔当块 $\boldsymbol{J}_1,\boldsymbol{J}_2,\cdots,\boldsymbol{J}_t$ 构成的对角块阵. 只需证 $\boldsymbol{J}_i^k$ 与 $\boldsymbol{J}_i$ 相似, $i=1,2,\cdots,t$. 当 $\boldsymbol{J}_i$ 是一阶块显然. 设 $\boldsymbol{J}_i$ 是 $m(m>1)$ 阶块, 则

$$\lambda\boldsymbol{I}-\boldsymbol{J}_i=\begin{pmatrix} \lambda-1 & & & & \\ -1 & \lambda-1 & & & \\ & -1 & \ddots & & \\ & & \ddots & \ddots & \\ & & & -1 & \lambda-1 \end{pmatrix}, \quad \lambda\boldsymbol{I}-\boldsymbol{J}_i^k=\begin{pmatrix} \lambda-1 & & & & \\ -k & \lambda-1 & & & \\ & -k & \ddots & & \\ & & \ddots & \ddots & \\ * & & & -k & \lambda-1 \end{pmatrix},$$

易见 $\boldsymbol{J}_i^k$ 的行列式因子 $D_m(\lambda)=(\lambda-1)^m$, 只要证明 $D_{m-1}(\lambda)=1$, 就有 $\boldsymbol{J}_i$ 与 $\boldsymbol{J}_i^k$ 相似. 事实上, $\lambda\boldsymbol{I}-\boldsymbol{J}_i^k$ 有一个 $m-1$ 阶子式是 $(\lambda-1)^{m-1}$, 另有一个 $m-1$ 阶子式如下

$$g(\lambda)=\begin{vmatrix} -k & \lambda-1 & & 0 \\ & -k & \ddots & \\ & & \ddots & \lambda-1 \\ * & & & -k \end{vmatrix}=(-k)^{m-1}+(\lambda-1)h(\lambda),$$

于是 $((\lambda-1)^{m-1}, g(\lambda))=1$, 这推出 $D_{m-1}(\lambda)=1$.

7.6* (1) $\boldsymbol{A}=\begin{pmatrix} a & \\ & a \end{pmatrix}, \boldsymbol{B}=\begin{pmatrix} a & \\ 1 & a \end{pmatrix}, a\in\mathbb{F}$;

(2) $\boldsymbol{A}=\begin{pmatrix} a & & \\ & a & \\ & & b \end{pmatrix}, \boldsymbol{B}=\begin{pmatrix} b & & \\ & a & \\ & & b \end{pmatrix}, a, b\in\mathbb{F}$ 且 $a\neq b$;

(3) $\boldsymbol{A}=\begin{pmatrix} a & & & \\ & a & & \\ & & a & \\ & & 1 & a \end{pmatrix}, \boldsymbol{B}=\begin{pmatrix} a & & & \\ 1 & a & & \\ & & a & \\ & & 1 & a \end{pmatrix}, a\in\mathbb{F}$.

7.7* 对于确定的 $\boldsymbol{A}, t$ 是一个确定的数. 我们从第 4 章已经知道, 属于不同特征值的特征向量的线性无关组, 并在一起仍然是线性无关的, 如果设 $\lambda_1, \lambda_2, \cdots, \lambda_s$ 为 $\boldsymbol{A}$ 的所有不同特征值. 又设线性方程组 $(\boldsymbol{A}-\lambda_i\boldsymbol{I})\boldsymbol{x}=\boldsymbol{0}$ 基础解系所含向量个数为 $t_i(i=1,2,\cdots,s)$, 则 $t=t_1+t_2+\cdots+t_s$. 易见

$$t_i=n-\text{秩}\ (\boldsymbol{A}-\lambda_i\boldsymbol{I})=n-\text{秩}\ (\boldsymbol{J}-\lambda_i\boldsymbol{I}),$$

其中 $\boldsymbol{J}$ 为 $\boldsymbol{A}$ 的若尔当标准形. 又设 $\boldsymbol{J}=\operatorname{diag}(\boldsymbol{J}_1, \boldsymbol{J}_2, \cdots, \boldsymbol{J}_s)$, 其中 $\boldsymbol{J}_i$ 为所有特征值为 λ_i 的 δ_i 个若尔当块组成的对角阵块阵, 总阶数为 n_i. 于是

$$\text{秩}(\boldsymbol{J}-\lambda_i\boldsymbol{I})=\text{秩}(\boldsymbol{J}_i-\lambda_i\boldsymbol{I})+\sum_{j\neq i}\text{秩}(\boldsymbol{J}_j-\lambda_i\boldsymbol{I})=(n_i-\delta_i)+n-n_i=n-\delta_i,$$

从而 $t_i=n-(n-\delta_i)=\delta_i$, 因此 $t=\delta_1+\delta_2+\cdots+\delta_s$.

t 就是 $\boldsymbol{A}$ 的若尔当标准形中若尔当块的总个数, 当然也是 $\boldsymbol{A}$ 的初等因子的总个数.

7.8* 有以下两个思路:

(1) 先证 $(\boldsymbol{AB})^*=\boldsymbol{B}^*\boldsymbol{A}^*$, 然后用此结果, 设 $\boldsymbol{A}=\boldsymbol{P}^{-1}\boldsymbol{BP}$ 可有 $\boldsymbol{A}^*=(\boldsymbol{P}^{-1}\boldsymbol{BP})^*=\boldsymbol{PB}^*\boldsymbol{P}^{-1}$;

(2) 先证 $\boldsymbol{A}, \boldsymbol{B}$ 可逆时, $\boldsymbol{A}$ 与 $\boldsymbol{B}$ 相似可推出 $\boldsymbol{A}^*$ 与 $\boldsymbol{B}^*$ 相似. 然后再考虑一般情况.

下面只说明 (2) 的后半段. 其余留给读者. 事实上, 如果 $\boldsymbol{A}$ 与 $\boldsymbol{B}$ 都不可逆, 则应有无数个 t 使 $\boldsymbol{A}+t\boldsymbol{I}$ 与 $\boldsymbol{B}+t\boldsymbol{I}$ 相似且可逆, 从而 $(\boldsymbol{A}+t\boldsymbol{I})^*$ 与 $(\boldsymbol{B}+t\boldsymbol{I})^*$ 相似. 由此推出 λ-矩阵 $\lambda\boldsymbol{I}-(\boldsymbol{A}+t\boldsymbol{I})^*$ 与 $\lambda\boldsymbol{I}-(\boldsymbol{B}+t\boldsymbol{I})^*$ 等价. 这又推出 $(\boldsymbol{A}+t\boldsymbol{I})^*$ 与 $(\boldsymbol{B}+t\boldsymbol{I})^*$ 的各阶行列式因子对应相同, 将其看成 t 的多项式, 则对应相等, 令 $t=0$, 则 $\lambda\boldsymbol{I}-\boldsymbol{A}^*$ 与 $\lambda\boldsymbol{I}-\boldsymbol{B}^*$ 的各阶行列式因子对应相同, 于是 $\boldsymbol{A}^*$ 与 $\boldsymbol{B}^*$ 相似.

7.9* (1) 考虑 $d(x)=(m(x), g(x))$, 则存在 $u(x), v(x)\in\mathbb{F}[x]$ 使

$$d(x)=m(x)u(x)+g(x)v(x),$$

将 $\boldsymbol{A}$ 代入之得 $d(\boldsymbol{A})=g(\boldsymbol{A})v(\boldsymbol{A})$. 又 $d(x)|g(x)$ 可推出 $g(\boldsymbol{A})=d(\boldsymbol{A})q(\boldsymbol{A})$, 其中 $q(x)\in\mathbb{F}[x]$. 由此易见秩 $(d(\boldsymbol{A}))=$ 秩 $(g(\boldsymbol{A}))$.

(2) 当 $g(\boldsymbol{A})$ 可逆, 由 (1) 知 $d(\boldsymbol{A})$ 可逆, 但 $d(x)|m(x)$ 知 $d(\boldsymbol{A})\mu(\boldsymbol{A})=m(\boldsymbol{A})=\boldsymbol{O}$, 由 $m(x)$ 为最小多项式知 $\deg d(x)=0$, 即 $d(x)=1$, 即 $m(\lambda)$ 与 $g(\lambda)$ 互素. 又易证 $g(A)$ 可逆 $\Leftrightarrow (m(x),g(x))=1$.

7.10* 设 $f(\lambda)=(\lambda-\lambda_1)^{n_1}(\lambda-\lambda_2)^{n_2}\cdots(\lambda-\lambda_t)^{n_t}$, 其中 $\lambda_1,\lambda_2,\cdots,\lambda_t$ 互不相同, 若 $\boldsymbol{A}$ 与 $\operatorname{diag}(u_1,u_2,\cdots,u_n)$ 相似, 其中 $u_i\in\{\lambda_1,\lambda_2,\cdots,\lambda_t\},i=1,2,\cdots,n$, 易见 $\boldsymbol{A}$ 的最小多项式为 $(\lambda-\lambda_1)(\lambda-\lambda_2)\cdots(\lambda-\lambda_t)\Leftrightarrow \boldsymbol{A}$ 相似于对角阵. 又显然有

$$g(\lambda)=\frac{f(\lambda)}{(f(\lambda),f'(\lambda))}=(\lambda-\lambda_1)(\lambda-\lambda_2)\cdots(\lambda-\lambda_t),$$

于是容易证明 $\boldsymbol{A}$ 相似于对角阵 $\Leftrightarrow g(\boldsymbol{A})=\boldsymbol{O}$.

总习题 7

7.1 (1) $\operatorname{diag}(1,\lambda-1)$; (2) $\operatorname{diag}(\lambda-1,\lambda(\lambda-1))$; (3) $\operatorname{diag}(1,\lambda,0)$. (4) $\operatorname{diag}(1,\lambda,\lambda(\lambda-1))$; (5) $\operatorname{diag}\left(1,\lambda(\lambda+1),\lambda(\lambda+1)^2\left(\lambda-\frac{1}{2}\right)\right)$.

7.2 (1) $1,\lambda-1,\lambda(\lambda-1)$; (2) $1,1,1,(\lambda-1)^4$; (3) $1,1,1,\lambda^4+2\lambda^3+3\lambda^2+4\lambda+5$; (4) $1,1,\lambda+1,(\lambda+2)(\lambda^2-1)$; (5) 当 $\beta\neq0$ 时, $1,1,\cdots,1,(\lambda-\alpha)^n$; 当 $\beta=0$ 时, $\lambda-\alpha,\lambda-\alpha,\cdots,\lambda-\alpha$.

7.3 (1) $\lambda,\lambda-1,\lambda-1,\lambda-1,\lambda+3$; (2) $\lambda+1,\lambda-3$; (3) $\lambda,\lambda^2+1,\lambda-1,\lambda-1,\lambda+1,\lambda+1,\lambda+1,\lambda^2-\lambda+1$.

7.4 (1) 有理标准形 $\begin{pmatrix}0&0&-3\\1&0&5\\0&1&-1\end{pmatrix}$; 若尔当标准形 $\begin{pmatrix}-3&0&0\\0&1&0\\0&1&1\end{pmatrix}$.

(2) 有理标准形 $\begin{pmatrix}0&0&1\\1&0&-1\\0&1&1\end{pmatrix}$; 若尔当标准形 $\begin{pmatrix}1&&\\&\mathrm{i}&\\&&-\mathrm{i}\end{pmatrix}$.

(3) 有理标准形 $\begin{pmatrix}0&0&-23\\1&0&21\\0&1&3\end{pmatrix}$; 若尔当标准形 $\begin{pmatrix}1&&\\&1+2\sqrt{6}&\\&&1-2\sqrt{6}\end{pmatrix}$.

(4) 有理标准形 $\begin{pmatrix}0&0&0&-19\\1&0&0&52\\0&1&0&-48\\0&0&1&16\end{pmatrix}$; 若尔当标准形 $\begin{pmatrix}1&&&\\1&1&&\\&&7+\sqrt{30}&\\&&&7-\sqrt{30}\end{pmatrix}$.

7.5 (1) $\begin{pmatrix}-1&&\\&-1&\\&1&-1\end{pmatrix}$; (2) $\begin{pmatrix}2&&\\1&2&\\&1&2\end{pmatrix}$; (3) $\begin{pmatrix}-1&&\\1&-1&\\&&0\end{pmatrix}$;

(4) $\begin{pmatrix} 1 & 0 & & \\ 1 & 1 & & \\ & & -1 & \\ & & 1 & -1 \end{pmatrix}$; (5) $\mathrm{diag}(\varepsilon, \varepsilon^2, \cdots, \varepsilon^n)$, 其中 $\varepsilon = \cos\dfrac{2\pi}{n} + \mathrm{i}\sin\dfrac{2\pi}{n}$.

7.6　$(\lambda\boldsymbol{I} + \boldsymbol{N})^n = \lambda^n\boldsymbol{I}_n + \mathrm{C}_n^1\lambda^{n-1}\boldsymbol{N} + \mathrm{C}_n^2\lambda^{n-2}\boldsymbol{N}^2 + \cdots + \mathrm{C}_n^{n-1}\lambda\boldsymbol{N}^{n-1}$, 其中

$$\boldsymbol{N} = \begin{pmatrix} 0 & & & & \\ 1 & 0 & & & \\ & \ddots & \ddots & & \\ & & \ddots & 0 & \\ & & & 1 & 0 \end{pmatrix}, \quad \boldsymbol{N}^2 = \begin{pmatrix} 0 & & & & & \\ 0 & 0 & & & & \\ 1 & \ddots & \ddots & & & \\ & \ddots & \ddots & 0 & & \\ & & 1 & 0 & 0 \end{pmatrix} = \boldsymbol{E}_{31} + \boldsymbol{E}_{42} + \cdots + \boldsymbol{E}_{n,n-2},$$

$$\cdots, \boldsymbol{N}^k = \boldsymbol{E}_{k+1,1} + \boldsymbol{E}_{k+1,2} + \cdots + \boldsymbol{E}_{n,n-k}, \quad 1 \leqslant k \leqslant n-1.$$

7.8　(1) 当 $ac \neq 0$ 时, 若尔当标准形是 $\begin{pmatrix} 2 & & \\ 1 & 2 & \\ & 1 & 2 \end{pmatrix}$; 当 a, c 中一个等于 0, 另一个不等于 0, 或 a, c 都是 0 且 $b \neq 0$ 时, 若尔当标准形是 $\begin{pmatrix} 2 & & \\ & 2 & \\ & 1 & 2 \end{pmatrix}$; 当 $a = b = c = 0$ 时, 若尔当标准形是 $\begin{pmatrix} 2 & & \\ & 2 & \\ & & 2 \end{pmatrix}$;

(2) $a = b = c = 0$.

7.9　先求分解式 $f(\lambda) = (\lambda - 1)^3(\lambda + 2)^2$, 再确定最小多项式, 从而确定初等因子组. 有以下六种可能的若尔当标准形:

(1) $\mathrm{diag}\left(\begin{pmatrix} 1 & & \\ 1 & 1 & \\ & 1 & 1 \end{pmatrix}, \begin{pmatrix} -2 & \\ 1 & -2 \end{pmatrix}\right)$;　　(2) $\mathrm{diag}\left(\begin{pmatrix} 1 & & \\ 1 & 1 & \\ & & 1 \end{pmatrix}, -2, -2\right)$;

(3) $\mathrm{diag}\left(\begin{pmatrix} 1 & \\ 1 & 1 \end{pmatrix}, 1, \begin{pmatrix} -2 & \\ 1 & -2 \end{pmatrix}\right)$;　　(4) $\mathrm{diag}\left(1, 1, 1, \begin{pmatrix} -2 & \\ 1 & -2 \end{pmatrix}\right)$;

(5) $\mathrm{diag}\left(\begin{pmatrix} 1 & \\ 1 & 1 \end{pmatrix}, 1, -2, -2\right)$;　　(6) $\mathrm{diag}(1, 1, 1, -2, -2)$.

7.10　利用特征多项式或最小多项式. $\boldsymbol{A}^{100} = 2^{49}\begin{pmatrix} 2 & 0 & 0 \\ 1 & 1 & -1 \\ 1 & -1 & 1 \end{pmatrix}$.

7.11　查 λ-矩阵秩的定义, 再运用多项式的相关知识.

7.12 以 $\boldsymbol{A}(\lambda)=(\lambda\boldsymbol{I}_n-\boldsymbol{C})\boldsymbol{P}(\lambda)+\boldsymbol{S}(\lambda)$ 为例. 设待求之 $\boldsymbol{P}(\lambda)$ 为 $\boldsymbol{P}_0\lambda^{m-1}+\boldsymbol{P}_1\lambda^{m-2}+\cdots+\boldsymbol{P}_{m-1}$, 易见可令 $\boldsymbol{P}_0=\boldsymbol{A}_0,\boldsymbol{P}_1=\boldsymbol{A}_1+c\boldsymbol{P}_0,\boldsymbol{P}_2=\boldsymbol{A}_2+c\boldsymbol{P}_1,\cdots,\boldsymbol{P}_{m-1}=\boldsymbol{A}_{m-1}+c\boldsymbol{P}_{m-2},\boldsymbol{S}(\lambda)=\boldsymbol{A}_m+c\boldsymbol{P}_{m-1}$, 找到 $\boldsymbol{P}(\lambda)$ 及 $\boldsymbol{S}(\lambda)$.

利用前一结论, 后一结论易证.

7.13 $\boldsymbol{A}$ 的特征多项式 $f(\lambda)=\boldsymbol{A}$ 的最小多项式 $g(\lambda)\Leftrightarrow \deg f(\lambda)=\deg g(\lambda)$

$\Leftrightarrow \boldsymbol{A}$ 的不变因子为 $1,\cdots,1,f(\lambda)\Leftrightarrow$ 与 $\boldsymbol{A}$ 的每个特征值相关的初等因子只一个.

7.14 $\boldsymbol{A}$ 相似于 $\mathrm{diag}(\boldsymbol{I}_r,-\boldsymbol{I}_{n-r})$.

7.15 看若尔当标准形.

7.16 $\boldsymbol{A}$ 相似于对角阵 $\Leftrightarrow$ 对于 $\boldsymbol{A}$ 的每个特征值 λ_0 来说秩 $(\lambda_0\boldsymbol{I}-\boldsymbol{A})=$ 秩 $(\lambda_0\boldsymbol{I}-\boldsymbol{A})^2$.

7.17 注意 $\boldsymbol{A}$ 与 $\boldsymbol{B}$ 相似.

7.18 设法证明 $\boldsymbol{A}$ 的特征根仅为 $\dfrac{-1\pm\sqrt{3}\mathrm{i}}{2}$. $(\boldsymbol{A}+\boldsymbol{I})^{-1}=-\boldsymbol{A}$.

7.21 证充分性时, 令 $\boldsymbol{P}=(\boldsymbol{\alpha},\boldsymbol{A\alpha},\cdots,\boldsymbol{A}^{n-2}\boldsymbol{\alpha},\boldsymbol{A}^{n-1}\boldsymbol{\alpha})$, 易见 $\boldsymbol{P}^{-1}\boldsymbol{AP}$ 为若尔当块.

7.22 对角形, 且对角线上为 $w,w^2,\pm\sqrt{2}$.

7.23 用若尔当标准形.

7.24 设法证明 $\boldsymbol{B}$ 的特征值与 $\boldsymbol{A}$ 的特征值无重复者.

7.25 方法 1. 去掉零特征值, 设有互异特征值 $\lambda_1,\lambda_2,\cdots,\lambda_s$ 分别为 $k_1,k_2,\cdots,k_s$ 个, 于是有

$$\begin{cases} k_1\lambda_1+k_2\lambda_2+\cdots+k_s\lambda_s=0,\\ k_1\lambda_1^2+k_2\lambda_2^2+\cdots+k_s\lambda_s^2=0,\\ \qquad\qquad\cdots\cdots\\ k_1\lambda_1^s+k_2\lambda_2^s+\cdots+k_s\lambda_s^s=0,\end{cases}$$

解上方程组得 $k_1=k_2=\cdots=k_s=0$, 这意味着只有零特征值, 故 $\boldsymbol{A}$ 的特征多项式是 λ^n.

方法 2. 利用多元多项式的牛顿公式.

7.26 设 $\boldsymbol{J}=\begin{pmatrix}\boldsymbol{J}_h & \boldsymbol{O}\\ \boldsymbol{O} & \boldsymbol{J}_g\end{pmatrix}$ 为 $\boldsymbol{A}$ 的若尔当标准形, 其中 $\boldsymbol{J}_h$ 为 $h(\lambda)=0$ 之根对应的若尔当块之直和, $\boldsymbol{J}_g$ 为 $g(\lambda)=0$ 之根对应的若尔当块之直和. 于是易见 $h(\boldsymbol{J}_h)=\boldsymbol{O}$, $h(\boldsymbol{J}_g)$ 可逆 (其阶数 $=\deg g(\lambda)$), 从而有秩 $(h(\boldsymbol{A}))=\deg g(\lambda)$.

7.27 $\lambda^2-2\lambda-3$ 为 $\boldsymbol{X}$ 的化零多项式, 从而易见 $\boldsymbol{X}$ 的初等因子组可能有四种情形:

(1) $\lambda-3,\lambda-3,\lambda-3$; (2) $\lambda-3,\lambda-3,\lambda+1$; (3) $\lambda-3,\lambda+1,\lambda+1$; (4) $\lambda+1,\lambda+1,\lambda+1$, 从而可得方程的全部解.

7.28 由秩 $\boldsymbol{A}=n-1$ 知, 特征值 0 的若尔当块只有一个, 设为 k 阶块 $\boldsymbol{J}_k(0)$. 记 $\boldsymbol{J}_*=\mathrm{diag}(\boldsymbol{J}_{k_1},\boldsymbol{J}_{k_2},\cdots,\boldsymbol{J}_{k_s})$, $\boldsymbol{J}_{k_i}$ 为 k_i 阶若尔当块, 特征值为 $\lambda_i\neq 0$. 于是

$$\boldsymbol{A}=\boldsymbol{P}\begin{pmatrix}\boldsymbol{J}_* & \boldsymbol{O}\\ \boldsymbol{O} & \boldsymbol{J}_k(0)\end{pmatrix}\boldsymbol{P}^{-1}.$$

由 $\boldsymbol{AB}=\boldsymbol{BA}=\boldsymbol{O}$ 推出 $\boldsymbol{B}=\boldsymbol{P}\begin{pmatrix}\boldsymbol{O} & \\ & c\boldsymbol{E}_{k1}\end{pmatrix}\boldsymbol{P}^{-1}$, 其中 $\boldsymbol{E}_{k1}$ 为 k 阶的矩阵单位.

当 $c=0$ 时取 $g(\lambda)$ 为 $\boldsymbol{A}$ 的特征多项式, 易见 $\boldsymbol{B}=g(\boldsymbol{A})=\boldsymbol{O}$; 当 $c\neq 0$ 时取 $g(\lambda)=(-\lambda_1)^{-k_1}(-\lambda_2)^{-k_2}\cdots(-\lambda_s)^{-k_s}(\lambda-\lambda_1)^{k_1}(\lambda-\lambda_2)^{k_2}\cdots(\lambda-\lambda_s)^{k_s}\lambda$, 易验证 $\boldsymbol{B}=g(\boldsymbol{A})$.

7.29 设 λ_0 的重数, 即 $\boldsymbol{J}_{\lambda_0}$ 的阶数为 s, 显然秩 $(\lambda_0\boldsymbol{I}-\boldsymbol{A})^k=$ 秩 $(\lambda_0\boldsymbol{I}-\boldsymbol{J}_{\lambda_0})^k+\sum\limits_{\lambda\neq\lambda_0}$ 秩 $(\lambda_0\boldsymbol{I}-\boldsymbol{J}(\lambda))^k$, 后一项 $=n-s$, 又设 $\boldsymbol{J}_{\lambda_0}$ 由 t_1 个 1 阶若尔当块, t_2 个 2 阶若尔当块, $\cdots,t_s$ 个 s 阶若尔当块构成, 其中 $t_1,t_2,\cdots,t_s$ 为非负整数. 于是

$$
\begin{aligned}
&\text{秩 }(\lambda_0\boldsymbol{I}-\boldsymbol{J}_{\lambda_0})^1=s-(t_1+t_2+\cdots+t_s),\\
&\text{秩 }(\lambda_0\boldsymbol{I}-\boldsymbol{J}_{\lambda_0})^2=s-t_1-2(t_2+\cdots+t_s),\\
&\qquad\qquad\cdots\cdots\\
&\text{秩 }(\lambda_0\boldsymbol{I}-\boldsymbol{J}_{\lambda_0})^k=s-t_1-2t_2-\cdots-(k-1)t_{k-1}-k(t_k+\cdots+t_s),
\end{aligned}
$$

从而 $a_1=\sum\limits_{i=1}^{s}t_i$, 且不难算出 $b_k=a_k-a_{k+1}=t_k$.

7.30 利用有理标准形或若尔当标准形.

第 8 章

练习 8.1

8.1.1 (1) 是; (2) 否; (3) 否; (4) 是; (5) 否; (6) 是; (7) 是; (8) 否.

8.1.3 是.

练习 8.2

8.2.1 $\begin{pmatrix}1&-1\\1&1\end{pmatrix},\begin{pmatrix}-1&1\\-5&0\end{pmatrix}$.

8.2.2 线性无关.

8.2.3 (1) 线性无关; (2) 线性相关.

8.2.6 反证法.

练习 8.3

8.3.1 一维, 基任一非零复数 α; 二维, 基 $1,\sqrt{-1}$.

8.3.2 维数 $\dfrac{n(n-1)}{2}$; 基 $\{\boldsymbol{E}_{ij}-\boldsymbol{E}_{ji}|1\leqslant i<j\leqslant n\}$.

8.3.3 一维; 基 2.

8.3.4 三维; 基 $\boldsymbol{I},\boldsymbol{A},\boldsymbol{A}^2$; $f(x)$ 的坐标 $-2,-2,2$.

8.3.6 (1) 坐标 $7,-6,0,5$; (2) 坐标 $0,0,1,2$.

练习 8.4

8.4.1 $\boldsymbol{\beta}$ 的坐标是 $7,-3,7,-12$.

练习 8.5

8.5.1 设 $\boldsymbol{A}$ 的列向量组 $\boldsymbol{A}_1,\boldsymbol{A}_2,\cdots,\boldsymbol{A}_s$ 的一个极大无关组是 $\boldsymbol{A}_{j_1},\boldsymbol{A}_{j_2},\cdots,\boldsymbol{A}_{j_r}$, 往证 $\boldsymbol{\beta}_{j_1},\boldsymbol{\beta}_{j_2},\cdots,\boldsymbol{\beta}_{j_r}$ 是 $\boldsymbol{\beta}_1,\boldsymbol{\beta}_2,\cdots,\boldsymbol{\beta}_s$ 的一个极大无关组.

8.5.2 $V_1 \cup V_2$ 未必是子空间. 例如, $\mathbb{F}^2$ 中 $V_1 = \left\{ \begin{pmatrix} a \\ 0 \end{pmatrix} \middle| a \in \mathbb{F} \right\}, V_2 = \left\{ \begin{pmatrix} 0 \\ b \end{pmatrix} \middle| b \in \mathbb{F} \right\}$, $V_1 \cup V_2$ 就不是子空间.

8.5.4 $\dim V = 2$, 基 $\begin{pmatrix} 1 & -1 \\ 1 & 0 \end{pmatrix}, \begin{pmatrix} 1 & 0 \\ 0 & 1 \end{pmatrix}$.

8.5.5 是.

练习 8.6

8.6.1 $\dim(V_1 + V_2) = 3$, 基 $\boldsymbol{\alpha}_1, \boldsymbol{\alpha}_2, \boldsymbol{\beta}_1$; $\dim(V_1 \cap V_2) = 1$, 基 $(5, -2, -3, -4)$.

8.6.2 最大维数为 $n-1$, 最小维数为 $n-2$.

练习 8.7

8.7.1 $\mathbb{F}^{m\times n} \to \mathbb{F}^{mn}$ $\sigma : \boldsymbol{A} = \sum\limits_{j=1}^{n}\sum\limits_{i=1}^{m} a_{ij}\boldsymbol{E}_{ij} \mapsto \sum\limits_{j=1}^{n}\sum\limits_{i=1}^{m} a_{ij}\boldsymbol{e}_{(i-1)n+j}$;

$$\mathbb{F}[x]_n \to \mathbb{F}^n \quad \sigma : f(x) = a_0 + a_1 x + \cdots + a_{n-1}x^{n-1} \mapsto \begin{pmatrix} a_0 \\ a_1 \\ \vdots \\ a_{n-1} \end{pmatrix}.$$

8.7.2 维数为 3, 基 $\boldsymbol{\alpha}_1 + \boldsymbol{\alpha}_2, \boldsymbol{\alpha}_2 + \boldsymbol{\alpha}_3, \boldsymbol{\alpha}_3 + \boldsymbol{\alpha}_4$; 维数为 4, 基 $\boldsymbol{\alpha}_1, \boldsymbol{\alpha}_2, \boldsymbol{\alpha}_3, \boldsymbol{\alpha}_4$.

8.7.3 (1) 维数为 2, 基 $\boldsymbol{I}_2, \begin{pmatrix} 0 & 1 \\ -1 & 0 \end{pmatrix}$;

(2) $\mathbb{C} \to W$, $\sigma : a + bi \mapsto \begin{pmatrix} a & b \\ -b & a \end{pmatrix}$.

第 8 章问题与研讨

8.1 $\boldsymbol{\alpha}_1, \boldsymbol{\alpha}_2, \cdots, \boldsymbol{\alpha}_n$ 是 V 的一个基

$\Leftrightarrow \boldsymbol{\alpha}_1, \boldsymbol{\alpha}_2, \cdots, \boldsymbol{\alpha}_n$ 线性无关, 但 $\boldsymbol{\alpha}_1, \boldsymbol{\alpha}_2, \cdots, \boldsymbol{\alpha}_n, \boldsymbol{\beta}$ 线性相关, $\forall \boldsymbol{\beta} \in V$

$\Leftrightarrow \dim V = n$ 且 $\boldsymbol{\alpha}_1, \boldsymbol{\alpha}_2, \cdots, \boldsymbol{\alpha}_n$ 线性无关

$\Leftrightarrow \dim V = n$ 且 $V = \langle \boldsymbol{\alpha}_1, \boldsymbol{\alpha}_2, \cdots, \boldsymbol{\alpha}_n \rangle$

$\Leftrightarrow V$ 中任一 $\boldsymbol{\alpha}$ 都可由 $\boldsymbol{\alpha}_1, \boldsymbol{\alpha}_2, \cdots, \boldsymbol{\alpha}_n$ 唯一地线性表出

$\Leftrightarrow V = \langle \boldsymbol{\alpha}_1, \boldsymbol{\alpha}_2, \cdots, \boldsymbol{\alpha}_n \rangle$ 且 $\mathbf{0}$ 可由 $\boldsymbol{\alpha}_1, \boldsymbol{\alpha}_2, \cdots, \boldsymbol{\alpha}_n$ 唯一地线性表出

$\Leftrightarrow V = L(\boldsymbol{\alpha}_1) \oplus L(\boldsymbol{\alpha}_2) \oplus \cdots \oplus L(\boldsymbol{\alpha}_n)$

$\Leftrightarrow \boldsymbol{\beta}_1, \boldsymbol{\beta}_2, \cdots, \boldsymbol{\beta}_n$ 是 V 的基, 且 $(\boldsymbol{\alpha}_1, \boldsymbol{\alpha}_2, \cdots, \boldsymbol{\alpha}_n) = (\boldsymbol{\beta}_1, \boldsymbol{\beta}_2, \cdots, \boldsymbol{\beta}_n)\boldsymbol{A}$, $\boldsymbol{A}$ 为 $\mathbb{F}^{n\times n}$ 中可逆阵.

8.2 线性空间、线性子空间、子空间的交、子空间的和、线性空间同构、线性子空间直和, 线性空间的基、子空间在空间里的补空间等概念都不以线性空间是有限维的为前提.

线性子空间的判别定理、子空间和为直和的判定定理 (定理 8.15), 线性空间同构映射的性质 (1) – (5), (7) 及命题 8.6 等都是与线性空间有限维无关的基本结论.

8.3 设非平凡子空间 W 的基为 $\boldsymbol{\alpha}_1, \boldsymbol{\alpha}_2, \cdots, \boldsymbol{\alpha}_r$, 则由此可扩充为 V 的基 $\boldsymbol{\alpha}_1, \boldsymbol{\alpha}_2, \cdots, \boldsymbol{\alpha}_r, \boldsymbol{\alpha}_{r+1}, \boldsymbol{\alpha}_{r+2}, \cdots, \boldsymbol{\alpha}_n$, 令 $W' = \langle \boldsymbol{\alpha}_{r+1}, \boldsymbol{\alpha}_{r+2}, \cdots, \boldsymbol{\alpha}_n \rangle$, 则有 $V = W \oplus W'$, 显然 W' 是 W 在 V 中的补空间, 这说明补空间是存在的. 实际上, 补空间有无限多个. 令 $W_\lambda = \langle \boldsymbol{\alpha}_{r+1}, \boldsymbol{\alpha}_{r+2}, \cdots, \boldsymbol{\alpha}_{n-1}, \lambda\boldsymbol{\alpha}_1 + \boldsymbol{\alpha}_n \rangle, \lambda \in \mathbb{F}$, 则 $V = W \oplus W_\lambda$, 容易证明由于 λ 的不同取值可得无限多个补空间.

8.4 (i) 由于 $\dim \mathbb{F}[x]_n = n$, 只需证 $f_1(x), f_2(x), \cdots, f_n(x)$ 线性无关即可. 设 $k_1f_1(x) + k_2f_2(x) + \cdots + k_nf_n(x) = 0$, 令 $x = c_i, i = 1, 2, \cdots, n$, 则有

$$k_if_i(c_i) = k_i(c_i - c_1)\cdots(c_i - c_{i-1})(c_i - c_{i+1})\cdots(c_i - c_n) = 0,$$

由此可得 $k_i = 0, i = 1, 2, \cdots, n$.

(ii) 设 n 次单位根为 $1, \varepsilon, \varepsilon^2, \cdots, \varepsilon^{n-1}$, 易见

$$\begin{aligned}
f_1(x) &= 1 + x + x^2 + \cdots + x^{n-1}, \\
f_2(x) &= \varepsilon^{n-1} + \varepsilon^{n-2}x + \cdots + \varepsilon x^{n-2} + x^{n-1}, \\
f_3(x) &= \varepsilon^{n-2} + \varepsilon^{n-4}x + \cdots + \varepsilon^2 x^{n-2} + x^{n-1}, \\
&\cdots\cdots \\
f_n(x) &= \varepsilon + \varepsilon^2 x + \cdots + \varepsilon^{n-1}x^{n-2} + x^{n-1},
\end{aligned}$$

从而由基 $1, x, \cdots, x^{n-1}$ 到基 $f_1(x), f_2(x), \cdots, f_n(x)$ 的过渡阵是

$$\begin{pmatrix}
1 & \varepsilon^{n-1} & \varepsilon^{n-2} & \cdots & \varepsilon \\
1 & \varepsilon^{n-2} & \varepsilon^{n-4} & \cdots & \varepsilon^2 \\
\vdots & \vdots & \vdots & & \vdots \\
1 & \varepsilon & \varepsilon^2 & \cdots & \varepsilon^{n-1} \\
1 & 1 & 1 & \cdots & 1
\end{pmatrix}.$$

(iii) 设 $f(x) = k_1f_1(x) + k_2f_2(x) + \cdots + k_nf_n(x)$, 于是可得

$$k_i = \frac{f(c_i)}{f_i(c_i)}, \quad i = 1, 2, \cdots, n,$$

即 $f(x)$ 在基 $f_1(x), f_2(x), \cdots, f_n(x)$ 下的坐标是 $\dfrac{f(c_1)}{f_1(c_1)}, \dfrac{f(c_2)}{f_2(c_2)}, \cdots, \dfrac{f(c_n)}{f_n(c_n)}$.

(iv) 当 $k > n-1$ 时, $W = 0, \dim W = 0$;

当 $k = n-1$ 时, $W = \{c(x-b_1)(x-b_2)\cdots(x-b_{n-1}) \mid c \in \mathbb{F}\}, \dim W = 1$;

当 $k < n-1$ 时, $W = \left\{f(x) \in \mathbb{F}[x]_n \middle| f(x) \text{ 是 } \prod\limits_{i=1}^{k}(x-b_i) \text{ 的倍式}\right\}, \dim W = n-k$.

(v) 易证 $W = \left\{f(x) \in \mathbb{F}[x] \middle| f(x) \text{ 是 } \prod\limits_{i=1}^{k}(x-b_i) \text{ 的倍式}\right\}$, 令 $g(x) = \prod\limits_{i=1}^{k}(x-b_i)$, 再令映射 $W \to \mathbb{F}[x], \sigma: g(x)f(x) \mapsto f(x)$, 易证这是一个同构映射.

8.5 $S_{\boldsymbol{A}}$ 是 $\mathbb{R}^n$ 的子空间 $\Leftrightarrow$ $\boldsymbol{A}$ 是半正定或半负定.

充分性. 设 $\boldsymbol{A}$ 半正定, 则存在 $\boldsymbol{B}$ 使得 $\boldsymbol{A}=\boldsymbol{B}^{\mathrm{T}}\boldsymbol{B}$, 任取 $\boldsymbol{x}\in S_{\boldsymbol{A}}$, 则 $\boldsymbol{x}^{\mathrm{T}}\boldsymbol{B}^{\mathrm{T}}\boldsymbol{B}\boldsymbol{x}=\boldsymbol{0}$, 即 $\boldsymbol{B}\boldsymbol{x}=\boldsymbol{0}$, 于是 $\boldsymbol{A}\boldsymbol{x}=\boldsymbol{0}$, 这意味着 $S_{\boldsymbol{A}}$ 是 $\boldsymbol{A}\boldsymbol{x}=\boldsymbol{0}$ 解空间的子集. 另一方面, 对 $\boldsymbol{A}\boldsymbol{x}=\boldsymbol{0}$ 任一解 $\boldsymbol{x}$, 显然 $\boldsymbol{x}^{\mathrm{T}}\boldsymbol{A}\boldsymbol{x}=0$, 从而 $\boldsymbol{x}\in S_{\boldsymbol{A}}$, 故 $S_{\boldsymbol{A}}$ 是 $\boldsymbol{A}\boldsymbol{x}=\boldsymbol{0}$ 之解空间. 当 $\boldsymbol{A}$ 半负定, 证明是类似的.

必要性. 如果 $\boldsymbol{A}$ 不是半正定的, 也不是半负定的, 则有 $\boldsymbol{A}=\boldsymbol{P}^{\mathrm{T}}\mathrm{diag}(1,-1,\cdots)\boldsymbol{P}$, 其中 $\boldsymbol{P}$ 为可逆阵. 令

$$\boldsymbol{y}=\boldsymbol{P}^{-1}(1,1,0,\cdots,0)^{\mathrm{T}},\quad \boldsymbol{z}=\boldsymbol{P}^{-1}(1,-1,0,\cdots,0)^{\mathrm{T}},$$

则 $\boldsymbol{y}^{\mathrm{T}}\boldsymbol{A}\boldsymbol{y}=\boldsymbol{z}^{\mathrm{T}}\boldsymbol{A}\boldsymbol{z}=0$, 于是 $\boldsymbol{y},\boldsymbol{z}\in S_{\boldsymbol{A}}$. 由 $S_{\boldsymbol{A}}$ 是子空间知 $\boldsymbol{y}+\boldsymbol{z}\in S_{\boldsymbol{A}}$, 即 $(\boldsymbol{y}+\boldsymbol{z})^{\mathrm{T}}\boldsymbol{A}(\boldsymbol{y}+\boldsymbol{z})=0$, 但实际计算不符, 故结论成立.

当 $S_{\boldsymbol{A}}$ 是子空间时, $\dim S_{\boldsymbol{A}}=n-$ 秩 $\boldsymbol{A}$.

8.6 由维数公式容易推出 $W_1\cap W_2=W_1$ 或 W_2.

8.7 $N(f(\boldsymbol{A})g(\boldsymbol{A}))=N(f(\boldsymbol{A}))\oplus N(g(\boldsymbol{A}))$ 成立. 分三步证明.

(i) 显然 $N(f(\boldsymbol{A}))\subset N(f(\boldsymbol{A})g(\boldsymbol{A}))$ 且 $N(g(\boldsymbol{A}))\subset N(f(\boldsymbol{A})g(\boldsymbol{A}))$;

(ii) 设任意 $\boldsymbol{\alpha}\in N(f(\boldsymbol{A})g(\boldsymbol{A}))$, 注意 $(f(x),g(x))=1$ 可知存在 $u(x),v(x)\in\mathbb{F}[x]$ 使得 $f(x)u(x)+g(x)v(x)=1$, 从而 $f(\boldsymbol{A})u(\boldsymbol{A})+g(\boldsymbol{A})v(\boldsymbol{A})=\boldsymbol{I}$, 于是

$$\boldsymbol{\alpha}=f(\boldsymbol{A})u(\boldsymbol{A})\boldsymbol{\alpha}+g(\boldsymbol{A})v(\boldsymbol{A})\boldsymbol{\alpha}.$$

令 $f(\boldsymbol{A})u(\boldsymbol{A})\boldsymbol{\alpha}=\boldsymbol{\beta},g(\boldsymbol{A})v(\boldsymbol{A})\boldsymbol{\alpha}=\boldsymbol{\gamma}$, 易见 $\boldsymbol{\beta}\in N(g(\boldsymbol{A})),\boldsymbol{\gamma}\in N(f(\boldsymbol{A}))$, 这意味着 $N(f(\boldsymbol{A})g(\boldsymbol{A}))=N(f(\boldsymbol{A}))+N(g(\boldsymbol{A}))$.

(iii) 任取 $\boldsymbol{\alpha}\in N(f(\boldsymbol{A}))\cap N(g(\boldsymbol{A}))$, 同样地, 有

$$\boldsymbol{\alpha}=u(\boldsymbol{A})f(\boldsymbol{A})\boldsymbol{\alpha}+v(\boldsymbol{A})g(\boldsymbol{A})\boldsymbol{\alpha}=\boldsymbol{0}+\boldsymbol{0}=\boldsymbol{0},$$

这意味着 $N(f(\boldsymbol{A})g(\boldsymbol{A}))=N(f(\boldsymbol{A}))\oplus N(g(\boldsymbol{A}))$.

8.8 首先由 $\mathbb{Q}[x]_4\cong\mathbb{Q}^4$, 我们考虑 $\langle\boldsymbol{\alpha}_1,\boldsymbol{\alpha}_2\rangle+\langle\boldsymbol{\alpha}_3,\boldsymbol{\alpha}_4\rangle$, 其中

$$\boldsymbol{\alpha}_1=\begin{pmatrix}\lambda+1\\1\\1\\1\end{pmatrix},\quad \boldsymbol{\alpha}_2=\begin{pmatrix}1\\\lambda+2\\1\\1\end{pmatrix},\quad \boldsymbol{\alpha}_3=\begin{pmatrix}3\\-3\\-3\\\lambda-1\end{pmatrix},\quad \boldsymbol{\alpha}_4=\begin{pmatrix}\lambda^3\\\lambda^2\\-\lambda\\1\end{pmatrix},$$

易见 $\boldsymbol{\alpha}_1,\boldsymbol{\alpha}_2$ 线性无关; $\boldsymbol{\alpha}_3,\boldsymbol{\alpha}_4$ 线性无关, 故 $\langle\boldsymbol{\alpha}_1,\boldsymbol{\alpha}_2\rangle+\langle\boldsymbol{\alpha}_3,\boldsymbol{\alpha}_4\rangle$ 是直和 $\Leftrightarrow\boldsymbol{\alpha}_1,\boldsymbol{\alpha}_2,\boldsymbol{\alpha}_3,\boldsymbol{\alpha}_4$ 线性无关 $\Leftrightarrow \begin{vmatrix}\lambda+1&1&3&\lambda^3\\1&\lambda+2&-3&\lambda^2\\1&1&-3&-\lambda\\1&1&\lambda-1&1\end{vmatrix}\neq 0$. 经计算得 $\lambda\neq-1,-2$.

8.9 存在 $\boldsymbol{\alpha}\in V$ 但 $\boldsymbol{\alpha}\overline{\in}V_i,\forall i=1,2,\cdots,s$.

方法 1. 用数学归纳法来证. 当 $s=1$ 时结论显然. 假设 $s-1$ 时结论成立, 即存在 $\boldsymbol{\beta}_1\in V$ 且 $\boldsymbol{\beta}_1\overline{\in}V_i,i=1,2,\cdots,s-1$. 如果 $\boldsymbol{\beta}_1\overline{\in}V_s$, 则结论得证, 否则 $\boldsymbol{\beta}_1\in V_s$. 同理存在 $\boldsymbol{\beta}_2\in V$ 使

$\boldsymbol{\beta}_2 \overline{\in} V_i, i=2,\cdots,s$. 如果 $\boldsymbol{\beta}_2 \overline{\in} V_1$, 则结论得证, 否则 $\boldsymbol{\beta}_2 \in V_1$. 现在令 $\boldsymbol{\alpha}_k = \boldsymbol{\beta}_1 + k\boldsymbol{\beta}_2$, 其中 k 为正整数, 易证 $\boldsymbol{\alpha}_k \overline{\in} V_1$ 且 $\boldsymbol{\alpha}_k \overline{\in} V_s$.

因为 $V_2,\cdots,V_{s-1}$ 这 $s-2$ 个子空间中每一个至多含有一个 $\boldsymbol{\alpha}_k$, 否则有 $\boldsymbol{\alpha}_{k_1} \in V_i, \boldsymbol{\alpha}_{k_2} \in V_i (i \in \{2,\cdots,s-1\})$, 这推出 $\boldsymbol{\alpha}_{k_1} - \boldsymbol{\alpha}_{k_2} = (k_1-k_2)\boldsymbol{\beta}_2 \in V_i$, 从而 $\boldsymbol{\beta}_2 \in V_i$ 矛盾. 因此总有一个 k_0 使 $\boldsymbol{\alpha}_{k_0} \overline{\in} V_i$, $\forall i=1,2,\cdots,s$.

方法 2. $n=1$ 时显然. $n>1$ 时, 任取 V 之一基 $\boldsymbol{\alpha}_1,\boldsymbol{\alpha}_2,\cdots,\boldsymbol{\alpha}_n$, 令

$$T=\{\boldsymbol{\alpha}_1 + k\boldsymbol{\alpha}_2 + \cdots + k^{n-1}\boldsymbol{\alpha}_n | k \text{ 为正整数}\} \subset V,$$

T 中元素在 V_i 中的个数小于 n. 否则可证 $\boldsymbol{\alpha}_1,\boldsymbol{\alpha}_2,\cdots,\boldsymbol{\alpha}_n \in V_i$, 这导致 $V_i=V$, 矛盾. 但 T 中元素显然由 k 之选择有无限多个, 故总有某个 $\boldsymbol{\alpha} \overline{\in} V_1, \boldsymbol{\alpha} \overline{\in} V_2, \cdots, \boldsymbol{\alpha} \overline{\in} V_s$.

注 第一个解法对一般线性空间 V 也适用.

8.10 令 W' 是 V 中所有常数函数构成的 V 的子空间, 则 $f(x) = \int_0^1 f(x)\mathrm{d}x + \left(f(x) - \int_0^1 f(x)\mathrm{d}x\right)$ 意味着 $\mathbb{C}[0,1] = W' \oplus W (W' \cap W = 0)$.

总习题 8

8.1 (1) 是; (2) 否; (3) 是.

8.2 (1) 是; (2) 否; (3) 否; (4) 是; (5) 是; (6) 否.

8.3 (1) 是; 可分 $\boldsymbol{\alpha}_1,\boldsymbol{\alpha}_2,\cdots,\boldsymbol{\alpha}_r$ 线性相关、线性无关两种情况来讨论; (2) 否; (3) 是.

8.4 $\left(1, \frac{1+\sqrt{5}}{2}, \left(\frac{1+\sqrt{5}}{2}\right)^2, \cdots, \left(\frac{1+\sqrt{5}}{2}\right)^n, \cdots\right)$ 与 $\left(1, \frac{1-\sqrt{5}}{2}, \left(\frac{1-\sqrt{5}}{2}\right)^2, \cdots, \left(\frac{1-\sqrt{5}}{2}\right)^n, \cdots\right)$ 构成一个基.

8.5 基 $(1,0)$ 和 $(0,1)$, 2 维.

8.6 用定义, 令 $x=1,2,2^2,\cdots,2^{n-1}$.

8.7 (1), (2) 用归纳法, 求导两次, 找关系;

(3), (4) 用定义, 令 $x=\frac{\pi}{2(n+1)}, \frac{2\pi}{2(n+1)}, \cdots, \frac{n\pi}{2(n+1)}, \frac{(n+1)\pi}{2(n+1)}$;

(5) 求两次导, 看 $x=0$ 时的线性方程组.

8.9 坐标为 $f(c_1), f(c_2), \cdots, f(c_n)$.

8.10 (1) 否; (2) 是, 维数 $n-1$, 基 $\boldsymbol{e}_1, \boldsymbol{e}_2, 2\boldsymbol{e}_3+\boldsymbol{e}_4, \boldsymbol{e}_5, \cdots, \boldsymbol{e}_n$.

8.11 (1) n^2 维, 基 $\{\boldsymbol{E}_{ij} | i,j=1,2,\cdots,n\}$;

(2) n 维, 基 $\{\boldsymbol{E}_{ii} | i=1,2,\cdots,n\}$;

(3) 5 维, 基 $\boldsymbol{E}_{11}+\boldsymbol{E}_{32}+\boldsymbol{E}_{33}, \boldsymbol{E}_{12}-3\boldsymbol{E}_{32}, 3\boldsymbol{E}_{21}+\boldsymbol{E}_{32}+\boldsymbol{E}_{33}, \boldsymbol{E}_{22}-\boldsymbol{E}_{32}, 3\boldsymbol{E}_{31}+\boldsymbol{E}_{32}+\boldsymbol{E}_{33}$.

8.13 (1) $\dim(W_1+W_2)=3$, W_1+W_2 基 $\boldsymbol{\alpha}_1, \boldsymbol{\alpha}_2, \boldsymbol{\beta}_1$; $\dim(W_1 \cap W_2)=1$, $W_1 \cap W_2$ 基 $(3,-2,3,8)$;

(2) $\dim(W_1+W_2)=4$, W_1+W_2 基 $\boldsymbol{\alpha}_1, \boldsymbol{\alpha}_2, \boldsymbol{\beta}_1, \boldsymbol{\beta}_2$; $\dim(W_1 \cap W_2)=0$;

(3) $\dim(W_1+W_2)=3$, W_1+W_2 基 $\boldsymbol{\alpha}_1, \boldsymbol{\alpha}_2, \boldsymbol{\beta}_1$; $\dim(W_1 \cap W_2)=1$, $W_1 \cap W_2$ 基 $(2,0,1,1)$.

8.15 $\langle e_3, e_4 \rangle$.

8.19 $\langle \boldsymbol{E}_{nn} \rangle; \langle \boldsymbol{I}_n \rangle$.

8.21 $\mathbb{F}^n$ 的任一元 $x=(x-\boldsymbol{A}x)+\boldsymbol{A}x$, 易见 $x-\boldsymbol{A}x\in V_1,\boldsymbol{A}x\in V_2$.

8.22 查两解空间的交及维数, 由维数公式推出维数和为 n.

8.23 (2) 4 维, 基 $\boldsymbol{E}_{11}+\boldsymbol{E}_{22},\mathrm{i}(\boldsymbol{E}_{11}-\boldsymbol{E}_{22}),\boldsymbol{E}_{12}-\boldsymbol{E}_{21},\mathrm{i}(\boldsymbol{E}_{12}+\boldsymbol{E}_{21})$.

8.24 维数 $m+1$, 基 $x^m,x^{m-1}y,\cdots,xy^{m-1},y^m$.

8.25 维数 n, 基 $f_1,f_2,\cdots,f_n$, 其中 $f_i(a_j)=\delta_{ij},\forall i,j=1,2,\cdots,n$. 如果任意函数 f 满足条件 $f(a_i)=b_i,\forall i$, 则 f 在基 $f_1,f_2,\cdots,f_n$ 下的坐标是 $b_1,b_2,\cdots,b_n$, 即

$$f=b_1f_1+b_2f_2+\cdots+b_nf_n=f(a_1)f_1+f(a_2)f_2+\cdots+f(a_n)f_n.$$

8.27 $W=\{x^nf(x)|f(x)\in\mathbb{F}[x]\}$.

8.28 设 $\boldsymbol{A}$ 的列空间为 V_1, $\boldsymbol{A}\boldsymbol{A}^{\mathrm{T}}$ 的列空间为 V_2, 易见 $V_2\subseteq V_1$, 设法证明 $\dim V_2=\dim V_1$, 注意秩 $(\boldsymbol{A})=$ 秩 $(\boldsymbol{A}\boldsymbol{A}^{\mathrm{T}})$.

8.29 设 r 维子空间基 $\boldsymbol{\alpha}_1,\boldsymbol{\alpha}_2,\cdots,\boldsymbol{\alpha}_r$, 扩充成 V 之基 $\boldsymbol{\alpha}_1,\boldsymbol{\alpha}_2,\cdots,\boldsymbol{\alpha}_r,\cdots,\boldsymbol{\alpha}_n$, 则 $W_k=\langle\boldsymbol{\alpha}_1,\boldsymbol{\alpha}_2,\cdots,\boldsymbol{\alpha}_{r-1},\boldsymbol{\alpha}_r+k\boldsymbol{\alpha}_n\rangle,k\in\mathbb{F}$ 即为所求.

8.31 设 W 之基 $\boldsymbol{\alpha}_1,\boldsymbol{\alpha}_2,\cdots,\boldsymbol{\alpha}_r$, 欲使 $\boldsymbol{A}(\boldsymbol{\alpha}_1,\boldsymbol{\alpha}_2,\cdots,\boldsymbol{\alpha}_r)=\boldsymbol{0}$, 只需 $\begin{pmatrix}\boldsymbol{\alpha}_1^{\mathrm{T}}\\ \vdots\\ \boldsymbol{\alpha}_r^{\mathrm{T}}\end{pmatrix}\boldsymbol{A}^{\mathrm{T}}=\boldsymbol{0}$, 再解方程组, 而找到 $\boldsymbol{A}$.

8.32 利用 8.31 题的结果.

8.33 $\dim W=n-$ 秩 $\boldsymbol{A}$.

8.35 设经可逆变换 $x=\boldsymbol{C}y$ 有 $f(x_1,x_2,\cdots,x_n)=y_1^2+y_2^2+\cdots+y_p^2-y_{p+1}^2-\cdots-y_{p+q}^2=g(y_1,y_2\cdots,y_n)$. 不妨设 $p\geqslant q$. 取 $Y_i=e_i^{\mathrm{T}}+e_{p+i}^{\mathrm{T}}$, 则 $g(Y_i)=0$, $i=1,2,\cdots,q$. 由 $Y_1,Y_2,\cdots,Y_q$ 可求得 $X_1,X_2,\cdots,X_q$ 生成 $q=\dfrac{1}{2}(n-|s|)$ 维子空间使结论成立.

8.36 易见 $W\subseteq V$(迹为 0 的空间, 见 8.19 题), 如能证 V 之基元素可写成 $\boldsymbol{XY}-\boldsymbol{YX}$ 形, 即知 $W=V$, 从而 $\dim W=n^2-1$.

8.37 往证 $W_i\subset W,W=W_1+W_2,W_1\cap W_2=0$.

8.38 用归纳法.

8.39 用反证法.

8.40 用 8.8 节问题 8.9 的结果.

8.41 等于求 $x_1+x_2+\cdots+x_n=m$ 的非负整数解的个数, 即 C_{m+n-1}^m.

8.42 用 8.8 节问题 8.9 的结果.

8.43 用 8.8 节问题 8.9 的第 2 个解法.

8.44 用 8.8 节问题 8.9 的结果.

8.45 否. 这说明线性空间定义中的第 7 条不能由其他条推出.

8.46 加法照旧, 如果数乘改为 $k\boldsymbol{\alpha}=\boldsymbol{0},\forall k\in\mathbb{F},\boldsymbol{\alpha}\in V$, 则除第 8 条都成立.

8.47 反证法. 存在 $s_1<s_2<\cdots<s_m<\cdots$ 使 $V_1\supseteq\bigcap\limits_{i=1}^{s_1}V_i\supsetneq\bigcap\limits_{i=1}^{s_2}V_i\supsetneq\cdots$, 导致无限维.

第 9 章

练习 9.1

9.1.1　(1) $\boldsymbol{\alpha}_0 = \mathbf{0}$ 时是, $\boldsymbol{\alpha}_0 \neq \mathbf{0}$ 时否; (2) 否; (3) 是.

9.1.2　(1) 是; (2) 是; (3) 是; (4) 否; (5) 是.

9.1.3　是.

练习 9.2

9.2.1　(1) $\sigma\tau = \tau, \tau\sigma = 0, \sigma^2 = \sigma$; (2) $(\sigma+\tau)(x_1,x_2,x_3) = (2x_1+x_2-x_3, x_2, 2x_1+2x_2-x_3)$, $(\sigma-\tau)(x_1,x_2,x_3) = (x_3-x_2, x_2, x_3)$, $(2\sigma)(x_1,x_2,x_3) = (2x_1, 2x_2, 2x_1+2x_2)$.

9.2.2　$\sigma^{-1}(x_1,x_2,x_3) = (x_1-x_2, x_2-x_3, x_3)$.

9.2.3　对 k 用归纳法.

9.2.5　$\sigma\tau - \tau\sigma = 1$.

练习 9.3

9.3.1　(1) $\ker\sigma = 0, \mathrm{Im}\sigma = \mathbb{F}^3$, 秩 $\sigma = 3$, σ 的零度 $= 0$;

(2) $\mathrm{Im}\sigma = \left\{ \left. \begin{pmatrix} x & y & z \\ u & v & w \\ 0 & 0 & 0 \end{pmatrix} \right| x,y,z,u,v,w \in \mathbb{F} \right\}, \ker\sigma = \left\{ \left. \begin{pmatrix} 0 & 0 & 0 \\ 0 & 0 & 0 \\ a & b & c \end{pmatrix} \right| a,b,c \in \mathbb{F} \right\}$,
秩 $\sigma = 6$, σ 的零度 $= 3$.

9.3.3　把 σ 限制作用在 W 上, 利用本节定理.

9.3.4　利用 9.3.3 题的结果.

练习 9.4

9.4.1　$\begin{pmatrix} a & -b & 1 & 0 \\ b & a & 0 & 1 \\ 0 & 0 & a & -b \\ 0 & 0 & b & a \end{pmatrix}$.

9.4.3　(1) $\begin{pmatrix} a & 0 & b & 0 \\ 0 & a & 0 & b \\ c & 0 & d & 0 \\ 0 & c & 0 & d \end{pmatrix}$; (2) $\begin{pmatrix} a & c & 0 & 0 \\ b & d & 0 & 0 \\ 0 & 0 & a & c \\ 0 & 0 & b & d \end{pmatrix}$; (3) $\begin{pmatrix} a^2 & ac & ab & bc \\ ab & ad & b^2 & bd \\ ac & c^2 & ad & cd \\ cb & cd & bd & d^2 \end{pmatrix}$.

练习 9.5

9.5.1　(1) σ 的属于特征值 3 的全部特征向量是 $k_1(-2\varepsilon_1+\varepsilon_2)+k_2(2\varepsilon_1+\varepsilon_3)$, k_1,k_2 不全为 0; σ 的属于特征值 -6 的全部特征向量是 $k(\varepsilon_1+2\varepsilon_2-2\varepsilon_3)$, $k\neq 0$. σ 在基 $-2\varepsilon_1+\varepsilon_2, 2\varepsilon_1+\varepsilon_3, \varepsilon_1+2\varepsilon_2-2\varepsilon_3$ 下的矩阵是 $\mathrm{diag}(3,3,-6)$.

(2)σ 有三重特征值 0, 全部特征向量是 $k\varepsilon_3, k\neq 0$. σ 不可对角化.

9.5.2 $P=\begin{pmatrix}0 & \sqrt{3}-1 & \sqrt{3}+1\\ -1 & 1 & -1\\ 1 & 1 & -1\end{pmatrix}, P^{-1}AP=\begin{pmatrix}-2 & & \\ & 1+\sqrt{3} & \\ & & 1-\sqrt{3}\end{pmatrix}.$

9.5.3 $\begin{pmatrix}a_{13}+a_{33} & a_{12}+a_{32} & a_{11}+a_{31}-a_{13}-a_{33}\\ a_{23} & a_{22} & a_{21}-a_{23}\\ a_{13} & a_{12} & a_{11}-a_{13}\end{pmatrix}.$

练习 9.6

9.6.2 经计算知 $\sigma(\boldsymbol{\alpha}_1+2\boldsymbol{\alpha}_2)=\boldsymbol{\alpha}_1+2\boldsymbol{\alpha}_2, \sigma(\boldsymbol{\alpha}_2+\boldsymbol{\alpha}_3+\boldsymbol{\alpha}_4)=\boldsymbol{\alpha}_1+3\boldsymbol{\alpha}_2$, 故 W 不是 σ-子空间.

又 $\sigma(\boldsymbol{\alpha}_1+2\boldsymbol{\alpha}_2)=\boldsymbol{\alpha}_1+2\boldsymbol{\alpha}_2$, $\sigma(\boldsymbol{\alpha}_3+\boldsymbol{\alpha}_4)=\boldsymbol{\alpha}_1+2\boldsymbol{\alpha}_2+\boldsymbol{\alpha}_3+\boldsymbol{\alpha}_4$, 易见 $\sigma(\boldsymbol{\alpha}_3+\boldsymbol{\alpha}_4)\in U$, 从而 U 是 σ-子空间.

9.6.4 先证 σ 的特征子空间是 τ 的不变子空间.

练习 9.7*

9.7.3 $\dim\sigma^s(W)=r-s$.

第 9 章问题与研讨

9.1 σ 可逆 $\Leftrightarrow$ 存在 $\tau\in\mathrm{Hom}(V,V)$ 使得 $\sigma\tau=\tau\sigma=\mathbf{1}_V$ $\Leftrightarrow$ 存在 $\tau\in\mathrm{Hom}(V,V)$ 使得 $\sigma\tau=\mathbf{1}_V$ $\Leftrightarrow$ 存在 $\tau\in\mathrm{Hom}(V,V)$ 使得 $\tau\sigma=\mathbf{1}_V$ $\Leftrightarrow\sigma$ 在一个基下的矩阵是可逆的 $\Leftrightarrow$ V 的基在 σ 下的像仍是基 $\Leftrightarrow\sigma$ 把线性无关组变为线性无关组 $\Leftrightarrow$ $\mathrm{Im}\sigma=V$ $\Leftrightarrow$ 秩 $(\sigma)=n$ $\Leftrightarrow\ker\sigma=0$ $\Leftrightarrow\sigma$ 单射 $\Leftrightarrow\sigma$ 满射 $\Leftrightarrow$ 若 $\boldsymbol{\alpha}\neq\mathbf{0}$, 则 $\sigma(\boldsymbol{\alpha})\neq\mathbf{0}$ $\Leftrightarrow$ 存在常数项非 0 的多项式 $f(x)$ 使 $f(\sigma)=0$ $\Leftrightarrow$ σ 的所有特征值均非零 $\Leftrightarrow$ 若 $V=V_1\oplus V_2$ 则 $V=\sigma(V_1)\oplus\sigma(V_2)$.

9.2 (1) 设 V_1 之基为 $\boldsymbol{\varepsilon}_1,\boldsymbol{\varepsilon}_2,\cdots,\boldsymbol{\varepsilon}_r$, 再扩充为 V 之基 $\boldsymbol{\varepsilon}_1,\boldsymbol{\varepsilon}_2,\cdots,\boldsymbol{\varepsilon}_r,\cdots,\boldsymbol{\varepsilon}_n$. 令 $\sigma(\boldsymbol{\varepsilon}_1)=\sigma(\boldsymbol{\varepsilon}_2)=\cdots=\sigma(\boldsymbol{\varepsilon}_r)=\mathbf{0},\sigma(\boldsymbol{\varepsilon}_{r+1})=\boldsymbol{\eta}_1,\cdots,\sigma(\boldsymbol{\varepsilon}_n)=\boldsymbol{\eta}_{n-r}$, 其中 $\boldsymbol{\eta}_1,\boldsymbol{\eta}_2,\cdots,\boldsymbol{\eta}_{n-r}$ 为 W 中线性无关组. 再线性扩充可得线性变换 σ 使 $\ker\sigma=V_1$. 若 V_1=0, 令 $\boldsymbol{\varepsilon}_1,\boldsymbol{\varepsilon}_2,\cdots,\boldsymbol{\varepsilon}_n$ 为 V 之基, 则令 $\sigma(\boldsymbol{\varepsilon}_1),\sigma(\boldsymbol{\varepsilon}_2),\cdots,\sigma(\boldsymbol{\varepsilon}_n)$ 线性无关即可. 这说明只要 $\dim W\geqslant n-\dim V_1$, 则满足条件的 σ 就存在.

(2) 设 $\dim W_1=s$, 显然需满足 $s\leqslant n$, 且 $s\leqslant\dim W$. 令 $\boldsymbol{\eta}_1,\boldsymbol{\eta}_2,\cdots,\boldsymbol{\eta}_s$ 为 W_1 的基, $\boldsymbol{\varepsilon}_1,\boldsymbol{\varepsilon}_2,\cdots,\boldsymbol{\varepsilon}_n$ 为 V 之基, 令 $\sigma(\boldsymbol{\varepsilon}_1)=\boldsymbol{\eta}_1,\sigma(\boldsymbol{\varepsilon}_2)=\boldsymbol{\eta}_2,\cdots,\sigma(\boldsymbol{\varepsilon}_s)=\boldsymbol{\eta}_s$, $\sigma(\boldsymbol{\varepsilon}_{s+1})=\cdots=\sigma(\boldsymbol{\varepsilon}_n)=\mathbf{0}$, 再线性扩充, 则满足 $\mathrm{Im}\sigma=W_1$ 之 σ 就存在.

(3) 由于 $\dim\ker\sigma+\dim\mathrm{Im}\sigma=n$, 故前提条件是 $\dim V_1+\dim W_1=n$. 此时设 $\boldsymbol{\varepsilon}_1,\boldsymbol{\varepsilon}_2,\cdots,\boldsymbol{\varepsilon}_r$ 是 V_1 之基, 扩充得 $\boldsymbol{\varepsilon}_1,\boldsymbol{\varepsilon}_2,\cdots,\boldsymbol{\varepsilon}_r,\cdots,\boldsymbol{\varepsilon}_n$ 为 V 之基, 又设 W_1 之基为 $\boldsymbol{\eta}_1$, $\boldsymbol{\eta}_2,\cdots,\boldsymbol{\eta}_{n-r}$, 于是令 $\sigma(\boldsymbol{\varepsilon}_1)=\sigma(\boldsymbol{\varepsilon}_2)=\cdots=\sigma(\boldsymbol{\varepsilon}_r)=\mathbf{0}$, 且 $\sigma(\boldsymbol{\varepsilon}_{r+1})=\boldsymbol{\eta}_1,\cdots,\sigma(\boldsymbol{\varepsilon}_n)=\boldsymbol{\eta}_{n-r}$, 再线性扩充可得满足条件 $\ker\sigma=V_1,\mathrm{Im}\sigma=W_1$ 之 σ.

9.3 归结为判断 $\boldsymbol{A}$ 和 $\boldsymbol{B}$, $\boldsymbol{A}$ 和 $\boldsymbol{C}$ 是否相似, 先求特征多项式经计算 $|\lambda\boldsymbol{I}-\boldsymbol{A}|=\lambda(\lambda^2-2\lambda+10),|\lambda\boldsymbol{I}-\boldsymbol{B}|=\lambda(\lambda^2-2\lambda+10),|\lambda\boldsymbol{I}-\boldsymbol{C}|=(\lambda-1)(\lambda^2-2\lambda+10)$. 显然 $\boldsymbol{A}$ 和 $\boldsymbol{C}$ 不相似. $\boldsymbol{A}$ 和 $\boldsymbol{B}$ 特征多项式相同, 是否相似呢?

方法 1. 看行列式因子, 经计算, $\boldsymbol{A}$ 与 $\boldsymbol{B}$ 的一阶、二阶行列式因子都是 1, 故相似.

方法 2. 由于特征多项式无重根, 故 $\boldsymbol{A}$ 与 $\boldsymbol{B}$ 最小多项式相同, 从而 $\boldsymbol{A}$ 与 $\boldsymbol{B}$ 相似.

9.4 (1) 由于 V_{λ_0} 为 σ 的不变子空间, 取基 $\varepsilon_1,\varepsilon_2,\cdots,\varepsilon_r$, 再扩充得 $\varepsilon_1,\varepsilon_2,\cdots,\varepsilon_r,\cdots,\varepsilon_n$ 为 V 之基, σ 在基下的阵为 $\boldsymbol{A}=\begin{pmatrix}\boldsymbol{A}_1 & \boldsymbol{A}_3\\ \boldsymbol{O} & \boldsymbol{A}_2\end{pmatrix}$, 于是 $|\lambda\boldsymbol{I}-\boldsymbol{A}|=(\lambda-\lambda_0)^r|\lambda\boldsymbol{I}-\boldsymbol{A}_2|$, 故几何重数 $r\leqslant$ 代数重数.

(2) 设 σ 的特征值不同者为 $\lambda_1,\lambda_2,\cdots,\lambda_s$, 几何重数分别为 $r_1,r_2,\cdots,r_s$, 代数重数相应为 $l_1,l_2,\cdots,l_s$, 当 $r_1=l_1,r_2=l_2,\cdots,r_s=l_s$ 时, $r_1+r_2+\cdots+r_s=n$, 这意味着

$$V=V_{\lambda_1}\oplus V_{\lambda_2}\oplus\cdots\oplus V_{\lambda_s},$$

故 σ 可对角化. 反之, σ 可对角化意味着上式成立, 即 $r_1+r_2+\cdots+r_s=n$, 而 $l_1+l_2+\cdots+l_s=n$, 故 $(l_1-r_1)+(l_2-r_2)+\cdots+(l_s-r_s)=0$, 从而有 $r_1=l_1,r_2=l_2,\cdots,r_s=l_s$, 即每个特征值的几何重数与代数重数相等.

9.5 设 σ 的 n 个线性无关的特征向量是 $\boldsymbol{\alpha}_1,\boldsymbol{\alpha}_2,\cdots,\boldsymbol{\alpha}_n$, 则

$$\sigma(\boldsymbol{\alpha}_1,\boldsymbol{\alpha}_2,\cdots,\boldsymbol{\alpha}_n)=(\boldsymbol{\alpha}_1,\boldsymbol{\alpha}_2,\cdots,\boldsymbol{\alpha}_n)\mathrm{diag}(\lambda_1,\lambda_2,\cdots,\lambda_n),$$

其中 $\lambda_1,\lambda_2,\cdots,\lambda_n$ 为 σ 的 n 个不同特征值.

由 $\sigma\tau=\tau\sigma$, 易证 $\tau(\boldsymbol{\alpha}_1,\boldsymbol{\alpha}_2,\cdots,\boldsymbol{\alpha}_n)=(\boldsymbol{\alpha}_1,\boldsymbol{\alpha}_2,\cdots,\boldsymbol{\alpha}_n)\mathrm{diag}(\mu_1,\mu_2,\cdots,\mu_n)$. 是否存在 $f(x)$ 使 $\tau=f(\sigma)$ 呢? 这归结为 $\mu_1=f(\lambda_1),\mu_2=f(\lambda_2),\cdots,\mu_n=f(\lambda_n)$ 之 $f(x)$ 是否存在, 取 $f(x)=a_0+a_1x+\cdots+a_{n-1}x^{n-1}$, 系数可求.

9.6* 设 $f(\sigma)=a_01+a_1\sigma+\cdots+a_n\sigma^n$. 若 $a_0=0$, 则 $f(\sigma)=\sigma(a_11+\cdots+a_n\sigma^{n-1})$, 由 σ 幂零知 $f(\sigma)$ 幂零, 即 $f(\sigma)^m=0$, 这意味着 $f(\sigma)$ 非满射, 从而不可逆. 当 $a_0\neq 0$ 时, 令 $\tau=\sigma(a_11+a_2\sigma+\cdots+a_n\sigma^{n-1})$, 则 τ 幂零, 设 $\tau^m=0$, 令 $a_0^{-1}\tau=\delta$, 则由

$$(1+\delta)(1-\delta+\delta^2-\delta^3+\cdots+(-1)^{m-1}\delta^{m-1})=1,$$

不难看出 $f(\sigma)$ 可逆, 且 $f(\sigma)^{-1}$ 仍为 σ 的多项式.

9.7* (1) 设包含 ε_1 的 σ-子空间为 W, 则 $\varepsilon_1\in W$ 且 $\sigma\varepsilon_1\in W$, 即 $\lambda\varepsilon_1+\varepsilon_2\in W$, 这推出 $\varepsilon_2\in W$, 按此法推下去, $\cdots$, 最后知 $\varepsilon_3,\cdots,\varepsilon_n\in W$, 故 $W=V$.

(2) 设 $W\neq 0$ 为任意 σ-子空间, 总有 $\boldsymbol{0}\neq\boldsymbol{\alpha}\in W$. 设 $\boldsymbol{\alpha}=\mu_1\varepsilon_1+\cdots+\mu_n\varepsilon_n$, 又设 $\mu_1=\mu_2=\cdots=\mu_{r-1}=0,\mu_r\neq 0$, 即 $\boldsymbol{\alpha}=\mu_r\varepsilon_r+\cdots+\mu_n\varepsilon_n\in W$, 且 $\sigma(\boldsymbol{\alpha})\in W$, 即 $\mu_r\sigma(\varepsilon_r)+\cdots+\mu_n\sigma(\varepsilon_n)=\mu_r(\lambda\varepsilon_r+\varepsilon_{r+1})+\mu_{r+1}(\lambda\varepsilon_{r+1}+\varepsilon_{r+2})+\cdots+\mu_{n-1}(\lambda\varepsilon_{n-1}+\varepsilon_n)+\mu_n(\lambda\varepsilon_n)\in W$, 从而有

$$\sigma(\boldsymbol{\alpha})-\lambda\boldsymbol{\alpha}=\mu_r\varepsilon_{r+1}+\mu_{r+1}\varepsilon_{r+2}+\cdots+\mu_{n-1}\varepsilon_n\in W.$$

按此法推下去, 最后有 $\mu_r\varepsilon_n\in W$, 从而 $\varepsilon_n\in W$, 故 ε_n 属于所有非零的 σ-子空间.

(3) 由于 $V=V_1\oplus V_2$ 要求 $V_1\cap V_2=0$, 这与 (2) 相矛盾, 故不能分解.

(4) 按 (2) 的方法, 设 W 为任意 σ-子空间, 若非 0 则取 W 中所有向量在基 $\varepsilon_1,\varepsilon_2,\cdots,\varepsilon_n$ 下的坐标, 设 W 中所有向量的坐标, 第 $1,2,\cdots,r-1$ 个均为 0, 且有向量第 r 个坐标非 0, 则易

证 $W=\langle\boldsymbol{\varepsilon}_r,\boldsymbol{\varepsilon}_{r+1},\cdots,\boldsymbol{\varepsilon}_n\rangle$. 所以共有 σ-子空间 $n+1$ 个, 即 $0,\langle\boldsymbol{\varepsilon}_n\rangle,\langle\boldsymbol{\varepsilon}_n,\boldsymbol{\varepsilon}_{n-1}\rangle,\cdots,\langle\boldsymbol{\varepsilon}_n,\cdots,\boldsymbol{\varepsilon}_2\rangle,V$.

9.8* 设 $f(\lambda)=(\lambda-\lambda_1)^{l_1}(\lambda-\lambda_2)^{l_2}\cdots(\lambda-\lambda_s)^{l_s}$, 则 $f(\sigma)=(\sigma-\lambda_1\mathbf{1}_V)^{l_1}(\boldsymbol{\sigma}-\lambda_2\mathbf{1}_V)^{l_2}\cdots(\sigma-\lambda_s\mathbf{1}_V)^{l_s}=0$, 但 $f(\tau)=(\tau-\lambda_1\mathbf{1}_V)^{l_1}(\tau-\lambda_2\mathbf{1}_V)^{l_2}\cdots(\tau-\lambda_s\mathbf{1}_V)^{l_s}$, 要 $f(\tau)$ 可逆, 则 $(\tau-\lambda_1\mathbf{1}_V),(\tau-\lambda_2\mathbf{1}_V),\cdots,(\tau-\lambda_s\mathbf{1})$ 均可逆, 这意味着没有 $\boldsymbol{\alpha}_i\neq\mathbf{0}$ 使 $(\tau-\lambda_i\mathbf{1}_V)(\boldsymbol{\alpha}_i)=\mathbf{0}$, 即 τ 无特征值 $\lambda_1,\lambda_2,\cdots,\lambda_s$. 即 τ 的特征多项式 $g(\tau)$ 与 $f(\tau)$ 互素. 反之, 由 $g(\tau)$ 与 $f(\tau)$ 互素易证 $f(\tau)$ 可逆.

9.9* 将问题转化为矩阵. 设 σ 及 τ 在一个基下的矩阵分别是 $\boldsymbol{A}$ 和 $\boldsymbol{B}$. 于是 $\ker\sigma\subset\ker\tau$ 意味着 $\boldsymbol{Ax}=\mathbf{0}$ 可推出 $\boldsymbol{Bx}=\mathbf{0}$. 这意味着 $\begin{cases}\boldsymbol{Ax}=\mathbf{0},\\ \boldsymbol{Bx}=\mathbf{0}\end{cases}$ 与 $\boldsymbol{Ax}=\mathbf{0}$ 同解, 即 $\begin{pmatrix}\boldsymbol{A}\\ \boldsymbol{B}\end{pmatrix}\boldsymbol{x}=\mathbf{0}$ 与 $\boldsymbol{Ax}=\mathbf{0}$ 同解, 进一步得秩 $\begin{pmatrix}\boldsymbol{A}\\ \boldsymbol{B}\end{pmatrix}=$ 秩 $\boldsymbol{A}$, 从而存在矩阵 $\boldsymbol{C}$ 使 $\boldsymbol{B}=\boldsymbol{CA}$. 用线性变换的语言, 即存在线性变换 δ 使 $\tau=\delta\sigma$. 由此推出 $\ker\sigma\subset\ker\tau$ 是明显的.

$\ker\sigma=\ker\tau$ 的充要条件是存在可逆线性变换 δ 使 $\tau=\delta\sigma$, 充分性易证. 为证必要性, 在 $\ker\sigma$ 中取基 $\boldsymbol{\varepsilon}_1,\boldsymbol{\varepsilon}_2,\cdots,\boldsymbol{\varepsilon}_r$, 再扩充为 $\boldsymbol{\varepsilon}_1,\boldsymbol{\varepsilon}_2,\cdots,\boldsymbol{\varepsilon}_r,\ \boldsymbol{\varepsilon}_{r+1},\cdots,\boldsymbol{\varepsilon}_n$ 为 V 的基, 于是 $\sigma(\boldsymbol{\varepsilon}_1)=\sigma(\boldsymbol{\varepsilon}_2)=\cdots=\sigma(\boldsymbol{\varepsilon}_r)=\mathbf{0}$, 且 $\sigma(\boldsymbol{\varepsilon}_{r+1}),\cdots,\sigma(\boldsymbol{\varepsilon}_n)$ 线性无关, 同时有 $\tau(\boldsymbol{\varepsilon}_1)=\tau(\boldsymbol{\varepsilon}_2)=\cdots=\tau(\boldsymbol{\varepsilon}_r)=\mathbf{0}$, 且 $\tau(\boldsymbol{\varepsilon}_{r+1}),\cdots,\tau(\boldsymbol{\varepsilon}_n)$ 线性无关. 令 $\boldsymbol{\eta}_1,\cdots,\boldsymbol{\eta}_r$, $\sigma(\boldsymbol{\varepsilon}_{r+1}),\cdots,\sigma(\boldsymbol{\varepsilon}_n)$ 为 V 的一个基, $\boldsymbol{\omega}_1,\cdots,\boldsymbol{\omega}_r$, $\tau(\boldsymbol{\varepsilon}_{r+1}),\cdots,\tau(\boldsymbol{\varepsilon}_n)$ 为 V 之另一基, 再令 $\delta(\boldsymbol{\eta}_1)=\boldsymbol{\omega}_1,\cdots,\delta(\boldsymbol{\eta}_r)=\boldsymbol{\omega}_r,\delta(\sigma\boldsymbol{\varepsilon}_{r+1})=\tau(\boldsymbol{\varepsilon}_{r+1}),\cdots,\delta(\sigma(\boldsymbol{\varepsilon}_n))=\tau(\boldsymbol{\varepsilon}_n)$. 再线性扩充, 易见 δ 为可逆线性变换, 且 $\tau=\delta\sigma$. (用矩阵方法如何证?)

9.10* 设 $\sigma\in\mathrm{Hom}(\mathbb{F}^n,\mathbb{F}^m),\sigma(\boldsymbol{x})=\boldsymbol{Ax}$. $\tau\in\mathrm{Hom}(\mathbb{F}^n,\mathbb{F}^p),\tau(\boldsymbol{x})=\boldsymbol{Bx}$. 于是,

$$\begin{aligned}\dim S&=\dim(\mathrm{Im}(\sigma|_{\ker\tau}))=\dim\ker\tau-\dim(\ker(\sigma|_{\ker\tau}))\\&=n-\text{秩}(\boldsymbol{B})-\ker\sigma\cap\ker\tau\\&=n-\text{秩}(\boldsymbol{B})-\dim\left(\begin{pmatrix}\boldsymbol{A}\\ \boldsymbol{B}\end{pmatrix}\boldsymbol{x}=\mathbf{0}\text{的解空间}\right)\\&=\text{秩}\begin{pmatrix}\boldsymbol{A}\\ \boldsymbol{B}\end{pmatrix}-\text{秩}(\boldsymbol{B}).\end{aligned}$$

总习题 9

9.1 是.

9.2 是.

9.4 $\begin{pmatrix}0&1&2\\0&0&2\\0&0&0\end{pmatrix}$.

9.5 在 $\ker\sigma$ 中取基 $\boldsymbol{\alpha}_1,\cdots,\boldsymbol{\alpha}_r$, $\mathrm{Im}\sigma$ 中取基 $\sigma(\boldsymbol{\alpha}_{r+1}),\cdots,\sigma(\boldsymbol{\alpha}_n)$, 将其扩展为 W 之基 $\boldsymbol{\beta}_1,\cdots,\boldsymbol{\beta}_t,\sigma(\boldsymbol{\alpha}_{r+1}),\cdots,\sigma(\boldsymbol{\alpha}_n),t+n-r=m$. 显然 $U=\ker\sigma,P=\langle\boldsymbol{\alpha}_{r+1},\cdots,\boldsymbol{\alpha}_n\rangle,M=\langle\sigma(\boldsymbol{\alpha}_{r+1}),\cdots,\sigma(\boldsymbol{\alpha}_n)\rangle,N=\langle\boldsymbol{\beta}_1,\cdots,\boldsymbol{\beta}_t\rangle$ 满足要求.

9.6 (1) $\begin{pmatrix} 2 & -3 & 3 & 2 \\ \frac{2}{3} & -\frac{4}{3} & \frac{10}{3} & \frac{10}{3} \\ \frac{8}{3} & -\frac{16}{3} & \frac{40}{3} & \frac{40}{3} \\ 0 & 1 & -7 & -8 \end{pmatrix}$;

(2) $\ker\sigma = \langle \boldsymbol{\alpha}_1, \boldsymbol{\alpha}_2 \rangle$, 其中 $\boldsymbol{\alpha}_1 = -2\varepsilon_1 - \frac{3}{2}\varepsilon_2 + \varepsilon_3, \boldsymbol{\alpha}_2 = -\varepsilon_1 - 2\varepsilon_2 + \varepsilon_4$;

$$\mathrm{Im}\sigma = \langle \varepsilon_1 - \varepsilon_2 + \varepsilon_3 + 2\varepsilon_4, 2\varepsilon_2 + 2\varepsilon_3 - 2\varepsilon_4 \rangle;$$

(3) σ 在 $\varepsilon_1, \varepsilon_2, \boldsymbol{\alpha}_1, \boldsymbol{\alpha}_2$ 下的矩阵是

$$\begin{pmatrix} 5 & 2 & 0 & 0 \\ \frac{9}{2} & 1 & 0 & 0 \\ 1 & 2 & 0 & 0 \\ 2 & -2 & 0 & 0 \end{pmatrix};$$

(4) 令 $\boldsymbol{\eta}_1 = \varepsilon_1 - \varepsilon_2 + \varepsilon_3 + 2\varepsilon_4, \boldsymbol{\eta}_2 = 2\varepsilon_2 + 2\varepsilon_3 - 2\varepsilon_4$, σ 在 $\boldsymbol{\eta}_1, \boldsymbol{\eta}_2, \varepsilon_3, \varepsilon_4$ 下的矩阵是

$$\begin{pmatrix} 5 & 2 & 2 & 1 \\ \frac{9}{2} & 1 & \frac{3}{2} & 2 \\ 0 & 0 & 0 & 0 \\ 0 & 0 & 0 & 0 \end{pmatrix};$$

9.7 (1), (2), (3) 答案一致, 都是

$$\begin{pmatrix} -2 & -\frac{3}{2} & \frac{3}{2} \\ 1 & \frac{3}{2} & \frac{3}{2} \\ 1 & \frac{1}{2} & -\frac{5}{2} \end{pmatrix}.$$

9.8 (1) $\begin{pmatrix} 0 & 0 & 6 & -5 \\ 0 & 0 & -5 & 4 \\ 0 & 0 & \frac{7}{2} & -\frac{3}{2} \\ 0 & 0 & 5 & -2 \end{pmatrix}$;

(2) 属于特征值 0 的特征向量是 $k_1(\varepsilon_1 + 2\varepsilon_2 + \varepsilon_3 + \varepsilon_4) + k_2(2\varepsilon_1 + 3\varepsilon_2 + \varepsilon_3), k_1, k_2$ 不全为 0. 属于特征值 1 的特征向量是 $k(3\varepsilon_1 + \varepsilon_2 + \varepsilon_3 - 2\varepsilon_4), k \neq 0$. 属于特征值 $\frac{1}{2}$ 的特征向量是 $k(4\varepsilon_1 + 2\varepsilon_2 - \varepsilon_3 - 6\varepsilon_4), k \neq 0$.

(3) $\boldsymbol{T} = \begin{pmatrix} 1 & 2 & 3 & 4 \\ 2 & 3 & 1 & 2 \\ 1 & 1 & 1 & -1 \\ 1 & 0 & -2 & -6 \end{pmatrix}, \boldsymbol{T}^{-1}\boldsymbol{A}\boldsymbol{T} = \begin{pmatrix} 0 & & & \\ & 0 & & \\ & & 1 & \\ & & & \frac{1}{2} \end{pmatrix}$.

9.15 (1) 利用练习 9.3.4 题结果; (3) 利用 (1).

9.17 σ 的每一个特征子空间都是 τ 的不变子空间, 从而至少含一个 τ 的特征向量.

9.18 (1) 由 $\varepsilon_1,\varepsilon_2,\varepsilon_3$ 之子集生成的子空间, 共 8 个; (空集即零空间)

(2) $0, \langle\varepsilon_1\rangle, \langle\varepsilon_1,\varepsilon_2\rangle, V$.

9.20 σ 若有实特征值, 则有一维不变子空间; 若无实特征值, 则有虚特征值且成对, 由此可推出 σ 有二维不变子空间.

9.21 由 $\mathrm{Im}(\sigma+\tau)\leqslant \mathrm{Im}\sigma+\mathrm{Im}\tau$, 查维数关系, 再转成核.

9.24 设 $V=V_{\lambda_1}\oplus V_{\lambda_2}\oplus\cdots\oplus V_{\lambda_t}$, 令 $\sigma_i|_{V_{\lambda_i}}=1_{V_{\lambda_i}}, \sigma_i|_{V_{\lambda_j}}=0, j\neq i$.

9.25 (1) $\boldsymbol{\alpha}_1,\boldsymbol{\alpha}_2,\cdots,\boldsymbol{\alpha}_n$ 的子集生成的子空间, 共 2^n 个;

(2) $0,\langle\boldsymbol{\alpha}_1\rangle,\langle\boldsymbol{\alpha}_1,\boldsymbol{\alpha}_2\rangle,\langle\boldsymbol{\alpha}_1,\boldsymbol{\alpha}_2,\boldsymbol{\alpha}_3\rangle,\cdots,\langle\boldsymbol{\alpha}_1,\boldsymbol{\alpha}_2,\cdots,\boldsymbol{\alpha}_{n-1}\rangle,V$.

9.26 $0,\mathbb{F}[x]_1,\mathbb{F}[x]_2,\cdots,\mathbb{F}[x]_{n-1},\mathbb{F}[x]_n$ 共 $n+1$ 个.

9.28 利用 A 类题 9.5 题之结果.

9.29 将 $\tau:U\longrightarrow W$ 分解为 $\tau_2:U\longrightarrow \mathrm{Im}\tau$, $\tau_1:\mathrm{Im}\tau\longrightarrow W$, 其中 $\tau_2=\tau$ 满射, τ_1 为嵌入单射, 易见 $\mathrm{Im}\mu\tau_1=\mathrm{Im}\mu\tau$, $\mathrm{Im}\tau_2\sigma=\mathrm{Im}\tau\sigma$. 应用 9.3.4 题结果.

9.30 设法证明 $\boldsymbol{\alpha}_1,\boldsymbol{\alpha}_2,\cdots,\boldsymbol{\alpha}_t\in W$.

9.32 应用 $\dim\sigma W+\dim(\ker\sigma\cap W)=\dim W$.

9.33 设 $\mathrm{Im}\sigma$ 的基为 $\sigma(\boldsymbol{\alpha}_1),\sigma(\boldsymbol{\alpha}_2),\cdots,\sigma(\boldsymbol{\alpha}_m)$, 则 σ 在基 $\boldsymbol{\alpha}_1,\sigma(\boldsymbol{\alpha}_1),\boldsymbol{\alpha}_2,\sigma(\boldsymbol{\alpha}_2),\cdots,\boldsymbol{\alpha}_m,\sigma(\boldsymbol{\alpha}_m)$ 之下的矩阵是 $\begin{pmatrix}0&0\\1&0\end{pmatrix}\oplus\begin{pmatrix}0&0\\1&0\end{pmatrix}\oplus\cdots\oplus\begin{pmatrix}0&0\\1&0\end{pmatrix}$.

9.34 利用 8.8 节问题 8.9 的结果.

9.35 类似于上题.

9.36 为证必要性, 取 $\mathrm{Im}\sigma$ 的基 $\sigma(\boldsymbol{\alpha}_1),\sigma(\boldsymbol{\alpha}_2),\cdots,\sigma(\boldsymbol{\alpha}_r)$, 易证 $\sigma^2(\boldsymbol{\alpha}_1),\sigma^2(\boldsymbol{\alpha}_2),\cdots,\sigma^2(\boldsymbol{\alpha}_r)$ 线性无关, 然后由扩充得 V 的两个基 $\sigma(\boldsymbol{\alpha}_1),\sigma(\boldsymbol{\alpha}_2),\cdots,\sigma(\boldsymbol{\alpha}_r),\boldsymbol{\beta}_{r-1},\cdots,\boldsymbol{\beta}_n$ 及 $\sigma^2(\boldsymbol{\alpha}_1),\sigma^2(\boldsymbol{\alpha}_2),\cdots,\sigma^2(\boldsymbol{\alpha}_r),\gamma_{r-1},\cdots,\gamma_n$, 由此可确定 τ 使 $\tau\sigma=\sigma^2$.

9.37 用 9.3 节的定理 9.4.

9.38 设任意 $\boldsymbol{\alpha}\in V$, 往证 $\boldsymbol{\alpha}-\sigma_1(\boldsymbol{\alpha})-\cdots-\sigma_t(\boldsymbol{\alpha})\in\bigcap\limits_{i=1}^{t}\ker\sigma_i$, 这说明 $V\in\mathrm{Im}\sigma_1+\mathrm{Im}\sigma_2+\cdots+\mathrm{Im}\sigma_t+\bigcap\limits_{i=1}^{t}\ker\sigma_i$, 再证 $\mathbf{0}$ 表示唯一可得结论.

9.39 为证后一不等式, 用 9.3.3 题结果, 以 $\sigma^{-1}(W)$ 代替 W.

9.40 按定义去证.

9.41 设 $\boldsymbol{P}^{-1}\boldsymbol{A}\boldsymbol{P}=\begin{pmatrix}a_1&&\\&\ddots&\\&&a_n\end{pmatrix}$, 由此推出

$$\boldsymbol{P}^{-1}f(\boldsymbol{P}\boldsymbol{Y}\boldsymbol{P}^{-1})\boldsymbol{P}=\begin{pmatrix}a_1&&\\&\ddots&\\&&a_n\end{pmatrix}\boldsymbol{Y}-\boldsymbol{Y}\begin{pmatrix}a_1&&\\&\ddots&\\&&a\end{pmatrix}.$$

计算 $\boldsymbol{P}^{-1}f(\boldsymbol{P}\boldsymbol{E}_{ij}\boldsymbol{P}^{-1})\boldsymbol{P}=(a_i-a_j)\boldsymbol{E}_{ij}$, 由此不难推出结论.

9.42 在 $\ker\sigma$ 中取基 $\varepsilon_1,\varepsilon_2,\cdots,\varepsilon_t$, 扩充使 $\varepsilon_1,\varepsilon_2,\cdots,\varepsilon_t,\boldsymbol{\eta}_1,\cdots,\boldsymbol{\eta}_s$ 为 V_1 的基, 又使 $\varepsilon_1,\varepsilon_2,\cdots,\varepsilon_r,\boldsymbol{\xi}_1,\cdots,\boldsymbol{\xi}_t$ 为 V_2 的基, 再扩充使 $\varepsilon_1,\cdots,\varepsilon_r,\boldsymbol{\eta}_1,\cdots,\boldsymbol{\eta}_s,\boldsymbol{\xi}_1,\cdots,\boldsymbol{\xi}_t,\boldsymbol{\delta}_1,\cdots,\boldsymbol{\delta}_p$ 是 V 的基. 然后按要求设计 σ_1 及 σ_2.

9.43 注意 $\mathrm{Im}\sigma\supset\mathrm{Im}\sigma^2\supset\cdots$ 及 $\ker\sigma\subset\ker\sigma^2\subset\cdots$, 则存在 k 使 $\mathrm{Im}\sigma^k=\mathrm{Im}\sigma^{k+1}$ 且 $\ker\sigma^k=\ker\sigma^{k+1}$. 再证 $\mathrm{Im}\sigma^k\cap\ker\sigma^k=0$.

第 10 章

练习 10.1

10.1.1 (1) 否; (2) 是; (3) 当 $p>0$ 且 $q>0$ 时是欧氏空间.

10.1.6 $1,2\sqrt{3}x-\sqrt{3},6\sqrt{5}x^2-6\sqrt{5}x+\sqrt{5}$.

10.1.7 $\dfrac{1}{\sqrt{6}}(\varepsilon_1+2\varepsilon_3-\varepsilon_5),\dfrac{\sqrt{3}}{\sqrt{7}}\left(\dfrac{1}{3}\varepsilon_1+\varepsilon_2-\dfrac{1}{3}\varepsilon_3+\varepsilon_4-\dfrac{1}{3}\varepsilon_5\right),\dfrac{7\sqrt{2}}{\sqrt{161}}\left(\dfrac{1}{14}\varepsilon_1-\dfrac{2}{7}\varepsilon_2+\dfrac{3}{7}\varepsilon_3+\dfrac{5}{7}\varepsilon_4+\dfrac{13}{14}\varepsilon_5\right)$.

10.1.8 $\boldsymbol{\alpha}_1,\dfrac{1}{\sqrt{10}}\boldsymbol{\alpha}_2,\sqrt{\dfrac{5}{3}}\left(-\boldsymbol{\alpha}_1+\dfrac{1}{5}\boldsymbol{\alpha}_2+\boldsymbol{\alpha}_3\right)$.

练习 10.2

10.2.3 V 的标准正交基为 $\boldsymbol{E}_{12}-\boldsymbol{E}_{21},\boldsymbol{E}_{13}-\boldsymbol{E}_{31},\boldsymbol{E}_{23}-\boldsymbol{E}_{32}$.

10.2.4 先证 $\ker\sigma=0$, 再证基的像仍为基.

练习 10.3

10.3.1 (1) $\dfrac{1}{\sqrt{5}}(0,-2,1,0),\sqrt{\dfrac{5}{34}}\left(2,-\dfrac{3}{5},-\dfrac{6}{5},1\right)$; (2) $\left(0,\dfrac{1}{2},1,\dfrac{3}{2}\right)$.

练习 10.6

10.6.1 $\dfrac{1}{\sqrt{2}}(1,0,0,\mathrm{i}),\dfrac{1}{\sqrt{2}}\left(\dfrac{1}{2}(1+\mathrm{i}),\mathrm{i},0,\dfrac{1}{2}(1-\mathrm{i})\right),\sqrt{\dfrac{2}{3}}\left(\dfrac{1}{4}(1+\mathrm{i}),-\dfrac{1}{2}\mathrm{i},1,\dfrac{1}{4}(1-\mathrm{i})\right)$.

第 10 章问题与研讨

10.1 基本概念: 欧氏空间、向量长度、夹角、正交、正交组、子空间、正交补、欧氏空间同构、正交子空间、正交投影变换、向量的正交投影、向量在子空间上的最佳逼近元、正交变换、对称变换和反对称变换.

基本方法: Schmidt 正交化方法.

基本结论: 正交变换是线性单变换、对称变换的不变子空间的正交补仍然是不变子空间.

10.2 方法 1. 若 $W_1=0$, 则结论显然. 若 W_1 为非零子空间, 在子空间 W_1 及 W_2 中分别取基 $\boldsymbol{\alpha}_1,\boldsymbol{\alpha}_2,\cdots,\boldsymbol{\alpha}_r$ 及 $\boldsymbol{\beta}_1,\boldsymbol{\beta}_2,\cdots,\boldsymbol{\beta}_s$, 其中 $s>r$. 令 $\boldsymbol{\beta}=x_1\boldsymbol{\beta}_1+x_2\boldsymbol{\beta}_2+\cdots+x_s\boldsymbol{\beta}_s$, 欲

使 $\boldsymbol{\beta}\perp W_1$ 且 $\boldsymbol{\beta}\neq\mathbf{0}$, 需下列方程组有非零解 $x_1,x_2,\cdots,x_s$.

$$\begin{cases} 0=(\boldsymbol{\beta},\boldsymbol{\alpha}_1)=x_1(\boldsymbol{\beta}_1,\boldsymbol{\alpha}_1)+x_2(\boldsymbol{\beta}_2,\boldsymbol{\alpha}_1)+\cdots+x_s(\boldsymbol{\beta}_s,\boldsymbol{\alpha}_1), \\ \qquad\cdots\cdots \\ 0=(\boldsymbol{\beta},\boldsymbol{\alpha}_r)=x_1(\boldsymbol{\beta}_1,\boldsymbol{\alpha}_r)+x_2(\boldsymbol{\beta}_2,\boldsymbol{\alpha}_r)+\cdots+x_s(\boldsymbol{\beta}_s,\boldsymbol{\alpha}_r), \end{cases}$$

由 $s>r$, 这是确定无疑的.

方法 2. 只需证 $V=W_1^{\perp}\cap W_2\neq 0$, 不然 $V=W_1^{\perp}\cap W_2=0$ 可推出 $\dim(W_1^{\perp}+W_2)=n-r+s>n$, 矛盾.

10.3 存在. 方法 1. 令 $\boldsymbol{\beta}_j=x_{j1}\boldsymbol{\alpha}_1+\cdots+x_{jn}\boldsymbol{\alpha}_n$, 由 $(\boldsymbol{\alpha}_i,\boldsymbol{\beta}_j)=\delta_{ij}$ 得

$$\begin{cases} (\boldsymbol{\alpha}_1,\boldsymbol{\beta}_j)=\delta_{1j}=(\boldsymbol{\alpha}_1,\boldsymbol{\alpha}_1)x_{j1}+\cdots+(\boldsymbol{\alpha}_1,\boldsymbol{\alpha}_n)x_{jn}, \\ (\boldsymbol{\alpha}_2,\boldsymbol{\beta}_j)=\delta_{2j}=(\boldsymbol{\alpha}_2,\boldsymbol{\alpha}_1)x_{j1}+\cdots+(\boldsymbol{\alpha}_2,\boldsymbol{\alpha}_n)x_{jn}, \\ \qquad\cdots\cdots \\ (\boldsymbol{\alpha}_n,\boldsymbol{\beta}_j)=\delta_{nj}=(\boldsymbol{\alpha}_n,\boldsymbol{\alpha}_1)x_{j1}+\cdots+(\boldsymbol{\alpha}_n,\boldsymbol{\alpha}_n)x_{jn}. \end{cases}$$

由于系数阵是 $\boldsymbol{\alpha}_1,\cdots,\boldsymbol{\alpha}_n$ 的度量矩阵, 故可逆. 从而由克拉默法则有唯一解 $x_{j1},\cdots,x_{jn}$. 当 j 取遍 $1,2,\cdots,n$ 时, 满足 $(\boldsymbol{\alpha}_i,\boldsymbol{\beta}_j)=\delta_{ij},\forall i,j$ 的 $\boldsymbol{\beta}_1,\cdots,\boldsymbol{\beta}_n$ 找到了, 且 $\boldsymbol{AX}=\boldsymbol{I}_n$, 其中

$$\boldsymbol{A}=\begin{pmatrix} (\boldsymbol{\alpha}_1,\boldsymbol{\alpha}_1) & \cdots & (\boldsymbol{\alpha}_1,\boldsymbol{\alpha}_n) \\ \vdots & & \vdots \\ (\boldsymbol{\alpha}_n,\boldsymbol{\alpha}_1) & \cdots & (\boldsymbol{\alpha}_n,\boldsymbol{\alpha}_n) \end{pmatrix},\quad \boldsymbol{X}=\begin{pmatrix} x_{11} & x_{21} & \cdots & x_{n1} \\ \vdots & \vdots & & \vdots \\ x_{1n} & x_{2n} & \cdots & x_{nn} \end{pmatrix},$$

因为 $(\boldsymbol{\beta}_1,\cdots,\boldsymbol{\beta}_n)=(\boldsymbol{\alpha}_1,\cdots,\boldsymbol{\alpha}_n)\boldsymbol{X}$, 所以 $\boldsymbol{\beta}_1,\cdots,\boldsymbol{\beta}_n$ 是 V 的一个基.

方法 2. 取 V 的一个标准正交基 $\boldsymbol{e}_1,\cdots,\boldsymbol{e}_n$, 令

$$(\boldsymbol{\alpha}_1,\cdots,\boldsymbol{\alpha}_n)=(\boldsymbol{e}_1,\cdots,\boldsymbol{e}_n)\boldsymbol{A},$$

$$(\boldsymbol{\beta}_1,\cdots,\boldsymbol{\beta}_n)=(\boldsymbol{e}_1,\cdots,\boldsymbol{e}_n)\boldsymbol{B}.$$

看看满足 $(\boldsymbol{\alpha}_i,\boldsymbol{\beta}_j)=\delta_{ij},\forall i,j$ 的 $\boldsymbol{B}$ 能否找到. 设 $\boldsymbol{A}=(\boldsymbol{A}_1,\cdots,\boldsymbol{A}_n),\boldsymbol{B}=(\boldsymbol{B}_1,\cdots,\boldsymbol{B}_n)$, 于是由 $(\boldsymbol{\alpha}_i,\boldsymbol{\beta}_j)=\delta_{ij}$ 得 $((\boldsymbol{e}_1,\cdots,\boldsymbol{e}_n)\boldsymbol{A}_i,(\boldsymbol{e}_1,\cdots,\boldsymbol{e}_n)\boldsymbol{B}_j)=\boldsymbol{A}_i^{\mathrm{T}}\boldsymbol{B}_j=\delta_{ij}$, 由此得 $\boldsymbol{A}^{\mathrm{T}}\boldsymbol{B}=\boldsymbol{I}_n$, 故 $\boldsymbol{B}$ 可求.

10.4 (1) 设 $\sigma(\boldsymbol{\alpha}_1,\cdots,\boldsymbol{\alpha}_n)=(\boldsymbol{\alpha}_1,\cdots,\boldsymbol{\alpha}_n)\boldsymbol{C},\sigma(\boldsymbol{\beta}_1,\cdots,\boldsymbol{\beta}_n)=(\boldsymbol{\beta}_1,\cdots,\boldsymbol{\beta}_n)\boldsymbol{D}$, 由 σ 为对称变换, 故 $(\sigma(\boldsymbol{\alpha}_i),\boldsymbol{\beta}_j)=(\boldsymbol{\alpha}_i,\sigma(\boldsymbol{\beta}_j))$, 于是 $((\boldsymbol{\alpha}_1,\cdots,\boldsymbol{\alpha}_n)\boldsymbol{C}_i,\boldsymbol{\beta}_j)=(\boldsymbol{\alpha}_i,(\boldsymbol{\beta}_1,\cdots,\boldsymbol{\beta}_n)\boldsymbol{D}_j)$, 其中 $\boldsymbol{C}_i$ 和 $\boldsymbol{D}_j$ 分别为 $\boldsymbol{C}$ 的第 i 列和 $\boldsymbol{D}$ 的第 j 列, 由 $(\boldsymbol{\alpha}_i,\boldsymbol{\beta}_j)=\delta_{ij}$ 可知上式可推出 $c_{ji}=d_{ij}$, 其中 c_{ji} 和 d_{ij} 分别为 $\boldsymbol{C}$ 的 (j,i) 位置元素和 $\boldsymbol{D}$ 的 (i,j) 位置元素. 由上式及 i,j 的任意性可得 (1) 的结论是 $\boldsymbol{C}=\boldsymbol{D}^{\mathrm{T}}$.

(2) 设 σ 为对称变换, 于是 $(\sigma(\boldsymbol{\alpha}_i),\boldsymbol{\alpha}_j)=(\boldsymbol{\alpha}_i,\sigma(\boldsymbol{\alpha}_j)),\forall i,j$. 从而

$$((\boldsymbol{\alpha}_1,\cdots,\boldsymbol{\alpha}_n)\boldsymbol{C}_i,\boldsymbol{\alpha}_j)=(\boldsymbol{\alpha}_i,(\boldsymbol{\alpha}_1,\cdots,\boldsymbol{\alpha}_n)\boldsymbol{C}_j),$$

经计算得 $\sum\limits_k c_{ki}(\boldsymbol{\alpha}_k,\boldsymbol{\alpha}_j)=\sum\limits_k c_{kj}(\boldsymbol{\alpha}_i,\boldsymbol{\alpha}_k)$, 令 $\boldsymbol{G}=(g_{ij}), g_{ij}=(\boldsymbol{\alpha}_i,\boldsymbol{\alpha}_j)$, 上式即 $\sum\limits_k c_{ki}g_{kj}=\sum\limits_k c_{kj}g_{ik}$, 这意味着 $\boldsymbol{C}^{\mathrm{T}}\boldsymbol{G}$ 与 $\boldsymbol{GC}$ 的 (i,j) 位置元素相等, $\forall i,j$, 故 $\boldsymbol{GC}=\boldsymbol{C}^{\mathrm{T}}\boldsymbol{G}$. 又由此易证 σ 为对称变换 (略, 读者自证). 所以得到了一个充要条件.

10.5　(1) 只需证 $1,\cos x,\sin x,\cdots,\cos nx,\sin nx$ 是正交组, 就可知 $\dim U=2n+1$. 经计算得

$$\int_0^{2\pi}\cos kx\mathrm{d}x=\int_0^{2\pi}\sin kx\mathrm{d}x=\int_0^{2\pi}\cos kx\sin lx\mathrm{d}x=0\quad(k,l\text{为正整数}),$$

$$\int_0^{2\pi}\mathrm{d}x=2\pi,\quad \int_0^{2\pi}\cos kx\cos lx\mathrm{d}x=\begin{cases}\pi, & k=l,\\ 0, & k\neq l,\end{cases}\quad \int_0^{2\pi}\sin kx\sin lx\mathrm{d}x=\begin{cases}\pi, & k=l,\\ 0, & k\neq l.\end{cases}$$

故

$$\frac{1}{\sqrt{2\pi}},\frac{1}{\sqrt{\pi}}\cos x,\frac{1}{\sqrt{\pi}}\sin x,\cdots,\frac{1}{\sqrt{\pi}}\cos nx,\frac{1}{\sqrt{\pi}}\sin nx$$

是 U 的标准正交基, 分别记为 $\boldsymbol{\alpha}_0,\boldsymbol{\alpha}_1,\boldsymbol{\beta}_1,\cdots,\boldsymbol{\alpha}_n,\boldsymbol{\beta}_n$.

(2) 求 $P_n(x)$ 即求向量在 U 上的最佳逼近元, 即求 $f(x)$ 在 U 上的正交投影. 由公式得

$$P_n(x)=(f(x),\boldsymbol{\alpha}_0)\boldsymbol{\alpha}_0+(f(x),\boldsymbol{\alpha}_1)\boldsymbol{\alpha}_1+(f(x),\boldsymbol{\beta}_1)\boldsymbol{\beta}_1+\cdots+(f(x),\boldsymbol{\alpha}_n)\boldsymbol{\alpha}_n+(f(x),\boldsymbol{\beta}_n)\boldsymbol{\beta}_n,$$

经计算得 $P_n(x)=\dfrac{a_0}{2}+a_1\cos x+b_1\sin x+\cdots+a_n\cos nx+b_n\sin nx$, 其中 $\dfrac{a_0}{2}=\dfrac{1}{2\pi}\displaystyle\int_0^{2\pi}f(x)\mathrm{d}x$, $a_k=\dfrac{1}{\pi}\displaystyle\int_0^{2\pi}f(x)\cos kx\mathrm{d}x, b_k=\dfrac{1}{\pi}\displaystyle\int_0^{2\pi}f(x)\sin kx\mathrm{d}x, k=1,2,\cdots,n$.

10.6*　V_σ 是子空间易证. 下证 $V=V_\sigma+V_\sigma^{\perp}$, 任取 $\boldsymbol{\beta}\in V$, 又取 $\boldsymbol{\beta}_1=\dfrac{1}{m}(\boldsymbol{\beta}+\sigma(\boldsymbol{\beta})+\cdots+\sigma^{m-1}(\boldsymbol{\beta}))$, 易证 $\boldsymbol{\beta}_1\in V_\sigma$, 只需证 $\boldsymbol{\beta}-\boldsymbol{\beta}_1\in(V_\sigma)^{\perp}$. 事实上, 对任一 $\boldsymbol{\alpha}\in V_\sigma$, 易见 $\sigma^i(\boldsymbol{\alpha})=\boldsymbol{\alpha}$,

$$\begin{aligned}(\boldsymbol{\beta}-\boldsymbol{\beta}_1,\boldsymbol{\alpha})&=(\boldsymbol{\beta},\boldsymbol{\alpha})-\frac{1}{m}[(\boldsymbol{\beta},\boldsymbol{\alpha})+(\sigma(\boldsymbol{\beta}),\boldsymbol{\alpha})+\cdots+(\sigma^{m-1}(\boldsymbol{\beta}),\boldsymbol{\alpha})]\\&=(\boldsymbol{\beta},\boldsymbol{\alpha})-\frac{1}{m}[(\boldsymbol{\beta},\boldsymbol{\alpha})+(\sigma(\boldsymbol{\beta}),\sigma(\boldsymbol{\alpha}))+\cdots+(\sigma^{m-1}(\boldsymbol{\beta}),\sigma^{m-1}(\boldsymbol{\alpha}))]\\&=(\boldsymbol{\beta},\boldsymbol{\alpha})-(\boldsymbol{\beta},\boldsymbol{\alpha})=0,\end{aligned}$$

而 $V_\sigma\cap V_\sigma^{\perp}=0$ 是显然的, 故 $V=V_\sigma\oplus V_\sigma^{\perp}$.

10.7*　首先证 $\langle\boldsymbol{\alpha}_1,\boldsymbol{\alpha}_2,\cdots,\boldsymbol{\alpha}_m\rangle\cong\langle\boldsymbol{\beta}_1,\boldsymbol{\beta}_2,\cdots,\boldsymbol{\beta}_m\rangle$. 不妨设 $\boldsymbol{\alpha}_1,\boldsymbol{\alpha}_2,\cdots,\boldsymbol{\alpha}_m$ 的极大无关组是 $\boldsymbol{\alpha}_1,\boldsymbol{\alpha}_2,\cdots,\boldsymbol{\alpha}_r$, 则 $\boldsymbol{\alpha}_1,\boldsymbol{\alpha}_2,\cdots,\boldsymbol{\alpha}_r$ 的 Gram 阵可逆, 由条件 $(\boldsymbol{\alpha}_i,\boldsymbol{\alpha}_j)=(\boldsymbol{\beta}_i,\boldsymbol{\beta}_j),\forall i,j$ 知 $\boldsymbol{\beta}_1,\boldsymbol{\beta}_2,\cdots,\boldsymbol{\beta}_r$ 的 Gram 阵可逆, 又 $\boldsymbol{\alpha}_1,\boldsymbol{\alpha}_2,\cdots,\boldsymbol{\alpha}_r,\boldsymbol{\alpha}_j$ 的 Gram 行列式为 0, 则 $\boldsymbol{\beta}_1,\boldsymbol{\beta}_2,\cdots,\boldsymbol{\beta}_r,\boldsymbol{\beta}_j$ 亦然 (对于 $j>r$), 从而

$$\dim\langle\boldsymbol{\alpha}_1,\boldsymbol{\alpha}_2,\cdots,\boldsymbol{\alpha}_m\rangle=\dim\langle\boldsymbol{\beta}_1,\boldsymbol{\beta}_2,\cdots,\boldsymbol{\beta}_m\rangle=r,$$

故两个欧氏空间同构.

这个同构映射可取 $\sigma_1(\boldsymbol{\alpha}_1)=\boldsymbol{\beta}_1,\sigma_1(\boldsymbol{\alpha}_2)=\boldsymbol{\beta}_2,\cdots,\sigma_1(\boldsymbol{\alpha}_r)=\boldsymbol{\beta}_r$, 然后再线性扩充即可. 如果由 $\boldsymbol{\alpha}_1,\boldsymbol{\alpha}_2,\cdots,\boldsymbol{\alpha}_r$ 经 Schmidt 正交化的一标准正交基 $\boldsymbol{\varepsilon}_1,\boldsymbol{\varepsilon}_2,\cdots,\boldsymbol{\varepsilon}_r$, 则同样有

$\boldsymbol{\beta}_1,\boldsymbol{\beta}_2,\cdots,\boldsymbol{\beta}_r$ 经同样的正交化过程得标准正交基 $\boldsymbol{\eta}_1,\boldsymbol{\eta}_2,\cdots,\boldsymbol{\eta}_r$. 于是这个同构映射 σ_1 可以写成 $\sigma_1(\varepsilon_1)=\boldsymbol{\eta}_1,\sigma_1(\varepsilon_2),\cdots,\sigma_1(\varepsilon_r)=\boldsymbol{\eta}_r$, 再线性扩充即可. 如果将 $\varepsilon_1,\varepsilon_2,\cdots,\varepsilon_r$ 扩充为 $\varepsilon_1,\varepsilon_2,\cdots,\varepsilon_r,\cdots,\varepsilon_n$ 是 V 的标准正交基, 将 $\boldsymbol{\eta}_1,\boldsymbol{\eta}_2,\cdots,\boldsymbol{\eta}_r$ 扩充为 V 的标准正交基 $\boldsymbol{\eta}_1,\boldsymbol{\eta}_2,\cdots,\boldsymbol{\eta}_r,\cdots,\boldsymbol{\eta}_n$, 则令 $\sigma(\varepsilon_1)=\boldsymbol{\eta}_1,\sigma(\varepsilon_2)=\boldsymbol{\eta}_2,\cdots,\sigma(\varepsilon_n)=\boldsymbol{\eta}_n$ 是 V 的正交变换, 且显然 $\sigma(\boldsymbol{\alpha}_i)=\boldsymbol{\beta}_i(i=1,2,\cdots,m)$.

10.8 方法 1. 首先类似 5.2 节的 QR 分解可证复可逆阵都有 UR 分解, 即可写成一酉矩阵和一上三角阵之积. 然后由若尔当标准形结果知存在可逆阵 $\boldsymbol{T}$ 使 $\boldsymbol{TAT}^{-1}$ 是上三角阵. 应用 UR 分解得存在酉矩阵 $\boldsymbol{U}$ 使 $\boldsymbol{UAU}^{-1}$ 是上三角阵, 但 $\boldsymbol{A}$ 是酉矩阵, 故 $\boldsymbol{UAU}^{-1}$ 是对角阵.

方法 2. 用几何方法及数学归纳法. $n=1$ 显然. 设 σ 是酉变换, $\boldsymbol{\alpha}$ 为一特征向量, 令 $W=\langle\boldsymbol{\alpha}\rangle$, 则易见 $V=W\oplus W^{\perp}$, 由 W 为 σ-子空间, 易证 $W^{\perp}$ 也是 σ-子空间, 考察 $\sigma|_{W^{\perp}}$, 用归纳法的归纳假设易证结论: $W^{\perp}$ 中存在标准正交基使 σ 在其下的阵是对角阵. 然后可推出结论: V 中存在标准正交基, σ 在其下的阵是对角阵.

10.9* 易证正交阵 $\boldsymbol{A}$ 的特征根为 ±1 或 $\cos\theta\pm\mathrm{i}\sin\theta$, 且虚根成对. 将 $\boldsymbol{x}\mapsto\boldsymbol{Ax}$ 看成 $\mathbb{R}^n$ 的正交变换. 若有实特征值, 则有实特征向量生成的一维不变子空间 W. 若无实特征值, 令 $a\pm b\mathrm{i}(b\neq0)$ 是一对共轭虚根, 设 $\boldsymbol{\alpha}+\mathrm{i}\boldsymbol{\beta}$ 为属于 $a+b\mathrm{i}$ 的特征向量, $\boldsymbol{\alpha},\boldsymbol{\beta}\in\mathbb{R}^n$. 由 $\boldsymbol{A}(\boldsymbol{\alpha}+\mathrm{i}\boldsymbol{\beta})=(a+b\mathrm{i})(\boldsymbol{\alpha}+\mathrm{i}\boldsymbol{\beta})$ 知

$$\boldsymbol{A}(\boldsymbol{\alpha},\boldsymbol{\beta})=(\boldsymbol{\alpha},\boldsymbol{\beta})\begin{pmatrix}a&b\\-b&a\end{pmatrix},$$

仍设 $W=\langle\boldsymbol{\alpha},\boldsymbol{\beta}\rangle$, 易见这也是不变子空间. 下证 $\boldsymbol{\alpha}\perp\boldsymbol{\beta}$ 且 $|\boldsymbol{\alpha}|=|\boldsymbol{\beta}|$. 事实上, 由于 $(\boldsymbol{\alpha}\ \ \boldsymbol{\beta})^{\mathrm{T}}\boldsymbol{A}^{\mathrm{T}}=\begin{pmatrix}a&-b\\b&a\end{pmatrix}(\boldsymbol{\alpha}\ \ \boldsymbol{\beta})^{\mathrm{T}}$, 于是

$$(\boldsymbol{\alpha}\ \ \boldsymbol{\beta})^{\mathrm{T}}(\boldsymbol{\alpha}\ \ \boldsymbol{\beta})=\begin{pmatrix}a&-b\\b&a\end{pmatrix}(\boldsymbol{\alpha}\ \ \boldsymbol{\beta})^{\mathrm{T}}(\boldsymbol{\alpha}\ \ \boldsymbol{\beta})\begin{pmatrix}a&b\\-b&a\end{pmatrix},$$

进一步有

$$\begin{pmatrix}a&b\\-b&a\end{pmatrix}(\boldsymbol{\alpha}\ \ \boldsymbol{\beta})^{\mathrm{T}}(\boldsymbol{\alpha}\ \ \boldsymbol{\beta})=(\boldsymbol{\alpha}\ \ \boldsymbol{\beta})^{\mathrm{T}}(\boldsymbol{\alpha}\ \ \boldsymbol{\beta})\begin{pmatrix}a&b\\-b&a\end{pmatrix},$$

由此, 经计算可得

$$(\boldsymbol{\alpha}\ \ \boldsymbol{\beta})^{\mathrm{T}}(\boldsymbol{\alpha}\ \ \boldsymbol{\beta})=\begin{pmatrix}c&d\\-d&c\end{pmatrix}.$$

再由 $(\boldsymbol{\alpha}\ \ \boldsymbol{\beta})^{\mathrm{T}}(\boldsymbol{\alpha}\ \ \boldsymbol{\beta})$ 是对称阵推出 $d=0$, 故

$$\boldsymbol{\alpha}^{\mathrm{T}}\boldsymbol{\alpha}=c=\boldsymbol{\beta}^{\mathrm{T}}\boldsymbol{\beta},\quad \boldsymbol{\alpha}^{\mathrm{T}}\boldsymbol{\beta}=0,$$

即 $\boldsymbol{\alpha}\perp\boldsymbol{\beta}$ 且 $|\boldsymbol{\alpha}|=|\boldsymbol{\beta}|$. 由此易见此时 $\dim W=2$.

上述讨论说明 $\mathbb{R}^n$ 至少有一维或二维不变子空间, 然后 $\mathbb{R}^n=W\oplus W^{\perp}$, 用归纳法不难证明结论. (略)

10.10* 方法 1. 用 10.9* 题的结果, 只需说明如下几点.

(1) 镜面反射阵在正交相似下仍是镜面反射阵.

由 $\tau(\boldsymbol{\alpha})=\boldsymbol{\alpha}-2(\boldsymbol{\alpha},\boldsymbol{\varepsilon})\boldsymbol{\varepsilon},\forall\boldsymbol{\alpha}\in V,|\boldsymbol{\varepsilon}|=1$ 是镜面反射变换, 其对应的镜面反射阵 (即 τ 在任一标准正交基下的阵) 是 $\boldsymbol{I}_n-2\boldsymbol{\eta}\boldsymbol{\eta}^{\mathrm{T}}$, 其中 $\boldsymbol{\eta}\in\mathbb{R}^n,|\boldsymbol{\eta}|=1$. 于是设 $\boldsymbol{T}$ 是正交阵, 则 $\boldsymbol{T}(\boldsymbol{I}-2\boldsymbol{\eta}\boldsymbol{\eta}^{\mathrm{T}})\boldsymbol{T}^{-1}=\boldsymbol{I}-2\boldsymbol{T}\boldsymbol{\eta}\boldsymbol{\eta}^{\mathrm{T}}\boldsymbol{T}^{\mathrm{T}}=\boldsymbol{I}-2(\boldsymbol{T}\boldsymbol{\eta})(\boldsymbol{T}\boldsymbol{\eta})^{\mathrm{T}}$ 仍为镜面反射阵.

(2) $\mathrm{diag}(1,\cdots,1,-1,1,\cdots,1)$ 是镜面反射阵.

(3) $\boldsymbol{I}_n=(\mathrm{diag}(-1,1,\cdots,1))^2$.

(4)
$$\begin{pmatrix}\cos\varphi & \sin\varphi\\ -\sin\varphi & \cos\varphi\end{pmatrix}=\begin{pmatrix}\cos\frac{3}{2}\varphi & -\sin\frac{3}{2}\varphi\\ -\sin\frac{3}{2}\varphi & -\cos\frac{3}{2}\varphi\end{pmatrix}\begin{pmatrix}\cos\frac{1}{2}\varphi & -\sin\frac{1}{2}\varphi\\ -\sin\frac{1}{2}\varphi & -\cos\frac{1}{2}\varphi\end{pmatrix}$$
$$=\left[\boldsymbol{I}_2-2\begin{pmatrix}\sin\frac{3}{4}\varphi\\ \cos\frac{3}{4}\varphi\end{pmatrix}\begin{pmatrix}\sin\frac{3}{4}\varphi & \cos\frac{3}{4}\varphi\end{pmatrix}\right]$$
$$\cdot\left[\boldsymbol{I}_2-2\begin{pmatrix}\sin\frac{1}{4}\varphi\\ \cos\frac{1}{4}\varphi\end{pmatrix}\begin{pmatrix}\sin\frac{1}{4}\varphi & \cos\frac{1}{4}\varphi\end{pmatrix}\right].$$

方法 2. 首先证明若 $|\boldsymbol{\alpha}|=|\boldsymbol{\beta}|$, 且 $\boldsymbol{\alpha}\neq\boldsymbol{\beta}$, 则存在镜面反射变换 τ 使 $\tau(\boldsymbol{\alpha})=\boldsymbol{\beta}$. 事实上, 令 $\boldsymbol{\eta}=\dfrac{\boldsymbol{\alpha}-\boldsymbol{\beta}}{|\boldsymbol{\alpha}-\boldsymbol{\beta}|},\tau(\boldsymbol{x})=\boldsymbol{x}-2(\boldsymbol{x},\boldsymbol{\eta})\boldsymbol{\eta},\forall\boldsymbol{x}\in V$, 易证 $\tau(\boldsymbol{\alpha})=\boldsymbol{\beta}$.

现在用矩阵说, 设正交阵 $\boldsymbol{A}$ 的第 1 列不是 $\boldsymbol{e}_1=\begin{pmatrix}1\\0\\ \vdots\\0\end{pmatrix}$, 则存在镜面反射阵 $\boldsymbol{B}$ 使 $\boldsymbol{B}\boldsymbol{a}_1=\boldsymbol{e}_1$, 其中 $\boldsymbol{a}_1$ 为 $\boldsymbol{A}$ 的第 1 列. 于是 $\boldsymbol{B}\boldsymbol{A}=\begin{pmatrix}1 & \boldsymbol{0}\\ \boldsymbol{0} & \boldsymbol{A}_1\end{pmatrix}$, $\boldsymbol{A}_1$ 仍为正交阵, 用归纳法由此易证结论.

方法 3. 若 $\sigma=\mathbf{1}_V$, 则易见 σ 是两个镜面反射之积.

若 $\sigma\neq\mathbf{1}_V$, 用数学归纳法. $n=1$ 显然. 假设 $n-1$ 结论成立. 看 n 时, 不妨设 $\boldsymbol{\varepsilon}_1\neq\sigma(\boldsymbol{\varepsilon}_1)=\boldsymbol{\eta}_1$, 于是存在镜面反射 σ_1 使 $\sigma_1(\boldsymbol{\varepsilon}_1)=\boldsymbol{\eta}_1$, 易见 $\langle\boldsymbol{\eta}_1\rangle^{\perp}$ 有标准正交基 $\sigma(\boldsymbol{\varepsilon}_2),\cdots,\sigma(\boldsymbol{\varepsilon}_n)$, 于是 $\langle\boldsymbol{\eta}_1\rangle^{\perp}$ 中存在正交变换 μ, 且 $\mu(\sigma_1(\boldsymbol{\varepsilon}_2),\cdots,\sigma_1(\boldsymbol{\varepsilon}_n))=(\sigma(\boldsymbol{\varepsilon}_2),\cdots,\sigma(\boldsymbol{\varepsilon}_n)),\mu=\mu_t\cdots\mu_2$, 其中 $\mu_2,\cdots,\mu_t$ 均为 $\langle\boldsymbol{\eta}_1\rangle^{\perp}$ 的镜面反射. $\mu_i=\sigma_i|_{\langle\boldsymbol{\eta}_1\rangle^{\perp}}$ $(i=2,\cdots,t)$, 令 $\sigma_i(\boldsymbol{\eta}_1)=\boldsymbol{\eta}_1$, 于是

$$\sigma_t\cdots\sigma_2|_{\langle\boldsymbol{\eta}_1\rangle^{\perp}}=\mu,\quad \sigma_t\cdots\sigma_2(\boldsymbol{\eta}_1)=\boldsymbol{\eta}_1.$$

由此 $(\sigma_t\cdots\sigma_2)\sigma_1(\boldsymbol{\varepsilon}_i)=\sigma(\boldsymbol{\varepsilon}_i)$, $i=1,2,\cdots,n$, 而 $\sigma_1,\sigma_2,\cdots,\sigma_n$ 均为镜面反射.

总习题 10

10.1　否.

10.2　是.

10.3　(1) 是; (2) 否; (3) 是.

10.4 $(x,y)=axy$, 其中 $a>0$.

10.5 $(f(x),g(x))=\int_0^1 f(x)g(x)\mathrm{d}x$.

10.6 $\boldsymbol{A}$ 可看成定义内积 $(f(x),g(x))=\int_0^1 f(x)g(x)\mathrm{d}x$ 的欧氏空间 $\mathbb{R}[x]_{n+1}$ 中基 $1,x,x^2,\cdots,x^n$ 的度量阵.

10.7 由 $\sum\limits_{i=1}^m x_i\boldsymbol{\alpha}_i=\mathbf{0}$ 有非零解可推出 $\boldsymbol{Ax}=\mathbf{0}$ 有非零解, 从而 $|\boldsymbol{A}|=0$. 反之, 若 $\boldsymbol{\alpha}_1,\boldsymbol{\alpha}_2,\cdots,\boldsymbol{\alpha}_m$ 线性无关, 则 $\boldsymbol{A}$ 可看成子空间 $\langle\boldsymbol{\alpha}_1,\boldsymbol{\alpha}_2,\cdots,\boldsymbol{\alpha}_m\rangle$ 之基 $\boldsymbol{\alpha}_1,\boldsymbol{\alpha}_2,\cdots,\boldsymbol{\alpha}_m$ 的度量阵, 故 $\boldsymbol{A}$ 正定, 从而 $|\boldsymbol{A}|\neq 0$, 矛盾.

10.8 当 $m=2$ 时 $V(\boldsymbol{\alpha}_1,\boldsymbol{\alpha}_2)$ 是以 $\boldsymbol{\alpha}_1,\boldsymbol{\alpha}_2$ 为邻边的平行四边形面积, 而当 $m=3$ 时 $V(\boldsymbol{\alpha}_1,\boldsymbol{\alpha}_2,\boldsymbol{\alpha}_3)$ 是以 $\boldsymbol{\alpha}_1,\boldsymbol{\alpha}_2,\boldsymbol{\alpha}_3$ 为棱的平行六面体的体积.

10.9 利用柯西不等式.

10.10 易见 $\cos\theta\leqslant 0$ 且 $4\cos^2\theta$ 为非负整数 $3,2,1,0$.

10.11 显然 $(\boldsymbol{\beta}_1,\boldsymbol{\beta}_2,\cdots,\boldsymbol{\beta}_m)=(\boldsymbol{\alpha}_1,\boldsymbol{\alpha}_2,\cdots,\boldsymbol{\alpha}_m)\boldsymbol{T}$, 其中 $\boldsymbol{T}$ 为对角元为 1 的上三角阵代入相应的 Gram 阵, 再取行列式可得结论.

10.13 $\boldsymbol{A}$ 有特征值为 $1,1,1$ 或 $1,-1,-1$ 或 $1,\cos\theta\pm\mathrm{i}\sin\theta$(虚根).

10.14 正交补是唯一的.

10.15 按定义推导, 注意并未假定 V 是有限维.

10.17 注意 σ 可逆.

10.21 $k=0$ 或 2.

10.22 $\boldsymbol{\xi}$ 是 $\boldsymbol{Ax}=\mathbf{0}$ 之解 $\Leftrightarrow\boldsymbol{\xi}$ 与 A^{T} 各列正交.

10.23 先证 $V_1\cap V_2=0$, 然后再查维数关系.

10.24 必要性由实对称阵的正交对角化得出. 为证充分性选择 σ 的特征向量作成的基 $\boldsymbol{\alpha}_1,\boldsymbol{\alpha}_2,\cdots,\boldsymbol{\alpha}_n$, 令 $\xi=\sum\limits_{i=1}^n a_i\boldsymbol{\alpha}_i,\boldsymbol{\eta}=\sum\limits_{i=1}^n b_i\boldsymbol{\alpha}_i$, 定义 $(\boldsymbol{\xi},\boldsymbol{\eta})=\sum\limits_{i=1}^n a_ib_i$, 易证 σ 为对称变换.

10.25 证必要性时只需证由 $\mathrm{tr}(\boldsymbol{x}^{\mathrm{T}}\boldsymbol{By})=0,\forall\boldsymbol{x},\boldsymbol{y}\in\mathbb{R}^{n\times n}$ 可推出 $\boldsymbol{B}=\boldsymbol{O}$.

10.26 (1) 令 $\boldsymbol{\alpha}_1=\boldsymbol{e}_1,\boldsymbol{\alpha}_2=\boldsymbol{e}_1+\boldsymbol{e}_2,\cdots,\boldsymbol{\alpha}_n=\boldsymbol{e}_1+\boldsymbol{e}_2+\cdots+\boldsymbol{e}_n$ 即可; (2) $G(\boldsymbol{\beta}_1,\boldsymbol{\beta}_2,\cdots,\boldsymbol{\beta}_n)=1$.

10.27 (1) $\Rightarrow$ (2) $\Rightarrow$(4) $\Rightarrow$(3) $\Rightarrow$(1) .

10.28 用归纳法. $n=1$ 显然. 若 $n=k$ 时有 $\boldsymbol{\alpha}_1,\cdots,\boldsymbol{\alpha}_{k+1}\in\mathbb{R}^k$ 满足要求. 令

$$\begin{pmatrix}1\\ \mathbf{0}\end{pmatrix},\begin{pmatrix}-t\\ \alpha_1\end{pmatrix},\cdots,\begin{pmatrix}-\boldsymbol{t}\\ \boldsymbol{\alpha}_{k+1}\end{pmatrix},$$

适当选取 t 易证在 $\mathbb{R}^{k+1}$ 中满足要求.

10.29 令 $f(\sigma(\boldsymbol{\alpha}))=\tau(\boldsymbol{\alpha}),\forall\boldsymbol{\alpha}\in V$, 易证 f 是 $\mathbf{Im}\sigma$ 到 $\mathbf{Im}\tau$ 的映射, 往证 f 是线性映射, $(f\sigma(\boldsymbol{\alpha}),f\sigma(\boldsymbol{\beta}))=(\sigma(\boldsymbol{\alpha}),\sigma(\boldsymbol{\beta}))$, 再证 f 是双射.

10.30 (1) 设 $\boldsymbol{\alpha}$ 与 $\boldsymbol{\beta}$ 夹角 θ, 又任意 $\boldsymbol{y}\in W$, $\boldsymbol{\alpha}$ 与 $\boldsymbol{y}$ 夹角 ϕ, 往证 $\cos\phi\leqslant\cos\theta$. 计算中注意 $(\boldsymbol{\alpha},\boldsymbol{\beta})=(\boldsymbol{\beta},\boldsymbol{\beta}),(\boldsymbol{\alpha},\boldsymbol{y})=(\boldsymbol{\beta},\boldsymbol{y})$; (2) $\theta=60^\circ$.

10.31　易见 $(f_1,f_2,\cdots,f_s)=(\boldsymbol{e}_1,\boldsymbol{e}_2,\cdots,\boldsymbol{e}_s)\boldsymbol{T}_1,(g_1,g_2,\cdots,g_s)=(\boldsymbol{e}_1,\boldsymbol{e}_2,\cdots,\boldsymbol{e}_s)\boldsymbol{T}_2$, 其中 $\boldsymbol{T}_1$ 与 $\boldsymbol{T}_2$ 为可逆上三角阵, 由此得 $(f_1,f_2,\cdots,f_s)=(g_1,g_2,\cdots,g_s)\boldsymbol{T}_2^{-1}\boldsymbol{T}_1$, 注意 $\boldsymbol{T}_2^{-1}\boldsymbol{T}_1$ 各列正交, 结论易证.

10.33　注意 $\begin{pmatrix}-1 & \\ & -1\end{pmatrix}=\begin{pmatrix}0 & 2\\ -\frac{1}{2} & 0\end{pmatrix}^2$.

10.34　(1) 分行列式 1 和 -1 讨论;

(2) $\begin{pmatrix}\cos\theta & -\sin\theta\\ \sin\theta & \cos\theta\end{pmatrix}$ 是绕原点之旋转;

$\begin{pmatrix}\cos\theta & \sin\theta\\ \sin\theta & -\cos\theta\end{pmatrix}=\boldsymbol{I}_2-2\begin{pmatrix}-\sin\frac{\theta}{2}\\ \cos\frac{\theta}{2}\end{pmatrix}\begin{pmatrix}-\sin\frac{\theta}{2} & \cos\frac{\theta}{2}\end{pmatrix}$ 是镜面反射.

10.35　设 $\sum\limits_{i=1}^{m}x_i\boldsymbol{\alpha}_i=\boldsymbol{0}$, 不妨设 $x_1,x_2,\cdots,x_r\geqslant 0,x_{r+1},\cdots,x_m\leqslant 0$. 令

$$\boldsymbol{\xi}=\sum_{i=1}^{r}x_i\boldsymbol{\alpha}_i=-\sum_{j=r+1}^{m}x_j\boldsymbol{\alpha}_j,$$

由 $(\boldsymbol{\xi},\boldsymbol{\xi})=0$ 推出 $\boldsymbol{\xi}=\boldsymbol{0}$, 进而再由 $(\boldsymbol{\xi},\boldsymbol{\alpha})=0$ 推出 $x_1=x_2=\cdots=x_m=0$.

10.36　运用数学归纳法及反证法, 考虑在标准正交基下的坐标向量. 参考 **B** 类题 10.28 题.

10.37　考虑 $\boldsymbol{\alpha}_1,\boldsymbol{\alpha}_2$ 线性无关, 扩充成 $\boldsymbol{\alpha}_1,\boldsymbol{\alpha}_2,\cdots,\boldsymbol{\alpha}_n$ 为 V 之基, 同样 $\boldsymbol{\beta}_1,\boldsymbol{\beta}_2,\cdots,\boldsymbol{\beta}_n$ 也为 V 之基, 由 Schmidt 正交化方法化两基分别为 $\boldsymbol{\xi}_1,\boldsymbol{\xi}_2,\cdots,\boldsymbol{\xi}_n$ 及 $\boldsymbol{\eta}_1,\boldsymbol{\eta}_2,\cdots,\boldsymbol{\eta}_n$ 且均为标准正交基, 则正交变换 $\sigma(\boldsymbol{\xi}_i)=\boldsymbol{\eta}_i(i=1,2,\cdots,n)$ 即为所求. 证明中注意应用已知条件, 特别是 $(\boldsymbol{\alpha}_1,\boldsymbol{\alpha}_2)=(\boldsymbol{\beta}_1,\boldsymbol{\beta}_2),|\boldsymbol{\xi}_2|=|\boldsymbol{\eta}_2|$.

10.38　先证 $\sigma(\boldsymbol{0})=\boldsymbol{0}$, 参考 B 类题 10.27 题.

10.39　(1) $\boldsymbol{\alpha}_k=\sum\limits_{j=1}^{k-1}\dfrac{(\boldsymbol{\alpha}_k,\boldsymbol{\beta}_j)}{(\boldsymbol{\beta}_j,\boldsymbol{\beta}_j)}\boldsymbol{\beta}_j+\boldsymbol{\beta}_k$, $\langle\boldsymbol{\alpha}_1,\boldsymbol{\alpha}_2,\cdots,\boldsymbol{\alpha}_{k-1}\rangle=\langle\boldsymbol{\beta}_1,\boldsymbol{\beta}_2,\cdots,\boldsymbol{\beta}_{k-1}\rangle$, $\boldsymbol{\beta}_k\in\langle\boldsymbol{\alpha}_1,\boldsymbol{\alpha}_2,\cdots,\boldsymbol{\alpha}_{k-1}\rangle^{\perp}$;

(2) 由上述关系, 经计算有 $(\boldsymbol{\beta}_k,\boldsymbol{\beta}_k)\leqslant(\boldsymbol{\alpha}_k,\boldsymbol{\alpha}_k)$;

(3) 注意 $\sum\limits_{j=1}^{k-1}\dfrac{(\boldsymbol{\alpha}_k,\boldsymbol{\beta}_j)^2}{(\boldsymbol{\beta}_j,\boldsymbol{\beta}_j)}=0$;

(4) 由 A 类 10.11 题可得.

10.40　由上题 (1) 及 (4) 可得.

10.41　令 $\overline{P}_k(x)=\dfrac{\mathrm{d}^k}{\mathrm{d}x^k}((x^2-1)^k)$ 经计算知为 k 次多项式, 规定 $\overline{P}_0(x)=1$, 故 $\overline{P}_0(x),\cdots,\overline{P}_n(x)$ 构成 $\mathbb{R}[x]_{n+1}$ 之基. 又反复用分部积分法计算可得 $(x^k,\overline{P}_n(x))=0(k<n)$, 于是结论得证.

10.42　(2) 必要性显然. 为证充分性需证 σ 满射及单射. 对任意 $y\in V$, 令 $\boldsymbol{x}=\boldsymbol{y}+\dfrac{f(\boldsymbol{y})}{1-f(\boldsymbol{\alpha})}\boldsymbol{\alpha}$, 易见 $\sigma(x)=y$, 故 σ 满射. 为证 σ 单射只需证 $\ker\sigma=0$.

参 考 文 献

[1] Strang G. 线性代数及其应用. 侯自新, 郑仲三, 张延伦译. 天津: 南开大学出版社, 1990.

[2] 合恩 R A, 约翰逊 C R. 矩阵分析. 杨奇译. 侯自新审校. 天津: 天津大学出版社, 1989.

[3] 北京大学数学系几何与代数教研室前代数小组. 高等代数. 3 版. 北京: 高等教育出版社, 2003.

[4] 曹重光. 高等代数两个定理的证明. 数学通报, 1997, (3): 34, 35.

[5] 曹重光, 于宪君, 张显. 线性代数 (经管类). 北京: 科学出版社, 2007.

[6] 蓝以中. 高等代数简明教程. 2 版. 北京: 北京大学出版社, 2007.

[7] 张贤科, 许甫华. 高等代数学. 2 版. 北京: 清华大学出版社, 2004.

[8] 曹重光, 张显, 唐孝敏. 高等代数方法选讲. 北京: 科学出版社, 2011.